宝典级建筑精益建造成本管理丛书

建筑·工程 LC6S精益建造管理

——理论、模式、工具、方法与实践

秦长金 王江林 陈海涛 ◎ 著

UNITY PRESS 团结出版社

图书在版编目（CIP）数据

建筑·工程　LC6S 精益建造管理：理论、模式、工具、方法与实践 / 秦长金，王江林，陈海涛著．-- 北京：团结出版社，2023.10

ISBN 978-7-5234-0506-2

Ⅰ．①建… Ⅱ．①秦… ②王… ③陈… Ⅲ．①建筑工程—施工管理—研究 Ⅳ．① TU71

中国国家版本馆 CIP 数据核字 (2023) 第 197127 号

出　版： 团结出版社
（北京市东城区东皇城根南街 84 号　邮箱：100006）

电　话：（010）65228880　65244790

网　址： http://www.tjpress.com

E-mail： zb65244790@vip163.com

经　销： 全国新华书店

印　刷： 三河市荣展印务有限公司

开　本： 185mm × 260mm　16 开

印　张： 31

字　数： 696 千字

版　次： 2023 年 12 月第 1 版

印　次： 2023 年 12 月第 1 次印刷

书　号： 978-7-5234-0506-2

定　价： 118.00 元

序

中建三局的项目管理一直走在行业前列，从试点“鲁布革经验”到形成“珠海模式”，从“441 计划”到精益建造，中建三局始终代表着行业的先进生产力水平。进入新基建发展阶段，建筑业正在迎来深刻变化。工程项目总承包（EPC）、全过程工程咨询、投建营一体化等新的建筑组织方式对我们的产业链融合、资源要素整合、组织运营体系提出新的考验；绿色建造、智能建造、新型建筑工业化（PC）以及建筑工业 4.0、BIM、物联网、大数据、云计算、5G、新材料等新理念、新技术、新方法日新月异，需要我们不断培育新的竞争优势；安全质量监管趋严，人口老龄化，碳达峰、碳中和等社会环境变化对企业治理能力提出更高的要求。我们要有更高远的抱负和追求，瞄准和跟踪全球建造领域最新管理模式、最新技术、最新标准，推动项目管理大变革，创造更多领先优势，输出更多行业标准，真正实现世界一流。

精益建造是精益思想在建筑施工生产中的具体应用，是建筑业发展的基石。精益建造管理是用精益思想统筹建筑企业管理，不仅是一种管理方式，更是一种管理哲学、管理文化，是全方位、全过程的管理，融入建筑企业各项运营管理活动中，从推进精益建造管理入手，实现完美履约，是“利当前、谋长远”的重要举措。

精益建造管理是通过卓越管理，打造匀质化、标准化的高品质履约服务，为全社会提供独树一帜、难以模仿的服务品牌。我们中建三局要树立“完美履约、品质至上”的理念，通过“完美履约”来实现客户 / 业主对中建三局品牌的认知，最终形成鲜明的差异化竞争优势，实现企业增长由市场营销模式转向品牌服务模式的深刻变革。不单是简单的提升产品质量，也不是简单的提升现场履约效率，而是提升以“完美履约”为要求的整体服务体系能力，在打造完美单个产品的同时，提供更全面的匀质化服务。

精益建造是推进建筑生产方式变革、提升项目优质均质履约能力、深化低成本运营的系统性方案，是中建三局赢得市场的核心优势。我们要将精益建造作为区别于行业内其他企业的鲜明特征，并将精益建造理念发展为争先精神的重要内涵。我们经过多年摸索才在建筑工程领域形成的科学的精益建造管理方法和体系，需要精益建造理念的支撑才能在新基建、厂房、机场等新领域有效复制，我们要在争先文化的强大精神引领下形成企业稳定的运营管理优势。

凤凰涅槃、鹰之重生都需要极大的勇气和毅力。中建三局人应该有这样的精神、文化、理想和作为，要持续不断地推进精益建造管理并走深走实。坚持通过持续的精益建造管理提升，将精益建造变成项目内生发展的动力，让人人都知道精益建造、了解精益建造、践行精益建造，推动中建三局从优秀迈向卓越！

2023 年 9 月

前言

随着房地产和建筑行业的不断发展，建筑生产过程中存在的资源浪费和生产效率低下等一系列问题日益凸显，长期形成的传统项目管理模式已不再具有竞争优势，不能满足建筑业高质量发展的要求。建筑业迫切需要引入先进的生产管理理论和科学的生产管理模式，以提高建造品质及降低建造成本的精益化管理体系成为建筑行业的必然选择。

近年来，中建三局及其所属子企业如中建三局一公司等在借鉴丰田精益生产中的精益思想、理念、原则、方法的基础上，结合建筑行业自身的特点，进行了广泛的实践探索与理论升华，提出了“精益建造，完美履约”的战略，开创性地完善和发展并形成了独具建筑行业特色的精益建造模式：即面向建筑产品的全生命周期，在保证质量安全、工期合理、资源消耗最少的前提下，通过优化、改造、变革传统项目管理模式，构建以整体建造移交为目标的新型项目管理模式，致力于提高效率、提升品质，最大程度地满足客户 / 业主要求，持续降低施工建造成本，提升项目利润的系统方法。

中建三局特色的 LC6S 精益建造体系，秉承了“创新、协调、绿色、开放、共享”的新发展理念，基于建筑工程项目管理全业务、全专业、全过程、全要素、全价值链的更加宽广的视角，以“准时生产（JIT）、并行工程（CE）、末位计划者体系（LPS）、价值工程（VE）、全面质量管理（TQM）、6S 管理系统”精益生产理论、方法体系为指导，深入践行“减少和消除建筑施工全过程中的浪费和不确定性”的精益生产核心思想原则，通过深化设计、优化设计、精益设计、精益招采、供应链一体化协同技术、三级四线计划体系、工序穿插施工、精益成本管理等方面完成项目管理策划，搭建起安全建造体系、优质建造体系、快速建造体系、绿色建造体系、智慧建造体系、低成本建造体系六位一体的 LC6S（Lean Construction 6 System）精益建造管理体系，并贯穿使用“一体化、两图融合、三大样板、四大穿插”等精益建造工具和方法进行落地实施，以精益建造、完美目标的新型工程项目管理模式。LC6S 精益建造管理体系还建立了一套考核评价体系促进项目管理持续改进，实现项目进度、质量、成本、安全、环境等管理目标，不断追求项目完美交付，最大程度地满足客户 / 业主需要。

本书主要结合中建三局及下属一公司近年来精益建造实践与理论总结，广泛借鉴了相关社会成果，从 2015 年开始策划，断断续续编写和完善。初稿成书于 2019 年，成稿后又不断吸收、补充了一些新的研究成果。但作为精益建造一定时期成果的总结，还具有一定局限性，并且强调的是对精益建造思想与理念的深入理解与实践，加之实施过程中有诸多前置条件，并不能简单进行机械应用。但精益建造是开放的，精益建造的核心理念就是致力于持续改善，减少和消除浪费，精益建造重在践行这种理念，重在致力于项目的完美履约交付，致力于满足项目各方需求。

精益建造模式从提升建筑工程项目精益建造水平入手，致力于实现完美履约交付，是建筑企业发展过程中“利当前、谋长远”的重要举措。在未来征程上，企业应不断融合创新、争先文化，大力弘扬工匠精神，深推精益建造，致力完美交付，促进企业从优秀向卓越，高质量持续发展的转型升级，实现建筑行业高质量发展要求。

2023 年 9 月

目 录

第一章

精益建造基本理论

第一节　精益生产与精益建造的定义与内涵

一、精益生产的定义

精益生产（Lean Production）又称精良生产，其中“精”表示精良、精确、精美；“益”表示利益、效益。精益生产就是及时制造，消灭故障，消除一切浪费，向零缺陷、零库存进军。精益生产综合了大量生产与单件生产方式的优点，力求在大量生产中实现多品种、高品质、低成本生产。

二、精益建造的定义

精益建造是由精益生产延伸而来。只不过精益生产是流动的产品和由固定的人来生产。精益建造是固定的产品由流动的人来生产。精益建造借鉴了精益生产的思想及其工具、方法，并应用于建筑业。

中国精益建造技术中心把精益建造定义为：综合生产管理理论、建筑管理理论以及建筑生产的特殊性，面向建筑产品的全生命周期，持续地减少和消除浪费，最大程度地满足顾客 / 业主需求的系统性方法。与传统的项目管理相比，精益建造更强调面向建筑产品的全生命周期，持续减少和消除浪费，把完全满足客户 / 业主需求作为终极目标；是一种为建筑业企业设计的，以尽量减少材料和时间上产生的浪费（没有价值的活动），并努力为客户 / 业主创造最大价值的一种生产系统。

三、精益建造的内涵

以精益生产理论为基础，以精益思想原则为指导，对工程项目建设过程进行重新设计，在保证质量、合理工期、消耗较少资源的条件下，消除建筑施工过程中的浪费和不确定性，不断追求完美履约，全面满足相关方需求，是以建造移交项目为目标的新型工程项目管理模式。

四、精益建造基本理论观点——TFV

生产过程存在三种生产理论，即生产转换理论、生产流程理论和价值理论。Koskela 对生产转换理论、生产流程理论和价值理论进行整合，提出了一套新的理论：TFV（Transformation-Flow-Value）理论。内容如下：

（1）生产流程理论认为生产过程是随着时间和空间的变化，从原材料到最终产品的物流或信息流的流动过程。生产流程理论是从生产管理角度来考虑的，其目标是消除浪费。在管理过程中，遇到问题经常返工，这种情况通常是以牺牲价值为代价。

（2）生产过程是从原材料到最终产品的物流或信息流。在流动中，材料被处理（转换）、检查、等待或移动，这些活动在本质上是不同的。处理代表了生产过程的转换方面；监视、移动和等待代表了生产过程的流动方面。所有的活动都花费成本和耗费时间，只有将材料或部分信息转移到产品上的转换活动才增加价值。所以控制的重点除了在于提高转换活动（增值活动）的效率之外，更在于尽量地减少或消除不增值活动。

（3）价值理论认为，生产过程是为最终用户增加价值的过程，其最主要的目标是以客户 / 业主为中心，尽可能使得价值最大化。它强调生产企业与最终用户之间关系的转变，企业生产的目标应该同最大化地满足客户 / 业主需求结合起来，消除企业与客户 / 业主之间的矛盾关系。价值生产模型的管理原则就是消除价值损失，即已经获得的价值与可能获得的价值之间的差值。在价值理论中，由市场需求来决定设计图的目的和意图。因此在设计开始阶段，设计人员就结合客户 / 业主的需求来设计产品，从而使得客户 / 业主价值最大化。在生产管理过程中，项目团队成员与客户 / 业主不断地交流，最终把客户 / 业主的需求准确地转化为设计方案，设计出个性化产品。

五、精益建造核心理论

从理论上讲，精益建造之所以先进，主要在于其两大核心理论的支撑。

1.TFV 理论

该理论指出建造生产过程与一般生产过程具有共性，精益生产原则是可以应用到建筑业中的。基于TFV生产理论，从转换、流动和价值生产三个角度理解建筑生产过程。通过实施任务管理、过程管理和价值管理，在交付项目的同时，达到最小化浪费、最大化价值的目的。

（1）任务管理是从转换的角度，考虑为实现项目交付必须做什么，着重于管理为完成项目所需要的生产系统的设计。管理的内容包括对与建筑生产相关的单个合同和定制合同，以及支付、奖金、索赔和罚款等管理。此外，还要处理目标日期、延迟和考勤等事项。其成功标准是及时移交、低成本和零库存。任务管理是个非常正式的管理，其中附有大量的规则，是一种硬性管理。

（2）过程管理是从流动的角度，考虑什么不必要做，并做得越少越好，着重于管理建筑产品的生产过程。主要目标是确保高效率的、可以预测的产品流以及消除浪费。隐含的目标是确定参与建设项目各方，特别是现场工人之间富有成效的合作。成功的标准是避免产生错误和消除错误产生的源头。过程管理注重合作、尊重、谅解，其实质是软性管理。它的目的不是最好，而是使所有参与方在一个平等的基础上参与管理。

（3）价值管理是从价值创造的角度，考虑以可能的最好的方式满足客户 / 业主的需求，确保交付的价值满足客户 / 业主的需要。价值管理通常与市场和服务紧密联系，主要关心与价值相关的过程，强调理解客户 / 业主的表达的和默许的价值参数，并尽量确保项目完成这些参数。价值管理是以一种柔性的、基于服务的方式完成客户 / 业主的价值和以一种更硬性的方式完成产品系统（硬性方式的实质是集中于完成合同项目而不是产生过程价值）。客户 / 业主满意是其最重要的成功标准。

2. 拉动式计划管理体系

传统的建造模式是以推动形式开展的，缺陷在于未能真正考虑客户需求，存在一系列风险。拉动式计划管理体系也叫末位计划者体系（LPS），该计划体系是根据任务管理和流程管理而实施的计划控制体系，往往控制计划编制始于末位工作者，倒逼前端计划的编制实施，有利于提高计划的可靠性，确保项目按正常工期履约，大幅度提高施工建造效率。

第二节 精益建造核心技术

一、末位计划者体系（LPS）

精益建造将建筑生产看成是一个复杂动态的过程，强调权力下放，计划应基于现场条件制定并且计划周期以短为宜。在末位计划者体系（Last Planner System）内下一周期（通常为一周）工作所需资源计划由工作流末位人员（通常是现场管理人员如工长、班组长等）制定，计划自下而上汇总，运用完成计划比指标 PPC（Per Plan Completed）对每一周期的计划完成情况进行考核评价。末位计划者体系是一个基于项目计划的精益生产和管理系统。末位计划技术是一种精益生产管理思想，主要是在项目运作的组织和管理中应用精益原理。运用 LPS 对项目在成本、工期、质量和安全四个方面同时进行改善。

二、准时生产制度（JIT）

JIT（Just In Time）是精益生产的典型特征。它指的是一种生产系统，在这种系统里，生产过程中的商品运动时间与供应商的交货时间经过了仔细的安排，在作业过程中的每一步，下一批（通常批量很小）都会恰在前一批刚结束时到达，因此才称之为准时。这样的系统不存在等候加工的空闲时间、人工、材料与设备。

三、6S 管理系统

6S 管理系统主要指对建筑施工现场的人员和施工原材料及使用的机械设备等方面的内容进行综合的管理，在对施工现场的管理中可对影响建筑工程的各种因素的影响程度有效降低。这一管理理念在建筑施工现场管理中起到较明显的作用，其中 6S 管理理念主要包括整理、整顿、清扫、清洁、素养及安全六个方面的内容。

四、并行工程（CE）

并行工程（Concurrent Engineering）是对产品及其相关过程（包括制造过程和支持过程）进行并行、同步、集成化处理的系统方法和综合技术。它要求产品开发人员从设计开始就考虑产品寿命周期的全过程，不仅要考虑产品的各项性能，如质量、成本和用户要求，还应考虑与产品有关的各工艺过程的质量及服务的质量。它通过提高设计质量来缩短设计周期，通过优化生产过程来提高生产效率，通过降低产品整个寿命周期的消耗，如产品生产过程中原材料消耗、工时消耗等来降低生产成本。

五、全面质量管理（TQM）

全面质量管理（Total Quality Management）就是以质量为中心，以全员参与为基础，目的在于通过让客户 / 业主满意和本组织所有成员及社会受益而达到长期成功的管理途径。基本方法可以概况为四句话十八字，即：一个过程，四个阶段，八个步骤，数理统计方法。

1. 一个过程

即企业管理是一个过程。企业在不同时间内，应完成不同的工作任务。企业的每项生产经营活动，都有一个产生、形成、实施和验证的过程。

2. 四个阶段——PDCA

根据管理是一个过程的理论，美国的戴明博士把它运用到质量管理中来，总结出“计划（plan）—执行（do）—检查（check）—处理（act）”四阶段的循环方式，简称 PDCA 循环，又称“戴明循环”。

3. 八个步骤

为了解决和改进质量问题，PDCA 循环中的四个阶段还可以具体划分为八个步骤。

（1）计划阶段：分析现状，找出存在的质量问题；分析产生质量问题的各种原因或影响因素；找出影响质量的主要因素；针对影响质量的主要因素，提出计划，制定措施。

（2）执行阶段：执行计划，落实措施。

（3）检查阶段：检查计划的实施情况。

（4）处理阶段：总结经验，巩固成绩，工作结果标准化；提出尚未解决的问题，转入下一个循环。

4. 数理统计方法

在应用 PDCA 四个循环阶段、八个步骤来解决质量问题时，需要收集和整理大量的资料，并用科学的方法进行系统的分析。最常用的七种统计方法，它们是排列图、因果图、直方图、分层法、相关图、控制图、统计分析表。这套方法是以数理统计为理论基础，不仅科学可靠，而且比较直观。

六、价值工程（VE）

价值工程（Value Engineering）是指以产品的功能分析为核心，以提高产品的价值为目的，力求以最低寿命周期成本，实现产品使用所要求的必要功能的创造性设计方法。价值工程的基本思想是以少的费用换取所需要的功能。价值工程涉及价值、功能和寿命周期成本三个基本要素，它把价值 V 定义为某产品所具有的功能 F 获得该功能的全部费用 C 之比，即 $V=F/C$。

第三节　中建三局精益建造实践（一）——LC5S 精益建造体系模式及其运行

一、企业简介

中建三局第一建设工程有限责任公司（以下简称中建三局一公司）始建于 1952 年，经过 71 年的发展，已成长为合约额超 1200 亿元、营业收入超 500 亿元的国有大型建筑施工企业，近年来持续位居世界 500 强企业中国建筑集团旗下三级号码公司排头兵地位，是全国第三家、中建集团首家三级法人单位，施工资质全行业覆盖的“三特三甲”企业，拥有 12 项住建部核准资质，现有职工 5700 余人。

秉承“敢为天下先，永远争第一”的企业品格，20 世纪 80 年代，中建三局一公司在深圳先后缔造了“三天一层楼”的“深圳速度”和“九天四个结构层”的“新深圳速度”；20 世纪 90 年代，以“标价分离、过程精品、CI 形象”为核心内容的“珠海模式”，引领了业界项目管理的变革，被住建部在全国推广；进入新世纪，中建三局一公司建成 492m 的上海环球金融中心，承建的央视新址大楼被誉为建筑界的“哥德巴赫猜想”；进入新时代，中建三局一公司主体参建雄安第一标——雄安市民服务中心，112 天交付使用，打造绿色、智慧、优质、平安的微缩版“未来之城”，缔造了新时代的“雄安质量”。

中建三局一公司始终与国家发展同频共振，转战三线、扎根荆楚、出征特区、辐射全国、扬帆海外，工程遍布国内 16 个省份（直辖市、自治区）50 余座城市及中亚、中东、东南亚、东非、南美、东欧等地区，年均竣工面积 600 余万平方米；

并形成了设计、投资、建造、施工、运营等涵盖建筑行业全产业链的业务格局，在建筑企业标准化、信息化、数字化、工业化、BIM、铝模、低碳绿色建筑、精益建造等方面进行了深入的探索和实践，致力将企业打造成为最具市场竞争力的国际一流建筑综合服务商。

中建三局一公司先后 73 次获鲁班金像奖和国家优质工程奖（含参建），获得全国最佳施工企业、全国用户满意施工企业、全国质量效益型施工企业、全国质量管理先进企业、全国守合同重信用企业、全国文明单位等众多荣誉称号。

二、文化理念体系

中建三局一公司在发展中，孕育并催生了争先文化。71 年的发展历程，争先的基因已经融入公司肌体中，成为一次次勇立潮流、拓荒前行的不竭动力，“品质保障、价值创造”已经成为全员共识，并由此形成了自己独特的品质文化体系：20 世纪 80 年代初，首批试点鲁布革项目管理模式（项目法施工雏形）；90 年代初，开创以项目法施工为核心的“珠海经验”（量价分离、管理责任承包），在全建筑行业推广；2009 年开始，率先建立标准化、信息化管理体系，“两化融合”引领行业新潮流；2016 年开始，为破解因企业规模持续快速增长、管理边界不断拓展、运营风险不断增加所产生的高质量发展瓶颈，中建三局一公司率先引入制造业“精益生产”理论，经过多年的探索实践，逐渐形成了具有建筑业独特特性并与企业管理实践紧密结合的精益建造品质文化体系。

1. 体系愿景：系统提升行业管理水平

精益建造就是面向建筑产品的全生命周期，持续地消除浪费，提高效率、提升质量，最大程度地满足客户 / 业主的要求，实现利润最大化的系统方法。精益建造的本质是持续改进提升，是精益思想在施工生产中的具体应用，是精益管理最核心体现。

针对粗放型的传统生产方式效率较低、产品品质较差、资源浪费较大、运维成本较高的特点，中建三局一公司聚力研究建筑行业精益建造模式、方法、体系，旨在大力倡导项目管理从粗放型向集约型、精细化发展，“精准对焦”建筑业转型升级，实现节能减排，提高建筑工程品质、施工效率和效益。

经过探索，中建三局一公司确立了由一项本质、一种手段、四种方法、五项管理、两项目标构成的精益建造体系。以持续改进为本质，以信息技术为依托的智能化管理为技术手段，通过团队职业化、工作标准化、行为规范化、考核数字化的工作方法，全面实施精益设计管理、精益计划管理、精益质量管理、精益安全管理、精益成本管理，最终实现客户满意＋利润最大化的战略目标。

2. 体系沿革：三年行动融合理论实践

2016 年引入“精益建造”理念后，中建三局一公司多次邀请知名咨询机构开展精益建造理论研究，并结合企业实际情况制定了“223”① 推进路径，开展第一个“精益建造三年行动”。

2016 年在深圳万科项目开展“云城模式”试点，逐步形成以精益建造思想为内

① 即“从企业、项目两个层面为着落点，企业层面分为两个阶段推进，项目层面分为三个阶段途径”。

涵，精益管理技术方法为核心的项目管理模式。

2017 年将精益建造理论成果化、制度化，相继出台一系列指导文件及考核评价标准。

2018 年搭建 LC5S 精益建造体系，将精益建造体系升级为优质、快速、绿色、智慧、低成本五维一体的“LC5S”精益建造特色管理体系，同步开发精益建造工具化应用软件。

3. 体系内容：LC5S 特色精益建造体系

中建三局一公司 LC5S 精益建造体系是指优质、快速、绿色、智慧、低成本五维一体的建造体系。

（1）优质建造体系着重于管理建筑产品的生产过程，消除浪费，打造过程精品。以设计管理为龙头，建立一体化施工、两图（建筑图和结构图）融合、三个样板（结构样板、工序样板、交付样板）、工艺标准化、安全标准化、质量风险管控等一系列过程管控制度方法，全面提升工程品质。

（2）快速建造体系主要突出穿插提效的核心理念，在落实精细化管理的基础上，从三级四线计划体系（一级、二级、三级节点计划，报建、设计、招采、建造四线计划）、快速启动、招采前置、四大穿插模型（地下室穿插、地上室内穿插、外立面穿插、室外工程穿插）等方面进行提效，建造过程资源均衡投入、工序衔接紧凑，以空间换时间、全面提升建造工效。

（3）低碳绿色建造体系内涵代表着实现绿色发展，通过构建环境管理体系，积极推进创新型、环保型工艺技术，打造资源节约型、环境友好型企业，全面提升绿色低碳施工建造能力。

（4）智慧建造体系利用信息技术以及互联网＋平台，与互联网、物联网进行深度融合，在企业自主开发的 DSS、IMS、PMS 三级信息系统基础上，形成信息系统＋物联网技术＋ BIM 应用集成模式的智慧工地管理系统，全面提升智慧建造能力。

（5）低成本建造体系以设计、招采、工艺、技术为抓手，通过业务系统联动，融合设计优化、工序穿插、一次成优、招采先行等措施实现降本增效，全面提升精益化成本管控能力。

三、中建三局一公司精益建造高质量发展的成效

中建三局一公司作为建筑行业“国家队”，在 71 年的发展历程中一直与共和国同频共振。在争先文化的引领下，公司勇立行业潮流，多次引领行业变革，在“品质保障，价值创造”的指导下，公司党委高度重视品质文化的建设，不断探索品质发展的有效路径，形成了具有鲜明争先文化因子的特色品质文化。2016 年，公司在自身品质文化建设积淀的基础上，引入制造业“精益制造”理念，并制定三年行动计划，开启精益建造子文化搭建、实践、总结、应用之路，并取得了良好的效果。

1. 立体传播宣贯深植精益建造理念

精益建造不是简单地将精益生产的概念应用到建造中，而是根据精益生产的思想，结合建造的特点，对建造过程进行改造，形成功能完整的建造系统——精益建造

模式。让公司全员上下了解、接受这种新模式是推进文化落地的第一步。理念深植，传播先行，从 2016 年开始，公司开展立体传播宣贯，深植精益建造理念。

通过大型活动传播理念。2016 年 11 月，公司承办中建三局第二届企业文化论坛，在福州京东方项目率先推出精益建造成果展示，以“四化”夯实精益建造基础：工作标准化以工程局“三个标准”为基础，结合公司精益建造管理目标，出台《公司精益建造评价标准》，包含《项目进度计划节点考核实施细则》《质量管理检查考核实施细则》《安全生产监督检查与评价细则》，构成公司现阶段精益建造评价体系；行为规范化通过现场临建标准、安全防护措施推进、工艺工序打造，以此规范现场管理行为；团队职业化则以职业化精神，用精益建造和完美履约，为客户 / 业主和社会提供建筑全生命周期的高端专业服务；考核数字化通过建立覆盖“组织、部门、个人”的三级绩效考核体系，在考核指标数据化、考核结果数字化两个方面，建立基于客观数据的考核联动机制，同时运用信息化手段使之自动化。

2018 年，公司在全司范围内组织开展了以推进精益建造为主题的“创标杆提品质”活动，选取了 46 个项目作为公司级试点，推动精益建造的落地实施。各单位积极参与标杆创建，增设了 34 个分公司级标杆项目，通过开展内外部交流观摩、竞赛评比等活动，形成比学赶超的浓郁氛围，全面推进精益建造的实施。同时，公司通过在标杆项目举办的观摩会激发精益建造品牌影响力：武汉滠悦苑项目接受行业内外交流观摩及业主考察 60 余次，万科云城项目承办以“管理过程精细化、穿插施工一体化”为主题的全国机电安装观摩会，GE 生物科技园、天津融创城北苑、南科大二期三标、龙湖杨泗港等项目均召开了省级观摩会，有效彰显了公司品牌。

通过系统培训提升管理。公司工程部结合公司生产管理实际，整合相关制度及经验总结文件，搭建起了公司 LC5S 特色精益建造体系，主导编制了《中建三局住宅工程精益建造实施指南（1.0 版）》，并通过系统培训全面提升员工实施精益建造能力。举办标杆项目经理培训、项目策划大赛、精益建造专项检查评比等活动，并通过实战演练锻炼团队技能、提升项目管理水平，营造全司范围内标杆比武的氛围。以专项检查为契机，在分公司机关和项目层面广泛开展精益建造培训，特别是对标杆项目取得的精益建造成果进行重点宣讲，加深各级机关及项目部对精益建造的理解，变被动应用为主动实施。

通过宣传创造浓郁氛围。通过持续化内部宣传凝聚文化向心力，在公司内部宣传平台开设“精益建造”相关专栏，公司杂志刊登理论文章、经验交流等，公司微信公众号针对重点实施项目如福州京东方、万科云城、武汉滠悦苑等开展跟踪报道，挖掘精益建造好做法、选树精益建造达人典型，营造良好的舆论氛围。2017 年开设“争先雄安”专栏聚焦绿色智慧建造，多次组织写手团采风报道，2018 年开设“创标杆提品质”专栏，刊登相关报道三十余篇。通过外部爆点宣传积累美誉度和口碑。利用典型项目、经验成果、重大活动等传播公司精益建造推广经验，并召开新闻发布会，集中发布推广公司精益建造文化建设成果、推广进度。

2. 落地标杆项目形成示范引领效应

"火车快不快，全靠车头带"。公司在推行精益建造品质文化过程中，选取多个标杆项目，集中优势兵力率先推行，取得了以点带面的良好效果。

"大兵团作战"打前站：2015—2016年，公司在世界单体面积最大的洁净厂房——95万平方米福州京东方的建设中首先运用精益建造思想。快速集结的兵团作战，高效有序的资源组织，精细入微的计划管理，近乎严苛的质量控制，福州京东方创造的"福州速度"广受社会各界称道。

"云城模式"出实绩：秩序井然的工序穿插，紧密衔接的专业施工，网格管理的体系建设，以深圳万科云城项目为代表的精细管理"云城模式"，吸引众多同行考察观摩，2018年中建三局发文全局推广。

"雄安质量"赢口碑：雄安市民中心项目总建筑面积10.33万平方米，是雄安新区面向全国乃至世界的窗口，项目高度集成结构、保温、隔音、水电、暖通、节能、装修于一体的模块化建筑部件，采用机电设备安装数字化预制加工，全系统工业化预制、现场装配施工，从开工到钢结构封顶仅用41天，从开工建设到竣工交付仅用了112天，完美践行了"快速建造"。

"滠悦苑品质"树典型：项目总建筑面积约25.6万平方米，地下2层，地上最高48层，合同工期770天。项目通过使用一体化施工、两图融合、三个样板及安全质量风险防控等集成的精益建造工具，在品质提升方面取得显著成效，是公司精益建造体系孵化出精品建造的典型性代表工程。

"武汉京东方施工"显智慧：2018年开工的武汉京东方项目总建筑面积140万平方米，是全球最新世代、最大尺寸液晶面板生产厂房。项目深入践行绿色、低碳、智慧建造理念，融合BIM、物联网、大数据、人工智能、虚拟现实技术等一系列科技智慧产品，生成独创的"智慧工地管理平台系统"，打造施工现场管理、生产、监控和服务数字化、信息化工地，成功举办全国绿色智慧建造技术交流暨现场观摩会。

3. 持续优化内涵搭建共赢发展平台

从引入精益思想，到发布精益建造三年行动方案，到形成优质、快速、绿色、智慧、低成本五维一体的LC5S精益建造特色管理体系，中建三局一公司通过理论推动实践，又根据实践来丰富完善理论，不断深入研究、持续优化内涵。秉承"拓展幸福空间"的企业愿景，公司持续推进精益建造品质文化落地应用，为促进建筑行业降本增效、提档升级贡献央企担当。

精益建造促进社会绿色发展。通过精益建造理论引导施工企业向工业化和集成化发展；有效的管理会降低环境影响，促进社会绿色发展；其所建造的高品质住房可满足大众对美好生活的需求，赢得社会认可；合理工序穿插，有序流水施工，减少了人工需求，缓解劳动力紧张形势。

精益建造为建设方缩短工期。相对于传统建造模式可节省18%以上的建设工期，减少后续运维成本，加速资金回流。以武汉滠悦苑为例，传统超高层住宅项目平均工期约为785天，滠悦苑472天内就能完成，整整提升了313天工期。

精益建造为施工方降本增效。以10万平方米的住宅工程为例，通过精益建造的实施较传统施工方法，水电等能源消耗降低约20%，建筑垃圾减少约2000吨，人工效能提升约14%，渗漏、空鼓、开裂等质量通病发生率降低80%，极大地减少了资源浪费，有效提高了人均效能，降低施工成本。

精益建造为建筑工人谋福祉。精益建造能有效提升安全文明施工水平，极大改善作业环境，进一步保障工人职业健康权益，并推动了建筑工人产业化发展，提升工人操作技能，让工人工作更加稳定，职业化水平更高，同时收入也得到较大提高。

品质文化建设永远在路上，精益建造追求“零窝工”“零返工”“零缺陷”“零事故”“零浪费”“零投诉”，是公司实现高质量发展的有效路径和重要文化支撑。公司不断深入探索，聚力解决项目建设过程中出现的验收程序与精益建造方法不匹配，建设参与方理解度不够、产业链不成熟、工人职业化水平不高等现象，同时积极联合政府部门、建设方、设计方等全面参与，集合社会各界力量促进建筑立法层面加快对《建筑法》等法律法规的修订、增加有关工程总承包（EPC）合同的必要法律规定、在BIM应用层面推进精益建造与“物联网+”融合等措施，推动物联网、BIM等信息技术在项目深度应用，促进精益建造在行业内的健康发展。2019年初，中建三局一公司发布了第二个“精益建造三年行动方案”，将精益建造品质文化从住宅工程推向公建、基础设施等多元化领域。持续推进精益建造体系在全司的推广应用，并进一步探索模式升级以及与全行业共享的方式方法，在引领公司高质量发展的同时，为整个建筑行业管理升级作出应有的贡献。

4. 五个能力

将精益建造作为企业的核心竞争力来培育，致力推进“全面策划管理能力、综合计划管理能力、设计施工一体化能力、资源采购体系化能力、现场管理智能化能力”五种能力建设，实现高品质履约服务，全面满足客户 / 业主需求。

5. 五件套工艺

铝模板工艺+爬架工艺+全剪现浇外墙+精砌薄抹灰+工序穿插。

6. 三全范畴

全业务、全过程、全专业。全业务指将精益建造体系拓展到房建、公建、基础设施、市政工程等公司涉足建筑施工业务领域；全过程指将精益建造体系从建造向报建、设计、招采延伸；全专业指将精益建造体系运用项目总承包（EPC）思想，统筹土建、安装、钢构、园林等各专业管理。

7. 六个零目标

追求建筑业“零窝工”“零返工”“零缺陷”“零事故”“零浪费”“零投诉”的精益建造目标，降低建筑行业综合能耗，释放社会生产活力，支撑国家经济高质量发展。

第四节　中建三局精益建造实践（二）
——万科云城项目模式

万科云城模式是以精细化管理为核心，以一体化设计与施工及合理工序穿插施工为主线，践行策划先行理念，探索应用先进工艺工法，打造高端品质工程，实现“精益建造、完美履约”的管理模式。

一、项目概况

万科云城项目位于深圳市南山区，是集酒店式公寓、超高层写字楼和产业用房为一体的特大型综合体工程，总建筑面积72万平方米，分六期施工，地基基础类型为天然基础，车库为现浇钢筋混凝土结构，主楼为框架或框架剪力墙结构，六期1栋超高层写字楼建筑面积约18万平方米，建筑高度246.6m。于2015年6月正式开工建设，如图1-1所示。项目针对“工序精细、工艺创新、工期节省”的管理要求，以精益建造作为核心思想，从精细化、标准化、流程化入手，优化资源配置方案，统筹分包单位工序衔接，应用先进工艺工法，建立起全面系统的管理标准、工作标准和生产标准。

图1-1　万科云城项目

二、项目核心策划及实施效果

万科云城项目施工策划是对施工全过程中的管理职能、管理过程以及管理要素进行全面、完整、总体地计划和安排。规划实施项目目标的组织、程序和方法，落实责任。从精细化、标准化、流程化入手，厘清履约过程和施工组织关系，聚焦管理方向、管理动作、管理目标，实施前起到未雨绸缪的奠基石作用，有效地提高施工管理的计划性、预见性，规避管理风险，合理配置资源，使项目管理在实践中始终保持正常轨道运行。

三、施工一体化策划

由分公司牵头，与项目策划小组共同研究制定一体化施工方案。根据既定的管理目标，从施工部署、工期计划、平面布置、质安管控、新技术新工艺应用等方面，层层分解，制定翔实的专题策划案，实现过程管理有标准、管控有措施、执行有主次。

万科云城项目一体化主要策划通过方案比选，优缺点分析，最终实施项多达 11 个方面，比如铝模、爬架、免抹灰等优秀工艺。表 1-1 为部分策划实施效果。

表 1-1 万科云城项目一体化策划

序号	工艺	优点 / 特点
1	铝模	功效高、成型效果好、超高层经济
2	爬架	缩短工期、提升形象、超高层经济
3	结构免抹灰	减少湿作业、绿色施工、经济
4	BIM 技术	深化设计、形象生动
5	轻质隔墙板与轻钢龙骨	工厂加工、安装便捷、减少湿作业
6	高精砌体薄抹灰	替代传统加气块与抹灰施工
7	安装预埋一次成型	随结构预埋、减少渗漏
8	精准收面技术	混凝土成型质量好
9	装配式栏杆	可充当安全防护、效率高
10	预制组合立管	加工进场、质量好、功效高
11	超高层悬挑结构施工	混凝土优化成钢结构、功效高

铝模建模及节点深化设计精细化，确保下料准确无误，浇筑观感好，垂、平尺差控制好。本工程高层公寓、办公楼标准层全部采用铝模体系，加快主体结构施工工效，提升实体质量和观感，同时增加工程整体形象，效果图如图 1-2 所示。

图 1-2 云城项目铝模效果图

充分运用技术手段提前进行爬架建模深化，采用自升式爬架随主体上升时，外立面、室内也同时向上层施工。缩短工期，提升外立面观感，增加工程整体形象，如图 1-3 所示。

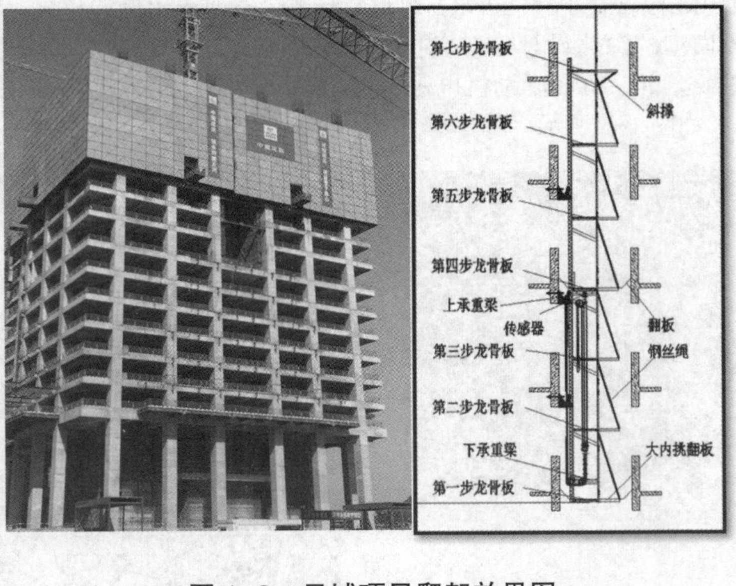

图 1-3 云城项目爬架效果图

地上结构全部要求达到外墙免抹灰条件，外墙腻子随主体结构穿插施工。免抹灰减少湿作业推行绿色施工。通过主体结构垂、平尺差的良好控制和室内轻质隔墙板的应用，避免了抹灰施工，在缩短工期减少成本的同时，消除了空鼓开裂造成的打凿修补，减少建筑垃圾的产生。

预制内墙板：采用工厂预制加工，强度高，耐火性好，隔音隔热性较好，空心内墙板质量轻墙板面积大，现场安装方便快速，整体性及稳定性较好，比传统砌块产生建筑垃圾少。内隔墙采用轻钢龙骨石膏板隔墙，极大减少湿作业，有效地节约人工，加快施工进度，如图 1-4 所示。

(a) 正面

(b) 侧面

图 1-4 云城项目轻质隔墙板与轻钢龙骨效果图

充分利用 BIM 模型在土建、机电、幕墙、精装等专业深化设计和自动出图的功能，进行基于 BIM 模型的深化设计，重点在机电安装方案建立 BIM 模型和信息录入，达到 BIM 辅助图纸会审、BIM 辅助机电进行深化设计、样板区模型展示等目的，为施工创造有利条件，如图 1-5 所示。

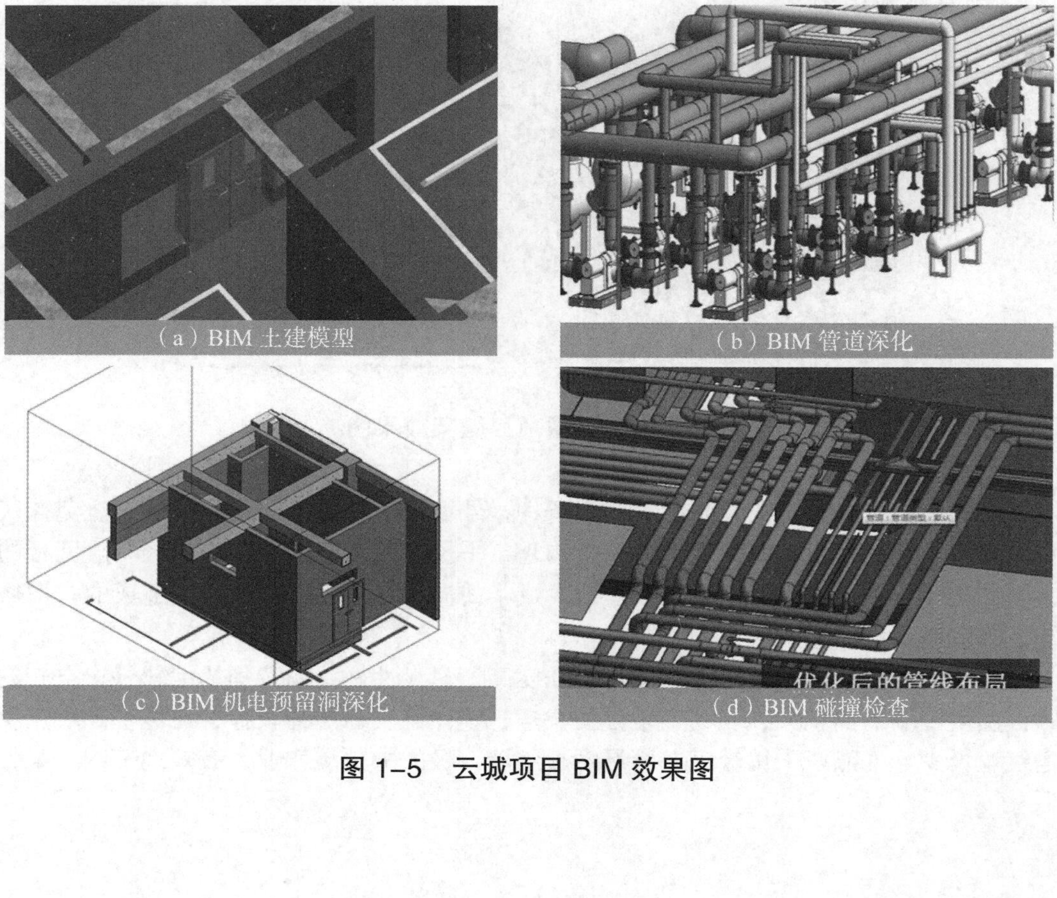

（a）BIM 土建模型

（b）BIM 管道深化

（c）BIM 机电预留洞深化

（d）BIM 碰撞检查

图 1-5 云城项目 BIM 效果图

四、工序穿插策划

主体结构标准层控制在 5 天一层，室内塔楼各楼层按计划有序展开水电管线安装、电缆桥架安装、窗框安装、栏杆安装、内墙板安装及消防管线安装等工序穿插，采用结构装修一体化流水作业施工工法，改变了过去主体结构封顶 1 年后甚至更长时间竣工验收的局面，在主体结构封顶后 6 个月内进行竣工验收，同时完成室内精装修达到交楼标准，大大缩短项目整体开发周期，整体效果如图 1-6 所示。

五、实施经验总结

通过策划先行，指导项目施工。尽管取得显著成效，但在具体实施过程中，仍然需要重视一系列细节，才能确保项目整体预定目标的实现，见表 1-2。

图 1-6 云城项目工序穿插策划整体效果

表 1-2 云城项目注意事项及解决方案

序号	注意事项	解决方案
1	各工序穿插施工前业主方设计图纸完备、分包合同完善是穿插施工顺利进行必备前提	及时跟踪敦促业主完成设计图纸，提前进行图纸会审及深化设计，避免大量图纸变更。专业分包穿插的前置工作必须按照节点推进，要建立全专业的计划体系，每一个专业要建立全过程的节点控制体系，建立起从设计管理、认质认价、定样定板，到下单生产、生产周期、运输时间的全过程节点，对于甲指分包需同业主一起按照节点推进专业分包招采等工作

（续表）

序号	注意事项	解决方案
2	外墙垂直度、平整度保证	施工过程中不断跟踪检查外墙模板（铝模）垂直度，平整度及方正性，确保结构质量一次成型，局部不满足要求的部位及时进行打磨处理
3	楼层内垃圾必须及时清运	拆完模后及时清运上传（铝模材料不得放于爬架、飘板上），建筑材料、水电材料归堆放置，垃圾装袋后归堆放置
4	分阶段验收，为室内装修提前穿插创造施工条件	提前与业主、政府建设主管部门沟通，确定分段验收标准
5	楼层断水闭水	完善楼层分段断水，分层多段闭水，提供无水操作环境
6	工作界面划分及移交	穿插施工推荐采用土建大总包＋装修大总包管理模式，前期装修大总包纳入土建总包管理范畴，待土建主要工作施工完成后，可以装修总包为管理主线明确土建精装移交技术标准，严格按照标准进行，逐层移交，重点工序办理移交手续
7	塔吊安装使用	砖胎模施工时浇筑塔吊基础，底板施工前塔吊安装完成
8	设备层施工	提前一个月与业主沟通设备基础施工图纸和装修做法事宜，做好支撑资料确认管理。关注甲方专业设备招采事宜，总包应提前介入，避免后期时间紧迫被动局面
9	砌体及抹灰施工	地下室砌体、抹灰必须优先施工机房层，砌体与抹灰之间合理穿插施工，设备房基础在砌体抹灰完成 30 天内完成
10	施工电梯使用	施工电梯基础应在主体施工完 5 层结构前完成浇筑，主体施工完 8 层结构前，电梯进楼层防护门安装完成，正式投入使用
11	机电工程	对机电安装单位应进行严格穿插前置工期节点管控，对于前期综合管线图纸问题，在机电单位施工前一个月，应要求安装单位完成图纸深化设计，随后进入招采和报审阶段

第五节　云城模式升级 2.0 版

一、工序穿插升级

对于写字楼等公建类型工程以及复杂的住宅工程，在安装、精装等专业施工上，更为复杂，施工内容更广泛，工作量更大。按照工艺分木模、铝模以及装配式三大类，穿插模型如图 1-7 所示。

1. 住宅木模项目穿插工序

N	主体结构层施工
N-1	结构完成未拆模
N-2	结构拆模
N-3	模板吊运、楼层清理
N-4	结构打磨、垃圾清理
N-5	砌体放线及砌体施工
N-6	圈梁浇筑及顶砖施工
N-7	砌体开槽及机电管线安装
N-8	砌体抹灰施工
N-9	楼层清理
N-10	层间断水施工
N-11	天花腻子施工
N-12	墙面腻子及乳胶漆施工
N-13	吊顶及顶棚饰面层施工
N-14	墙面饰面层施工
N-15	地面饰面层施工
N-16	户内防火门安装
N-17	成品保护及保洁照明

2. 住宅铝模项目穿插工序

N	主体结构层施工
N-1	墙体拆模清理
N-2	螺杆洞口封堵
N-3	底模拆除、楼层清理
N-4	室内外窗框、栏杆安装
N-5	内隔墙定位放线及安装施工
N-6	室内水电管线安装
N-7	室内防水及地坪施工
N-8	外门窗扇安装
N-9	隔墙龙骨及管线安装（单侧板）
N-10	隔墙另侧面板安装
N-11	天花找平施工及墙面腻子施工
N-12	吊顶及顶棚饰面层施工
N-13	地面饰面层施工
N-14	户内外、防火门安装
N-15	照明保洁

3. 木模穿插工序

N	主体结构层施工
N-1	结构完成未拆模
N-2	结构拆模
N-3	模板吊运、楼层清理、螺杆洞封堵
N-4	结构打磨、垃圾清理
N-5	砌体放线及砌体施工
N-6	圈梁浇筑及顶砖施工
N-7	走道墙板施工
N-8	支架排布
N-9	桥架安装、走道墙板抹灰施工
N-10	水、电管线安装、精装地面施工
N-11	风、水管保温、精装水平管线施工
N-12	管井立管施工、精装水电管线预埋吊杆施工
N-13	平面线缆布置、精装卫生间防水、保护层施工
N-14	吊顶石膏板封板、墙面钢架安装
N-15	地砖施工、石膏板防锈漆、腻子施工
N-16	墙面石材、不锈钢施工、乳胶漆施工
N-17	五金、灯具、机电末端安装
N-18	现场清理

4. 铝模穿插工序

N	主体结构层施工
N-1	墙体拆模清理
N-2	螺杆洞口封堵
N-3	底模拆除、楼层清理
N-4	砌体放线及砌体施工
N-5	圈梁浇筑及顶砖施工
N-6	走道墙板施工
N-7	支架排布
N-8	桥架安装、走道墙板抹灰施工
N-9	水电管线安装、精装地面施工
N-10	风水管保温、精装水平管线施工
N-11	管井立管施工、精装水电管线预埋吊杆施工
N-12	平面线缆布置、精装卫生间防水、保护层施工
N-13	吊顶石膏板封板、墙面钢架安装
N-14	地砖施工、石膏板防锈漆、腻子施工
N-15	墙面石材、不锈钢施工、乳胶漆施工
N-16	五金、灯具、机电末端安装
N-17	现场清理

图 1–7　云城项目穿插模型

5. 装配式项目穿插工序

N	主体结构吊装及混凝土浇筑
N-1	拆铝模模板，保留支顶体系；拉片头处理；混凝土养护（含外墙淋水）；螺杆洞封堵
N-2	结构修补打磨（包括实测实量质量修补）；预制楼梯灌浆封堵、打胶
N-3	铝模及 PC 支撑立杆拆除转运；室内垃圾清理；砌体、内墙板放线
N-4	预制内墙板、砌体施工 水、电管井内主管安装（含消防、给排水）
N-5	砌体墙顶砖施工；墙板开槽、线管敷设；砌体墙打灰饼、挂网、拉毛； 水、电管井内主管安装（含消防、给排水）
N-6	砌体墙墙面抹灰、内墙板补槽；厨房、卫生间、阳台闭水试验； 地面水管敷设部分加固；水电管井吊洞；水电井砌砖、抹灰
N-7	厨房、阳台地面砂浆找平；厨卫间阳台防水施工； 砌体及内墙板实测实量、问题标记及处理
N-8	阳台天花、墙面防水腻子施工（改造房间）；阳台天花弹性涂料施工； 楼梯间天花、墙面腻子 2 遍磨光、底漆 1 遍、防霉涂料 2 遍
N-9	现浇楼梯间地面砂浆施工及楼层断水施工
N-10	室内门框，露面饰面层及厨卫、墙面砖施工
N-11	室内门包边、乳胶漆及饰面层施工
N-12	门窗、洁具、灯具及厨具安装
N-13	楼层清理照明保洁

图 1–7 云城项目穿插模型（续图）

二、分阶段穿插工艺

对于穿插前置条件偏差，比如专业招采滞后等情况，或者比较复杂的住宅类工程、公建类工程，可分阶段实施工序穿插。在一般情况下，设计图纸基本齐全，招采基本完成的情况下，在主体结构施工至第五层时即具备砌体内隔墙等工序穿插施工条件，后续穿插工序按照计划有序开展。在设计及招采不是很完善情况下，可能导致不能进行施工穿插，或者穿插不成体系达不到有序流水施工效果时，可以采用两种阶段性穿插。第一种是一旦设计、招采完善后，按原来的工序进行穿插，剩余工期满足的情况下，可选择从砌筑层开始穿插施工；第二种是一旦设计、招采完善后，按原来的工序进行穿插，倒排工期不满足总工期要求，需分段进行穿插施工；例如：将塔楼在立面上划分为两个施工段，分别为：第一段为主体结构施工的 N−16 层穿插施工段；第二段为砌体结构完成的 N−6 至 N−16 穿插施工段。

三、设计施工一体化升级

在云城项目积极推行一体化施工过程中，从成本、成型质量以及施工难度等维度的系统衡量，并不是所有的一体化都能带来理想的效果。因此从项目实践过程来看，可以形成一些普遍适用的强制类一体化设计施工项，以及推荐类和根据业主要求的类目。云城项目设计施工一体化策划及实施应用指南见表 1-3 所示。

表 1-3　云城项目设计施工一体化策划及实施应用指南

序号	技术策划类别		技术策划及实施项	说明	应用项
1	不同专业图纸融合实施要点	建筑结构一体化实施要点	构造柱	铝模项目强制项	√
2			门过梁	铝模项目强制项	√
3			反坎	铝模项目强制项	√
4			门垛	铝模项目强制项	√
5			滴水线	铝模项目强制项	√
6			出屋面结构	铝模项目强制项	√
7			飘台（铝模）	铝模项目强制项	√
8			抱框柱（铝模）	铝模项目强制项	√
9			门窗钢附框预埋	推荐项	
10			外窗无附框企口缝一次成型	铝模项目强制项	
11		土建机电一体化实施要点	预制组合立管	推荐项	
12			止水节	铝模项目强制项	
13			线盒预留预埋	强制项	√
14			电箱预埋	推荐项	
15			室内水管埋设	强制项	√
16			电井、水井套管预留预埋	强制项	√
17			防雷预埋	强制项	√
18			强、弱电配电箱预埋	推荐项	
19			机电安装洞口	强制项	√
20		其他专业一体化实施要点	劲性结构节点做法	推荐项	
21			设备基础随主体结构施工	推荐项	

第六节 精益建造的意义和贡献

一、对社会的贡献

1. 降低环境影响

以精益建造促进建筑业绿色低碳发展。标准化的建造过程不仅有利于节约能源资源，还能减少建筑垃圾与环境污染。比如，房屋建造中如果流程设计不合理，工程进度就很难保证，进度滞后的现象时常发生，为了赶上进度就需要加大各方面投入。这其实是一种浪费，也不利于绿色低碳发展要求。按照持续改善、消除浪费的理念，精益建造能够进一步消除设计、采购、施工、物流和建造等环节的浪费情况，更加节能、节水、节材，降低对环境的影响。因此，实施精益建造也是推动建筑业绿色低碳发展的过程。

2. 满足大众生活需求

精益建造实现建筑业全产业链工业化。推行精益建造，是要将整个建造过程中的设计、采购、施工、物流和建造等环节有机结合起来，促使全产业链中的物料流、信息流、资金流、人员流、工作流以及时间流快速流动起来，在保证质量、工期等目标实现的同时提高企业收益，实现建筑业全产业链工业化，满足大众对生活的需求。

3. 缓解劳动力紧张形势

我国正处于转型时期，各行各业都在不断地加强优质人才的培养。然而，建筑业与其他行业相比，特别是薪酬方面对人才的吸引力薄弱，使得年轻的技术人才流失严重。建筑企业不仅缺少现场施工作业人员，同时专业技术工人也有紧缺的现状。根据相关资料显示，部分建筑市场相继出现“民工荒”尤其是“技工荒”问题。实施精益建造采用“空间换时间”原则，充分利用工作面，保证各工序施工周期，同时利用少量劳动力扁平化施工管理，提高作业效率，保证施工质量，缓解劳动力紧张形势。

二、对建设单位的益处

1. 缩短总体工期，提高年度产值，超前完成投资任务

业主作为投资平台，投资指标明确，通过精益建造，同时间段产值增加，利于完成考核，同时利于提前展示和销售；对我方而言赢得社会效益和成本节约，达到双赢互惠的目的。

2. 资源投入产出比提高

工序穿插流水错层施工，人员稳定，工期可控，材料采购、进场用量相对均衡，

空间层次更加清晰、资源投入产出比更大；避免了赶工时人员量大、高峰期材料进场多，缓解专业工程前期投入产出比较低、高峰期资源供应紧张的情况问题，同时缓解现场垂直运输。

3. 定板定样时间充足，容错空间相对提升

受限于业主对产品的定位高，即使定板定样完成，在安装完成或施工过程中存在对部分产品部件不满意的情况，此类更改对现场影响巨大，项目通过设计、招采、建造三条线并行，确定三线上的关键节点，进而提前开展，主动引导业主、推进定样、认价工作，即便施工过程有更改，也有充足的时间进行调节，不至于影响关键线路。

4. 减少后续收尾

提前确定样板后，各工序流水穿插，逐层向上具备交付条件，减少了后期交付前大量收尾工作，特别是在地下室，安装内容占整个项目约 40%，专业系统多、工序复杂，带来的工期、返工各种影响繁多，前期完成了所有施工内容，最后仅留有设备房等功能间的设备安装调试及收尾，收尾难度更低工期更可控。

5. 减少安全隐患

项目施工周期变短，工序穿插后工人相对固定、永临结合，外立面优化等措施消除现场安全隐患，改善作业环境，减少安全隐患风险。

6. 有助于提高工程品质

管理能力提升，消除从众心理，营造积极氛围，树立标杆，举办观摩会，打造精品工程。

三、对分包单位的益处

1. 促进管理升级，规模发展

精益建造可以深化设计周期，缩短施工时间，可以将库存减少，并且避免不合格的产品进入到生产中。同时，提高资源的合理使用率，将产品的品质提升，因此更有利于分包商实现规模化发展。

2. 实现降本增效，提高项目效益

总承包单位与分包单位构成在产业链相关方的“利益共同体”，降低内耗，实现利益最大化，坚持与各利益相关方在分工与协作中共同承担责任、达成目标、共创价值、提高效益，最终实现长远发展。

3. 合作共赢，共谋发展

分供方是企业重要的外部资源，是企业成本和风险控制的主要源头。未来竞争不再局限于企业间的竞争，而是产业链、供应链之间的竞争，提升资源整合能力，追求合作共赢，树立“诚信就是最好的节约，不诚信就是最大的浪费”这一理念，共谋发展。

四、对建筑工人的益处

1. 极大改善作业环境，保障工人职业健康权益，推动建筑工人产业化发展

传统建造模式下，由于施工现场管理粗放、施工组织设计不合理，常常导致现场

材料堆放混乱，物资浪费严重，成本超支常见。精益建造模式可以更好地保证施工作业现场的整洁有序，创造一个良好的作业环境，保障了工人职业健康，从而提高工作效率，减少安全事故的发生和物资的浪费，让建筑工人可以更专注朝产业化方向发展。

2. 提升工人操作技能，职业化水平更高，工作更加稳定

精益建造实施过程中可为建筑工人提供更多的教育和学习机会，不仅可以灌输精益建造思想，还可以提升工人的综合素质，提升职业化水平。同时要求工人具备不断主动学习的能力，掌握先进的施工技术，并让工作更加稳定。

第二章

中建三局 LC6S 特色的精益建造体系

进入新基建发展时期，建筑业正在迎来深刻变化。EPC、全过程咨询、投建营一体化等新的组织方式对产业链融合、资源要素整合、组织运营体系提出新的考验；绿色低碳建造、智能建造、新型建筑工业化（PC）以及 BIM、大数据、5G、物联网、新材料等新理念、新技术日新月异，需要不断培育新的竞争优势；安全质量监管趋严、碳达峰、碳中和等社会环境变化对企业治理能力提出更高的要求。基于行业发展现状，在高质量发展要求下，建筑工程企业必须进行变革升级，打造先进生产力，发展核心竞争力，其输出的成果必将是提供更加完美的产品、更优质的服务，客观地讲就是符合社会要求，满足人民日益增长的美好生活需要；对企业本身讲就是有品牌、有效益；而创造产品这一过程所具备的特征可以形象地描述为优质的、快速的、绿色的、低碳的、智慧的、低成本的、安全的。

或许有的产品并不完全具备符合这个特征，但其仍然满足这几大特征的最低标准；从企业宏观层面来看，追求此特征的生产过程可以说是永恒的。基于企业发展探索，中建三局创造性地提出了基于精益建造（Lean Construction 6 System）理论下的优质建筑体系、快速建造体系、绿色建造体系、智慧建造体系、低成本建造体系、安全建造体系即 LC6S 特色的精益建造体系。该体系典型之处在于从企业层面定义了追求“完美产品”的实施体系，有具体的实施路径、推进方案，有可操作的模式、工具及方法，以及基本指标定义，能开展成果印证，对于其他企业亦具有很强的参考、借鉴和指导作用。

第一节 LC6S 精益建造体系来源

中建三局早在 2016 年三会[①]提出“精益建造”理念，将精益建造定位为“十三五”发展战略。2017 年三会则提出生产、商务、技术等系统联动，推广“云城项目模式”，打造富有中建三局特色的精益建造模式。秉承“客户满意为核心，计划与成本为主线”的中心思想，将精益建造作为企业的核心竞争力来培育，致力推进“全面策划管理能力、综合计划管理能力、设计施工一体化能力、资源采购体系化能力、现场管理智能化能力”五种核心能力建设，实现高品质履约服务，全面满足客户 / 业主需求。2018 年搭建 LC5S 精益建造特色体系，在高质量发展思想指引下，将精益建造体系升级为优质、快速、绿色、智慧、低成本五维一体的 LC5S 精益建造管理体系，编制发布了《住宅工程精益建造实施指南（1.0 版）》。2019 年多系统联动完善智慧建造、绿色建造等方面实施内容和工具方法，出台精益建造实施指南 LC5S 2.0 版。立足主业，适度多元，坚定不移巩固地产主业优势，加大精益建造推广力度；在工厂厂房、基础设施、海外项目等领域试点快速、优质、绿色、智慧建造，在 EPC 领域试点精益建造，适时进行经验总结。2020 年在 LC5S 精益建造体系的基础上进一步推广，在住宅工程领域，通过全面实施精益建造提高产品质量，降低建筑成本；在工厂厂房、基础设施、海外项目、EPC 等领域打造 30% 以上的标杆项目，塑造多维度品牌效应，助推多元化业务市场的拓展，形成 LC6S 精益建造体系。2021 年提出全面实施精益建造。指出精益建造是推进生产方式变革、提升项目优质均质履约能力、深化低成本运营的系统性方案，是企业赢得市场的核心优势。

中建三局之所以能成功打造“LC6S”特色的精益建造体系，主要在于发展过程中做了很多引领行业性的开拓工作。一方面大力推进两化融合，经过多年的攻关克难，使得标准化和信息化得到前所未有的提升，进而使得项目管理向精细化管理迈进；另一方面巧妙地结合中建三局《“项目管理标准核心思想”》，即以客户满意为核心，以计划与成本管理为主线，运用 EPC 管理等先进生产组织方式，遵循精益建造本质要求，以项目全生命周期管理为理念，满足合同要求，建设完美工程，实现建设方满意。将企业精益建造思路与企业文化内涵充分融合，从 2018 年提出的 LC5S 精益建造体系至 2020 年提出的 LC6S 精益建造体系，成为中建三局转型升级最值得期待的跃升，为全社会及建筑行业提供独树一帜、难以模仿的品牌服务。

LC6S 精益建造体系如图 2-1 所示。

① 三会是指中华人民共和国全国人民代表大会、中国人民政治协商会议和党的全国代表大会。

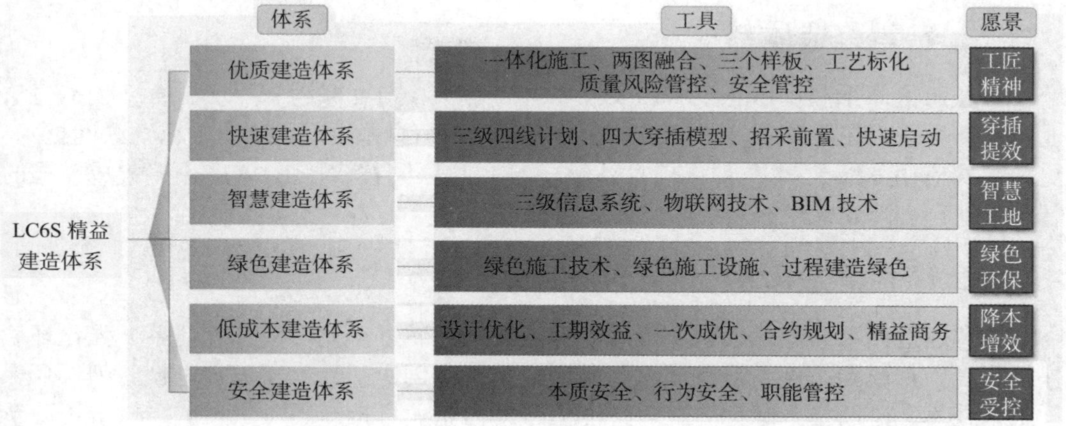

图 2–1 LC6S 精益建造体系

第二节 LC6S 精益建造体系内容概述

中建三局在精益生产理论的指导下，借鉴日式精益生产管理理论，在总结“云城模式”的基础上，将精益建造（Lean Construction）理论深化为优质建造体系、快速建造体系、智慧建造体系、绿色建造体系、低成本建造体系、安全建造体系“六个维度”的精益建造体系，即 LC6S 精益建造体系。LC6S 精益建造体系是一个开放的体系，每个体系均有具体的工具与方法，强调全过程、全专业、全系统、全价值链的管控，围绕六个维度展开实施，致力于减少和消除浪费，不断满足客户 / 业主需求。

一、优质建造体系

优质建造体系着重于管理建筑产品建设的全过程，消除浪费，打造过程精品。以设计为龙头，建立一体化施工、两图融合、三个样板（工序样板、工序穿插样板、交付样板）、工艺标准化、质量风险管控等一系列过程品质管控制度方法，通过优质劳务资源保障，实现全面提升工程品质，助力企业成为客户首选。

二、快速建造体系

快速建造体系主要突出穿插提效的核心理念，在落实精细化管理的基础上，从全专业、全过程、全系统角度建立三级四线计划体系（一级、二级、三级计划，报建、设计、招采、建造）、计划节点考核体系、快速启动、招采前置、四大穿插模型（地下室穿插、地上室内穿插、外立面穿插、室外工程穿插）等方面进行提效，在施工建造过程中体现穿插提效、资源均衡投入、工序衔接紧凑，以空间换时间，合理缩短工期。

三、智慧建造体系

智慧建造体系利用信息技术以及互联网+平台，与互联网+深度融合，创造建筑业发展新生态，在开发出的 DSS、IMS、PMS 三级信息系统基础上，辅以物联网技术，更深层次应用 BIM 技术，形成信息系统+ N 项物联网技术+ BIM 应用多集成模式的智慧工地，创造建筑产业发展新生态。

四、绿色建造体系

绿色建造体系内涵代表着实现绿色低碳发展，通过构建环境管理体系，强化环境保护意识，从政治高度上看待环境问题，突出绿色创优工程，积极推进创新型、环保型工艺技术，不断提升绿色施工建造能力，助力企业可持续高质量发展，打造资源节约型、环境友好型企业 / 项目。

五、低成本建造体系

低成本建造体系以设计、招采、工艺、技术、商务为抓手，通过业务系统联动，推动低成本管理；即设计阶段的方案优化与精益设计管理，融合工序穿插创造工期效益、优质体系一次成优的成本节约，招采先行的供应链协同体系，合理降低采购成本，最终通过精益商务全过程精益化管控实现降本增效。

六、安全建造体系

安全建造体系是用精益建造的方法，减少多余工序，通过推广使用 PC 构件、小型机具、推广“干作业”，增强现场文明施工，严控工人不安全行为，通过推动项目安全、环境标准化管理，实现本质安全向自主安全转型升级。

第三节　LC6S 精益建造体系形成及演化路径

借鉴精益建造理论与实践经验，中建三局 LC6S 精益建造体系分为三步走。

一、提出指导思想

在企业层面，分为两个阶段横向推进。第一阶段：从房建业务开始，生产履约先行，构建中建三局特色的精益建造模式。第二阶段：进行双向拓展，一方面将精益建造模式向公路、市政、水务等业务领域拓展；另一方面以生产履约为中心向设计管理、报批报建、供应链管理等业务板块拓展，促进企业品质履约，均质化履约，支撑企业转型升级。

在项目层面。分为三个阶段纵向推进。第一阶段：在云城项目进行精益建造实践，围绕策划先行、深化设计、三级节点计划管理、工序穿插、一体化施工、两图融合等理念开展试点，打造精益建造标杆项目。第二阶段：深入总结云城项目精益建造成果，在深圳公司进行推广试点。第三阶段：系统总结项目精益建造实践经验，形成操作指南，指导项目生产履约，打造各具特色的精益建造标杆项目，开展标杆项目比武促进品质提升。

二、出台保障制度

企业从计划、质量、安全三个维度出台精益建造生产评价标准，配套编制了一体化施工及工序穿插指南、工艺标准化手册；在资源保障方面成立招采管理部进而演变为供应链运营中心，发布合约规划指引，建立知识库，通过系统联动促进资源集成，构建健康共赢的供应链生态，提升供应链整体效率，共享资源优势，共同发展，全面提升履约服务水平。

三、开展系列活动

2016 年邀请咨询公司开展多次精益建造培训，组织到万科云城项目观摩学习，并在京东方项目开展精益建造观摩会；2017 年举办了 10 期项目经理培训，宣贯精益建造体系及相关制度，同年举办了精益建造质量策划大赛；2018 年围绕精益建造体系落地实施，按照年初三会会议精神，选取出 6 个项目打造为标杆项目，并陆续开展了创标杆、提品质启动会、策划大赛、标杆项目培训及精益建造检查等活动，营造了企业内部标杆比武的氛围。2019 年以 20 个试点示范为载体，全面开展“推精益、创标杆、提品质”活动；试点项目编制项目策划、实施计划时必须融入精益建造管理内容；明确项目策划不是做“资料”，而是项目规划和决策的输出，做好项目策划是优质履约的前提，是推动各业务板块形成合力，提升项目管理的保证。

第四节　LC6S 精益建造管理目标

LC6S 精益建造管理目标致力于以客户为中心、为客户 / 业主创造价值的优质履约、均质履约以及增值服务，通过在不同规模、不同类型的项目中广泛开展实践，引导项目应用精益建造方法提升均质履约水平，减少浪费，降低消耗，实现降本、增值、提效。

一、企业层面：“四提”目标

1. 提升总承包管控能力

精益建造从思想上实现对传统项目管理模式的突破，引导项目管理人员建造思维有效改观，转变传统创效方式、品质提升手段；精益建造注重全过程、全专业、全系统，体现了全生命周期的项目管理思维，实质是 EPC 管理的体现，精益建造实施着力点在于招采前置与设计同步开展，建造阶段施工组织变革，要求产品设计更深入，融入施工经验，招采更准时，纳入全专业、全过程计划，建造更精细，流水施工，专业融合；通过精益建造的实施倒逼 EPC 管理能力的提升，实现从项目到企业 EPC 管理能力的孵化。

2. 提高精细化管控能力

作为一种管理理念和管理技术，精细化管理首先是一种科学的管理方法，建立科学量化的标准和可操作性、易执行的作业流程，以及基于作业流程的管理工具；精细化管理也是一种管理理念，它体现了组织对管理的完美追求，是组织严谨、认真、精益求精思想的贯彻。精细化管理研究的范围是组织的各单元和各运行环节，更多的是基于原有管理基础上的改进、优化和提升；精细化管理不是一场运动，而是 PDCA 持续改进的过程，是自上而下的积极引导和自下而上的自觉响应的常态式运营管理模式。

3. 提升建筑工程品质

精益建造是提升建筑工程品质的关键，也是建筑业供给侧结构性调整的重要方面。它促进工程建造全过程从碎片化、粗放型向精细化、精益化、集成化过程转变，提高了劳动生产效率。其本质是浪费最小化、价值最大化，要求建立全局观念，重构建筑产业价值链，包含价值管理、流程管理、计划体系的改进等方面。设计新的生产系统，实现对传统建造过程的全系统优化，以履约交付高品质、高质量、高满意度的中间可交付成果及整体产品。

4. 提升客户 / 业主满意度

建筑企业在经营过程中容易忽视人们对于建筑的实际需求，不能良好地满足人民更高层次的居住需求。开展精益建造模式能够有效提高人们对于建筑方案的肯定性，并且在项目建设过程中，施工单位应该根据客户的需求对建设方案进行适当的优化调整，以此来提升方案的合理性。施工人员在开展工作时不断改变自身的工作理念、行为，对建筑工程进行人性化的研究，按照住户的实际需求来调整建筑方案，提升人民的满意程度。

二、项目层面：“321”目标

“321”目标如图 2-2 所示。

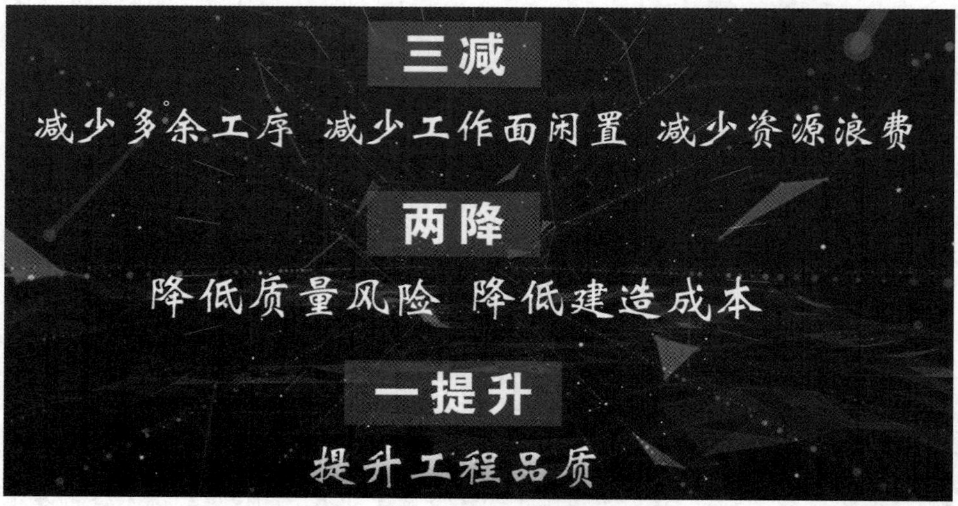

图 2-2 “321”目标

1. 三减：减少多余工序；减少工作面闲置；减少资源浪费

坚持“空间换时间”原则，充分利用工作面，实时开展工序穿插，有效缩短工期，创造工期效益。合理配置资源，减少劳动力、材料的浪费，减少大量管理费和机械设备、物资租赁费用，过程优化降低施工措施费，节约项目成本。一体化施工、两图融合、样板引路、质量风险控制等系列措施落地实施，有效提升工程品质，降低维修风险，减少运维费用。

2. 两降：降低质量风险；降低建造成本

精益建造通过拉动式流程设计，让具体建设活动的负责人参与到提高流程建设，并根据后道工序或后交接方的需求对前者提出的控制要求，建立一套有效、完善的质量控制系统，对实施过程中的各项工作进行不定期的标准化检查。一方面，流程能够使各项建设活动环环相扣、责任明确。质量需求信息能够提前发送到前者，并成为可检验的质量标准，提高质量控制的可靠性和稳定性。另一方面，通过无漏区、减少多余工序的质量控制措施，及时发现质量隐患，降低质量通病发生的概率。

精益建造是一项全面综合管理，注重过程的控制，以建筑产品的特点、标准及以客户 / 业主的满意度为监控目标，通过商务成本的方式进行全方位管理，达到与相关部门进行直接交流、沟通与协调，在确保多方共赢的基础上建立合作与信任的关系，以达到工程项目完美交付。对工程施工成本的控制是一个实施精益建造的过程，也是一个持续改进、追求完美的过程，是一个不断消除浪费降低成本的过程，是追求“零浪费”“零库存”“零缺陷”“零事故”“零返工”“零窝工”的管理过程。

3. 一提升：提升项目工程品质

通过深化设计推进“两图融合”（建筑图与结构图融合，土建图与专业图融合）及多图融合、一体化施工，减少交叉返工，做到一遍成活、一次成优，有效防治质量通病，降低质量风险。推行标准工艺，结合关键工序及停检点验收提升行为标准，确保过程施工质量。应用新型技术、工艺、材料、设备，从技术创新角度防治质量缺陷。通过样板引路明确质量标准，设置三大样板，检验设计，反馈缺陷，定施工流程、定施工标准、定材料质量标准，实现整体质量标准化。运用扁平化施工方法、工序穿插施工、固定工序节拍、固定施工班组，保证整体实体质量。

第五节 EPC 管理与 LC6S

一、441 计划

2013 年，中建三局为加速提升 EPC 管理能力，提出了“441 计划”，即完善“四个管理体系”——资源保障体系、制度保证体系、绩效考核体系、客户评价体系；打造“四个职业团队”——EPC 管理团队、精益设计团队、精益采购团队、专业分包团队；构建“一个管理模式”——即符合法规要求，又满足市场需求，在系统内具有领先水平的“全能型”和“全候型”项目管理模式。

（1）EPC 管理团队——由引进的国内 EPC 管理人才和 EPC 管理培训过程中表现优秀及有相关经验的骨干管理人员组成。EPC 管理团队负责指导项目整个实施过程的 EPC 管理工作，同时对公司内部人员进行 EPC 管理培训，培养更多 EPC 管理人才。

（2）精益设计团队——由知识全面的技术总工、BIM 管理团队、钢结构设计人员组成。精益设计团队负责施工前的图纸准备工作，对工程所涉及的深基坑、预应力、安装、钢结构及精装修等内容提供深化设计和交底服务。解决施工过程中图纸不满足施工条件的问题，将精益设计的主动权掌握在 EPC 方手上，有利于加快施工进度。

（3）精益采购团队——由物资部、设备中心、料具站及劳务中心各派一名专人组建而成。精益采购团队负责工程施工过程中的物资、机械、劳动力的及时供应和管控，同时培训项目人员对甲指分包进场材料、设备、劳动力的管控。

（4）专业分包团队——引进国内各专业的先进人才，组建专业分包团队。专业分包团队主要负责对工程施工过程中的专业分包的协调管理工作，负责项目相关人员专业知识培训，确保项目实施过程中对专业分包的可控。

二、441 与 LC6S 的融合

LC6S 体系通过精益设计推进多图融合、一体化施工，减少交叉返工，做到一遍成活，一次成优，有效防治质量通病，降低质量风险；推行标准工艺，结合关键工序及停检点验收，提升行为标准，确保过程施工质量；应用新型技术、工艺、材料、设备，从技术创新角度防治质量缺陷。通过样板引路明确质量标准，设置三大样板，检验设计，反馈缺陷，定施工流程、定施工标准、定材料，实现整体质量标准化；运用扁平化施工方法、穿插施工、固定的工序节拍、固定的施工班组，实体质量有保证。用精益建造的方法，达到缩短项目施工工期、提高产品质量、降低建造成本的目的，追求“零窝工”“零返工”“零缺陷”“零事故”“零浪费”“零库存”的目标。

441 计划与 LC6S 管理理念均是面向建筑产品的全生命周期，持续地减少浪费，提高效率、提升质量，最大程度地满足客户的要求，实现利润最大化的系统方法；其本质均是持续改进提升，是总承包管理思想在施工生产中的具体应用，是先进生产方式在施工过程中的核心体现。

第六节 LC6S 下的全专业 EPC 管理理念

一、整体交付

精益建造整体交付旨在优化生产生态系统，通过整体交付带来更高的客户 / 业主增值，而实现这一目标的方法就是提高可视化、责任性，并且强力推动项目利益相关方和参与者早期的投入。整体交付解决方案可通过集成有效的生产管理方法显著改进

项目管理工作，并且这些解决方案可用于任何传统或一体化交付系统中。针对业主、承包商或分包商的整体交付架构及其供应链支持有效的一体化协同流程，搭接提高效率的相关工作平台，可提升运营业绩，为客户 / 业主带来价值增值。

二、工序穿插节点

1. 各专业全过程计划管理

项目总包单位依据主合同及相关方的要求编制项目总控进度计划，总控进度计划需要涵盖专业分包前置管理工作的具体安排；专业分包单位根据施工分包合同、总控进度计划，编制专项工程进度计划，上报总包单位进行审批。

专业分包编制的专项工程进度计划应包含施工进度计划与资源配套计划。资源配套计划必须涵盖深化设计计划、分供商招采计划、看样定板计划、方案报审计划、工作面移交计划、不同节点劳动力计划、物资材料进场计划、机械设备进场计划；EPC 项目部应根据专业分包上报的进度计划，编制各专业《精益建造穿插前置工作节点计划》。

专项工程进度计划经审批完成后生效，EPC 项目部、专业分包单位应严格按计划执行。若计划在执行过程中，因各种原因需要对计划进行动态调整的，由分包单位阐明原因、提出申请，经总包单位审批完成后生效。

2. 节点设置与管理

EPC 项目部在编制一级考核节点时，应保障前置管理工作计划重要节点的数目，原则上前置管理工作中的施工图设计完成时间、各专业深化设计图完成时间、样板施工完成时间、主要材料定板定样完成时间、各专业招采完成时间、重要方案报审完成时间、重要材料排产进场时间均需设置为一级考核节点，每个季度各专业分包控制性节点不少于 1 个。

三、工序穿插前置条件研究

工序穿插前置管理是为了满足精益建造按穿插计划进行施工的事前管理，如图 2-3 所示。它包括设计管理、施工图深化、招采管理、定板定样、材料报审、认质认价、材料排产加工、运输进场控制、工作面移交、劳动力组织进场等具体管理动作。

钢结构、机电、精装修、幕墙、园林五大专业特点如下：

（1）钢结构工程：作为结构工程的一种方案选型，设计阶段随主体结构由设计院主导，在施工图设计时可选择具备设计施工资质的专业分包公司介入甚至主导，但由于涉及结构安全，最好还是由设计院主导；钢结构工程涉及重量百吨以上，招采阶段对分包技术标需侧重考虑。

（2）机电工程：机电安装专业，包含电气、给排水、消防、暖通及其他如抗震支架等多个系统，需在方案设计初期进行各系统的限额指标划分；可进行招采前置并由专业分包进行专项设计提资；涉及大量机械、设备、材料，施工准备时需提前考虑排产时间。

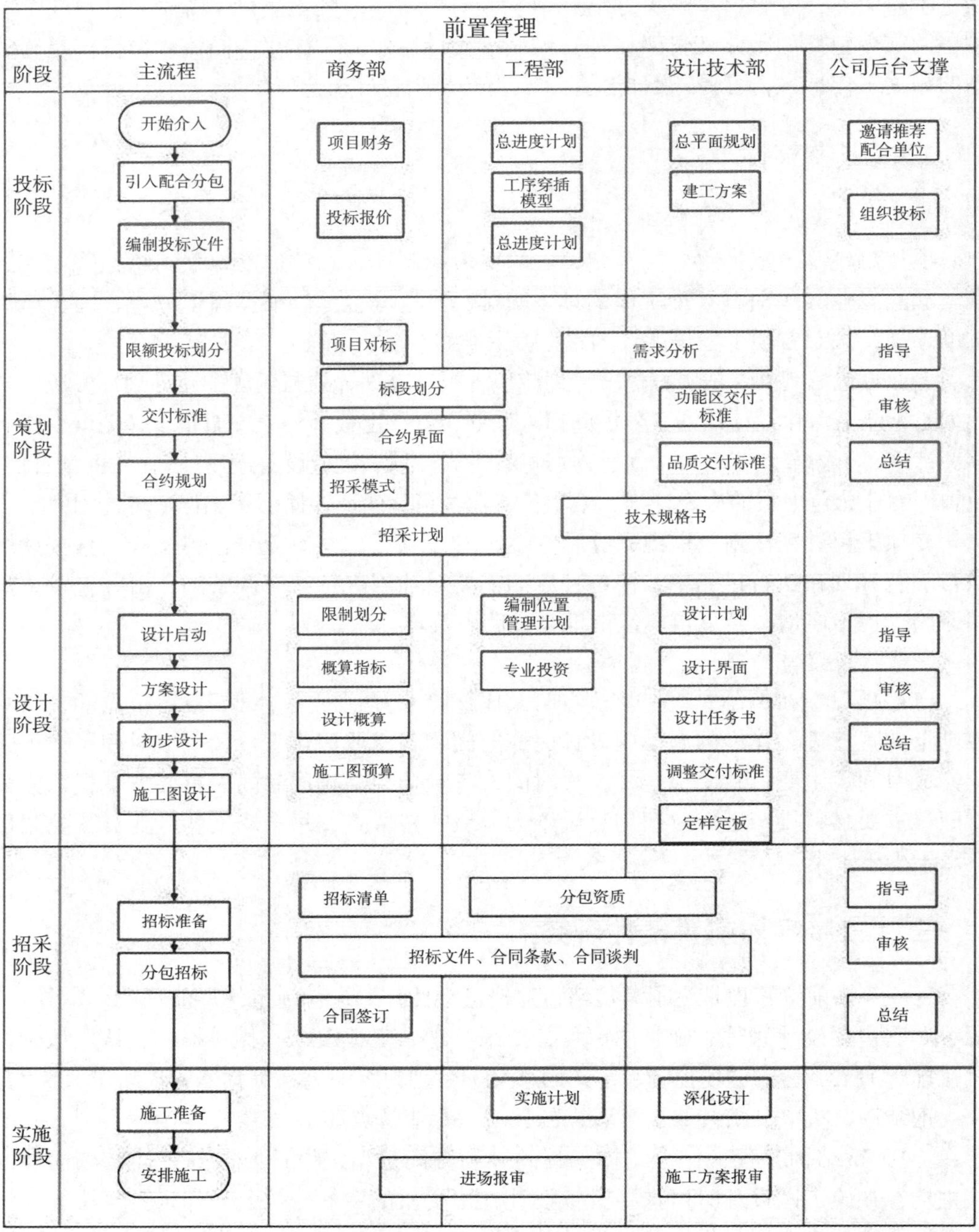

图 2–3 前置管理

（3）精装修工程：针对不同功能区、方位选择不同档次、材质的装修材料，从设计到排产均需要提供详细交付标准；方案设计需考虑风格、平面功能规划、主材选型；可进行招采前置并由专业分包公司进行专项设计提资甚至主导设计；若施工图完成后再进行招采，须完成定样定板再进行招采。

（4）幕墙工程：施工图需进行幕墙安评会议；可进行招采前置并由专业分包进行专项设计提资甚至主导设计；若施工图完成后再进行招采，须完成主材定样定板再进行招采。

（5）园林、景观工程：方案设计前需进行概念方案设计、汇报、确定；与幕墙工程、机电安装界面需明确。

四、工期模型与节点库建设

以住宅工程项目为例，通过系统梳理住宅工程主要施工工序流程，梳理每道工序的前置和后置工序、施工条件（合约、技术、资源、基础），即可形成住宅工程条件插入样板。通过标准化的建筑模型，结合条件插入样板，可以构建一个标准的工期模型。

计划管理从常规计划编制形成的网络图或者横道图，过渡到节点，使得在工程项目的计划管理上形成极易实施、更可视化的节点图，可以说是一个较大的突破，当前已经被施工企业普遍接受。结合工程项目实际，节点可以是实体性的，比如混凝土浇捣；也可以是非实体性的，比如设计出图节点、招采节点、材料运输节点等。

通过全专业的节点库、每一个专业的全过程库、工序穿插节点库三个节点库的建设，可以形成网状的、有逻辑关联的计划节点体系。一般住宅工程项目土建专业的节点见表 2-1。

表 2-1　一般住宅工程项目土建专业节点

1	土建工程	报批报建阶段	临时用水报装	土建穿插前置节点
2			临时用电报装	土建穿插前置节点
3			临时建筑工程规划许可证办理	土建穿插前置节点
4			建设用地规划许可证	土建穿插前置节点
5			施工许可证办理	土建穿插前置节点
6			预售证办理	土建穿插前置节点
7			正式供电报装	土建穿插前置节点
8			正式供水报装	土建穿插前置节点
9			正式供气报装	土建穿插前置节点
10		前期设计阶段	初步设计	土建穿插前置节点
11			初步设计内审	土建穿插前置节点
12			消防设计审查	土建穿插前置节点
13			施工图设计	土建穿插前置节点

（续表）

14	土建工程	前期设计阶段	节能审查	土建穿插前置节点
15			施工图预算编制	土建穿插前置节点
16			施工图内审	土建穿插前置节点
17			施工图外审（审图单位） 取得施工图及消防审查合格证	土建穿插前置节点
18			基坑支护方案专家评审	土建穿插前置节点
19		招标采购阶段	一、工程类合同招标	土建穿插前置节点
20			桩基	土建穿插前置节点
21			土方	土建穿插前置节点
22			防水	土建穿插前置节点
23			土建劳务	土建穿插前置节点
24			机电安装	土建穿插前置节点
25			钢结构	土建穿插前置节点
26			电梯	土建穿插前置节点
27			精装饰	土建穿插前置节点
28			市政	土建穿插前置节点
29			园林	土建穿插前置节点
30			外墙	土建穿插前置节点
31			二、施工设备类合同招标	土建穿插前置节点
32			施工电梯	土建穿插前置节点
33			塔吊	土建穿插前置节点
34			物料提升机	土建穿插前置节点
35			吊车	土建穿插前置节点
36			三、物资类合同招标	土建穿插前置节点
37			钢筋	土建穿插前置节点
38			模板	土建穿插前置节点
39			钢管、脚手架租赁	土建穿插前置节点
40			商品混凝土	土建穿插前置节点
41			型材	土建穿插前置节点

（续表）

42	土建工程	招标采购阶段	砌块	土建穿插前置节点
43			水电管	土建穿插前置节点
44			电缆	土建穿插前置节点
45		基础施工阶段	桩基施工	土建施工节点
46			桩基检测验收	土建施工节点
47			基坑支护体系	土建施工节点
48			土方开挖	土建施工节点
49			塔吊安装	非实体节点
50			底板结构施工	土建施工节点
51		地下室阶段	一、地下室结构	土建施工节点
52			楼栋主楼 ±0 结构施工	土建施工节点
53			地下室整体封顶	土建施工节点
54			二、地下室装饰装修	土建施工节点
55			地下室架体拆除清理移交	土建穿插节点
56			地下室断水	
57			顶棚刮白	土建穿插节点
58			砌体等二次结构施工	土建穿插节点
59			地下室结构验收	土建施工节点
60			抹灰施工	土建施工节点
61			设备基础施工	
62			功能性房间精装饰（天花、墙面、地面）	土建施工节点
63			地坪基层施工	土建穿插节点
64			地坪面层施工（金刚砂或环氧地面等）	土建穿插节点
65			道路标志标识	
66			三、外墙防水及回填	
67			地下外墙防水及保护层施工	土建施工节点
68			地下室外墙土方回填	土建施工节点
69			四、地下室顶板	
70			地下室顶板防水及保护层施工	土建施工节点

（续表）

71	土建工程	地下室阶段	地下室顶板土方回填	土建施工节点
72			五、地下室整体施工完成	土建施工节点
73		主楼施工阶段	一、主体结构	
74			5 层结构施工	土建施工节点
75			10 层结构施工	土建施工节点
76			预售层结构施工	土建施工节点
77			20 层结构施工	
78			25 层结构施工	
79			主体结构封顶	土建施工节点
80			出屋面结构	土建施工节点
81			二、垂直运输设备安拆	
82			施工电梯安装	土建施工节点
83			施工电梯拆除	土建施工节点
84			外架安装	土建施工节点
85			外架拆除	土建施工节点
86			塔吊拆除	土建施工节点
87			三、粗装饰	
88			砌体工程、条板安装	土建穿插节点
89			主体结构验收	土建施工节点
90			抹灰工程	土建穿插节点
91			外墙内保温	
92			腻子施工	
93			业主售楼样板施工	土建施工节点
94			栏杆安装	土建施工节点
95			入户门安装	
96			防火门安装	
97			外窗安装	
98			屋面机房移交	土建施工节点

（续表）

99	土建工程	主楼施工阶段	室内楼地面	土建穿插节点
100			室内防水	
101			烟道安装	
102			四、外立面工程	土建施工节点
103			外墙抹灰	土建施工节点
104			外墙外保温	土建施工节点
105			外墙涂料	土建施工节点
106			外墙砖铺贴	
107			外墙吊篮安装	非实体节点
108			外墙吊篮拆除	非实体节点
109			五、屋面工程	土建穿插节点
110			屋面防水施工	
111			屋面砖铺贴	
112			六、永久电梯工程	土建施工节点
113			电梯井道移交	电梯穿插节点
114			电梯安装完成	土建施工节点
115		室外工程阶段	室外配套工程施工	土建施工节点
116			室外道路标志标识	土建施工节点

第七节　设计管理与设计优化

一、EPC 设计管理

设计管理工作贯穿于项目的全过程，其通常包括工程设计的投资管理、质量管理、进度管理、合同管理、信息管理和组织协调等方面的内容。无论是在项目前期、中期、实施阶段，还是后期项目投产试运营阶段，设计管理都是总承包商项目管理的重要组成部分。

经济合理的设计能有效降低项目投资 5% ～ 20% 的成本，对项目投入使用后的长期经济效益的影响更是无法估量；工程项目设计对工程质量也有很大的影响，通过有效的项目设计管理深化，优化设计、提高图纸设计质量、减少设计变更，这都有利于提高项目的质量和保证项目按计划工期完成；材料设备的采购以及施工阶段均是以设计资料为依据，设计可以直接影响工程项目的进展及实施。

（一）EPC 设计管理架构

设计 EPC 管理组织架构如图 2-4 所示。作为 EPC 设计管理单位，首先要落实设计管理团队的主要岗位成员，选派有丰富的建筑工程设计及管理经验的，协调组织能力强的人员担任 EPC 设计负责人，对设计工作的组织进行整体安排，满足项目设计管理要求。随后由设计总承包负责人组织管理团队，策划、落实参与项目设计工作实施的所有单位及团队的主要岗位成员，明确相关工作职责及工作要求。

对于一般施工企业，没有自己的设计院，或者设计能力比较薄弱，往往通过第三方设计单位进行设计，企业配置设计管理团队，负责设计进度以及质量、造价等管理工作。设计 EPC 管理流程见表 2-2。

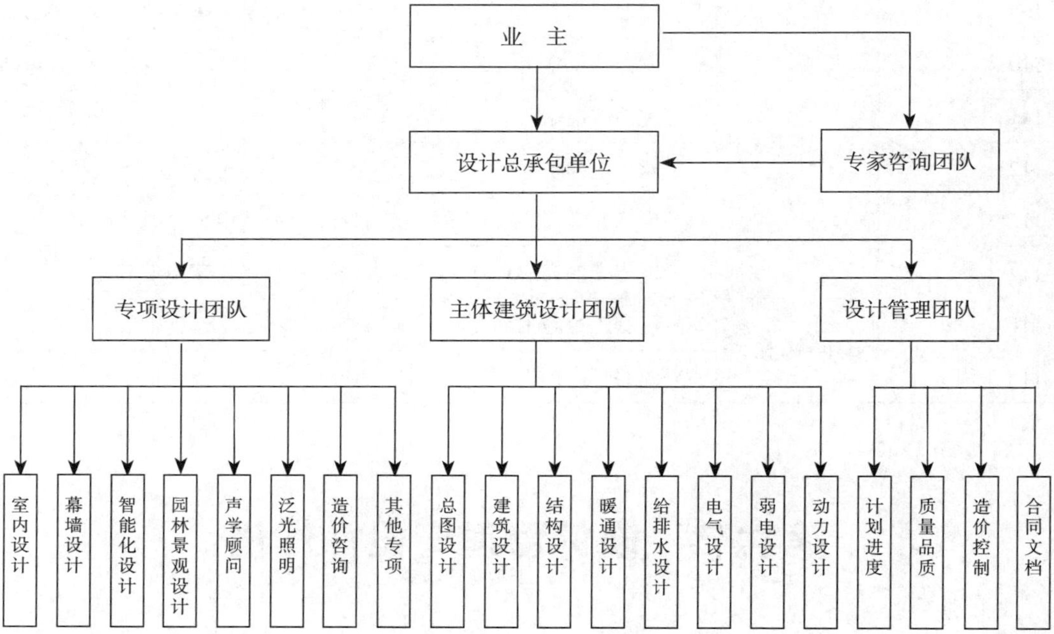

图 2-4 设计 EPC 管理组织架构

表 2-2 设计 EPC 管理流程

序号	设计总承包管理流程	序号	设计总承包管理流程
1	确定专项设计与顾问咨询范围及工作内容	3	制定设计管理总体控制目标
2	协助业主编制设计任务书	4	择优选择专项设计单位，签订专项设计或顾问咨询合同

（续表）

序号	设计总承包管理流程	序号	设计总承包管理流程
5	检查专项设计计划落实情况，满足计划控制目标的要求	9	组织各专项设计单位的现场设计服务配合
6	组织相关单位专项技术方案及经济分析论证	10	督促和协调施工方或供应商完成图纸的深化设计并组织审核
7	组织业主对各专项设计成果的各阶段审查，提供审核确认意见	11	组织各阶段、各专项设计单位的工程验收工作
8	组织各专项设计单位设计协调会议，研讨技术衔接问题及设计进度	12	协助业主进行其他与本项目有关的设计管理工作

（二）设计质量管理

1. 设计质量要求

在 EPC 模式下，工程项目对设计质量要求更高、对设计深度要求更细。设计质量是决定工程质量、控制工程成本的主要因素，是决定工程项目成败的关键，应确保工程设计质量，尤其是确保设计方案质量，提高设计方案的合理性。高度重视工程项目可行性研究、初步设计和施工图设计工作，切实提高各阶段设计文件的深度，确保设计文件的合理性、准确性、适用性、经济性。尤其是大型工程公司内部开展初步设计及进行的大型 EPC 总承包项目，更应高度重视设计方案的质量和深度。合理把握主要设备选型和设计方案的确定，做到设计方案明晰合理、初设概算完整准确。确保初步设计文件内容的完整性、准确性，避免因初步设计文件编制深度不够、初步设计概算不准而产生的设计偏差，出现不应有的设计缺项和漏项。

2. 设计质量控制措施

为确保设计质量满足相关要求，可以采取以下措施落实设计质量控制。

（1）选择具有与本项目相同设计经验的专业设计顾问团队，考察主设计师的业绩和能力并要求主设计师能够自始至终地投入到本项目的技术服务中；

（2）建立各阶段设计文件及图纸审查程序，按计划进行设计评审，做好评审记录；

（3）建立设计技术总协调组，满足设计计划控制目标的要求，督促各设计单位建立设计协同程序，安排有关专业之间能及时互提设计条件，协调和控制好各个专业之间的接口关系；

（4）协助审查设计文件深度是否满足编制施工招标文件、主要设备材料订货和编制深化设计的需要；

（5）协助审查施工详图是否满足设备材料采购、制作、施工以及运行的需要；

（6）协助审查设计选用的设备材料是否在设计文件中注明其规格、型号、性能、数量等，其质量要求是否符合现行标准的有关规定；

（7）制定设计变更控制办法，对设计变更进行技术经济比较和技术把关，所有设计变更必须报经业主审批；

（8）对影响工程造价的重大设计变更，组织多方人员参加的技术经济论证，有关管理部门批准后方可进行。

（三）设计进度管理

1. 设计进度管理要求

EPC 模式的优势之一是有利于利用设计同施工的并行交叉，从而加快项目建设进度。设计进度是项目顺利推进的基础和保证，故应将设计进度管理纳入 EPC 项目管理中，使设计各阶段的进度计划与询价采购，现场施工及试运行等进度协同融合，确保设计进度能满足设备材料采购，专业工程施工招标进度计划要求，能满足现场施工进度计划要求，从而满足工程建设总工期目标要求。项目实施初期，EPC 总承包商负责编制工程总进度计划要求，在初步编制施工计划和采购进度计划的基础上，组织编制项目初步设计进度计划。同时，在项目实施过程中，主要设备和材料受设备制造周期、运输或社会形势的约束，因此工程设计进度应充分考虑以上因素并据此进行调整。应给设计进度计划留有一定的余地，避免设计周期过短造成设计错误多，影响工程造价，影响采购进度，制约施工进度等。

2. 设计进度控制措施

设计进度应充分考虑工程项目外部约束条件等相关因素，如消防报批、人防报批、规划报批、施工图审查等专项报批，还应充分考虑按照限额设计指标完成的设计成果。在采购过程或预算编制过程中，由于超限额而需调整设计时间，应高度重视设计与采购、设计、施工的协调配合，重视设计同项目业主之间的密切沟通协调，确保设计成果可满足业主使用功能和档次要求。具体控制措施及内容如下：

（1）根据工程实施总控计划要求，制定总体设计进度控制计划，报业主审核批准后执行；

（2）要求各专项设计咨询单位按照设计总控计划，各自编制详尽的设计分阶段进度计划表，要求落实到时间、人员等资源的投入，明确各专业责任人，并拟订保证进度的具体措施，明确各专业之间的资料提交、初图交付时间、审图时间、修改时间等配合措施；

（3）各专项设计保持与总体设计进度控制计划相衔接，以免造成不必要的设计反复及变更；

（4）建立设计进度控制程序，全过程督促设计进度按照计划完成设计工作及设计评审工作。督促各专项设计咨询单位严格履行合同中的有关进度方面的条款，及时检查、提醒合同各方履行自己的职责与义务；

（5）加强设计过程的协调配合，及时解决设计中需明确和解决的问题，充分为专项设计创造条件；

（6）建立设计管理例会和专题协调会议制度。确定会议主题，确定工作完成时间，并跟踪检查，签发会议纪要；

（7）动态跟踪计划检查，及时纠正进度偏差。根据进度计划时间节点，检查进度计划完成情况，发现偏差，要求专项设计单位分析原因，制定纠偏措施，将拖后的设计进度赶回来；

（8）对业主需求发生变化等特殊情况时，对整体设计方案、设计进度及投资进行分析，与业主及时办理进度延期手续；

（9）及时反映需业主配合解决的问题及合理化建议。

二、深化设计管理

一般情况下，非 EPC 项目业主会指定设计单位完成设计，但普遍存在形成的施工图设计深度不足现象，或者 EPC 模式下设计阶段施工图深度不够，施工单位需要对原有图纸在不违背设计意图的前提下，进行二次理解与消化，通过两图融合，或者施工一体化设计，优化出一套可以直接指导施工的图纸，该过程被定义为深化设计。此外还存在一些不理想的条件，一种是招投标阶段，EPC 项目只有设计方案或初步设计，并没有施工图纸；另一种则是设计变更与返工较多等情况。以上情况会严重影响深化设计工作，一般只能结合现场实际推进。

在项目深化设计实施过程中，应根据工程项目的特点采用不同的方法，尽可能减少规格种类和加工难度，做到规格统一，具有代换性，推动设计标准化、生产工厂化、施工装配化、质量精细化，创造精品工程。

（一）深化设计体系

1. 组织架构

项目根据实际情况，设立深化设计部或在技术部指定一名专职或兼职深化设计负责人，负责深化设计及协调管理工作。组织架构、具体工作职责见表 2-3。

表 2-3　工作职责

岗位	职责
深化设计负责人	（1）协助业主方组织图纸会审，审核和办理洽商 / 变更； （2）监控分包商图纸深化设计质量、进度及报审情况； （3）组织（参与）实体样板的验收； （4）组织召开定期、不定期深化设计会议
各专业深化设计师	（1）编制各专业工程深化设计文件； （2）管理审核通过的设计文件（包含深化设计图纸、图纸会审、洽商 / 变更记录、材料 / 设备报审单、提资资料等）； （3）协调、解决图纸深化设计过程中的问题（如接口管理、补充提资、材料 / 设备报审等）

2. 工作流程

为了便于管理、协调，使深化设计能够按照施工总体要求实施，深化设计可分为三个阶段进行：

第一阶段：（1）根据初步施工图纸或方案设计图，结合施工组织设计，对设计图纸进行优化，尽可能地将对图纸有影响或关联施工措施融入施工图纸中。（2）其他各专业（钢结构、机电安装、幕墙、精装修等）根据设计院施工图文件同步开始深化设计，在此过程中，提出各专业间碰、缺、漏等问题，由深化设计部初步协调后，向建筑提供；（3）建筑专业将其他各专业的提议进行整合，深化设计部对此过程中出现的矛盾、问题进行协调，形成深化设计条件图。

第二阶段：依据深化设计条件图，结合设计院施工图，各专业同步进行深化设计。（1）进行建筑施工图深化；（2）装饰分包公司进行内、外装图纸深化；（3）由各分包公司制作各自的深化设计图，再与建筑图、结构图、内装图等综合协调，进行管线调整并形成设备综合协调图；（4）钢结构、幕墙及其他专业进行深化；（5）深化过程中，各专业相互协调。其中建筑图、结构图须整合所有专业的预留、预埋信息形成设备与土建综合协调图。

第三阶段：各专业在充分协调的基础上，提出各自的深化设计图，提交总包深化设计部初审，并报设计院及业主审核。深化设计图纸和文件经审核无误后，正式出图进行施工。深化设计流程如图 2-5 所示。

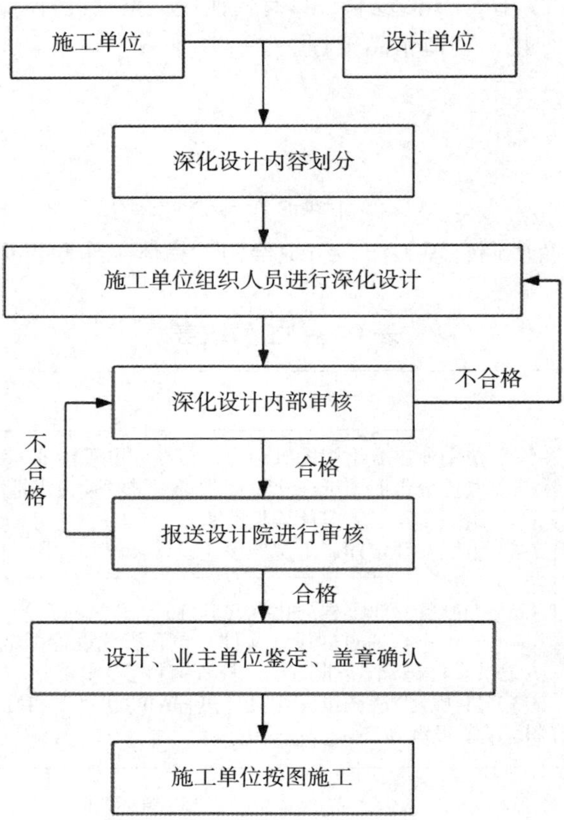

图 2-5 深化设计流程

（二）深化设计主要内容

1. 深化设计要求

（1）深化设计后的图纸满足原方案设计技术要求，并达到对条件图或原理图进行细化、补充和完善的作用。

（2）深化后的图纸具备在施工现场的可操作性，以便于现场施工进度的控制。

（3）深化后的图纸更完善，明确其他与土建及相关单位的工作范围，为配合交叉施工提供有利条件。

（4）深化后的图纸，能够尽可能达到在同一部位的多专业工程一次施工，减少不同专业之间的交叉影响，或因独立施工造成的半成品破坏，同时缩短施工工期。

2. 深化设计策划

深化设计策划是梳理工序工艺，并对各关键工艺的设备图纸、节点图纸、方案等进行深化，尤其对工序组织中的新技术、新工艺的深化工作，保证工程工序的顺利实施，深化设计策划主要从地下室、主体、装饰装修三阶段进行相应策划，具体深化要点见质量管理章节一体化施工部分。

（1）地下室施工深化

平面布置图深化：合理设置塔吊位置，尽量避免穿楼板；合理布置钢筋加工车间，尽量避免二次转移。

地下室附属设施深化：化粪池施工图纸确认深化；市政排水、排污管道图纸确认深化。

地下室砌体工程深化：砌体排砖图深化设计，包括构造柱、圈梁的设置；砌体预留洞口的深化设计及确认。

（2）主体结构施工深化

平面布置深化：考虑施工道路尽量利用永久道路，做到永临结合；现场的设施、堆场尽量不要占用市政道路或其他市政工程施工位置，避免施工时二次转移。

铝模板深化：对铝模板上的泵管洞口、放线洞口、消防立管和传料洞口的位置进行深化，将对装修的影响降到最低；对铝模板上的滴水线、窗散水、门启口进行深化；对配合隔墙板施工的反坎、粉刷槽进行铝模深化；对铝模 K 板尺寸、位置进行深化，避免影响爬架导座预埋。

爬架深化：对爬架的边线深化，确保与结构边线的距离以保证结构施工安全，并不影响幕墙龙骨及外墙排水管等安装施工；对爬架的机位及附墙导座位置进行深化，尽量避免穿外墙或卫生间等对防水有高要求的功能房间。

施工电梯深化：考虑装修分包插入时间，对施工电梯安装时间进行深化；分析结构楼层数、楼层建筑面积、楼层内装修材料数量，深化施工电梯数量、型号选择；根据堆场位置深化施工电梯的位置。

（3）装饰装修深化设计

预制隔墙板深化：水电线盒、线管点位深化，使线管在墙板既有空心孔内，避免二次剔凿或出现横向、斜向线槽；墙板排版深化，对预制墙板的尺寸及构造柱、反坎的设置进行深化。

楼层闭水深化：对楼层闭水平面布置进行深化设计，包括闭水方法，如何导水、排水，一般分为“阻”“引”“排”“抽”四个方面，保证封闭楼层无渗漏、无积水；对竖向楼层的闭水层数进行深化，一般不超过 5 层封闭一次。

（三）三个优化库

通过建立精益建造“设计优化库、施工工艺优化库、施工措施优化库”，通过在策划阶段，在三个优化库中进行勾选，形成应用清单，将进一步加大精益建造成果转化，推进项目均质优质履约和低成本运营。企业可以进行库的开放性建设，不断拓展优化内容，同时根据项目对库中清单的选择，强化精益建造分类实施，使得精益建造可以结合企业水平和项目实际更加有效的实施，使得精益建造实施路径更加清晰和丰富。

《设计优化库》实施项内容与标准见表 2-4。

表 2-4 《设计优化库》实施项内容与标准

序号	实施项名称	实施项内容与标准
1	地下室车位排布优化	采用垂直长边布置等原则，对地下室停车位重新深化排布，合理利用空间，增加车位数量或减少地下室面积
2	地下室底板结构找坡	取消建筑找坡，采取结构找坡可减少二次地坪做法，并将地下室积水有地组织排走，避免地下室长期积水的问题，减少因积水对地下室工序插入的影响等
3	地下室顶板结构找坡	取消建筑找坡，原设计为钢筋混凝土结构板＋防水层＋找坡层，优化为钢筋混凝土结构板 0.4% 坡度＋防水层＋保护层，如防水层发生渗漏，水将会长期积留，采取结构找坡可将防水层积水有组织排走，减少积水对防水层及结构的侵害
4	外墙砌体优化	高层住宅采用全钢筋混凝土墙、空心钢筋混凝土墙等方式代替传统外墙砌体，随主体一次浇筑成型，实现外墙全现浇，简化工序，提升工效
5	电梯井圈梁优化	采用全井道剪力墙、竖向墙柱结构一次浇筑、后置横向钢梁等方案，替代传统电梯井水平圈梁结构，简化工序，提高工效
6	短门垛优化	与混凝土墙端或柱端相连的宽度≤ 200mm 的砌体门垛，优化后与混凝土墙柱主体结构一次浇筑成型，减少多余工序，提升质量
7	构造柱优化	室内外二次浇筑构造柱采用柔性隔离措施，支模跟主体结构一次现浇成型，减少多余工序，提高工效
8	门窗过梁优化	当门洞顶距离结构梁底高度≤ 200mm 时，将门窗过梁优化成结构梁下挂板形式，采用同梁板强度等级一样的混凝土与主体结构一次浇筑成型
9	防火卷帘门下挂结构优化	固定防火卷帘门的下挂板或结构梁提前深化，当≤ 600mm 时随主体结构施工一次浇筑成型，减少二次浇筑，提高工效
10	外立面复杂线条优化	采用取消、简化、内填充、材料代换（如 GRC 板、EPS 板等）、预制化等方式，对外立面复杂线条造型进行优化，提升工效

（续表）

序号	实施项名称	实施项内容与标准
11	并排非消防电梯井隔墙优化	采用现浇全混凝土墙或大板轻质隔墙替代，或根据建筑防火规范取消并排非消防电梯井之间的封闭隔墙，简化或减少多余工序，加快井道移交
12	厨卫浴、冷冻室等反坎优化	厨房、卫生间、浴室混凝土反坎采用同楼板强度等级一样的混凝土，随主体结构一次成型，减少渗漏隐患
13	水电井隔墙导墙优化	水电井相邻隔墙底部深化为 900mm 高混凝土导墙，提高水电井隔墙防渗漏质量
14	外窗滴水线优化	在全现浇结构工程中，提倡在结构施工时预留出滴水线槽。例如在做主体结构窗飘板支模板时，在模板板边 50mm 内钉半圆形成品 PVC 模具，使滴水槽一次成型
15	承插式烟道	在烟道下口设置 50mm 凹槽，增加结构与烟道的密闭性，在烟道上口设置 30mm 反坎，起到防水作用
16	倒置式屋面构造	对于寒冷地区和夏热冬冷地区、非冻胀环境、非种植屋面，采用倒置式屋面构造，保温层在防水层上面，降低渗漏隐患
17	温度后浇带优化	采用膨胀加强带或者跳仓法施工，减少楼板温度后浇带数量，简化工序，降本增效
18	机电管线综合排布	利用 BIM 技术，将建筑、结构、机电模型集成，开展管线碰撞检查、吊顶标高控制等，通过碰撞检查，形成综合报告，进行设计优化，出具综合管线排布图纸
19	设备机房工程综合排布	按照设备的安装规范距离要求，对设备机房的设备基础、排水、检修通道进行布置，并要融合通风、电气、照明、建筑等要求
20	机电专业预留洞口深化	采用 BIM 技术，出具机电预留预埋布置图，反馈至建筑、结构相关图纸中，提高机电安装预留洞口位置准确性
21	幕墙埋件优化	将原设计弯锚幕墙埋件采用直腿帮条焊形式埋件，跟进主体结构进行预埋，简化工序，提高工效
22	室外市政管线排布	通过叠图与复核现场，调整市政管线排布，避开现有障碍物，同时减少专业间管线冲突，避免二次开挖
23	地下室顶板结构加固	结构设计中，在考虑地下室顶板荷载时，提前将现场临时道路、吊装设备、堆场等需二次加固的地方提前考虑，在结构荷载上考虑此处荷载值，减少后期回顶加固
24	预制轻质隔墙板	采用大块预制轻质隔墙板（如 GRC 板、GRG 板、ALC 板等）作为非承重内隔墙，取代传统“砌筑＋抹灰”工程，简化工序，提高工效
25	外墙保温一体板	住宅项目采用成品“模板层＋保温层”或“保温层＋外饰层”等复合式外墙保温一体板，代替传统外墙工程，简化工序，提升工效
26	混凝土造型梁优化	采用钢结构或预制混凝土结构代替传统屋面或外立面现浇混凝土造型梁，节约工期，降低安全风险

（续表）

序号	实施项名称	实施项内容与标准
27	成品管井	采用预制钢筋混凝土、塑料材料等成品室外井道，代替原设计的现浇结构和砖砌结构，减少多余工序，提高工效
28	成品化粪池	采用成品玻璃钢、装配式钢筋混凝土等化粪池，替代传统现浇钢筋混凝土结构或者砌体结构，减少多余工序，提高工效
29	成品踢脚线优化	将面砖、涂料踢脚进行优化，采用不锈钢踢脚或成品 PVC 踢脚，避免单独进行踢脚抹灰，无需进行墙地砖拼缝排版
30	底板疏水板	采用带支点的成品疏水板在地下室底板与建筑地坪之间形成微架空排水层，配合排水沟进行底板渗水的有组织排水，降低建筑地坪上渗及开裂情况
31	聚合物找平砂浆自流平	采用聚合物找平砂浆自流平材料，代替常规的水泥砂浆找平。工序简洁，表面强度高，成型效果好
32	玻璃幕墙层间背衬板优化	玻璃幕墙层间背衬板采用硅酸盖板代替铝单板，提高经济效益
33	幕墙栏杆一体化	玻璃幕墙室内一体化护栏由管状铝合金型材开模加工而成，精度高，可批量生产，节省加工安装时间
34	预制电缆沟	采用预制电缆沟替代传统现浇结构或砖砌结构，减少湿作业，缩短工期，提高品质
35	肥槽预拌流态固化土回填	利用肥槽、基坑开挖后或者废弃的地基土，掺入一定比例的固化剂、水，通过机械进行充分拌和均匀，形成具有可泵送的、流动性的加固材料

《施工工艺优化库》实施项内容与标准见表 2-5。

表 2-5 《施工工艺优化库》实施项内容与标准

序号	实施项名称	实施项内容与标准
1	防水倒角优化	通过铝模留设圆弧角或木模留设斜角，将传统防水区域的水泥砂浆倒角随主体一次浇筑成型，减少二次施工，提高工效
2	风井、女儿墙反坎一次浇筑	防水结构上部的风井、女儿墙至少一次浇筑到建筑层泛水高度以上，并预留卷材收口凹槽，减少渗漏隐患
3	设备基础一次浇筑成型	提前招采并考虑设备型号与荷载，提前深化设计基础尺寸和定位，将设备基础与主体结构一次浇筑完成，减少工序
4	方钢加固墙柱模板	超高超长剪力墙结构部位采用双方通作为背楞加固，超高大尺寸结构柱采用紧固式方圆扣背楞加固，提高模板刚度，减少变形量，提高品质
5	拉杆式悬挑脚手架	采用周转式锥形或对拉螺栓将短肢钢梁固定在结构侧面，并设置斜向钢拉杆，加强整体安全、稳定。应用该类架体避免对结构外墙开洞，减少后期封堵施工

（续表）

序号	实施项名称	实施项内容与标准
6	地上外墙螺杆封堵	地上外墙对拉螺杆孔中间直段采用聚氨酯发泡胶进行封堵，两侧喇叭口采用干硬性水泥砂浆封堵密实，外侧涂刷防水涂料层
7	高精度地坪	超大面积楼地下室地坪施工时，采用全机械化精工地坪施工工艺，通过基层抛丸处理、高压清洗、激光整平、机械收光等工艺，有效控制地下室地坪的平整度
8	成品止水节	卫生间、阳台等给排水管部位采用预埋止水节方式，一次性浇筑成型，避免后期再进行二次吊洞，提高防水性能
9	穿楼板桥架预埋节/预制电井桥架洞边模构件	桥架预埋节材质与桥架相同，尺寸略大，高度同板厚，固定在模板上，同结构板一次浇筑成型，后期桥架通过承插与预埋节进行连接，无须预留洞口及二次吊洞。或优化电井布置，确定桥架母线穿板洞口位置和尺寸，混凝土一次预制完成，可有效挡水，地面装饰收口一次成活
10	管道井组合式套管一次性预埋	优化管道井管道排列，确定组合套管位置，组合式套管采用圆钢或钢板等焊接连接，组合加工，成套量产，穿楼板预留洞精准，一次施工到位，无须吊洞修补
11	强弱电配电箱一次性预埋	混凝土结构中的强弱电配电箱采用工具式内支撑，随混凝土结构浇筑，一次精准预埋成型；砌体结构中的强弱电配电箱采用预制机电线盒、预制强弱电箱，随大面砌体结构一次精准施工成型
12	预制 U 型混凝土砌块	现场砌砖精确排布，采用预制 U 型线槽砖、预制构造柱 U 型槽砖、预制过梁 U 型槽砖、预制配电箱 U 槽砖等形式，随大面砌体结构一次成型，减少剔凿或二次支模，提高工效
13	预制过梁	宽度小于 2m 的门洞口采用预制块施工，配合采用预制过梁，施工快捷、省去支模浇筑等工序，提高工效
14	预制转角止水钢板	对止水钢板非直线段搭接部位提前深化设计，进行预制加工成型，现场只对直线段搭接部位进行焊接，通过工厂化集中加工，降低了材料的损耗，缩短了止水钢板施工工期，大大提高了非直线段部位止水钢板的焊接质量
15	砌体套管预制 PC 构件	砌体中穿墙套管（如空调洞、燃气洞等）提前精确排版等，提前加工预制混凝土构件，随大面砌体结构一次成型，减少剔凿，提高工效
16	预留墙面水管压槽工艺	提前策划户内给水管道走向，将所有混凝土墙体上的给水管压槽一次带出，后期直接安装给水管，取消混凝土墙体开槽工序
17	空心楼板预埋铁件施工	现浇空心楼板浇筑前提前精准定位大型支架的预埋铁件，减少常规膨胀螺栓及化学植筋等对空腔楼板质量的损坏，保证安全
18	转角石材整体加工	石材幕墙转角采用整石，加工厂采用绳锯加工，倒边倒角保证转角整体性，提高成型质量
19	机电集中加工	布置加工设备、原材与半成品货架、废料池、小型机具等，发挥工厂化、专业化优势，而且可以节约有限的人力、物力及现场空间资源，降本提质

（续表）

序号	实施项名称	实施项内容与标准
20	管线定制化加工	通过深化设计确定标准层立管管道长度，要求供应商按照定制长度供货。优先用于施工内容较单一的线性工程
21	幕墙龙骨工厂化加工	金属型材龙骨在工厂预加工，提高加工精度和质量，节省工期和现场堆场
22	顶棚做法优化	通过保障楼板结构成型水平度和平整度，后期通过结构打磨、免抹灰、直接刮腻子、直接喷涂等方式进行顶棚建筑装饰，取消传统砂浆找平层，降本增效
23	墙柱免抹灰	采用刚度较大模板支撑体系，提高混凝土墙柱结构成型垂直度和平整度，后期通过结构打磨，达到免抹灰，直接刮腻子的效果，取消传统砂浆找平层，降本增效
24	铝模支撑体系	塔楼标准层超过 21 层，宜采用铝合金模板支撑体系，进行多图融合、一体化设计与施工等方面策划及实施
25	钢筋集约化加工	建立钢筋集中加工车间，采用 BIM 技术的钢筋数字化放样与加工，统一下料加工并运输
26	自动吸尘砌体加工车间	采用 BIM 技术排砖，设置自动吸尘加工车间，推进机械化施工
27	预制机房	采用预制装配施工技术，对机房运用 BIM 技术进行优化设计综合排布，装配图纸交场外预制加工厂预制加工，并提前在加工厂完成模块化组装
28	现场预制楼梯	装配式项目的预制楼梯标准件，在现场找寻场地进行制作、加工、养护，降低采购成本
29	预制设备基础截水槽	地下室、屋面多水间设备房的设备基础四周采用预制截水槽，对设备基础四周积水起到截水引流作用
30	顶棚支架预埋件一次性预埋	优化给水、排水、喷淋、桥架等管线排布，确定管线走向、支架点位置；在模板上精准打眼定位，支架点精准放样，吊卡点直接预埋；安装支架时旋入配套通丝螺杆支架即可
31	装配式临时排水沟	在施工现场或临建区域采用装配式成品排水沟，取代传统砖砌抹灰排水沟施工，提高工效

《施工措施优化库》实施项内容与标准见表 2-6。

表 2-6　《施工措施优化库》实施项内容与标准

序号	实施项名称	实施项内容与标准
1	道路永临结合	根据永久道路的位置设置现场临时施工道路，将水稳基层改为混凝土基层作为现场施工时的临时施工道路面层，后期正式交付时再施工面层沥青层

（续表）

序号	实施项名称	实施项内容与标准
2	室外排水管网永临结合	大面积施工场地，提前施工室外排水管线及雨污水井，用作施工阶段场地临时排水管网
3	消防永临结合	从临时消防水池或正式消防水池作为供水点，将永久消防设施消防主管道和消防栓（箱）作为临时消防设施
4	临电永临结合	平层电箱至末端回路、楼梯间内，利用正式电缆或灯具，作为临时施工照明或动力用电
5	地下室通风永临结合	利用永久通风管道或风机作为临时通风措施，改善地下室空气质量和湿度
6	地下室水泵永临结合	地下室清理干净，集水井施工完成，利用永久水泵代替临时水泵抽排地下室积水，减少机械投入，节约成本
7	防护栏杆永临结合	拆模完成后，提前安装阳台及连廊正式栏杆，减少楼层临时临边防护，既可以减少临边防护被破坏的风险，又能降低临边防护的费用
8	地下室顶板卷材提前施工	地下室顶板结构浇筑完，在非动荷载区域的顶板材料堆载前完成顶板防水及防水保护层施工，避免重复清理，便于后续穿插
9	地下室外墙后浇带临时封闭	地下室外侧需提前回填或断水，采用预制盖板、钢板、附加超前钢筋混凝土墙一体化浇筑等形式提前封闭后浇带
10	后浇带少支撑	地下室楼板后浇带未封闭时，采用可周转型钢柱或钢筋混凝土构造柱、采用盘扣格构柱等作悬臂梁板进行支撑，减少常规架料用量，便于顶棚工序穿插及运输
11	楼层断水措施	对洞口、电梯井道、楼梯间、卫生间等部位采用封闭、阻挡、引流等综合措施，控制雨水、施工用水对楼层下部施工作业面的影响
12	水回收系统	收集集中雨水、地下水至集水井、消防水箱，用于结构施工或文明施工用水
13	施工电梯基础一体化	布置在地库底板上方的施工电梯，采用结构上反板、利用框梁、增设暗梁、加强配筋等形式实现一体化施工。严禁采用架体反顶措施
14	塔吊基础一体化	布置在地下室范围内的塔吊基础，利用结构底板或工程桩实现一体化施工
15	BIM 技术应用	采用相关 BIM 建模，进行设计、深化设计、施工平面规划、施工方案模拟等，提升工作、沟通效率
16	废料钢筋二次利用	对于钢筋余料进行加长或加工，制作马凳筋、梁垫铁、二次结构用筋、临时措施用筋等部位
17	联合支架	对密集管线综合排布，通过机电综合排布与受力计算，将多种管线设计统用一个联合支架，增大净空
18	爬架自带塔吊上人通道	在爬架深化时，增加塔吊上人通道设计，塔吊上人通道与爬架同步提升

（续表）

序号	实施项名称	实施项内容与标准
19	墙体线管开槽机	砌体墙开槽推广采用新型开槽机（附带吸尘器），既能避免因人工开槽破坏砌体提高开槽质量，又能避免开槽过程中产生粉尘
20	定型化泵管架	利用定制化泵管架，将泵管与所穿越的每层楼板进行固定。达到减震降噪的效果，满足文明施工和绿色施工的要求
21	管道吊洞定型模具	传统吊洞施工中模板支设困难、固定不牢固，极易导致吊洞处下沉，造成楼板面不平需后期剔凿处理。采用定型模具，操作方便，可周转使用，使楼层吊洞成型质量得到保障，避免后期渗漏风险
22	现场办公永临结合	利用工程配套功能用房，如沿街商铺、售楼处、配套幼儿园等功能建筑，提前施工用于现场临时办公场所，减少现场临建投入
23	现场围挡永临结合	在设计的相应部位，利用正式围墙基础或墙板，兼作为现场临时围挡
24	预制承台砖胎膜	采用大型预制板材（例如预制 GRC 板、预制空心混凝土板等）代替传统“砌体＋抹灰”砖胎膜
25	无人机高清测绘	采用无人机进行厘米级精度测绘，生成数字化的平面地形图和三维模型
26	多功能预制垫块	混凝土预制垫块，既可充当垫块，又可充当楼板厚度控制器，减少资源浪费
27	井道内施工升降机	结合项目的特点，将齿轮式或曳引式施工电梯布置于正式电梯井道内或布置在采光井中，电梯直接可到达施工作业层，减少外立面二次收口
28	卡钳式吊篮	针对塔楼女儿墙高度低，且存在屋面花架梁项目，可采用卡钳式吊篮
29	便携式管道自动焊机	焊机置于焊口一侧，焊口对正、同心度符合要求，确保焊接小车与焊口平行，检查气体压力、流量；通过遥控器预设焊接参数，自动焊接，提质增效
30	气动凿毛吹灰机	使用大功率吹风设备，有效清除打凿后建筑垃圾及模板上垃圾，确保混凝土接缝紧密
31	合金钢板网外架防护	采用合金钢板网替代传统密目网，提高安全可靠性，通过重复周转合理降低措施成本
32	工字钢预埋锚环措施优化	采用成品 U 型抱箍塑料套环对悬挑脚手架锚固环直埋保护。减少一次性措施投入，降低建造成本，工字钢垫块使外架底部水平，提高整体效果
33	三段式止水螺杆	在地下室外墙处使用三段式止水螺杆，三段式止水螺杆在拆掉墙外两端外杆后，内杆留在墙体，以保证墙体的防水性
34	坐式双盘磨光机	广泛用于水泥混凝土表面的提浆、抹平、抹光，工作效率为 $500m^2$/（天·台），是普通磨光机的 2 倍效率

三、案例分析

（一）工程概况

该项目是某集团投资建设的第一个自持物业写字楼。作为国内房建领域的龙头企业，该集团进行 EPC 的探索。项目具体概况见表 2-7。

表 2-7　项目具体概况

序号	名目	内容
1	工程名称	
2	工程地点	
3	业主名称	
4	设计单位	
5	勘察单位	
6	监理单位	
7	工程类别	公共建筑
8	工程规模	中型
9	基础形式 / 基坑深度（m）	桩基础
10	结构形式	框架 - 核心筒结构
11	工程建筑面（㎡）	81856 ㎡
12	工程高度、层高	1 栋：153.7m
13	工程造价	3.2 亿元
14	合同范围	“六期 1 号楼”图纸范围内的基础（含天然基础、基础回填、砖胎模、褥石层、盲沟管、垫层等工作）、建筑、结构（含钢结构）、水电安装、弱电（预埋）、室外综合管网工程以及设计变更等
15	承包方式	V-EPC 总承包

结合工程项目实际情况，采取 EPC 管理 A 模式，与业主联合组建管理团队负责项目全周期管理，为业主提供“报批报建管理、设计管理、合约招采管理、建造管理、竣工及交付”等项目全过程管理服务，业主只负责整体的、原则的、标准性、目标的管理和控制。EPC 管理机构下设各分包层，总承包部分设立建造、设计、商务三个分支，其中建造与设计下层分别另设结构、机电、计划管理小组，与商务下层的招采、成本合约组形成矩阵 EPC 组织架构，内外协调，统筹各个分包。

该项目将设计成果分为施工蓝图、图纸报建、深化设计、专项设计以及业主合同需求5类，按计划分阶段出图，形成成果，具体内容见表2-8。

表2-8 项目设计成果

序号	设计成果类别	完成内容	待完成项
1	施工蓝图	已完成施工蓝图9.14版，满足锁定总价包干条件，已签订总价包干合同	
2	图纸报建	已完成消防、人防、防雷、工规证、开工验线、节能备案、配套、路口开设、面积测绘等报建工作	
3	深化设计	钢结构深化设计、电扶梯深化设计、管井大样图、结构预留预埋图、建筑预留预埋图、综合图、单专业图、机房深化图	其中机房深化图只深化了设备基础，因机房品牌参数未定，待品牌参数敲定后继续深化
			轻质墙板、门窗、机械车库、幕墙及机电专项系统（雨水回收、虹吸雨水、水蓄冷、抗震支架、柴油发动机、气体灭火、高空水炮系统等）
4	专项设计	精装、景观、泛光照明、智能化、燃气、预制墙板、电扶梯、加建、钢结构、机械车库、幕墙	
5	业主合同需求	EPC设计工作方法总结及设计复盘报告初稿、“一标准三手册”初稿	

（二）设计管控措施

1. 对标

由于对办公楼建筑开发缺少相关经验及数据沉淀，通过对标形成相关依据，主要包括建筑装修做法、机电系统设备，从质量控制、工程进度、一次性成本投入、运营维护方面分析现目前设计的合理性、经济性，并针对本项目对其机电系统中的设备、材料品牌有针对性地提升或降档，形成的对标文件大部分建议为业主所采纳，作为业主汇报、决策的重要依据。

2.EPC基础数据库搭建

用于控制设计进度、质量、支撑商务、支撑工程，根据功能区内设计要素和系统整体设计的梳理，指导工程设计全过程，建造过程中的阶段性验收、系统调试和竣工验收。

3. 前置审图

EPC总包层从扩初图开始介入，针对各设计阶段设计成果，分别从系统优化、错漏碰缺、施工优化、专项设计提资审图四个维度进行审查，例如邀请地产商从扩初图开始介入，针对商业流线、商铺机电需求、办公租户需求等进行提资和审查。

4. 工程交付标准制定

通过 EPC 基础数据库衍生制定交付标准框架：整体系统交付标准、功能区交付标准和品牌交付标准，其中整体系统交付标准是对项目结构形式及机电各个系统组成形式的详细描述，从而形成一套完整的系统交付标准；功能区交付标准是以功能区为纵轴，以天、地、墙及机电各专业为横轴，详细描述各个功能区内天、地、墙构造做法及机电配置，从而形成一套完整的功能区交付标准；品牌交付标准详细描述土建工程、机电工程和装饰工程涉及的主要材料设备的名称（种类）、品牌（厂家）等信息。

通过对标、走访、商场意见、参考其他项目标准等研究形式填充交付标准相关内容。交付标准框架的长期目标是逐步形成可复制开发的、相对固化的、以标准化为基础、多类型模块组合的交付标准；在供同类型项目规范设计、施工等步骤的各项管理行为的同时，便于后期运营维护、提升用户体验。

5. 精细化施工图研究

精细化施工图绘制标准按照施工要求具体分为两大项出图：建筑结构图和机电图。对于建筑结构图，主要增加初装修做法清单表和材料清单表、门窗做法表扩充、砌体与二次结构平面布置图、预留洞口等。对于机电图，主要增加机电综合管线布置图、机电综合管线重要节点剖面图、预留洞口、管井综合排布大样图等。

6.BIM 设计施工一体化

通过 BIM 技术的应用实现设计施工一体化的目标，利用 BIM 模型达到可视化设计、碰撞检查等效果。此外，将 BIM 技术运用到深化设计中，提升施工质量和施工效率，也可以模拟工况、施工动画演示施工组织策划及工序安排；在施工工程中辅助设计变更决策、减少返工。

7. 建造策划中的设计施工一体化

进场后了解到业主对于工期较为重视，而该项目处于市中心，场地狭小，团队通过设计和工程人员反复讨论，向业主提交了冲塔方案，即优先保证关键线路上塔楼结构的施工，根据此方案，总工期可优化三个月，可为业主创效上百万元，业主初步认可该方案，我方组织勘察、主体设计单位进行多次论证，随后编制了详细的冲塔施工策划，该策划解决了支护设计和主体设计、施工工艺的近 200 处碰撞技术问题，在此过程中，通过展示深基坑和超高层建造的技术优势，同时通过设计、建造的高度联动和融合向业主展现 EPC 模式的优势。冲塔策划通过决策实施，并作为桩基施工分包招标的重要考核内容。

第八节　精益建造支撑体系

一、组织适应

根据不同项目实施精益建造的条件和背景存在差异，包括工程发包模式、结构形式、分包招采进度、业主对工期的要求、施工措施的选择以及政府监管部门过程验收等因素，将实施情况分为 A、B、C 三个类型实践精益建造，见表 2–9。

表 2–9 精益建造实施类型

分项	A 类型	B 类型	C 类型
项目实施条件	政府部门支持结构及时验收；能有效控制所有分包及时进场；业主对总工期及主要节点要求很紧	政府部门支持部分结构及时验收；能有效控制部分主要分包及时进场；业主对工期节点要求相对常规	政府部门不支持结构及时验收；不能有效控制分包按时进场；业主对工期节点要求相对宽松

二、资源优化

1. 建立统一的资源管理平台

建筑企业建立统一的资源管理平台，实现覆盖市场开发、供应商选择、资源采购、物流运作、供应商考核的供应链体系管理，将分散在各分公司、项目部的供应商资源集中在同一系统中管理。

2. 推进集采体系建设

基于统一的资源管理平台，建立合格供应商库，为分公司、项目部的项目实施提供资源保障。过程中对众多供应商资料和信息进行分析提炼，分为适用于各层级的普通供应商、（由于区域或管理原因）适用于特定分公司或项目部的指定供应商。

3. 完善内部市场化运作机制

明确各级市场主体，理顺关系，建立内部交易机制。建筑企业将内部市场分级，并确定各级市场主体；理顺市场主体之间关系，明确定位关系；建立公司内部市场交易规则，对内部交易进行管制，制定交易程序、方法、计价、内外部交易限制与保护等政策：建立内部协调机制，避免损害企业整体利益。

三、策划先行

工程项目前期策划是集市场需求、工程建设、节能环保、资本运作、法律政策、效益评估等众多专业学科的系统分析活动。精益化的项目管理，要策划先行，从工程的各个角度全面考虑，通过前期策划对项目整体管理思路、风险的控制、关键点、重难点进行摸排，建立起一个配套的机制，指导项目实施确保完成工程进度、质量、安全、成本管理目标，提高企业经济效益和社会效益。此外，项目前期策划也是企业文化及核心管理理念的具体体现。

传统的工程管理往往不重视管理策划，以致在综合性大型项目建设中经常会出现组织重叠、职责分工不明、计划制定针对性不强、工作内容不具体、信息不通畅、工程进度拖延等问题。工程项目管理策划可以在项目开始前通过策划的形式很好地解决这些问题。

确切地讲，就是通过项目管理策划过程使项目团队明确实施过程中“做什么？怎么做？何时做？谁来做？”使项目管理在实施过程中目标明确、界面清晰、管理程序衔接有序不紊，从而大大提高工作效率。

四、项目策划编制

1. 项目策划书内容

《项目策划书》内容应包括：工程概况，项目定位和管理目标，组织架构，重大风险识别及防控策略，计划管理，报批报建管理、设计与技术管理，合约采购管理，建造管理，资金管理，党群管理，项目授权书等，编制重点内容要求如下：

（1）计划管理。采用“三级四线”的计划管理体系进行管理，应明确一级项目总计划、二级各业务版块计划的关键控制节点，形成报批报建、设计、招采、建造计划四条主线管理，并绘制计划管理地铁图。

（2）合约采购管理。要形成编制界面划分表、招采计划表，明确主要分部分项工程发包模式、标段划分，结合本项目合同特点制定本项目合约采购管理思路。

（3）建造管理。要明确施工流水安排、主要施工工艺选型、各施工阶段总平面布置、公共资源管理、工序穿插模型等内容。

（4）资金管理。需编制现金流计划表，明确项目资金来源，制定资金保障措施。

（5）重大风险识别及防控策略，需识别项目实施全过程中对项目会产生重大影响的风险点，重点识别资金风险、商务风险、履约风险、环境风险等。

2. 专项策划书要求

对于技术难度大、施工组织复杂、项目体量大、新兴业务等项目，应编制设计策划、精益建造策划、总平面策划、招采策划、商务策划、资金策划等专项策划内容（当前一个时期，为推进精益建造，新开工项目均要求编制《精益建造专项策划书》），作为《项目策划书》补充内容，可根据工程特点一并或分阶段编制、评审并实施。

3. 项目策划书评价

建立项目策划书编制质量评价机制。在开展项目策划评审时，《项目策划书》必须包括以上编制重点内容及需要编制的专项策划内容。为保证策划内容具有可实施性，必须对策划实施前置条件进行分析，对于策划主要内容要形成量化管控指标（如周转材料中模板要有总投入量、总价，并形成分阶段投入量、投入价额）。

4. 项目策划点管理

项目策划实施点分为一、二类进行管理。一类策划点为必须实施的策划点；二类策划点为努力实现的策划点。《项目策划实施工作清单表》作为项目策划的附件，包含实施前置条件分析和类别确定，参与集中评审及流程评审。

五、项目策划实施

（1）项目策划实施原则为谁实施，谁负责；谁评审，谁监督。

（2）项目策划应严格执行交底制度。《项目策划书》完成审核审批工作后一周内，对项目进行《项目策划书》交底工作，并形成相关交底记录。

（3）项目策划应实行动态管理。一类策划点因各种条件发生变化需要调整时，项目部必须按原策划审批流程上报审批后方可实施。

（4）应加强项目策划书体系联动。项目策划相关目标、内容应与项目施工组织设计、项目实施计划书、项目商务策划书、项目目标责任书、项目工期策划、项目质量、安全创优策划等目标、内容统一。

（5）建立项目策划复盘机制。项目应分地下室施工、主体施工等阶段对项目策划进行复盘，分阶段形成项目策划总结，作为最终项目总结的一部分。

第三章

LC6S 精益建造管理体系

第一节　精益建造计划管理体系

一、三级四线计划体系

三级计划节点：项目总进度计划节点主要从时间维度分三级（一级节点、二级节点、三级节点），要求涵盖土建及项目其他专业，涵盖从基础施工到结构施工、装修施工等的全过程。四条计划主线：报批报建、工程设计、招标采购、建造施工四条计划主线。三级节点四条计划主线交叉形成总进度计划路线图。

二、精益计划管控体系

1. 计划管控流程

计划节点量表编制→计划节点量表审批→计划节点考核→计划节点管控→计划考核应用→计划管理总结通报。

2. 三级计划节点

一级节点：合同节点、重要的形象控制节点、关键工序穿插节点，要求能反映全过程、全专业的总控计划。一级节点设置颗粒度：一般项目每个月设置 1 个一级控制性节点；小型项目可每两个月设置 1 个控制性节点，特大型项目可按片区每月设置 1 个控制节点。

二级节点：在一级节点基础上细化，包括所有一级节点，及重要的形象控制节点、工序穿插节点、辅助管理节点等。二级节点颗粒度：项目每个区段按专业每月设置 1 ～ 2 个控制节点。

三级节点：三级节点为进度、资源等相关内容的末位计划，一般反映为周计划形式。

三、计划预警体系

1. 绿色预警

一级节点延误 2 日或二级节点延误 1 ～ 10 日，定性为一般延误。需由项目经理组织召开进度协调会，形成周报，反馈至分公司工程部，上传 OA 平台。

2. 蓝色预警

一级节点延误 3 ～ 6 日或二级节点延误 11 ～ 30 日，定性为较大延误。需由分公司工程部经理组织召开项目进度协调会、指派专人现场协调，并列为分公司履约重点关注项目，整改形成周报上传 OA 平台。

3. 黄色预警

一级节点延误 7 ～ 10 日或二级节点延误 31 ～ 60 日，定性为重大延误。需由分公司工程部经理组织计划管控小组召开项目进度协调会，驻场协调，并列为分公司履约重点关注项目，整改形成周报上传 OA 平台。

4. 红色预警

一级节点延误 11 日以上或二级节点延误 61 日以上，定性为特别重大延误。需由公司工程部经理组织召开项目进度协调会，深入现场协调，并列为公司履约重点关注项目，整改形成周报上传 OA 平台。

四、工序穿插施工体系

分为地下室穿插、地上室内穿插、外立面穿插、室外穿插。具体的在结构施工到一定楼层后内外同时向上穿插流水作业，通过工序梳理，合理安排穿插中的流水节拍，实现材料加工集中、资源配置合理、工序衔接紧凑，缩短了工程总工期，减少资源损耗提升工程效益。

第二节 精益建造质量管理体系

一、三个样板

三个样板即工序样板、工序穿插样板、交付样板。在大面积施工之前，通过样板引路展示正确的、完整的做法以及成型结果，指导工人现场施工。

1. 实体工序样板

将工序施工过程中影响工程质量的关键工艺，按照工艺标准要求将其质量控制点展示出来，并配以文字说明（施工标牌），通过实体样板展示，将要达到的工艺水平直观反映出来。

2. 工序穿插样板

主体结构完成后，插入砌体、机电安装等分项工程施工，主要展示工作面的移交。

3. 交付标准样板

以一个或几个完整建筑单元为施工部位，在满足规范、施工图纸、使用功能要求的前提下，达到交工要求，并以此为最终交付标准，其他部位按此标准施工。企业要求：大面积施工前设置工序样板层，第六个标准层设置工序穿插样板层，装修施工前设置交付样板层；样板层施工完成后由项目经理、监理、业主进行验收；验收合格后必须对管理人员及作业工人进行现场交底。

二、质量风险控制

1. 质量风险项识别

对项目现场造成质量缺陷的工序进行排查、罗列，形成清单。企业要求：成立质量风险识别与评价专家小组，对风险项进行识别，识别清单应进行评审，质量风险项要包括项目全专业、全过程。

2. 质量风险项评价

运用科学的方法，根据质量风险项发生的频率、造成的危害等综合因素，对识别出的质量风险项进行评价，划分出等级。企业要求：评价分级后的质量风险项应进行评审、审批。

3. 质量风险分级

一般质量风险项：经过评价后被评价为“一般”的质量风险项。重大质量风险：经过评价后被评价为“重大”的质量风险项。

三、实测实量管理

实测实量是指应用测量仪器工具，通过现场测量工程质量数据是否在国家规范允许范围之内，以数据来真实反映产品质量的一种方法。企业要求：实测实量必须全覆盖，实测实量结果必须与劳务队伍单价或工程款挂钩。

四、工艺标准化

对施工过程中的每一个步骤进行规定形成的能有效控制施工质量的标准化工艺。企业要求：公司每年制定工艺标准化推进计划，季度检查项目执行情况并进行通报。

第三节　精益建造安全管理体系

一、本质安全

指通过设计等手段使生产设备或生产系统本身具有安全性，即使在误操作或发生故障的情况下也不会造成事故的功能。具体包括失误—安全（误操作不会导致事故发生或自动阻止误操作）、故障—安全功能（设备、工艺发生故障时还能暂时正常工作或自动转变安全状态）。现行相关标准是《爆炸性环境　第 18 部分：本质安全系统》（GB3836.18-2010）。

二、安全色及安全标志

我国规定了红、蓝、黄、绿四种颜色为安全色。红色：禁止，停止；蓝色：指令，必须遵守的规定；黄色：警告，注意；绿色：提示安全状态通行。

三、行为安全之星

以安全观察为技术手段、以正向激励为指导思想、以解决工人的不安全行为为最终目标的一项管理活动。活动简单总结为“一二三四五，安全无事故”，即一张卡、两个员、三步骤、四协同、五途径。

1. 一张卡

一张卡即“行为安全之星积分卡”（简称“积分卡”），持卡者可在活动实施项目兑换相应奖励。

2. 两个员

两个员即安全观察员和监督员。

3. 三步骤

三步骤即安全观察工作步骤，包括计划、观察、沟通与反馈。

4. 四协同

四协同即加入活动中的四个单位，业主、监理、总包、分包。

5. 五途径

五途径即工人获得积分卡的五个途径：①规范自身安全行为；②纠正他人违章；③安全知识水平提升；④提出安全改进建议；⑤危急情况及时报告。

第四节　精益建造设备管理体系

一、特种作业人员

直接从事特殊种类作业的从业人员，如塔吊司机、塔吊指挥、电梯司机、电工等必须经过考试取得相关从业资格证后，方可从事作业。

二、三违

违章指挥、违章作业、违反劳动纪律。

三、四不严

设备进场把关不严，作业人员行为管理不严，过程监督检查不严，供应商考核不严。

四、十项铁律

1. 设备进场

对进入现场的机械设备，总承包单位必须组织进场验收，有完整的技术档案和相关质量证明文件，安全保护装置齐全，并配备安全监控装置。禁止滥租 5 年以上的陈旧设备或其他法律规范禁止使用的设备。

2. 设备安拆

设备安装、拆卸单位必须具有与安装设备相适应的安装资质，自行组织安装。禁止使用转包或挂靠队伍。

3. 设备操作

从事设备安装、顶升（爬升）、拆卸作业和使用操作的安装拆卸工、起重司机、起重信号工、司索工等特种作业人员，必须取得特种作业证书；操作人员实行专人专岗、定人定岗。禁止无证上岗。

4. 专项方案

起重设备安装、顶升（爬升）、拆除之前，必须编制安装、顶升（爬升）、附墙、拆卸专项施工方案和防碰撞专项方施工案，按规定程序审批，严格按方案执行。禁止盲目作业。

5. 过程监督

针对设备安装、顶升（爬升）、拆卸等关键过程，总承包单位必须督促安装单位做好班前安全技术交底，并实行旁站监督。禁止放任自流。

6. 安全交底

设备投入使用前，总承包单位必须督促安装、操作单位对相关操作人员进行安全技术交底；使用过程中，进行定期交底。禁止包而不管。

7. 环境安全

设备安装、调试、顶升（爬升）、运行、拆卸作业时，必须严格执行有关安全技术操作规程，并设置安全警戒区和安全警戒线，派人值守。禁止冒险作业和无关人员进入安全警戒区。

8. 设备检查

公司（分公司）、项目必须严格执行设备月检、周检、班前检等例行检查制度，保持设备状态良好、安全保护装置、安全监控装置完好有效。禁止设备带病运行。

9. 安全协议

总承包单位（使用单位）与设备安装、拆卸单位，设备安装、拆卸、使用单位与安拆、顶升（爬升）、拆卸、使用操作人员必须签订安全专项协议书或保证书。禁止口头承诺。

10. 自制机具

自制机具必须有公司级以上技术部门审批的设计文件、专项施工方案和安全操作规程，经公司组织验收合格。禁止使用私自制造机具。

五、塔吊安全装置

1. 六限位

力矩限制器、起重量限制器、变幅限位、高度限位、回转限位、行走限位。

2. 四保护

脱钩保护、跳槽保护、断绳保护、断轴保护。

3. 两警示

警示障碍灯、风速仪。

4. 两止挡

小车止挡装置、大车止挡装置。

六、十不吊

（1）信号指挥不明不准吊。

（2）斜牵斜挂不准吊。

（3）吊物重量不明或超负荷不准吊。

（4）散物捆扎不牢或物料装放过满不准吊。

（5）吊物上有人不准吊。

（6）埋在地下物不准吊。

（7）安全装置失灵或带病不准吊。

（8）现场光线阴暗看不清吊物起落点不准吊。

（9）棱刃物与钢丝绳直接接触无保护措施不准吊。

（10）六级以上强风不准吊。

第五节 精益建造绿色施工管理体系

一、四节一环保

指“节能、节地、节水、节材和环境保护”，具体说来就是“建筑节能、建筑节地、建筑节水、建筑节材”和“保护环境”。

二、绿色施工

绿色施工是指工程建设中，在保证质量、安全等基本要求的前提下，通过科学管理和技术进步，最大限度地节约资源与减少对环境负面影响的施工活动，实现“四节一环保”。

三、LEED 证

一个评价绿色建筑的工具，由美国绿色建筑协会建立并推行的《绿色建筑评估体系》（Leadership in Energy & Environmental Design Building Rating System），国际上简称 LEEDTM，是目前在世界各国的各类建筑环保评估、绿色建筑评估以及建筑可持续性评估标准中被认为是最完善、最有影响力的评估标准。

四、三个体系认证

指 ISO9001 认证、ISO14001 认证、OHSAS18001 认证。ISO9001 是国际标准化组织（ISO）制定的质量管理体系标准。ISO14001 是国际标准化组织（ISO）制定的环境管理体系标准，是目前世界上最全面和最系统的环境管理国际化标准，适用于任何类型与规模的组织。OHSMS（包括 OHSAS18001）是国际标准化组织（ISO）制定的职业健康与安全管理标准。

五、节能减排

节能减排就是节约能源、降低能源消耗、减少污染物排放。节能减排包括节能和减排两大技术领域，二者有联系，又有区别。减排项目必须加强节能技术的应用，以避免因片面追求减排结果而造成的能耗激增，注重社会效益和环境效益均衡。节能是指加强用能管理，采取技术上可行、经济上合理以及环境和社会可以承受的措施，从能源生产到消费的各个环节，降低消耗、减少损失和污染物排放、制止浪费，有效、合理地利用能源。

第六节 精益建造智慧工地建设

通过智慧场景与管理标准化结合，结合智能设备、物联网、5G 等技术，打造智慧工地，如图 3-1 所示；逐个场景通过数据驱动模式进行业务替代，组成智慧工地平台数据流，开展数据治理，实行管理替代。

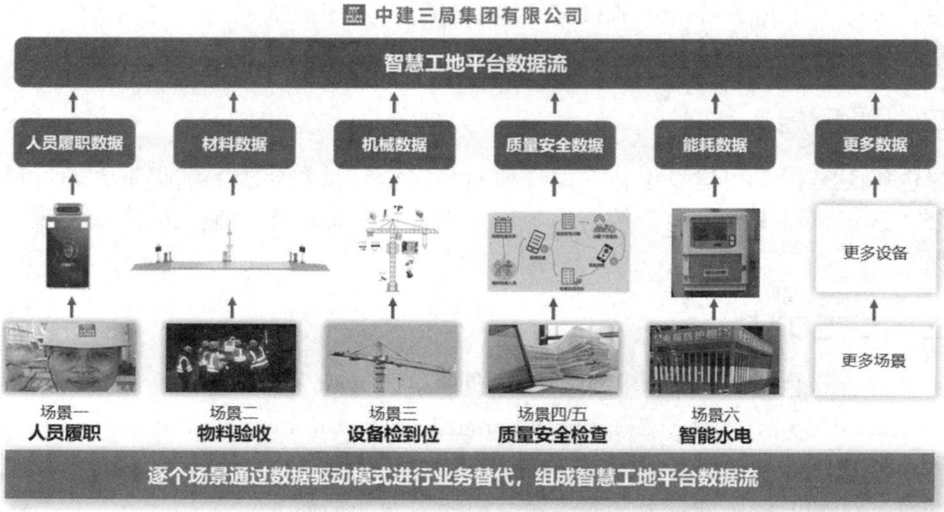

图 3-1 智慧工地场景图

一、人员实名制管理

直接从云筑网提取门禁数据进行分析，某人一日内进出次数差异超过 1 次的判定有越闸行为，一分钟内有多次记录且为全入或全出判定为代人打卡，三日未出勤打卡则进入日常名单生成任务要求劳务管理人员去清查该人是否还在本项目，可与用工计划对比提示人员缺口，对每日经理部所属项目门禁出勤情况进行排名，20：00 通过微信自动发送专项报告。

二、塔吊监测管理

对接了目前塔吊已广泛安装的防碰撞监测系统，提取数据分析塔吊的吊次、吊重工作效率和塔吊闲置率，辅助管理人员进行塔吊使用时段分配，另外塔吊运行时及时对异常情况进行预警。

三、视频监控系统

对接各项目的监控摄像头，通过手机可以随时随地实时查看、监控，还可以开展线上管理如单兵巡检、远程指挥等。

第七节　精益建造物资管理体系

一、云筑集采

云筑网是中国建筑总公司于 2015 年投资创办的垂直电子商务平台，是在中国建筑原集采平台上升级后的新一代建材网上采购平台。云筑集采是云筑网下核心功能版块之一，以“平台化发展、产业链共赢”为主旨，倾力打造的集电子化招标、在线交易、供应链融资、物流整合等服务为一体的建筑行业垂直电商平台。

二、调拨平台

调拨平台是云筑集采平台新增业务管理模块。中建各工程局、各专业公司在实际管理中，部分项目存在工程剩余材料或废材，且对其他项目恰好是可用的材料，为避免剩余材料及废材的浪费，打造了调拨平台，为各项目提供供应及求购信息发布、撮合交易、订单结算等功能，实现剩余材料及废材的线上调拨及交易，增加公司额外收入，提升公司物资管理水平。

三、物资策划

项目开工后，及时组织项目有关人员根据项目材料供应商管理的实际情况、施工进度计划、现场材料使用和堆放管理、进场材料验收、项目对材料管理的重难点问题的分析及制定相应的管控措施等方面，编制项目材料管理策划方案，是对整个项目材料管控的依据和执行方法。

四、四表六照

四表六照是公司钢筋验收管理办法。“四表”指钢筋验收四份验收表，分别是材料员用表、劳务人员用表、材料管理小组用表、项目领导用表；材料员和劳务人员点数 100% 覆盖、材料管理小组成员是每种规格抽查 20%、项目领导是每种规格抽查 10%。“六照”指材料员点数照片、劳务分包点数照片、材料小组点数照片、项目领导点数照片、钢筋卸货完堆场照片、钢筋卸货完空车照片。通过四方人员分别点数验收、抽查，以及在同一监控下，不同时段点数拍照存档，构成整体的钢筋四表六照验收管理办法。

五、材料验收

项目各专业工长根据工程进度和现场情况，进场前填写《物资进场联系单》，项目经理审批后，通知材料进场；材料员及时组织物资进场，会同质量员、安全员、工长等和劳务分包人员当场对进场物资进行外观检测，填写《进场物资登记签收单》；项目材料员对物资外观检测合格后，应收集物资的材质单、合格证、磅码单、订货合同等相关资料，开具《试验委托单》交试验部门检验。检验不合格应及时通知分公司物资部，分公司物资部在接到不合格通知后 3 天内迅速同供应商联系退货或更换，并由材料员填写《进场物资不合格记录》；经检查复验合格的物资由材料员与供应商核对数量，作为办理验收的依据。

六、钢筋盘点

项目器材部依据《钢筋每月成本盘点表》，每月 20 日由项目器材部门牵头，项目生产经理、项目商务部门、钢筋工长参与对钢筋原材、半成品进行现场实际盘点。盘点人员必须认真对钢筋原材、半成品按规格清点数量，由项目材料员完成《钢筋每月成本盘点表》，并由项目预算员及钢筋工长签字核对，最终由项目经理签字审核。

七、废旧物资

为了避免资源浪费，有效降低项目成本，项目必须对废旧物资通过内部调剂、让售等方式进行充分利用、对实在不能利用的废旧物资必须通过申请、审批流程进行变废处理。分公司成立废旧物资处理小组负责废旧物资处理。处理小组由分公司书记、分管副经理、物资部、商务部、财务部、工程管理部、纪检、项目部等部门组成，由分公司书记任组长；项目根据施工过程中或工程完工后所产生的部分废旧闲置、报废物资、由项目材料员填写申请调剂或报废计划；计划表由项目经理审批签字后，作为附件上传发起废旧物资处理申请流程；分公司处理小组监督对处置过程监督。分公司物资部协同项目废材小组成员监督让售处理废料过程，并及时填写废旧物资处理记录，保存过磅单、放行条作为处理的原始依据存档备查；废旧物资让售处理后，项目物资人员及时填写废旧物资调剂处理表，处理收取的款项必须及时上交财务部，冲减项目成本；分公司物资部、项目部建立废旧物资处理台账。

第八节　精益建造技术工艺体系

一、一体化施工

促进设计与施工的融合，并以建筑、结构图纸为基础，对建筑、结构、机电安装、幕墙、钢结构、装饰装修等专业图纸，进行有效整合，从技术上对可以融合的做法进行一次施工，减少不同专业之间的交叉返工。

二、两图融合

两图融合主要指“建筑图”和“结构图”，在主体结构施工之前，根据建筑图、结构图进行深化设计，将需要二次浇筑的混凝土结构与主体结构一次施工，实现降本增效。两图融合演变为多图融合，包括各个专业图纸之间的融合，形成一张图指导施工。

三、工序穿插

工序穿插是一种快速施工组织方法，施工过程中，把室内和室外、底层和楼层部分的土建、水电和设备安装等各项工程结合起来，实行上下左右、前后内外、多工种多工序相互穿插、紧密衔接，同时进行施工作业。

四、永临结合

某项工作是正式建筑中的一部分（属于永久性质的），同时在施工时也需要该项工作所具备的功能，为避免重复设置减少消耗，先将此项工作完成。比如，在地下室装修施工过程中，某建筑公司为了避免浪费，先对地下的照明系统进行施工，并通电作为地下室装修时的临时用电，这样做避免了施工时临时照明的投入。

五、设计优化

设计优化以充分识别业主、客户所需为前提，梳理并明晰项目交付标准，通过多专业深度融合，删除多余工序、多余产品功能造成的浪费。

六、工艺优化

工艺优化以保证成品质量为前提，从简化升级传统施工工艺入手，强调标准化、流程化的工艺改进，消除多余施工步骤或返工造成的浪费。

七、施工措施优化

施工措施方案优化调整，保证施工安全的前提下，优化临时资源投入，提高材料周转，减少资源浪费。

第四章

优质建造板块

近年来国家高度重视质量发展，2014 年 5 月，习近平在河南考察工作时，提出了质量领域著名的“三个转变”——推动中国制造向中国创造转变、中国速度向中国质量转变、中国产品向中国品牌转变；2017 年 10 月 18 日，将“质量第一”“质量强国”写入党的十九大报告。

建筑施工企业是产品质量的直接责任者，必须建立以质量为核心，安全生产为前提保障的优质建造体系（图 4-1）；树立高度的责任感和优质服务观念，从而确保企业在竞争中立足市场，为客户提供优质服务。

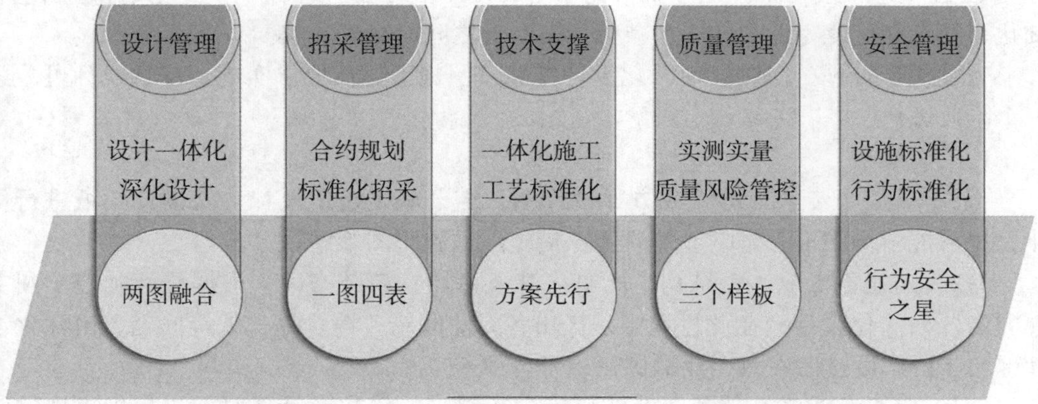

图 4-1　优质建造体系

优质建造体系主要体现在设计管理、招采管理、技术支撑及质量和安全管理五个方面，在设计管理阶段推进两图融合（主要指“建筑图”和“结构图”，在主体结构施工之前，根据建筑图、结构图进行深化、优化设计，为实施阶段实现二次浇筑的混凝土结构与主体结构一次施工提供依据，降低后期质量隐患）、设计一体化（促进设计与施工的融合，以建筑、结构图纸为基础，对建筑、结构、机电安装、幕墙、钢结构、装饰装修等专业图纸，进行有效整合，为后期施工实现一次成型提供技术支持）等深化设计工作。在招采管理方面推行合约规划及标准化招采（具体见招采管理篇）。技术支撑一方面针对设计阶段的深化设计要点在施工中实现提供技术支持，是深化设计成果优质产出的保障，比如深化后对一些加固体系进行改善等内容提供技术力量。另一方面则是从技术角度总结一些成熟的工艺打造成套工艺标准，提升企业均质化水平。质量管理方面主要分为实测实量控制以及质量风险管控，此外围绕质量管控推进设计、技术等方面的有效实施还采取三个样板引路、关键工序验收等行为管理制度。安全作为优质体系的保障前提，宏观地讲主要从设施标准化及行为标准化来确落实业安全生产。

企业围绕优质建造体系，融合相关制度，可以有效执行到建筑工程现场，实现企业管理层与实际执行层的有效贯通。另外基于优质建造体系，随着社会发展，也是一个不断优化调整完善的过程，对企业来讲，最直接的是一个品质提升的过程。最终输出的产品则是获得鲁班、国优以及结构金奖等的优质类工程。

第一节　设计质量管理

设计是精益建造的“龙头”，是工程采购和现场施工的基础，设计质量的优劣对工程的质量、成本以及进度起着决定性的作用。为了达到优质建造的目的，需要我们运用 EPC 管理手段，将施工经验与施工图纸设计相结合，达到对条件图或原理图进行细化、补充和优化完善的作用，减少不同专业之间的交叉影响。

为了便于管理、协调，使深化设计能够按照施工总体要求实施，深化设计可分为三个阶段进行：

1. 第一阶段

（1）根据初步施工图纸或方案设计图，结合施工组织设计，对设计图纸进行优化，尽可能将对图纸有影响或关联施工措施融入施工图纸中；

（2）其他各专业（钢结构、机电安装、幕墙、精装修等）根据设计院施工图文件同步开始深化设计，在此过程中，提出各专业间错、漏、碰、缺等问题，由深化设计部初步协调后，向建筑专业提供；

（3）建筑专业将其他各专业的提资进行整合，深化设计部对此过程中出现的矛盾、问题进行协调，形成深化设计条件图。

2. 第二阶段

依据深化设计条件图，结合设计院施工图，各专业同步进行深化设计。

（1）进行建筑施工图深化；

（2）装饰分包进行内、外装图纸深化；

（3）由各分包制作各自的深化设计图，再与建筑图、结构图、内装图等综合协调，进行管线调整并形成设备综合协调图；

（4）钢结构、幕墙及其他专业进行深化；

（5）深化过程中，各专业相互协调。其中建筑图、结构图须整合所有专业的预留、预埋信息形成设备与土建综合协调图。

3. 第三阶段

各专业在充分协调的基础上，提出各自的深化设计图，提交总包深化设计部初审，并报设计院及业主审核。深化设计图纸和文件经审核无误后，正式出图进行施工。

深化设计流程如图 4-2 所示：

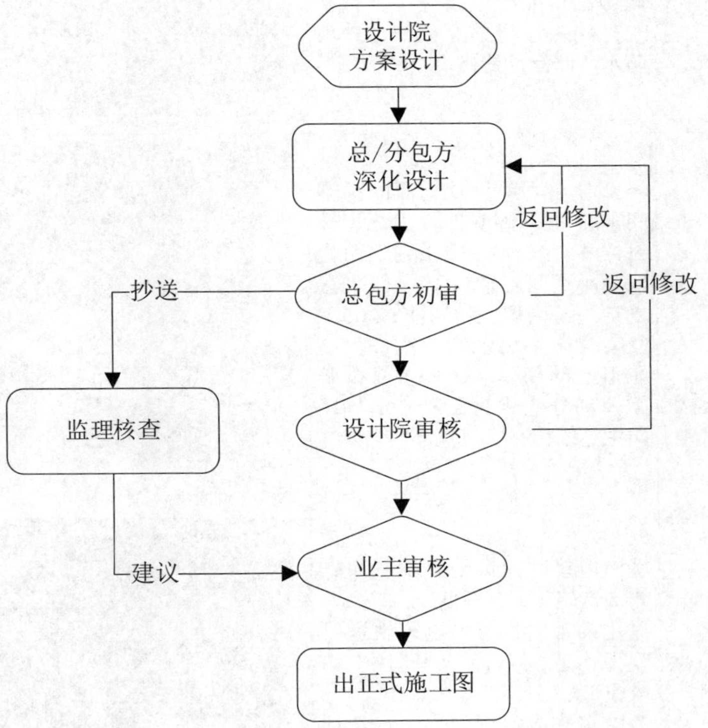

图 4-2　深化设计程序图

为了保证达到优质建造的目标，在设计及深化设计方面，主要做好“两图融合”“预制构件”“措施优化”等方面的工作，各专业内部未提及的深化设计内容参见中建三局《项目深化设计管理实施细则》。

一、两图融合

两图融合主要指“建筑图”和“结构图”融合，在主体结构施工之前，根据建筑图、结构图进行深化设计，将需要二次浇筑的混凝土结构与主体结构一次施工，实现降本增效。

两图融合典型范例见表 4-1。

表 4-1 两图融合典型范例汇编

编号	案例名称	案例简述	图片示意
4.1.1-1	全混凝土外墙	将地上结构外砌体墙部分优化成全混凝土构造墙或挤塑板夹心混凝土墙。需注意构造墙需用拉结筋与结构边缘构件形成拉结。 此做法可减少砌筑施工，有利于外墙工序提前穿插，且外墙防水、防渗性能好	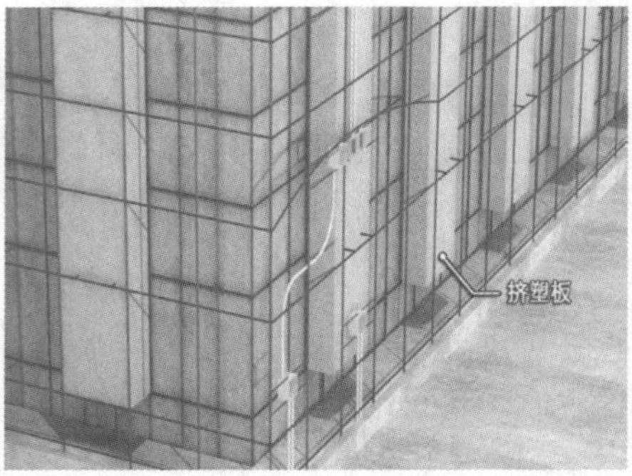
4.1.1-2	外立面线条优化	将部分住宅项目外立面的小空间复杂线条造型进行优化，应对方案有三种：（1）建议简化取消小空间复杂线条；（2）在复杂线条内填充混凝土；（3）复杂线条采用预制 PC 构件。 飘窗上的砌体墙，将重复线条砌体部分优化为混凝土结构，同主体结构一次浇筑	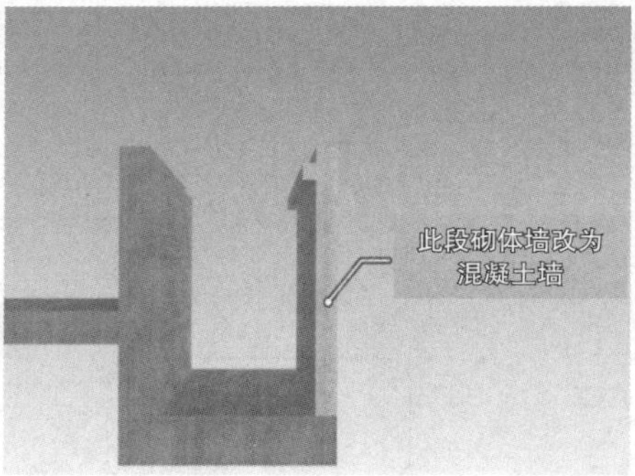
4.1.1-3	电梯轨道梁设计	室内电梯轨道梁通常随二次砌体结构施工，效率低、成本高。深化设计时，可将电梯轨道梁改为构造柱（墙），同一次结构施工。 考虑实施成本因素，若构造柱能满足电梯使用要求，优先选择轨道梁改构造柱	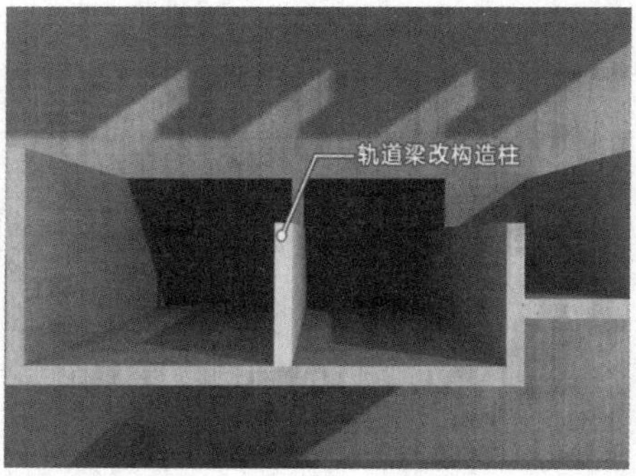
4.1.1-4	构造柱	砌体墙面有构造柱的地方在铝合金模板深化设计时均需要设置构造柱一次现浇，包括十字交叉梁下的构造柱及单面墙中间的构造柱	

（续表）

编号	案例名称	案例简述	图片示意
4.1.1-5	门过梁	当结构梁下门窗过梁与结构梁一侧平齐，门洞顶距离结构梁底高度不大于200mm时，可对此进行深化设计与主体结构一次施工。门过梁增加构造配筋，考虑施工便捷，混凝土强度等级同结构梁板	
4.1.1-6	反坎	厨房、卫生间反坎普遍在二次结构施工后，容易出现渗漏现象。因此考虑此部分反坎（统一降板情况时），利用吊模工艺，随同梁板结构一次成型。反坎混凝土强度等级同楼板	
4.1.1-7	门垛	与剪力墙端或混凝土柱连接的宽度≤300mm的砌体门垛，深化后与剪力墙或混凝土柱主体结构一次浇筑，并参考构造柱配筋要求，箍筋采用U型箍与剪力墙或混凝土柱拉结，混凝土强度等级同剪力墙或混凝土柱	
4.1.1-8	滴水线	在全现浇结构工程中，提倡在结构施工时预留出滴水线槽。例如在主体结构窗飘板支模板时，在模板板边50mm内钉半圆形成品PVC模具，使滴水槽一次成型	

（续表）

编号	案例名称	案例简述	图片示意
4.1.1-9	飘窗台	在标准层结构施工前，梳理各标准层同部位，几何尺寸相同的飘板，并统一在铝模板中深化设计，在一次结构时施工	
4.1.1-10	门窗企口	企口涉及保温的做法，根据保温厚度，结构施工时，在铝模大板上固定硬质塑料贴片，让企口缝一次成型，避免渗漏风险	
4.1.1-11	抱框柱	铝模板深化设计时，将剪力墙中间相连的抱框柱一次性深化设计，加工成品模板，与结构一次性浇筑	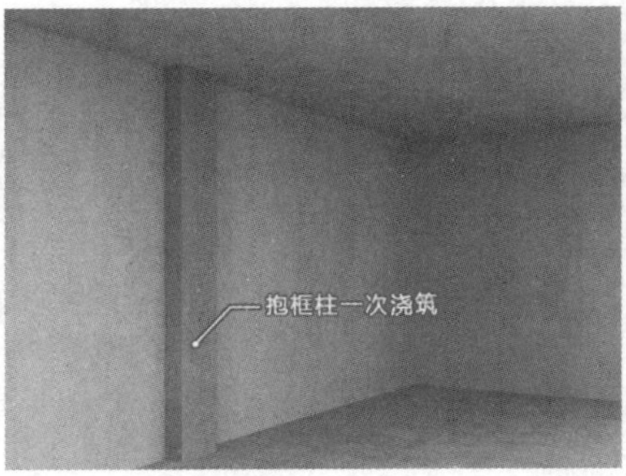
4.1.1-12	门窗钢附框预埋	将门窗洞口周围门框窗处做法优化为预埋钢附框，可实现工业化施工，降低渗漏风险。同时在深化设计时考虑钢附框与铝模板的固定，能达到精准预埋的效果	

（续表）

编号	案例名称	案例简述	图片示意
4.1.1-13	设备基础	设备（水箱间、洗消间、换热站及锅炉房等）基础一般设置于底板或楼板上，在进行结构施工时，考虑提前进行深化设计（需提前确定设备型号及荷载需求）与结构一次施工	
4.1.1-14	承插式烟道	在烟道下口设置50mm凹槽，增加结构与烟道的密闭性，在烟道上口设置30mm反坎，起到防水作用	
4.1.1-15	阳台栏杆杯口	在铝膜深化设计时，根据栏杆栏杆立杆的间距压槽，压槽长×宽×深＝6cm×6cm×3cm，避免后期切割开洞	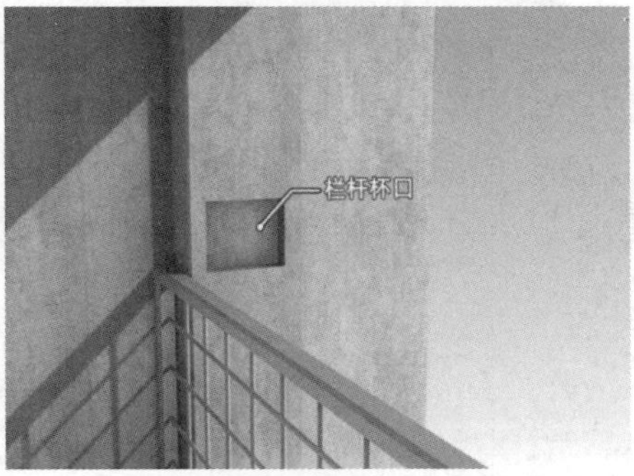
4.1.1-16	卫生间倒角一次成型	对卫生间降板区域底板阴角进行铝模优化，将原降板区域直角优化成圆弧角形式，快速推动室内防水工序穿插，提高防水施工质量	

二、预制构件

装配式工程近些年发展迅速，采用建筑标准化、工业化生产制作施工构件，不仅节约材料、降低施工成本，还有利于提高工作效率，发展绿色施工。目前使用比较成熟的内浇外挂体系，现浇与预制相结合，考虑将现浇外墙、凸窗、楼梯、阳台、梯间墙、内隔板墙等深化为预制构件，并做预制构件与铝模连接节点深化设计处理。

预制构件施工典型范例见表 4-2。

表 4-2 预制构件典型范例汇编

编号	案例名称	案例简述	图片示意
4.1.2-1	预制外墙	深化设计时，将建筑外墙采用集成保温、门窗、贴砖（涂料）于一体的预制外墙，并集中吊装，后期仅需进行收尾工作，可降低外墙渗水隐患，节约工期	
4.1.2-2	预制凸窗	凸窗采用预制构件，预埋铝合金窗框，后期仅进行玻璃安装，窗顶部设置滴水线，解决防水问题	
4.1.2-3	预制楼梯	楼梯、梯间隔墙采用预制构件，取消整个楼梯间湿作业，预制梯间隔墙预埋扶手栏杆连接件，避免安装栏杆时开孔	

（续表）

编号	案例名称	案例简述	图片示意
4.1.2-4	预制阳台	阳台采用预制构件，预埋阳台灯盒及电线管，预埋立管止水节，预留栏杆安装洞，避免二次开孔。 预制阳台与现浇梁节点连接时，支撑处采用双排支撑，加强整体稳定性。与预制构件接触处，预留 10mm，采用 15mm 后胶条软接 PC 构件，利用压片紧固，防止漏浆	
4.1.2-5	预制卫浴	深化设计时，将卫生间深化为预制集成卫浴，在主体结构施工时直接吊装至卫生间部位，减少施工工序，降低卫生间渗水隐患，节约工期	
4.1.2-6	预制道路	项目临时道路施工时，采用预制道路拼装，节省现浇混凝土强度等待时间，后期直接调运周转，提高预制道路使用率，且避免建筑材料浪费及环境污染	
4.1.2-7	预制电缆沟	室外电缆沟施工时，采用预制成品电缆沟，土方开挖后直接进行拼装，减少支模钢筋绑扎等工序，节约施工时间，受自然天气影响较小	

三、措施方案优化

以深化设计为主要手段对施工方案的优化调整，便于现场施工，保证工程施工效果。

措施方案优化典型范例见表 4-3。

表 4-3 措施方案优化典型范例汇编

<table>
<tr><th>编号</th><th>案例名称</th><th>案例简述</th><th>图片示意</th></tr>
<tr><td rowspan="2">4.1.3-1</td><td rowspan="2">地下室顶板加固</td><td>为确保堆场、车道荷载（尤其是大型钢结构堆场及吊装场地）对梁板承载能力和正常使用的需求，在对应位置标注施工荷载需求，提交设计复核验算，并对结构进行加固处理（如局部增加配筋、增大局部构件尺寸等）</td><td>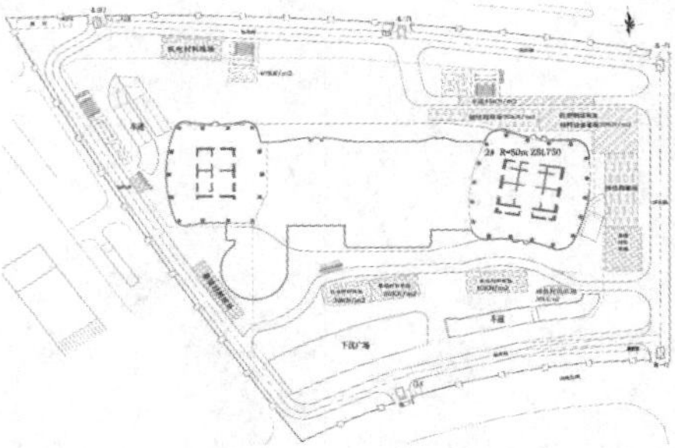</td></tr>
<tr><td>在深化设计中，对施工电梯范围内的顶板增加施工电梯支撑梁，并对地下室柱、梁、板重新进行结构受力配筋计算，让地下室顶板兼做施工电梯基础使用，无须对顶板进行回顶与开孔，减少后续对结构修补工作，降低施工成本</td><td>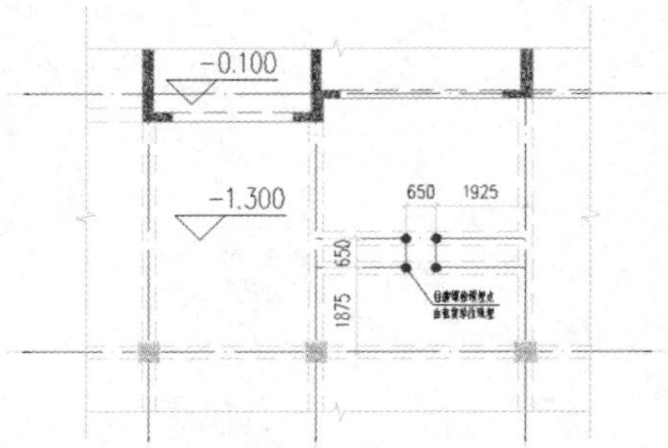</td></tr>
<tr><td rowspan="2">4.1.3-2</td><td rowspan="2">后浇带支撑搭设</td><td>地下室外墙后浇带：
外墙后浇带保护层采用混凝土余料预制混凝土板</td><td> </td></tr>
<tr><td>地下室顶板后浇带：
优化措施有三种：（1）利用混凝土构造柱作梁板支撑；（2）利用可周转型钢柱作梁板支撑；（3）利用梁内增加型钢对撑取代底部竖向支撑。上述三种做法均需经设计复核可行后组织实施</td><td></td></tr>
</table>

（续表）

编号	案例名称	案例简述	图片示意
4.1.3-3	悬挑防护棚	外立面各专业和主体结构存在垂直交叉作业，为保证施工安全，在结构楼层四周设置悬挑防护棚。 防护棚做法有两种：（1）现场采用工字钢、方通、花纹钢板、钢丝绳等材料组装完成；（2）工厂加工定型可自爬升式悬挑防护棚	
4.1.3-4	屋面花架改钢构	将屋面花架由传统钢筋混凝土结构优化为钢结构拼装，既能节约工期，降低高支模施工危险源，又能减少爬架在屋面层滞留时间，提高综合效益	

四、一体化施工

促进设计与施工的融合，并以建筑、结构图纸为基础，对建筑、结构、机电安装、幕墙、钢结构、装饰装修等专业设计，进行统筹施工组织，从技术上对可以融合的做法进行一次施工，减少不同专业之间的工作面相互移交频次。

一体化施工典型范例见表4-4。

表4-4　“一体化施工”典型范例汇编

编号	案例名称	案例简述	图片示意
4.1.4-1	止水节	卫生间、阳台给排水管部位可采用预埋止水节方式，可避免后期再进行二次吊洞，提高防水性能。 止水节预埋需注意定位准确，且加固到位，上口用胶带封堵，做好成品保护	

（续表）

编号	案例名称	案例简述	图片示意
4.1.4-2	线盒预留预埋	线盒采用预埋方式减少打凿修补，避免结构破坏与重复用工。根据预埋位置可分为两种情况：（1）预埋在剪力墙结构。可先用 Φ6 钢筋将底盒连体组装固定，然后与墙体钢筋焊接定位。（2）预埋在砌体结构。依据线管及强电盒和弱电盒位置对砌体进行排砖深化设计，砌体排砖在 1/3 处错缝。对线管穿过的砌块可采用厂家定制砌块砌筑	 
4.1.4-3	电箱预埋	电箱采用提前预埋方式，需注意预埋前在电箱四周加角钢固定，然后将电箱通过角钢焊接在钢筋上	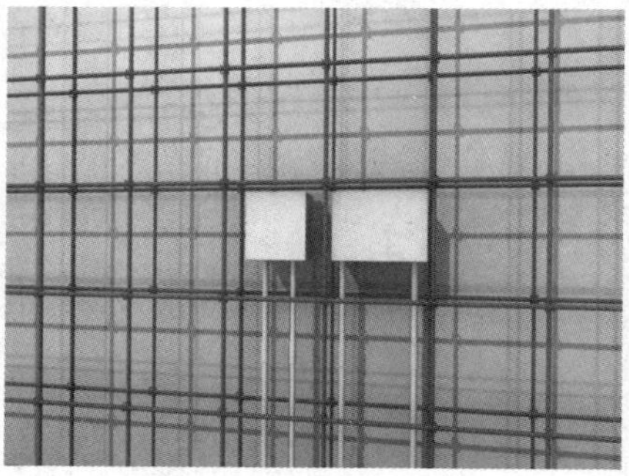
4.1.4-4	电井、水井套管预留预埋	用于铝模或装配式住宅建筑结构施工精度能够满足上、下层楼板结构定位垂直度偏差在 10mm 范围内的项目，利用防水套管预留预埋，避免二次吊洞，一次成型，节约工期	

（续表）

编号	案例名称	案例简述	图片示意
4.1.4-5	室内水管埋设	对于设计找平层覆盖室内给水管的项目，可以在现浇层面预留管槽。具体做法为在楼板混凝土初凝前，按照给水管布置走向，使用条形 DN50PVC 管在地面上预留管槽，深度约 10mm，待后续给水管配管布置并试压完毕后，进行地面恢复找平隐蔽	
		对于可以在顶板下装给水管的项目，可以在现浇层面预留卡槽或穿梁套管，通过改变水管走向，从地面转移至上层板底装饰层中，因此无须对楼面开槽，进而提高工程质量	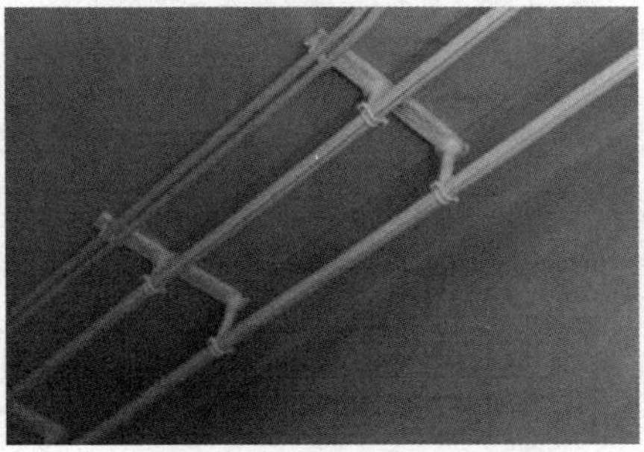
4.1.4-6	强弱电配电壳预埋	通常强弱电配电箱施工为结构预留孔洞或在砌体墙二次开洞，施工繁琐，且不易施工成品保护。故考虑结构施工时，将强弱电配电箱壳随主体结构进行预埋。注意电箱壳内用木条支撑，并且箱内填充锯末	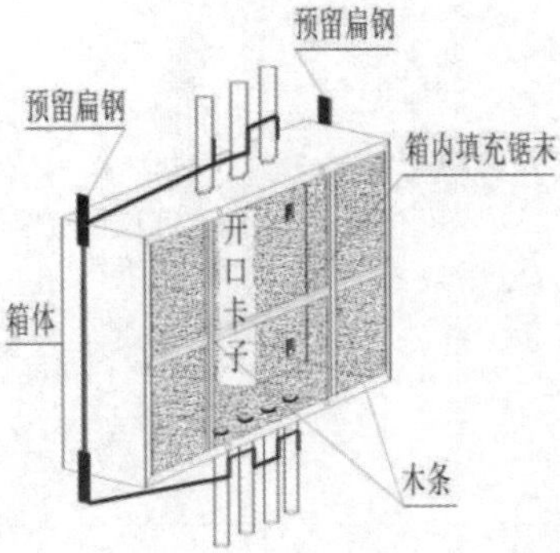
4.1.4-7	机电综合管线排布与洞口预留	利用 BIM 技术提前开展机电综合管线排布深化设计，出具机电预留预埋布置图，形成砌体结构固化图，施工时按图预留机电安装洞口	

（续表）

编号	案例名称	案例简述	图片示意
4.1.4-8	屋面防水保温一体化	采用硬泡聚氨酯防水保温一体化材料，代替常规防水和保温两种材料，在保证使用功能的前提下既减少了施工工序，又缩短了工期	

五、BIM 技术

BIM 技术应用要点梳理见表 4-5。

表 4-5　BIM 技术应用要点梳理

编号	分项	要点简述	图片示意
4.1.2.5-1	三维场地布置	利用公司 BIM 标准化进行现场安全指导，包括门楼、门禁闸门、坑边防护安全、安全体验区、加工车间	
4.1.2.5-2	施工工艺模拟	针对项目的重点技术，如高支模施工、封闭式楼梯施工工艺、后浇带施工工艺等，进行施工工艺模拟	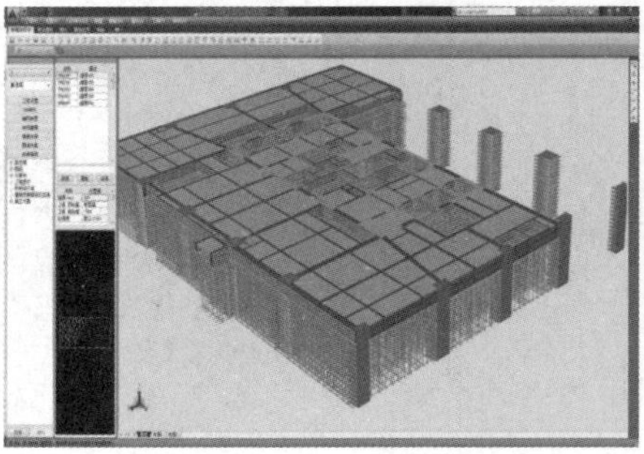

（续表）

编号	分项	要点简述	图片示意
4.1.2.5-3	铝模、塑料模板深化设计	利用BIM模型对模板设计中的复杂节点进行深化，如K板节点、降板吊模、窗台节点、外墙线条、洞口节点、电梯井节点等	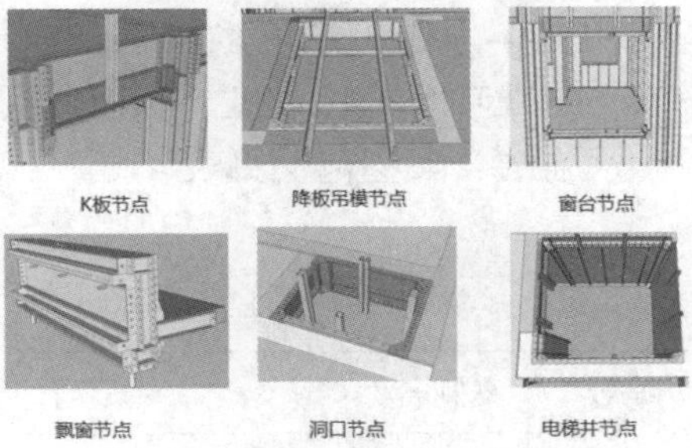
4.1.2.5-4	砌体工程全过程标准化管理	利用三维模型对砌体墙深化排砖布置图。砌筑前，用砌体深化设计三维图对工人进行交底并将排版图张贴到待砌筑单元墙边上的结构上，指导工人砌筑	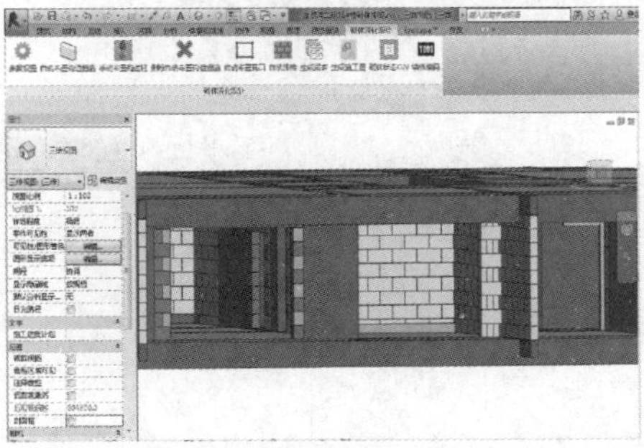
4.1.2.5-5	机电综合深化设计	将建筑、结构、机电模型集成后，主要应用于管线碰撞检查、吊顶标高控制等，通过碰撞检查，形成综合报告，将问题和深化设计意见反馈至设计员进行确定	 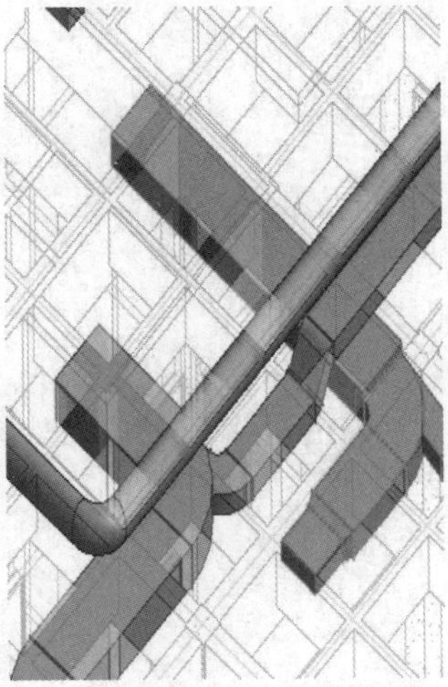

六、永临结合

正式建筑中的一部分（属于永久性质的），同时在施工时也需要该项工作的所具备的功能，为避免重复设置减少消耗，先将此项工作完成。可以减少材料及人工的投入，加快项目施工进度，从而达到降本增效的效果。

永临结合典型范例见表4-6。

表4-6 永临结合典型范例汇编

编号	案例名称	案例简述	图片示意
4.1.3-1	道路永临结合	施工平面布置时，将施工现场所需临时道路与永久道路相结合，达到永久道路代替临时道路	
4.1.3-2	消防永临结合	布置现场临时消防给水系统时，将建筑物永久消防给水系统作为临时消防设施，使用永久消防立管和消防栓（箱），既符合施工消防要求，亦减少措施投入，优化施工工序	
4.1.3-3	临电永临结合	提前与安装专业融合，对地下车库以及楼梯间永久电路工程提前介入施工，利用永久电缆作为施工过程中工程照明	

（续表）

编号	案例名称	案例简述	图片示意
4.1.3-4	地下室风机永临结合	地下室后浇带封闭且取得业主同意后，可以提前与安装专业融合，对地下室永久风机提前介入施工，减少地下室施工过程中设备投入，从而节约成本	
4.1.3-5	地下室水泵永临结合	地下室清理干净，集水井施工完成，可以提前与安装专业融合，利用永久水泵代替临时水泵抽排地下室积水，减少机械投入，节约施工成本	
4.1.3-6	现场办公永临结合	利用工程配套功能用房，如沿街商铺、售楼处、配套幼儿园等功能建筑，提前施工用于现场临时办公场所，减少现场临建投入	

七、楼层断水措施

楼层提前做好闭水止水，提前穿插空调冷凝水排水立管、阳台、卫生间排水立管，将楼层内水通过在断水层设置环网引至永久排水管内，为室内各工序穿插特别是精装修穿插施工提供无水作业环境。

主要工艺	操作做法	施工示意图片
洞口封闭	在楼梯口、电梯口及洞口部位，小于500mm×500mm的方洞或直径大于500mm的圆洞做C20混凝土反坎并面铺镀膜模板水平密封	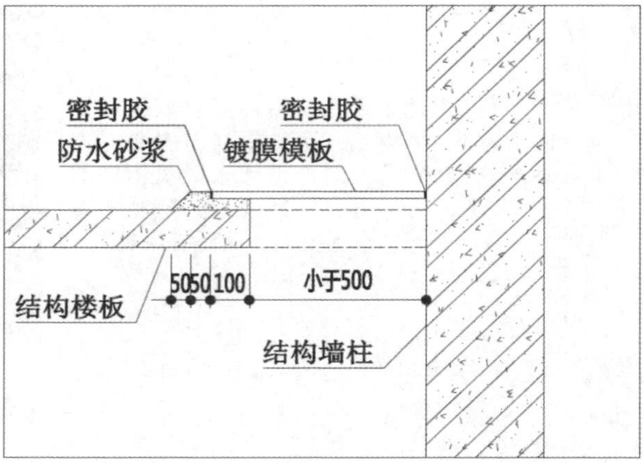
	大于500mm×500mm的方洞或直径大于500mm的圆洞洞口在使用10号槽钢焊接骨架，面铺2mm厚镀膜模板水平密封	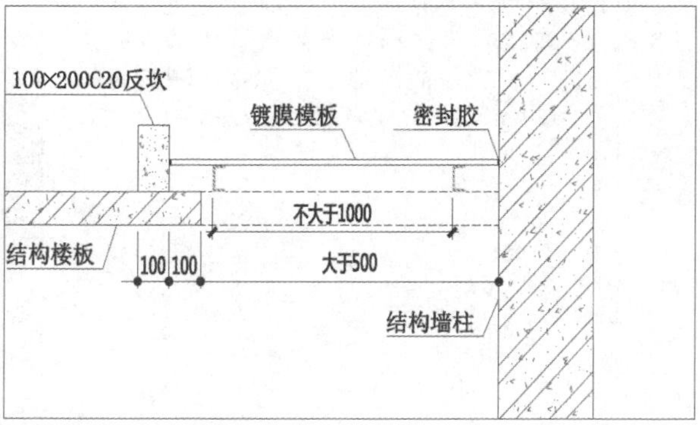 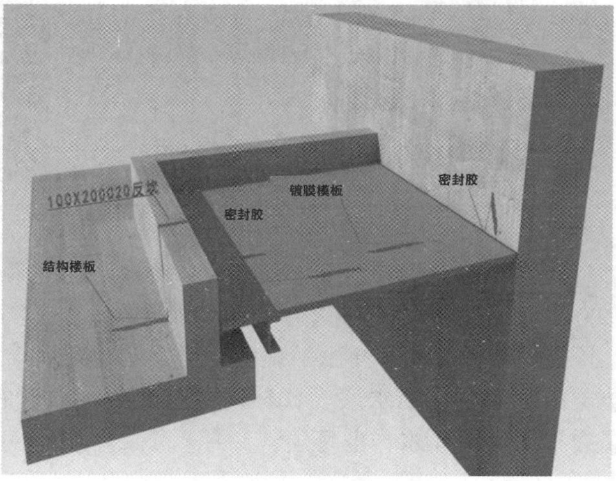

（续表）

主要工艺	操作做法	施工示意图片
电梯井道排水	面铺镀膜模板边角处开设一预留洞，并在预留洞安装临时简易地漏，地漏下连通 D=100mmPVC 排水管。排水点最终引至下层断水区顶板面主排水管网中，将水引至竖向主排水立管中排走	
楼梯间排水	休息平台梁底及斜板底部安装用 D=100mmPVC 管。排水点最终引至下层断水区顶板面主排水管网中，将水引至竖向主排水立管中排走	 

（续表）

主要工艺	操作做法	施工示意图片
楼梯间排水	休息平台梁底及斜板底部安装用管径＝100mmPVC 管。排水点最终引至下层断水区顶板面主排水管网中，将水引至竖向主排水立管中排走	
卫生间降板排水	厨卫间内预留一处管道洞安装临时简易地漏，地漏下连通 D=100mmPVC 排水管。最终引至下层断水区顶板面主排水管网中	
闭水试验	楼层内电梯井道、楼梯间、厨卫间及井洞等断水措施完成后，进行不小于 24h 的闭水试验。断水施工质量验收时，断水层的下层墙面、楼板无渗漏、水渍方为合格	

第二节　精益建造质量管理

坚持样板引路，明确工序施工要求和质量标准；注重过程质量把控，充分学习吸收第三方评估管控内容，落实现场实测实量，发现问题及时改正；识别和防控质量风险项，减少住宅项目质量通病的发生，提高项目整体交付质量水平；运用标准化工艺，提升现场标准化程度，提升质量均质化履约能力。

一、样板引路

根据工程特点、施工难点、工序重点，制定本工程样板实施策划，样板种类应包括结构样板、工序穿插样板、交付样板，并明确各工序施工要求及质量标准，见表 4-7。

表 4-7　样板引路范例汇编

样板类型	布置位置与时机	分项工程	主要内容	图片示意
结构样板	首个标准层设置结构样板	混凝土结构工程	（1）钢筋的制作、安装、固定； （2）受力纵筋连接（焊接、机械连接等）外观质量； （3）铝模支撑体系、安装和加固方法、防止胀模、漏浆的技术措施； （4）模板的垃圾出口孔制作； （5）楼面柱根部清除浮浆、凿毛	
工序穿插样板	施工至第六个标准层时设置工序穿插样板	砌体抹灰及安装管道展示	（1）窗洞过梁样板； （2）底砖施工样板； （3）圈梁、构造柱施工样板； （4）钢筋绑扎样板； （5）顶砖施工样板； （6）窗洞口压顶； （7）水电预埋、线槽切割； （8）灰饼施工样板； （9）挂网样板； （10）甩浆样板	
		墙面立面	（1）湿贴石材外墙； （2）瓷砖外墙； （3）混凝土穿墙管道； （4）外墙消防箱	
		内墙板及安装展示	（1）轻质隔墙； （2）轻钢龙骨墙； （3）安装桥架及线槽	

（续表）

样板类型	布置位置与时机	分项工程	主要内容	图片示意
工序穿插样板	施工至第六个标准层时设置工序穿插样板	屋面做法	（1）屋面防水工艺样板； （2）屋面雨水斗及地漏配合装修安装	 
		卫生间防水	（1）卫生间防水工艺样板； （2）立管安装； （3）管道焊接	
交付样板	交付标准确定后，布设位置可结合业主售房需求确定	装饰装修	（1）吊顶装饰； （2）墙面饰面、门窗； （3）楼地面铺装； （4）机电终端设备； （5）智能化终端； （6）厨卫整体装饰； （7）室内家居装饰等	

二、实测实量管理

实测实量主要内容为：混凝土工程、砌体工程、抹灰工程及水、电、风等专业工程；同时引入风险检查项，采用扣分方式。实测实量标准参照国家、地方及行业相关规范验收标准执行，也可参考国内成熟的实测体系。实测实量合格率目标需达到95%以上，实测结果可作为项目部考核、分包商考核依据。

三、质量风险管控

（一）质量风险的识别与评价

1. 风险识别

（1）识别方法。可采用因果分析法、数据分析法等风险识别方法对质量风险进行识别。

（2）开展识别。运用识别方法对项目所有质量风险进行识别。

（3）成果展示。形成《质量风险项识别清单》。

2. 风险评价

（1）评价方法。采用主观评分法等风险评价方法对《质量风险项识别清单》进行风险评价。

（2）开展评价。运用评价方法对《质量风险项识别清单》的内容进行评价。

（3）成果展示。结合风险识别。项目《质量风险项识别与评价清单》见表 4-8 ～表 4-11。

（二）重大质量风险应对

1. 质量风险分级管理

重大质量风险：对评价为“重大”级别的质量风险项，汇总形成（分）公司《重大质量风险项及其控制计划清单》；分（城市）公司需全程介入管理。

一般质量风险：项目部可按照相关要求自行管理。

2. 方案编制

编制人员：项目经理牵头，项目人员参与。

成果展示：项目施工前，结合项目实际情况，按照项目的《重大质量风险项及其控制计划清单》，结合分公司《重大质量风险项工程专项方案》编制本项目《重大质量风险项工程作业指导书》。

3. 方案评审

评审人员：项目部组织初评后，参照施工组织设计现有流程，报城市公司、分公司相关部门及分管领导评审。

修改审批：根据评审意见，修改完善项目《重大质量风险项工程作业指导书》，并完成审批流程。

成果展示：形成最终版项目《重大质量风险项工程作业指导书》。

4. 重大质量风险管控

重大质量风险项工程的实施，要采取交底、样板引路、旁站施工、检查整改、验收等一系列风险管控措施，确保质量风险可控。具体如下：

表 4-8　质量风险管理项目、内容和要求

序号	管控项	管控要求
1	交底	分（城市）公司层面：分（城市）公司技术部牵头，工程部配合，对项目全体人员进行《重大质量风险项工程作业指导书》交底
		项目层面：项目总工牵头，质检部配合，对项目全体人员和作业班组进行《重大质量风险项工程作业指导书》交底；另每道工序开展前，责任工程师（工长）需对作业班组进行现场交底
2	样板开展	对于需要采取样板施工、试验段施工的重大质量风险项，要按照样板引路相关规定执行，并做好样板策划、实施、验收的全过程记录

（续表）

序号	管控项	管控要求
3	旁站施工	分（城市）公司层面：需要分（城市）公司机关相关部门派人进行旁站的重大质量风险项施工，分（城市）公司需派专人到项目指导、旁站监督，并做好旁站记录
		项目层面：项目部的重大质量风险项施工，项目部必须安排专人进行全程旁站监督施工，并做好旁站施工记录
4	检查整改	机关层面：对于分（城市）公司监控的项目重大质量风险项的工序施工，分公司（城市公司）需指派技术部经理、工程部经理及质量负责人进行专项监督检查。如发现不符合项必须立即整改，并做好记录
		项目层面：项目重大质量风险项的工序施工，项目经理要牵头组织进行专项检查，严格落实“三检制”，并按“三检制”表格做好记录。如发现不符合项必须立即整改，并做好记录
5	验收	机关层面：对于分（城市）公司监控的项目重大质量风险项，项目设置停检点，分公司（城市公司）需指派技术部经理、工程部经理及质量负责人组织进行验收，并完成预验收记录表
		项目层面：项目重大质量风险项的工序施工，项目部要组织监理、业主进行三方验收，做出验收评价，并做好过程记录

表 4-9 质量风险严重程度

严重程度 s			发生概率 O		可检测度 D	
高	10	对产品或顾客带来明显的，严重的影响	一定会出现	9	在所有生产中都容易被发现	9
中	8	对产品或顾客带来显而易见的影响	有时会出现	6	在大多数生产中可被发现	7
低	5	对产品或顾客的影响很小几乎无法察觉	出现概率低	3	只在小部分生产中可被发现	5
较小	3	对产品或顾客没有或几乎没有影响			在任何生产中都是无法被发现	3

表 4-10 质量风险系数

风险系数（RPN）	分数	等级
27 ~ 90	0	轻微质量问题
105 ~ 180	105	质量问题
189 ~ 360	189	质量风险
405 ~ 810	405	重大质量风险

表 4-11 质量风险项识别和评价清单

序号	风险项	风险源	可能导致的问题	严重度 s	发生频率 O	可检查度 D	风险系数 RPN	风险识别
1	土方开挖	边坡坡度 、标高错误	影响边坡稳定	8	3	9	216	质量风险
2	土方开挖	地下水控制与排水未组织好	影响基坑稳定性	8	3	5	120	质量问题
3	土方开挖	平整场地坡度未按要求放坡	排水不畅	5	3	5	75	轻微质量问题
4	土方开挖	边坡支护与土方开挖方法不当	基坑坍塌	10	3	5	150	质量问题
5	土方开挖	基坑变形监测不到位	基坑坍塌	10	3	9	270	质量风险
6	土方开挖	土方超挖	影响持力层承载力	8	6	7	336	质量风险
7	土方回填	回填材料不符合要求	地面下沉	10	9	7	630	重大质量风险
8	土方回填	回填土未按照规范进行	地面下沉 、破坏防水	10	9	7	630	重大质量风险
9	基坑降水	地下水控制未按照设计实施	承载力及土质不符合要求	10	6	9	540	重大质量风险
10	基坑降水	排水系统不通畅	承载力及土质不符合要求	10	6	3	180	质量问题
11	预应力管桩	预应力管桩桩位偏差	影响桩基承载力	10	3	5	150	质量问题
12	预应力管桩	预应力管桩直径不符合要求	影响桩基承载力	10	3	3	90	轻微质量问题
13	预应力管桩	桩质量不佳 、吊装不正确	桩体破损，影响继续下沉	10	3	3	90	轻微质量问题
14	预应力管桩	压桩设备及方法不当	沉桩困难	8	3	5	120	质量问题
15	预应力管桩	预应力管桩桩顶标高低于设计标高	影响桩基承载力	10	3	3	90	轻微质量问题
16	锚喷支护	锚喷支护施工不规范	基坑边塌陷	10	3	7	210	质量风险
17	地下室底板防水	桩头防水不符合要求	渗漏	10	6	5	300	质量风险
18	地下室底板防水	孔口防水不符合要求	渗漏	10	6	7	420	重大质量风险
19	地下室底板防水	坑、池防水施工不规范	渗漏	10	3	5	150	质量问题
20	地下室外墙防水	防水混凝土浇筑振捣不到位	结构自防水性能不足，后期导致渗漏	10	3	9	270	质量风险
21	地下室外墙防水	地下室外墙未采用止水螺杆	渗漏	10	3	5	150	质量问题

（续表）

序号	风险项	风险源	可能导致的问题	严重度 s	发生频率 O	可检查度 D	风险系数 RPN	风险识别
22	地下室外墙防水	地下室防水搭接处施工不规范	渗漏	10	6	5	300	质量风险
23	地下室外墙防水	防水基层处理不合规	渗漏	10	6	5	300	质量风险
24	地下室外墙防水	施工缝凿毛不彻底	渗漏	10	6	5	300	质量风险
25	地下室外墙防水	穿墙管防水施工不规范	渗漏	10	6	7	420	重大质量风险
26	地下室外墙防水	后浇带防水处理不到位	渗漏	10	9	7	630	重大质量风险
27	地下室顶板防水	基层未清扫干净，未做圆弧角	渗漏	10	3	3	90	轻微质量问题
28	地下室顶板防水	顶板未做闭水试验	渗漏	10	3	3	90	轻微质量问题
29	地下室顶板防水	女儿墙施工缝、地漏口等细部构造处理不当	渗漏	10	3	7	210	质量风险
30	地下室顶板防水	塑料排水板未按要求施工	排水不畅导致屋顶积水，后期可能渗漏	10	6	5	300	质量风险
31	地下室顶板防水	结构裂缝注浆不符合要求	渗漏	10	9	5	450	重大质量风险
32	厨房、卫生间防水	厨房烟道封堵不严密	漏烟	10	3	7	210	质量风险
33	厨房、卫生间防水	厨房、卫生间吊洞不密实	渗漏	10	3	7	210	质量风险
34	厨房、卫生间防水	厨房、卫生间未做闭水试验	渗漏	10	3	7	210	质量风险
35	厨房、卫生间防水	厨房、卫生间基层处理不到位、未做圆弧角	渗漏	10	3	3	90	轻微质量问题
36	厨房、卫生间防水	厨房、卫生间门槛过水未处理好	周边渗漏	10	6	7	420	重大质量风险
37	模板工程	爬升式模板未按方案施工	架体不稳，有倒塌风险	10	6	7	420	重大质量风险
38	模板工程	普通模板、木方材料不符合要求	模板强度、刚度不足，垂平无法保证	8	9	5	360	质量风险
39	模板工程	钢管、扣件材料不符合要求	架体不稳，承载力不足	8	6	9	432	重大质量风险
40	模板工程	普通模板架体搭设不符合要求	承载力不足，导致坍塌	10	6	5	300	质量风险
41	模板工程	高大模板支架未按要求搭设	局部或整体倒塌	10	6	7	420	重大质量风险
42	模板工程	地下室后浇带未单独支模	后浇带附近梁板下弯	10	6	7	420	重大质量风险

（续表）

序号	风险项	风险源	可能导致的问题	严重度 s	发生频率 O	可检查度 D	风险系数 RPN	风险识别
43	模板工程	墙柱加固对拉螺杆间距偏大	墙柱爆模、垂平较差	8	9	5	360	质量风险
44	模板工程	根部未封堵	根部漏浆、烂根	8	9	7	504	重大质量风险
45	模板工程	模板未清理干净	夹渣	8	9	3	216	质量风险
46	模板工程	扫地杆断开、扫天杆缺失	架体稳定性不足	8	9	5	360	质量风险
47	模板工程	模板加固不牢或加固受力不均	爆模或墙柱不平整	8	9	7	504	重大质量风险
48	模板工程	拆模过早	墙面脱皮	8	6	5	240	质量风险
49	模板工程	卫生间、降板吊模采用铁丝拉固	渗漏	10	6	3	180	质量问题
50	钢筋工程	钢筋材料不符合要求	影响结构受力特性	10	3	9	270	质量风险
51	钢筋工程	钢筋连接不符合规范要求	影响结构受力特性	10	6	5	300	质量风险
52	钢筋工程	钢筋绑扎数量及规格不符合要求	影响结构受力特性	10	6	3	180	质量问题
53	钢筋工程	钢筋骨架偏位	露筋	5	6	3	90	轻微质量问题
54	钢筋工程	墙柱钢筋定位筋未设置	钢筋偏位	8	6	3	144	质量问题
55	钢筋工程	钢筋端头未戴保护套	钢筋锈蚀及被破坏，容易漏丝	5	9	3	135	质量问题
56	钢筋工程	钢筋端头不平直	容易漏丝	8	6	5	240	质量风险
57	钢筋工程	梁底未垫垫块或垫块间距偏大	露筋	8	6	3	144	质量问题
58	钢筋工程	飘板附加筋被踩下	飘板下弯	10	9	5	450	重大质量风险
59	钢筋工程	悬挑梁钢筋锚固长度不足	悬挑结构受力不稳	10	6	3	180	质量问题
60	混凝土工程	用错标号，低标号代替高标号	混凝土强度不达标	10	9	5	450	重大质量风险
61	混凝土工程	高低标号交界处，措施不到位，低标 号流入高标号位置	混凝土强度不达标	10	9	5	450	重大质量风险
62	混凝土工程	混凝土振捣不到位	蜂窝、麻面	8	9	5	360	质量风险

（续表）

序号	风险项	风险源	可能导致的问题	严重度 s	发生频率 O	可检查度 D	风险系数 RPN	风险识别
63	混凝土工程	混凝土养护不到位	混凝土开裂 、强度不足	10	6	7	420	重大质量风险
64	混凝土工程	混凝土施工缝凿毛不到位	渗漏	8	9	3	216	质量风险
65	混凝土工程	大体积混凝土浇筑温差控制措施不到 位	裂缝	10	6	7	420	重大质量风险
66	混凝土工程	混凝土缺陷修整不规范	影响观感及局部强度	10	9	5	450	重大质量风险
67	混凝土工程	地面收光随意	地面平整度较差	8	6	3	144	质量问题
68	混凝土工程	墙柱钢筋偏位严重	影响结构受力特性	8	6	5	240	质量风险
69	二次结构	卫生间、外墙及管井未浇筑混凝土反坎	渗漏	10	9	3	270	质量风险
70	二次结构	二次浇筑反坎基层未凿毛 、清理	渗漏	10	9	5	450	重大质量风险
71	二次结构	构造柱上部未与结构植筋拉结	构造柱不稳定	10	6	9	540	重大质量风险
72	二次结构	砌体圈梁浇筑质量控制不到位	影响墙体稳定性	8	6	3	144	质量问题
73	二次结构	墙体拉结筋未设置或未固定	砌体墙稳定性不足	10	6	3	180	质量问题
74	二次结构	缺棱掉角 、断砖上墙	观感较差	8	9	3	216	质量风险
75	二次结构	灰缝过大	墙体容易沉降，造成裂缝	8	9	7	504	重大质量风险
76	二次结构	外墙构造柱未一次性浇筑密实，存在 缝隙	渗漏	8	6	3	144	质量问题
77	二次结构	外墙施工脚手眼 、外悬挑型钢孔洞未 采用细石混凝土封堵，而是采用普 通砂浆及碎砖封堵且封堵不严密	渗漏	8	6	5	240	质量风险
78	二次结构	砌筑前未浇水湿润砌块	黏结力不足	5	9	3	135	质量问题
79	二次结构	门洞过梁深入墙体长度小于 250mm，过梁厚度不符合要求	门洞过梁承载力不足，影响门扇开启	8	6	5	240	质量风险
80	二次结构	外墙螺杆眼封堵未按要求封堵	渗漏	10	6	7	420	重大质量风险

（续表）

序号	风险项	风险源	可能导致的问题	严重度 s	发生频率 O	可检查度 D	风险系数 RPN	风险识别
81	抹灰工程	基层未清理干净	抹灰层空鼓	10	6	7	420	重大质量风险
82	抹灰工程	拉毛甩浆覆盖率不足，毛刺感不强	抹灰层空鼓	10	6	7	420	重大质量风险
83	抹灰工程	交界面挂网不规范	开裂、漏网	10	6	7	420	重大质量风险
84	抹灰工程	抹灰前未进行浇水湿润	抹灰层空鼓	10	9	7	630	重大质量风险
85	抹灰工程	抹灰后养护不到位	抹灰层空鼓、开裂	10	9	7	630	重大质量风险
86	抹灰工程	门窗洞口尺寸偏差较大	影响交付	8	9	5	360	质量风险
87	抹灰工程	抹灰后成品保护意识较差	缺棱掉角	8	9	3	216	质量风险
88	门窗安装工程	门窗材料不符合要求	影响使用寿命	3	3	3	27	轻微质量问题
89	护栏和扶手制作与安装工程	护栏和扶手制作与安装不符合要求	影响美观、消防验收	5	3	3	45	轻微质量问题
90	屋面工程	保护层未设置分隔缝，未嵌缝	收缩开裂	10	9	5	450	重大质量风险
91	屋面工程	埋设件防水构造施工质量	渗漏	10	3	3	90	轻微质量问题
92	屋面工程	找坡不平，排水不畅	积水不能排出	10	6	7	420	重大质量风险
93	屋面工程	基层未清扫干净，未做圆弧角	渗漏	5	6	3	90	轻微质量问题
94	屋面工程	屋面未做闭水试验	渗漏	10	9	5	450	重大质量风险
95	屋面工程	卷材或涂膜防水施工不规范	渗漏	10	6	7	420	重大质量风险
96	屋面工程	伸缩缝防水施工不规范	渗漏	10	6	7	420	重大质量风险
97	屋面工程	女儿墙施工缝等细部构造处理不当	渗漏	10	6	7	420	重大质量风险
98	屋面工程	塑料排水板未按要求施工	排水不畅导致屋顶积水，后期可能渗漏	8	6	7	336	质量风险
99	屋面工程	出屋面烟道及女儿墙未一次性浇筑反坎	渗漏	10	9	5	450	重大质量风险
100	屋面工程	结构裂缝注浆不符合要求	渗漏	10	6	7	420	重大质量风险

四、工艺标准化

工艺标准化是指对施工过程中的每一个步骤进行规定形成的能有效控制施工质量的标准化工艺。工艺标准化能有效地提升项目质量管理水平，保证工序穿插，提高施工效率和成品质量。此处仅列举精益建造所采取的特殊新工艺、新技术总结积累，常规施工工艺不作罗列。具体工艺如下：

（一）铝模工艺

铝模工艺要点见表 4-12。

表 4-12 铝模工艺要点梳理

序号	分项	要点简述	图片示意
1	洞口细部模板深化	对铝模板上的泵管洞口、放线洞口、消防立管和传料洞口的位置进行深化，将对装修的影响降到最低	
2	门窗细部模板深化	对铝模板上的滴水线、窗散水、门启口进行深化	
3	零星构件模板深化	对配合隔墙板施工的反坎、粉刷槽进行铝模深化	

（续表）

序号	分项	要点简述	图片示意
3	零星构件模板深化	对配合隔墙板施工的反坎、粉刷槽进行铝模深化	
4	K 板尺寸	对铝模 K 板尺寸、位置进行深化，避免影响爬架导座预埋	

（二）集成爬架工艺

集成爬架工艺要点见表 4-13 所示。

表 4-13 集成爬架工艺要点梳理

序号	分项	要点简述	图片示意
1	爬架外边轮廓设计	对爬架的边线深化，保证与结构边线的距离以保证结构施工安全，并不影响幕墙龙骨及外墙排水管等安装施工	
2	爬架机位附墙布置	对爬架的机位及附墙导座位置进行深化，尽量避免穿外墙或卫生间等对防水有高要求的功能房间。 厨卫及局部外墙附着点可优化至楼板内	

（三）免抹灰工艺

免抹灰工艺要点见表 4-14。

表 4-14 免抹灰工艺要点梳理

序号	分项	要点简述	图片示意
1	免抹灰范围	采用铝模和木模，清水混凝土剪力墙及轻质隔板内墙项目适用	
2	薄抹灰范围	需要对砌体与混凝土墙体及结构梁交界位置设置 100mm × 5mm 的抹灰压槽，砌体及压槽采用 10mm 石膏砂浆薄抹灰	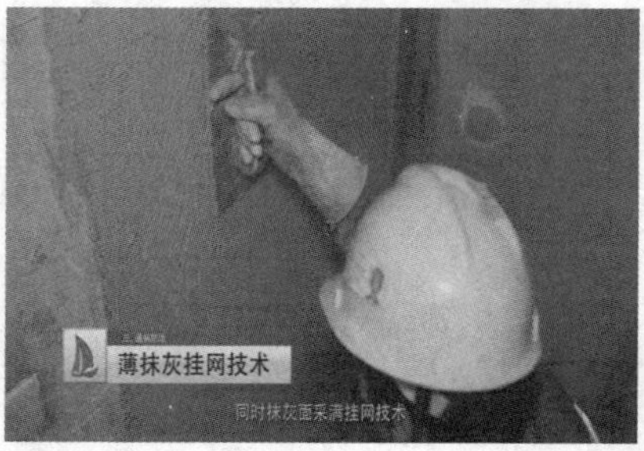

（四）高精度地面工艺

高精度地面工艺要点见表 4-15 所示。

表 4-15 高精度地面工艺要点梳理

序号	分项	要点简述	图片示意
1	楼地面激光整平收面	主要步骤如下： （1）激光扫平仪架设； （2）塔尺接收器调整固定； （3）混凝土摊平、塔尺跟进测量； （4）人工补平混凝土面； （5）机械圆盘压实提浆； （6）机械收光； （7）水平尺及塞尺检查平整度； （8）人工局部修补填平后二次收光	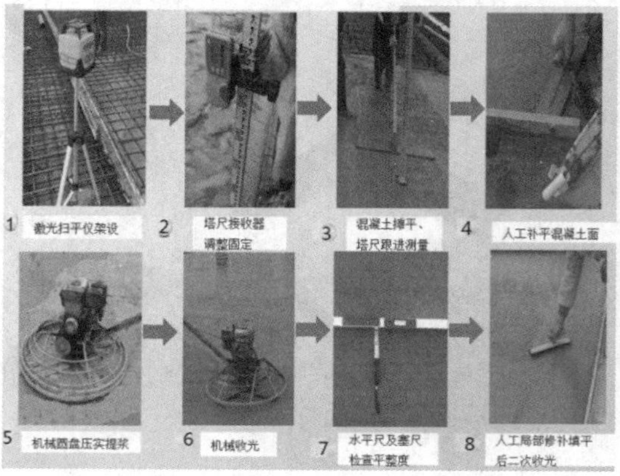

（续表）

序号	分项	要点简述	图片示意
2	精细化放线	通过不同颜色，将主体结构、内装墙体、水暖电气安装等施工用线全部投射到施工面，增加各专业的施工操作便利性和精准度	

在质量控制中，最优的状态就是一次把事情精确的做到位。当前建筑业生产力水平下，质量缺陷很难完全避免。为了有效地预防质量缺陷的发生和控制检验成本，尽早发现并纠正质量缺陷是精益化质量控制需要解决的两个基本问题。

五、精益建造质量管理措施

精益建造将建筑工程建设视为业主需求的增值过程。一切建筑活动都是为了增加建筑工程的价值，减少浪费，并形成价值流。对于工程质量，增值就意味着需求满足程度的提高。随着质量水平的提高，势必减少了因质量差或返工而导致的浪费。因此，精益建造理念将业主需求与设计、施工、材料设备供应等建筑活动紧密结合起来，不仅能减少设计错误，改变设计方案与施工工艺的脱节现象，而且可以提前将业主质量目标渗透到每一个参与方及建设活动中，促进各方围绕确定的质量目标，互相配合，从质量各细节抓起。在减少了工程的不确定性和可变性的同时，控制了质量通病的源头。

精益建造通过拉动式流程设计，让具体建设活动的负责人参与到提高流程建设，并根据后道工序或后交接方的需求对前者提出控制要求，建立一套有效、完善的质量控制系统，对实施过程中的各项工作进行不定期的标准化检查。一方面，流程能够使各项建设活动环环相扣、责任明确。质量需求信息能够提前发送到前者，并成为可检验的质量标准，提高质量控制的可靠性和稳定性。另一方面，通过无漏区、精简（减少质量控制之间的多余或无效工作）的质量控制措施，能够及时发现质量隐患，降低质量通病发生的概率。

遵循 PDCA 循环原理，持续改进是质量管理体系自身完善与提高的关键手段。精益建造运用标准化、信息化管理，在减少工作可变性的同时，增加各参与方参与增值活动的灵活性。

精益建造对质量通病的控制，不但需要设计与施工的并行协同作业，而且需要在传统项目管理模式的基础上有所创新；在组织与管理、技术手段以及品质考核等方面都需采取与之匹配的措施，才能解决关键性难题，以达到控制工程质量通病的目标。

精益建造的理念与集成管理方法，为工程质量通病的控制提供了一个崭新的平台。精益建造的实现，必将给质量通病的管控带来明显的效果。

六、质量风险识别与管控

项目质量风险的识别就是识别项目实施过程中存在哪些风险因素以致可能产生哪些质量损害。

项目质量风险具有广泛性，影响质量的各方面因素都可能存在风险，项目实施的各个阶段都有不同的风险。进行风险识别应在广泛收集质量风险相关信息的基础上，集合从事项目实施的各方面工作和具有各方面知识的人员参加。风险识别可按风险责任单位和项目实施阶段分别进行，如施工阶段的质量风险识别、施工单位在施工阶段或保修阶段的质量风险识别等。为确保质量因素识别更具科学性，需要由项目上级单位成立由生产分管领导及质量负责人以及工程部、技术部等相关部门负责人进行评审。项目按照企业相应制度做进一步完善并执行。

1. 质量风险识别方法

一般质量风险识别可分三步进行。

第一步，采用层次分析法画出质量风险结构层次图。可以按风险的种类列出各类风险因素可能造成的质量风险；也可以按项目结构图列出各个子项目可能存在的质量风险；还可以按工作流程图列出各个实施步骤（或工序）可能存在的质量风险。不要轻易否定或排除某些风险，对于不能排除但又不能确认存在的风险，宁可信其有不可信其无。

第二步是分析每种风险的促发因素。分析的方法可以采用头脑风暴法、专家调查（访谈）法、经验判断法和因果分析图等。

第三步将风险识别的结果汇总成为质量风险识别清单。通常可以采用列表的形式，内容包括：风险编号、风险的种类、促发风险的因素、可能发生的风险事故的简单描述以及风险承担的责任方等。

2. 质量风险分级

质量风险可分为一般及重大质量风险，采用LEC评估办法，它综合考虑各个环节发生事故的可能性，人员暴露在这些环境的频率以及一旦发生事故所产生后果的严重性等三方面因素，采取“评分”的办法和对比的手段，根据总的危险分值简易评价作业环境的潜在危险性。

LEC评估法采取下列公式计算危险性：D＝L×E×C。考虑实际意义，本计算公式不考虑概率为“0”的情况。公式中：D——表示危险性，L——表示事故发生的可能性，E——暴露于危险环境的频率（包括时间频率和人员数量），C——表示事故造成的后果。

对所有识别出的质量风险项进行打分，分值高于某个数（一般取20）即为重大质量风险项，最终汇总形成《重大质量风险项及控制计划清单》。

重大质量风险项工程的管控，要采取交底、样板引路、旁站施工、检查整改、验收等一系列风险管控措施，确保质量风险可控。一般需要由项目上级管理单位参与交底、指导样板引路工作，进行旁站及检查验收。此外更需要推行工艺标准化和一体化施工，提高整体质量控制标准化管控水平。注重纵横设计，从纵向上，将传统建筑施工管理分离的各个板块有机结合在一起，形成一个完整体系；从横向上，将各个专业系统统筹协同在一起；在工序工法上实现标准化引领，提升企业质量水平线。

3. 一般质量风险项清单及管控重点

一般质量风险项清单及管控重点见表 4-16。

表 4-16　一般质量风险项清单及管控重点

阶段	风险项	风险子项	风险项管控重点
地下结构	渗漏风险	混凝土表面缺陷	地下室底板、侧墙、顶板不应出现开裂、渗漏现象，不得出现蜂窝、麻面、露筋、孔洞、大面积修补等缺陷
		止水螺杆	1. 地下室防水区域外墙应采用止水螺杆，止水螺杆应设置止水片、止水片应焊接饱满、止水片规格应不低于设计及方案要求。 2. 防水施工前止水螺杆应封堵到位，封堵方式应符合规范及方案要求，螺杆端头应在剔出凹槽后从根部切除，外侧使用聚合物砂浆封堵密实
		止水钢板（遇水膨胀条）、预埋件	1. 止水钢板应交圈、应双面满焊到位，止水钢板不得出现破损、焊伤，钢板搭接长度、露出宽度需符合施工规范要求，钢板 U 型口朝向迎水面一侧，止水钢板规格应符合规范及设计要求；遇水膨胀止水条应嵌固牢固。 2. 预埋件不应过密，埋件周围混凝土振捣应密实；预埋件不应松动；预埋件固定钢筋不应穿透混凝土层，止水环不应松动、未满焊；预埋管道不应自身有裂缝、砂眼、水渍等问题，禁止地下水通过管壁渗漏
		防水构造	1. 填土完成面以下部位不应存在砌体挡土情况，且混凝土应随主体一次浇筑，未一次浇筑时应留设止水钢板。 2. 地下室侧墙、顶板应按规范设刚性防水套管；刚性防水套管止水环应双面满焊到位，套管预埋密实，周边不得出现蜂窝、麻面、孔洞、露筋；穿墙套管与墙面结构平齐时防水材料应卷入 50mm；穿墙管与内墙角的距离应大于 250mm，相邻穿墙管间距 ≥ 300mm。 3. 出地下车库烟风道泛水高度范围内不应存在砖砌体；烟风道泛水高度浇筑高度比完成面高出不少于 250mm
		防水基层	1. 防水施工前基层应处理平整、混凝土表面缺陷应提前处理、基层应清理干净，钢筋头外露、孔洞、模板拼缝错台等应提前处理。 2. 基层冷底油应涂刷均匀，涂刷前基层应处理到位。 3. 基层阴阳角部位应施工 R 角。 4. 防水材料应直接涂敷在混凝土基层上，防水材料与混凝土基层之间严禁施工找平层（混凝土局部缺陷修补找平除外）

（续表）

阶段	风险项	风险子项	风险项管控重点
地下结构	渗漏风险	防水施工	1. 防水施工前基层应干燥。 2. 防水卷材施工：应对阴阳角、变形缝、穿墙管道及薄弱部位加强处理，后浇带接缝处两边各延 500mm 做加强附加层；防水卷材搭接长度不应小于 100mm；采用多层卷材时应错开 1/3 幅宽且不得相互垂直铺贴；卷材禁止出现破损、扭曲、空鼓、折皱、起泡问题；卷材收口措施应牢固到位。 3. 防水涂料施工：应与基层黏结牢固，表面平整，均匀、不得有流淌、折皱、鼓泡、露胎体和翘边等缺陷，涂料禁止一次成型，先涂刷转角、穿墙等加强部位后进行大面积涂刷；同层相邻搭接宽度不得小于 100mm。 4. 回填之前保护措施应齐全，靠近防水层 1m 范围内回填土内不应有大于 20cm 的硬块，且回填之前防水层不允许出现泡水。 5. 侧壁应采用聚苯泡沫板、砌砖保护墙等进行有效保护。聚苯板保护层应粘贴牢固，粘贴高度不宜高出回填土面标高过多，避免回填土过程中保护层脱落
地上结构	渗漏风险	楼板开裂	有防水要求区域如卫生间、露台、外阳台等部位楼板不应出现裂缝、渗漏现象，裂缝应及时根据裂缝成因编制专项方案进行处理
		穿墙螺杆	1. 有防水要求区域如沉箱式卫生间内不得使用普通螺杆。 2. 屋顶、露台结构板面上 200mm 高度不得采用带 PVC 套管的穿墙螺杆。 3. 外墙螺杆应封堵密实到位，封堵方式应符合规范及方案要求；内侧使用发泡剂封堵，外侧使用防水砂浆封堵密实；发泡剂应封堵密实，不得外露、切割；防水砂浆不应出现开裂
		外墙孔洞封堵	外墙脚手眼、槽钢洞等孔洞应使用细石混凝土封堵密实，封堵前钢管应割除、孔洞应清理干净，不得采用铁丝穿模加固模板
	观感质量	混凝土	1. 不应出现一般表面夹渣（如夹模板、垃圾、编织袋等）、混凝土板收面不佳，如有脚印、麻面、高低不平、混凝土构件出现孔洞、结构开裂、蜂窝、麻面。 2. 同一施工段的混凝土应连续浇筑；混凝土坍落度应满足方案及规范要求；现浇混凝土浇筑完毕后应按方案及时采取养护措施
砌筑工程	空鼓 / 开裂	砌筑施工	1. 砂浆配合比应合规、砂浆集中搅拌处应设置配合比标识；楼层砂浆应垫板、现场不允许加水、不得使用已初凝的砌筑砂浆；砂浆不得掺用“砂浆宝”等外加剂。 2. 现场应确保砌筑间歇期不低于 14 天，严禁一次性砌到顶。 3. 砌体转角、交接处应留槎、接槎并同时砌筑。 4. 现场补砌、补塞质量应施工到位，不得出现如灰缝不饱满、顶塞不实、开裂、先码砖后抹缝、不符合节点大样图等现象
		砌筑质量	砌体质量应控制到位，不应出现灰缝不饱满、勾缝不到位、断砖、瞎缝、通缝、假缝、透光缝等现象

（续表）

阶段	风险项	风险子项	风险项管控重点
砌筑工程	渗漏风险	外墙构造柱	1. 构造柱支模时应设投料斗、应设穿过柱身的对拉螺杆，支模时不应穿透砌块；构造柱应一次浇筑到顶，确保浇筑密实，不应出现蜂窝、麻面、孔洞、露筋。 2. 过梁入墙长度应不低于 250mm；当过梁受平面限制入墙长度不足 150mm 时，应采用植筋及现浇的方式进行施工。过梁应浇筑密实，不应出现蜂窝、麻面、孔洞、露筋、断裂、浇筑不密实等现象
	渗漏风险	窗台压顶及预制块	1. 外窗应设置窗台压顶，且严禁后浇；压顶应浇筑密实，不得出现如孔洞、漏浆、露筋、歪斜、开裂、与墙面存在冷缝等；合模前与剪力墙交接部位应凿毛；压顶伸入墙体长度应不低于 200mm，不足 200mm 时应通长设置；压顶高度应不低于 100mm 或图纸要求。 2. 门窗洞口、栏杆预埋预制混凝土块、实心砖，位置应与门窗栏杆连接点。外窗预制块留设方式应符合规范要求
		混凝土导墙设置	1. 以下部位应设导墙：厨房、卫生间、烟道根部、空调搁板根部；设置高度厨房、卫生间周边不低于 200mm。 2. 导墙浇筑前结合面（特别是竖向结合面）应剔凿到位。不得出现如缝隙、漏水等；导墙不得用木块、砖块等作为内撑，或用铁丝穿模，或使用普通螺杆；导墙应振捣到位，不应出现成型质量差如孔洞、漏浆、露筋、歪斜、开裂等
抹灰工程	空鼓/开裂	抹灰基层处理	挂网、甩浆前应将墙体各种孔洞应封堵密实到位、结构缺陷应修补到位，杂物应及时清理；基层胀模部位应在挂网、甩浆前处理，不得出现抹灰后剔凿墙面现象。严禁先进行墙面甩浆后进行灰饼施工等明显工序不合理行为
		挂网、甩浆	1. 挂网部位包括：不同基体交接部位、烟道与墙体的接合处、室内管线暗埋开槽处。 2. 挂网部位应向各边延伸 150mm，搭接宽度不应小于 100mm；挂网前高低差用水泥砂浆填补，且应确保钢丝网挂设牢固。 3. 抗裂网丝径不小于 0.7mm，网孔尺寸不大于 25mm × 25mm，固定应牢固，应采用热镀锌钢丝网。 4. 抹灰前墙面应甩浆到位，密度应均匀、形成有效毛刺，且应养护到位，不应出现黏结强度不足现象
		抹灰施工	1. 砂浆配合比应合规、砂浆集中搅拌处应设置配合比标识；楼层砂浆应垫板、现场不允许加水、不得使用已初凝的砌筑砂浆。 2. 空鼓、开裂修补应规整，应采用机械切割修补。 3. 抹灰养护措施到位，不应存在空鼓、开裂（反映问题性质，不反映数量）。 4. 严禁抹灰后开槽（因涉及后期精装修变更的除外）
	观感质量	抹灰、地坪观感	1. 抹灰表面应光滑、洁净、接槎平整，分格缝清晰，墙面不应出现起砂、外露钢筋头、钢丝网、玻纤网。 2. 地坪不得起砂、开裂；同房间地面不应出现不平整、明显色差

（续表）

阶段	风险项	风险子项	风险项管控重点
抹灰工程	渗漏风险	防水施工	1. 室内防水基层应平整、清理到位，基层不得出现空鼓、开裂；阴阳角部位处理应满足防水施工要求，阴角部位不应存在开裂； 2. 室内防水施工前基层应干燥，且防水涂膜应分层施工； 3. 室内防水层施工完成后厚度应满足设计要求，防水层上翻高度应满足设计及规范要求；防水层不应出现鼓包、流坠等质量问题；防水成品保护到位，不应出现防水层破损、污染、踩踏、脚印等现象； 4. 室内防水材料应直接涂敷在混凝土基层上，防水材料与混凝土基层之间严禁施工找平层（混凝土局部缺陷修补找平除外）
屋面工程	渗漏风险	管道预留、预埋	1. 出屋面管道应设刚性防水套管，安装不应偏心，管道周边混凝土应浇筑密实，且刚性防水套管高度应不低于建筑完成面 150mm。 2. 屋面、露台、天沟应预留排水孔，不得后凿
		屋面反坎	1. 出屋面、女儿墙、烟风道底部应设置反坎，且烟风道应随屋面一次浇筑成型；屋面周边填充墙底部、女儿墙底部不低于建筑完成面 150mm，出屋面、烟风道反坎应不低于建筑完成面 250mm。 2. 导墙浇筑前结合面（特别是竖向结合面）应剔凿到位。不得出现如缝隙、漏水等；导墙不得用木块、砖块等作为内撑，或用铁丝穿模，或使用普通螺杆；导墙应振捣到位，不应出现成型质量差如孔洞、漏浆、露筋、歪斜、开裂等
		防水基层处理	防水基层应平整、清理到位，混凝土缺陷应提前修补，基层不得出现空鼓、开裂；防水材料应直接涂敷在混凝土基层上，防水材料与混凝土基层之间严禁施工找平层（混凝土局部缺陷修补找平除外）；当泛水高度范围存在砖砌体时，应先抹灰再做泛水
		阴角 R 角施工、防水附加层	阴阳角部位应设置 R 角，应要求进行防水附加层施工
		屋面（阳露台）防水施工	1. 防水施工前基层应干燥，且防水涂膜应分层施工。 2. 防水卷材收口措施应牢固到位，卷材上返高度不低于建筑完成面 250mm。 3. 防水成品保护措施到位，防水不应存在破损、空鼓、鼓包、踩踏等现象。 4. 防水层施工完成后厚度应满足设计要求、卷材搭接长度应满足规范要求；防水层不应出现鼓包、流坠等质量问题
		屋面找坡	1. 屋面排水、檐口排水应按图施工，如设计本身不合理，或不符合规范和使用要求时，应及时进行变更。 2. 女儿墙抹灰坡度应向内，找坡坡度不低于 6%
		变形缝	变形缝应按图施工，如设计本身不合理，或不符合规范和使用要求时，应及时进行变更

（续表）

阶段	风险项	风险子项	风险项管控重点
外墙装饰及外窗安装	渗漏风险	外窗塞缝施工质量	1. 外窗固定片不得固定在加气块或灰缝内，且固定片安装应外低内高。 2. 塞缝前应撕去与塞缝材料接触部位的包装纸，塞缝前应将固定木楔取出，且确保基层清理干净。 3. 塞缝材料应符合设计要求，塞缝内不得夹杂其他杂物；且应先进行底部塞缝施工，后进行上部塞缝施工，严禁工序倒置。 4. 发泡剂应施打密实，发泡剂严禁外露、切割。 5. 当采用水泥砂浆塞缝时，塞缝应密实，应及时养护，不应存在裂缝、空鼓。 6. 外窗塞缝内严禁管线穿越
		外窗、外墙渗漏	1. 外窗严禁直接采取现场拼装，应设置泄水孔，加工过程中榫接部位应打胶，且工艺孔应封堵密实，外窗螺钉应带胶作业。 2. 外窗打胶外侧应使用耐候硅酮胶，内侧应使用中性硅酮胶；且打胶外观应美观、顺直、色泽一致、无污染。 3. 抹灰后外墙不应出现渗漏（含外门窗周边渗漏）。 4. 外窗台抹灰排水坡度应大于 5%，外窗台采用石材或铝板施工时，找坡坡度应不低于设计要求；窗楣抹灰应确保滴水槽或滴水线（鹰嘴）留设到位
	成品保护	门窗保护	门窗成品保护到位，五金开启灵活，不得出现划痕、碰迹、污染、破坏
	结构安全	外墙石材龙骨	龙骨固定或连接方式应牢固有效，严格按规范及方案要求施工；龙骨焊接部位应确保防锈施工到位；压顶水平面石材应固定在龙骨上，禁止用砖垫石材；埋板及锚栓固定方式应符合规范要求，严禁在砌体墙上设置埋板；对干挂大理石采取加固措施
	外立面	外墙观感	1. 外墙涂料分隔缝应顺直；涂料不应存在色差、污染、流坠、透底、掉粉、开裂等现象。 2. 外墙瓷砖、文化石瓷砖质量较好；瓷砖宜采用专用黏结剂黏结，不应存在空鼓、泛碱、污染、朝天缝等现象。 3. 外墙石材幕墙勾缝用胶应符合规范及设计要求，石材不应存在泛碱、色差、污染、破损、成品保护不到位等现象
		外墙保温	1. 保温材料厚度、燃烧性能应符合规范要求。 2. 保温应按规范及方案要求施工，其有效粘贴面积、拼缝、锚栓、托架、收头、网格布包封及抗裂层施工等应符合节点要求

4. 重大质量风险项清单

重大质量风险项清单见表 4-17。

表 4–17　重大质量风险项清单

序号	风险项	风险源	可能导致的问题	风险级别	控制措施	备注
1	梁柱节点（相差两个等级及以上）混凝土浇筑	用错标号，低标号代替高标号	混凝土强度不达标	重大	a-d	
		高低标号交界处，措施不到位，低标号流入高标号位置	混凝土强度不达标	重大	a-d	
		混凝土养护不到位	混凝土强度不达标	重大	a-d	
2	地下室外墙、顶板、屋面防水	结构未做闭水试验、渗漏检查	漏水，渗水	重大	a-d	
		防水基层处理不合规	漏水，渗水	重大	a-d	
		防水施工未按规范进行	漏水，渗水	重大	a-d	
		女儿墙变形缝等细部处理不当	漏水，渗水	重大	a-d	
3	回填土	回填材料不符合要求	地面下沉	重大	a-d	
		回填未按照规范进行	地面下沉，破坏防水	重大	a-d	
4	钢管混凝土	混凝土质量不符合要求	混凝土强度、密实度等不达标	重大	a-d	
		混凝土灌注质量控制措施不当		重大	a-d	
5	水下混凝土	混凝土坍落度等控制	混凝土强度不达标	重大	a-d	
		混凝土灌注质量控制措施不当	混凝土质量缺陷	重大	a-d	
6	深基坑土方开挖	边坡支护与土方开挖方法不当	基坑坍塌	重大	a-d	
		基坑变形监测不到位	基坑坍塌	重大	a-d	
7	劲性柱、梁施工	钢结构的定位及连接施工质量不符合要求	钢结构强度不达标	重大	a-d	
		混凝土浇筑质量控制不到位	混凝土强度不达标	重大	a-d	
…	…	…	…		…	

注：1. 以上事项为举例，具体应根据项目实际列项；

2. 控制措施（a-d）：a. 制定专项方案及评审；b. 分层级交底；c. 监督与旁站施工；d. 检查验收。

三、基础性工艺

通过对工艺标准化探索，总结、归纳、建立工艺标准化库，依据标准化引领，以点带面，不断总结，持续改进，提升质量水平。在实施工艺标准化前通过样板引路，现场交底等方式推广标准化工艺（一是基础工艺，编制工艺手册、如安装、基础手册；二是质量提升工艺）。

一般项目根据自身实际情况选取相应标准化工艺，形成推进标准化清单，并按计划开展。

四、过程检查考核

对于质量管理过程考核主要分为两方面：一方面为实体质量效果评价即实测实量以及一体化施工、标准化实体评价；另一方面主要为质量管理行为标准化即重大质量风险以及一体化、标准化相关行为评价。

具体考核体系分为质量管理评价、工艺标准化评价以及一体化施工评价。质量评价框架如图 4-3 所示。

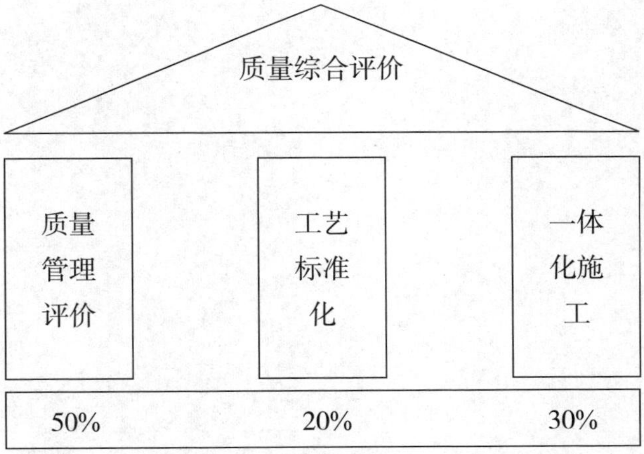

图 4-3　质量评价框架

项目主要执行对实体质量的检查与控制，形式主要有周检、三检制。整体质量评价更客观的需要上级单位通过一定周期（如月度、季度）一定覆盖范围针对项目开展检查，促进项目做持续改进。

第五章

快速建造板块

第一节　快速建造

一、重视项目策划书的编制

在工程中标后 3 天内，分公司工程部组织相关部门召开《项目策划书》编制启动会，市场、技术等部门向与会人员对投标阶段相关信息进行交底，与会人员共同讨论并确定企业层对项目的总体定位，明确策划编制的任务分解，形成“项目策划任务书”，经分管领导审批后，下发给各部门。各部门按“策划任务书”的内容，在规定的时间内完成编制任务。

《项目策划书》应在项目中标后到项目进场前期间编制并审批完成，原则不超过中标后 20 天内完成。待项目进场后，公司（分公司）工程部组织相关部门对项目部开展《项目策划书》交底，并保留交底记录。

二、及时召开项目施工准备启动会

项目部组建进场 7 天内，由项目经理根据业主移交的施工场地及图纸情况，组织制定临建计划、进场计划，确定施工准备方案，报分公司工程部，由分公司工程部组织召开项目施工准备启动会（图 5-1），针对临建计划、进场计划和施工准备方案，分公司工程、商务、招采等部门联动、集中评审，确保计划的合理性，促进相关业务及时开展前期策划。

项目部按施工准备计划组织现场施工准备工作，当现场道路、临水、临电、生活设施、办公设施、现场布局及安保设施等全面达到开工条件，或因赶工需要经相关方确认已基本具体开工条件时，向分公司工程部上报工程开工申请。分公司工程部收到项目开工申请后，组织公司（分公司）相关部门对项目部开工准备工作进行验收。分公司以周报的形式，对新开工项目各项启动工作进行动态监控。

图 5-1 项目施工准备启动会

三、项目实施计划书

《项目实施计划书》应在项目进场 20 天内完成编制。《项目实施计划书》审批完成 3 天后，由项目经理组织项目全体管理人员及相关专业进行全面交底，并保留交底记录。

第二节 节点计划

一、计划管控流程

计划节点量表编制→ 计划节点量表审批→计划节点考核→计划节点管控→计划考核应用→计划管理总结通报。

二、计划节点

项目进度计划节点主要从时间维度分三级（一级节点、二级节点、三级节点）编制，要求涵盖土建及项目其他专业，涵盖从基础施工到结构施工、装修施工等的全过程。

（1）一级节点：合同节点、重要的形象控制节点、关键工序穿插节点，要求能反映全过程、全专业的总控计划。

（2）一级节点设置颗粒度：一般项目每个月设置 1 个一级控制性节点；小型项目可每两个月设置 1 个控制性节点，特大型项目可按片区每月设置 1 个控制节点。

（3）二级节点：在一级节点基础上细化，包括所有一级节点，及重要的形象控制节点、工序穿插节点、辅助管理节点等。

（4）二级节点颗粒度：项目每个区段按专业每月设置 1 ～ 2 个控制节点。

（5）三级节点：三级节点为进度、资源等相关内容的末位计划，一般反映为周计划。

三、节点审批

一级节点量表：要求项目编制小组内部审核后报分公司工程部计划主管，由其组织计划节点评审小组集中评审。

二级节点量表：要求项目编制小组内部审核后报分公司（城市公司）工程部计划主管，由分公司（城市公司）工程部经理审批。重点项目二级节点可至分公司（城市公司）生产副总审批。

三级节点量表：由计划管理员（生产经理）审核，项目经理审批。

四、节点考核及预警

对于节点计划考核结果，依据不同延误类别，采取不同响应措施，具体见表 5-1。

表 5-1　不同延误类别采取的响应措施

序号	延误天数		延误类型	颜色预警	管控要求
	一级节点	二级节点			
1	2 日	1 ~ 10 日	一般延误	绿色	由项目经理组织召开进度协调会，形成周报，反馈至城市公司工程部，上传 OA 平台
2	3 ~ 6 日	11 ~ 30 日	较大延误	蓝色	由城市公司工程部经理组织召开项目进度协调会、指派专人现场协调，并列为城市公司履约重点关注项目，整改形成周报上传 OA 平台
3	7 ~ 10 日	31 ~ 60 日	重大延误	黄色	由分公司工程部经理组织计划管控小组召开项目进度协调会，驻场协调，并列为分公司履约重点关注项目，整改形成周报上传 OA 平台
4	11 日及以上	61 日及以上	特别重大延误	红色	由公司工程部经理组织召开项目进度协调会，深入现场协调，并列为公司履约重点关注项目，整改形成周报上传 OA 平台

第三节 工序穿插

一、工序穿插目的

通过对穿插施工各工序的合理安排，减少施工作业面的闲置，有效保障施工工期。在保证施工工期的前提下，采用结构机电装修一体化流水施工方式，有效保证各分部工程的单项工作时间，确保施工质量。采用穿插施工技术，使施工资源分配更加均衡、机械效率大幅度提高，施工质量和施工工期得以保障，实现成本可控。

二、工序穿插的模型

主要分为地下室、地上室内、外立面及室外工程四大穿插模型。

（1）地下室穿插模型见表 5-2 和图 5-2。

表 5-2 地下室工序穿插施工节点及工作进度要求

序号	地下室阶段工序穿插节点要求（住宅工程）
1	地下室清理及断水：地下室整体（或大面积）封顶后 45 天之内完成
2	地下室顶棚刮白：地下室断水及清理完成后开始，15 天之内具备第一个工作移交面机电管线施工条件
3	地下室机电管线：地下室机电管线安装 90 天内完成
4	地下室砌体及二次结构：地下室断水及清理完成后开始，60 天内完成
5	地下室水电二次配管及防火门框：砌体及二次结构施工开始后 15 天开始，砌体二次结构施工完成后 15 天内完成
6	抹灰及防火门安装：砌体及二次结构完成后 30 内完成
7	地下室机房及设备管线：所有机房设备及管线在抹灰及防火门安装完成后 60 天内完成
8	地下室地坪：地下室抹灰及防火门安装完成后开始，最迟在机房设备及管线安装完成后 15 天内完成

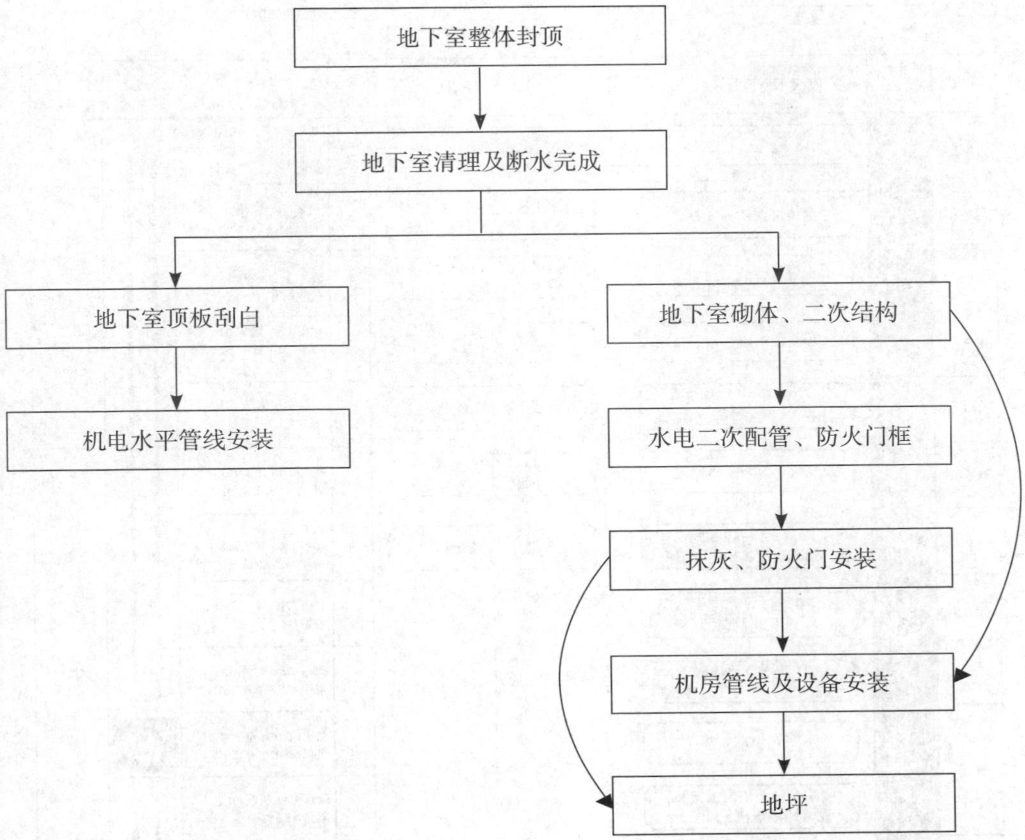

图 5-2　地下室工序穿插流程图

（2）地上室内穿插模型见表 5-3 和图 5-3。

表 5-3　地上室内工序穿插施工节点及工作进度要求

序号	地上室内工序穿插（按铝模 + 爬架考虑）
1	标准层施工：合理安排主体结构施工节奏，保持 5 天每层
2	施工电梯安装启用：主体结构进行到 7 层时完成
3	室内砌体及二次结构实体样板、抹灰样板、套内交房样板：主体结构施工至 6 层时开始，主体结构施工至 12 层时完成
4	电缆敷设、配电箱柜安装：防火门施工完成后开始，施工周期 60 天
5	公共部位照明、指示灯、楼梯扶手等：户门安装完成后开始，施工周期 30 天

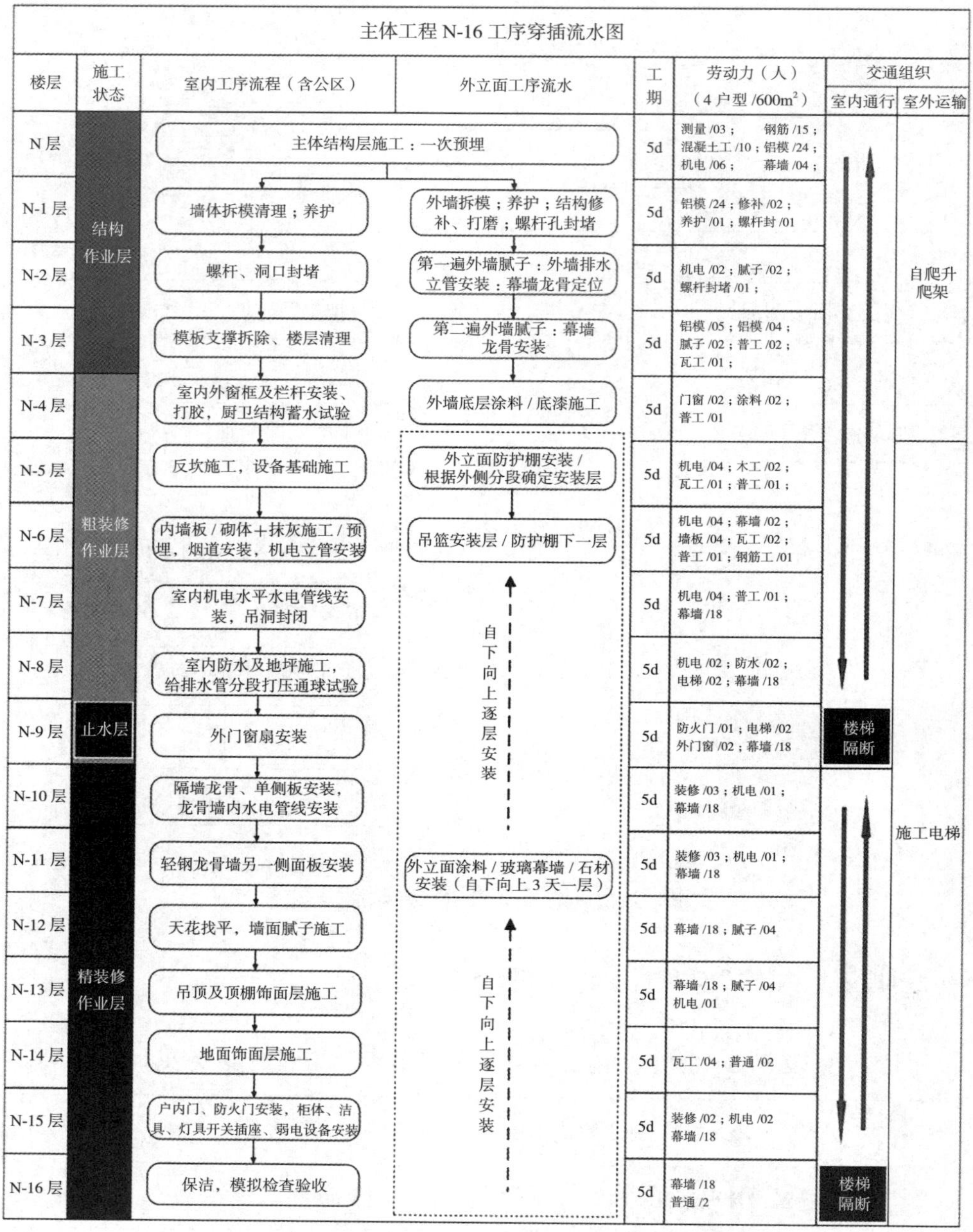

主体工程 N-16 工序穿插流水图
楼层
施工状态
室内工序流程（含公区）
外立面工序流水
工期
劳动力（人）（4 户型 /600m²）
交通组织
室内通行
室外运输
N 层
N-1 层
N-2 层
N-3 层
N-4 层
N-5 层
N-6 层
N-7 层
N-8 层
N-9 层
N-10 层
N-11 层
N-12 层
N-13 层
N-14 层
N-15 层
N-16 层
结构作业层
粗装修作业层
止水层
精装修作业层
主体结构层施工：一次预埋
墙体拆模清理；养护
螺杆、洞口封堵
模板支撑拆除、楼层清理
室内外窗框及栏杆安装、打胶，厨卫结构蓄水试验
反坎施工，设备基础施工
内墙板 / 砌体＋抹灰施工 / 预埋，烟道安装，机电立管安装
室内机电水平水电管线安装，吊洞封闭
室内防水及地坪施工，给排水管分段打压通球试验
外门窗扇安装
隔墙龙骨、单侧板安装，龙骨墙内水电管线安装
轻钢龙骨墙另一侧面板安装
天花找平，墙面腻子施工
吊顶及顶棚饰面层施工
地面饰面层施工
户内门、防火门安装，柜体、洁具、灯具开关插座、弱电设备安装
保洁，模拟检查验收
外墙拆模；养护；结构修补、打磨；螺杆孔封堵
第一遍外墙腻子：外墙排水立管安装：幕墙龙骨定位
第二遍外墙腻子：幕墙龙骨安装
外墙底层涂料 / 底漆施工
外立面防护棚安装 / 根据外侧分段确定安装层
吊篮安装层 / 防护棚下一层
自下向上逐层安装
外立面涂料 / 玻璃幕墙 / 石材安装（自下向上 3 天一层）
自下向上逐层安装
5d
测量 /03； 钢筋 /15；混凝土工 /10；铝模 /24；机电 /06； 幕墙 /04；
铝模 /24；修补 /02；养护 /01；螺杆封 /01
机电 /02；腻子 /02；螺杆封堵 /01；
铝模 /05；铝模 /04；腻子 /02；普工 /02；瓦工 /01；
门窗 /02；涂料 /02；普工 /01
机电 /04；木工 /02；瓦工 /01；普工 /01；
机电 /04；幕墙 /02；墙板 /04；瓦工 /02；普工 /01；钢筋工 /01
机电 /04；普工 /01；幕墙 /18
机电 /02；防水 /02；电梯 /02；幕墙 /18
防火门 /01；电梯 /02 外门窗 /02；幕墙 /18
装修 /03；机电 /01；幕墙 /18
装修 /03；机电 /01；幕墙 /18
幕墙 /18；腻子 /04
幕墙 /18；腻子 /04 机电 /01
瓦工 /04；普通 /02
装修 /02；机电 /02 幕墙 /18
幕墙 /18 普通 /2
楼梯隔断
楼梯隔断
自爬升爬架
施工电梯

图 5-3 主体工程 N-16 工序穿插流水图

（3）外立面穿插模型见表 5-4 和图 5-4。

表 5-4 屋面及外立面工序穿插施工节点及工作进度要求

序号	屋面及外立面工序穿插节点要求
1	爬架拆除：主体结构封顶后 20 天内完成

（续表）

序号	屋面及外立面工序穿插节点要求
2	屋面电梯机房砌体及粗装：主体结构封顶后 40 天内完成
3	屋面工程：主体结构封顶后 60 天内完成
4	外墙装饰：按照 1.5 天一层速度完成
5	塔吊拆除：主体结构封顶后 90 天内完成
6	室内电梯安装启用：主体结构封顶后 50 天内开始，施工周期 40 天
7	施工电梯拆除：室内电梯启用后立即开始拆除，结构封顶后 100 天之内完成

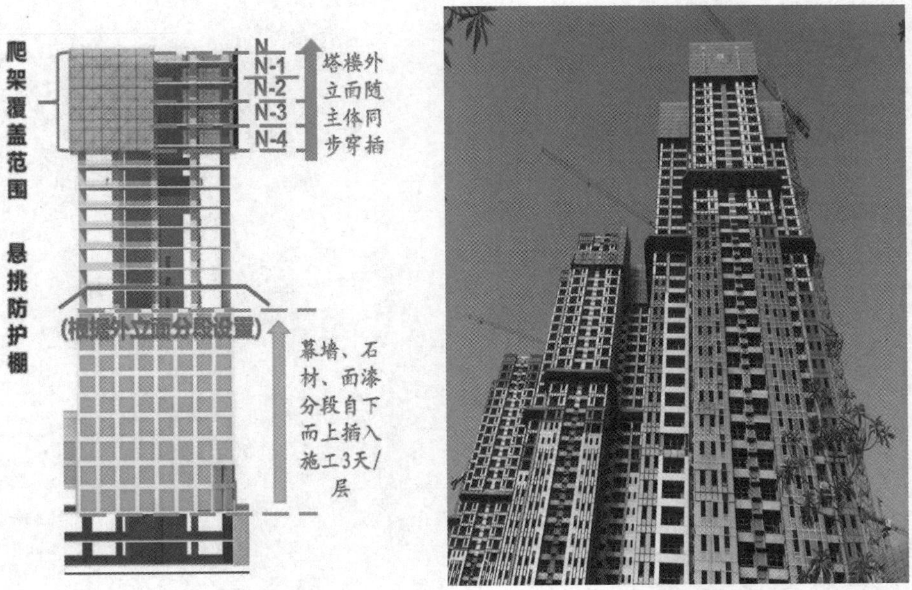

（a）塔楼外立面施工示意图　　（b）施工现场

图 5-4　塔楼外立面施工示意图

（4）室外工程穿插模型见表 5-5。

表 5-5　室外工程工序穿插施工节点及工作进度要求

序号	室外工程工序穿插节点要求
1	室外市政管线：主体结构封顶之后安排插入，爬架拆除后 60 天内完成
2	室外市政道路：主体结构封顶之后安排插入，爬架拆除后 90 天内完成
3	园林绿化：主体结构封顶之后安排插入，爬架拆除后 90 天内完成

第六章

绿色低碳建造板块

第一节　环境保护

一、强制类

1. 噪声扬尘监测技术

智能扬尘、噪声监测系统实现了对施工现场扬尘浓度、PM2.5 和噪声分贝值等数据的监测，利用 3G 通信模块和专线网络技术将扬尘、噪声数据传输到云平台，并在 LED 显示屏上显示，从而指导现场施工过程环境保护工作。噪声、扬尘监测技术的应用如图 6-1 所示。

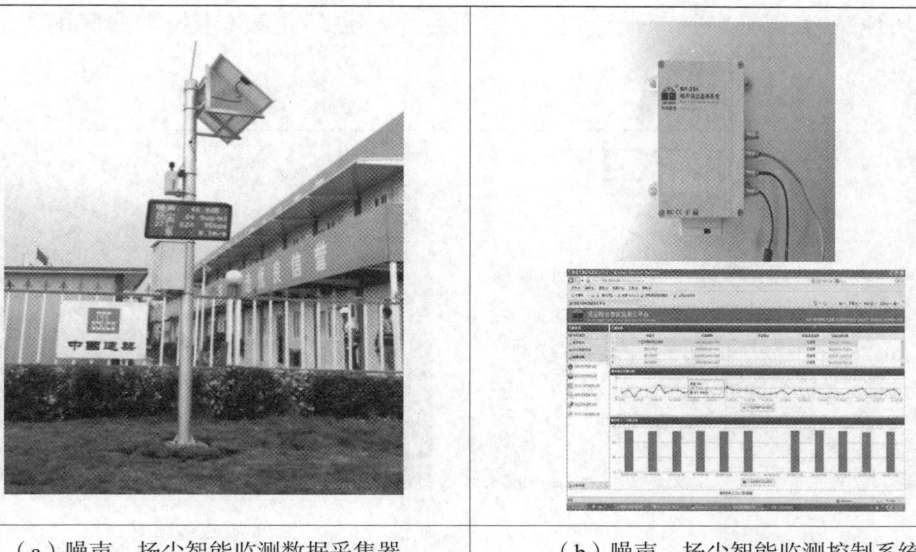

（a）噪声、扬尘智能监测数据采集器　　（b）噪声、扬尘智能监测控制系统

图 6-1　噪声扬尘监测技术应用

2. 加工棚吸声降噪应用技术

对搅拌机、空气压缩机、木工机具等噪声大的机械，尽可能安排远离周围居民区一侧，从空间布置上减少噪声影响。通过加工棚吸声降噪应用技术研究，在满足规范要求和安全度的前提下，合理降低噪声，解决了现场噪声污染居民投诉等社会复杂问题，减少了噪声污染，提高了施工效率。加工棚吸音降噪应用技术的应用如图 6-2 所示。

（a）混凝土输送泵隔声棚

（b）模板加工的降噪木工棚

图 6-2 加工棚吸音降噪应用技术的应用

3. 固定式喷雾降尘技术

固定喷淋设备可安装在塔吊、楼层临边、道路、基坑等边缘，现场沿着需喷淋降尘的区域周边设置喷淋管线，通过压力形成喷水（喷雾），从而达到降尘的效果，适用于场地宽敞、施工总平面允许的在建项目。固定式喷雾降尘技术的应用如图 6-3 所示。

（a）塔吊喷淋系统

（b）楼层临边喷淋系统

图 6-3 固定式喷雾降尘技术的应用

（c）道路喷淋系统　（d）基坑喷淋系统

续图 6–3　固定式喷雾降尘技术的应用（续图）

4. 封闭式管道垂直运输

在建筑施工过程中因专业分包较多，加之设计变更，将会产生大量建筑垃圾堆积在各个楼层，及时有效地清理各层建筑垃圾成为要解决问题的关键。采用封闭式管道垂直运输技术来运送建筑垃圾可有效地控制扬尘问题，做到“绿色施工、文明施工”。封闭式管道垂直运输如图 6-4 所示。

（a）楼层管道设置　（b）楼层垃圾进料口

图 6–4　封闭式管道垂直运输

5. 预拌砂浆技术

预拌砂浆技术可大大提高建筑质量，有效控制墙体空鼓开裂等通病，并且达到良好的保温节能效果，并且减少了现场扬尘，加快了施工进度。预拌砂浆技术的应用如

图 6-5 所示。

（a）系统示意图　　（b）应用图例

图 6-5　预拌砂浆技术的应用

6. 裸土覆盖

如图 6-6 所示，裸土可采用塑料草皮或密目式安全网覆盖进行防尘降尘，也可定期洒水降尘。地下室外墙回填后，总平面园林施工前，可种植草皮进行绿化，达到防尘降尘和土壤保护的目的。

（a）覆盖遮阳网　　（b）铺设草皮防尘

图 6-6　裸土覆盖

7. 泥浆分离器

泥浆分离器通过电机将水箱中的絮凝剂和泥浆混合，然后进行泥浆固化。固化完毕后对固渣进行离心脱水，然后输送到传送带上，由传送带将固渣转运至空地进行暂时的堆积等待清运。有效地避免了淤泥造成的土地及水污染，减少恶臭且便于清淤，不污染道路。泥浆分离器如图 6-7 所示。

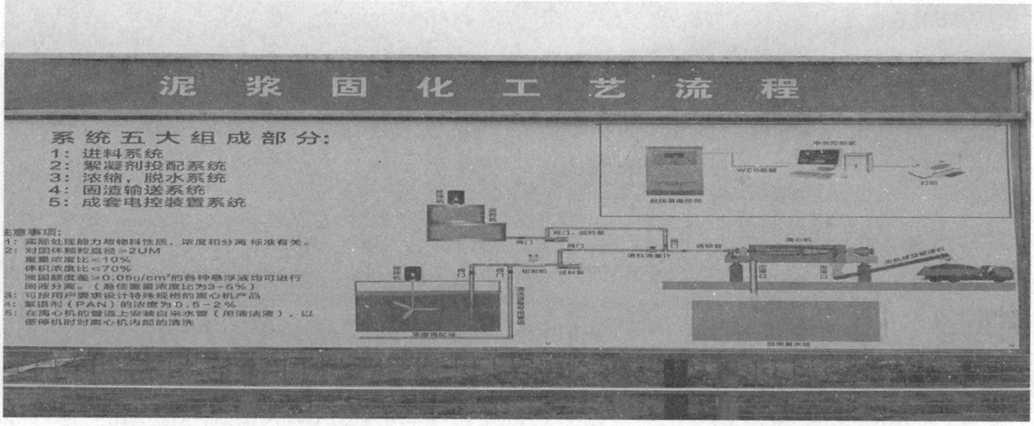

图 6-7　泥浆分离器

二、推荐类

1. 土方、垃圾封闭式外运

如图 6-8 所示，运送的车辆须封闭严密，采用防尘网对土方和渣土进行覆盖，或者采用有遮盖的运土车，不应装载过满。定期检车，确保运输过程不抛不洒不漏。

（a）采用防尘网覆盖的车　　（b）有遮盖的运土车

图 6-8　封闭式垃圾运输车

2. 绿色施工智能管理系统

在绿色施工过程中采用建筑施工智能化监测监控系统，可采集真实、准确的用水、用电、噪声和扬尘数据，减少人工工作量，提高工作效率，利用监测结果进行数据分析，有针对性的采取措施和防控，可实现信息化管理。绿色施工智能管理系统如图 6-9 所示。

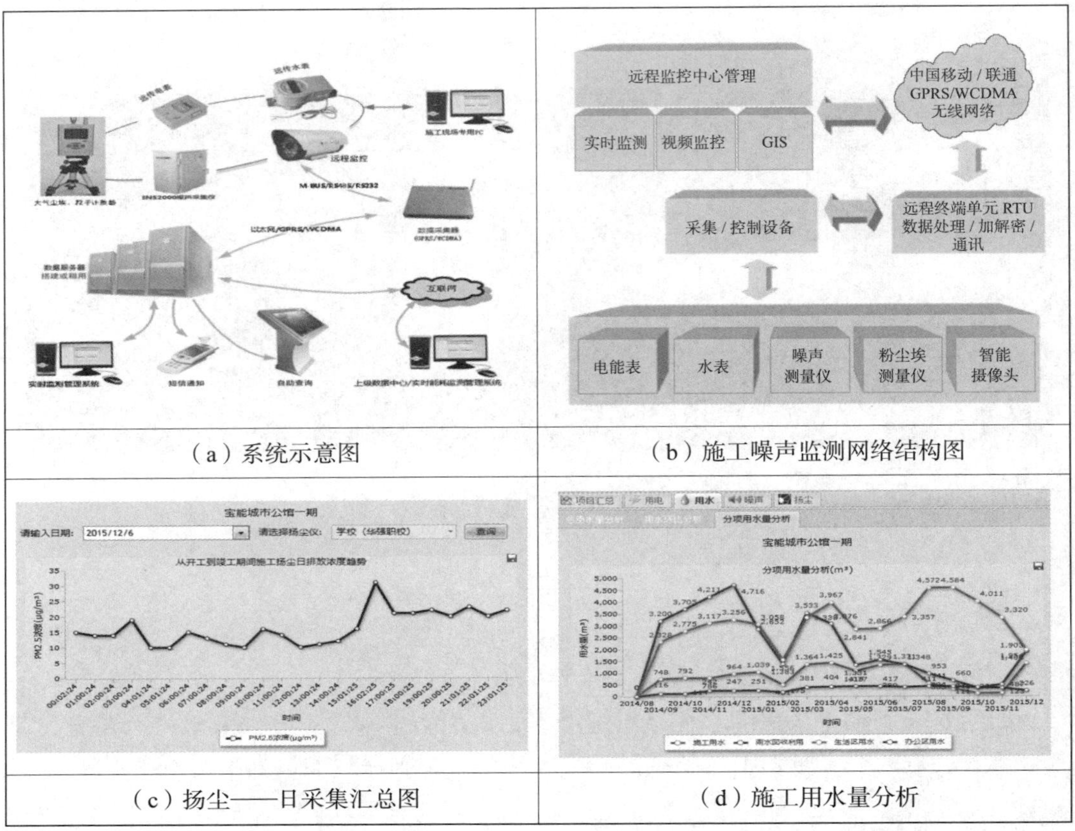

（a）系统示意图　（b）施工噪声监测网络结构图

（c）扬尘——日采集汇总图　（d）施工用水量分析

图 6–9　绿色施工智能管理系统

3. 移动式喷雾机应用技术

移动式喷雾机应用技术启动快捷，拆装、调拨方便，相较喷淋喷枪、洒水机车等喷洒设备而言，其适用范围广、射程远、覆盖面积大、雾粒细小、操作灵活。移动式喷雾机如图 6–10 所示。

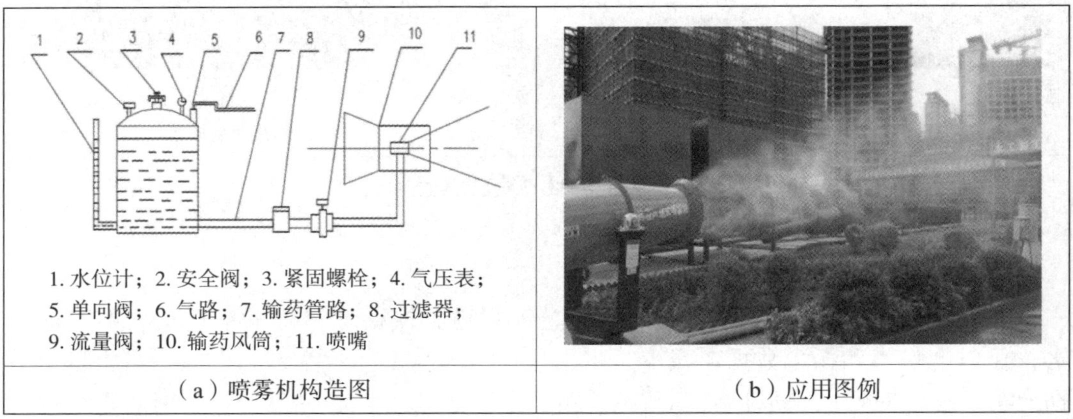

（a）喷雾机构造图　（b）应用图例

图 6–10　移动式喷雾机

4. 绳锯切割技术

绳锯切割施工是由液压马达带动钢线可任意方位、任意厚度、任意角度切割混凝土。该工艺施工作业速度快，切割件切口平直光滑，吊运方便、噪声低、无振动、无粉尘、无废气污染，符合环保需求。绳锯切割技术的应用如图 6-11 所示。

（a）绳锯切割机　（b）绳锯切割拆除内支撑梁施工现场

图 6-11　绳锯切割技术的应用

5. 预制化粪池

施工现场化粪池采用预制式，在现场进行拼装组建，选取合适地点埋设。化粪池需设置专门的检修及清理口，派专人负责，定期进行检查及清理，避免渗漏对周围环境造成污染。预制化粪池如图 6-12 所示。

（a）预制式化粪池　（b）化粪池检修及清理装置

图 6-12　预制化粪池

6. 水污染控制

工程污水和试验室养护用水应经处理达标后排入市政污水管道。厨房设置隔油池，生活区设置化粪池，不能二次使用的污水，应有污水检测报告，或购买 pH 试纸进行实测，pH 平均值控制在 6 ～ 9 之间。水污染控制如图 6-13 所示。

（a）除油前后效果

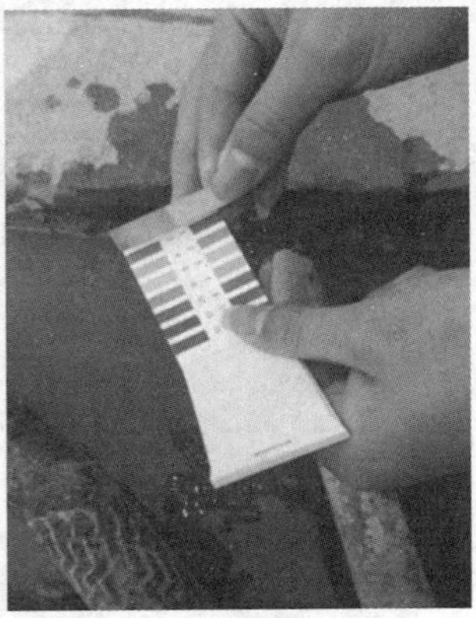

（b）pH 试纸检测

图 6-13　水污染控制

7. 光污染控制

采用黄色节能 LED 灯或氖气灯作为现场主要照明光源，减少白亮污染对工人视力的伤害。夜间焊接作业时，应采取挡光措施。电焊作业尽量安排在白天进行，在夜间焊接作业时，应制作遮光棚和遮光罩，进行挡光措施。光污染控制如图 6-14 所示。

（a）左侧为氙气灯右侧为氖气灯

（b）现场焊接时遮光棚围挡

图 6-14　光污染控制

8. 油料防渗措施

套丝机下设置由废铁皮制作的接油盆防止油料渗漏；油漆加工区，管道刷漆下面垫彩条布，防止油漆污染地面。油料防渗措施如图 6-15 所示。

（a）施工油料专用收集　　（b）油漆施工地面防护

图 6–15　油料防渗措施

9. 切割机防护罩

用废旧铁皮和角钢制作，节约材料。防止在切割管道过程中管道渣丝飞溅和人身伤害，有利于现场施工环境保护。切割机防护罩如图 6-16 所示。

图 6–16　切割机防护罩

10. 可移动厕所

总平面和各楼栋内定点设置可移动厕所，高层建筑每隔 3 层设置一个可移动厕所，由专人每天按时清扫，杜绝现场脏乱差。可移动厕所如图 6-17 所示。

（a）地面可移动厕所

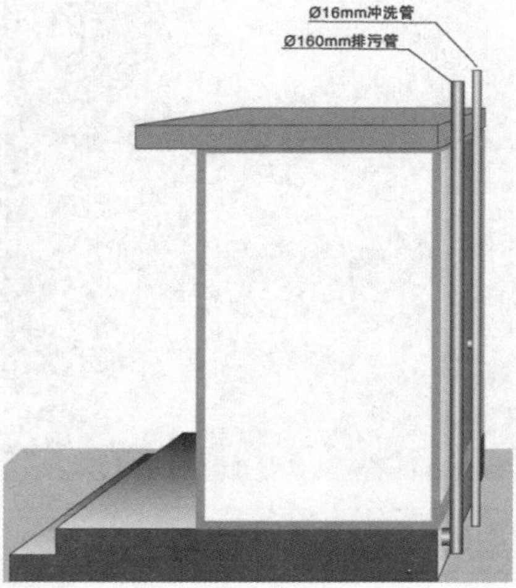

（b）楼栋内可移动厕所

图 6-17　可移动厕所

11. 装修环保设备使用（适用于装饰工程）

使用新型墙面开槽工具替代传统粗暴开槽方式，开槽时水泵安装口持续给水，防尘接口对接吸尘器，减少扬尘。装修环保设备如图 6-18 所示。

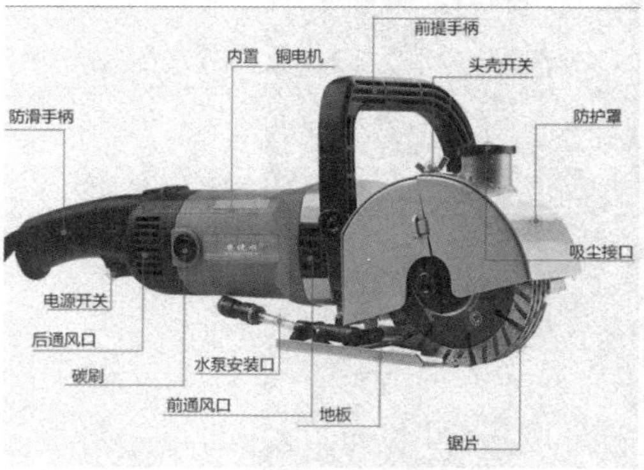

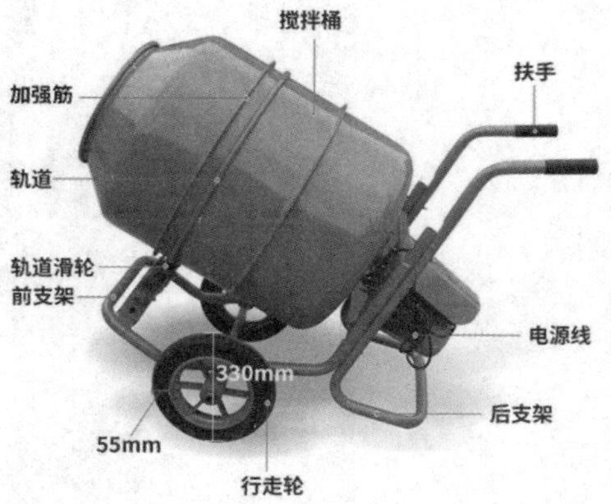

墙面开槽机

图 6-18　装修环保设备

第二节　节　材

一、强制类

1. 建筑垃圾分类收集与再生利用技术

通过深化钢筋下料单、利用钢筋料头制作铁艺构件、回收站回收废旧钢材、模板废料用于安全围挡用、墙体砌块废料破碎用于绿化回填等方法再生利用建筑垃圾，做到节能减排，保护环境。建筑垃圾分类收集与再生利用如图 6-19 所示。

（a）钢筋废料池　（b）分类回收　（c）材料分类堆码　（d）废旧钢筋制作 JDG 管支架　（e）钢筋废料制作焊机笼

图 6–19　建筑垃圾分类收集与再生利用

（f）后浇带防护

（g）电缆防护

图 6-19 建筑垃圾分类收集与再生利用（续图）

2. 高强钢筋利用技术

高强钢筋是指现行国家标准中的规定的屈服强度为 400MPa 和 500MPa 级的普通热轧带肋钢筋（HRB）和细晶粒热轧带肋钢筋（HRBF），用高强钢筋代替普通钢筋，能有效地减少了钢材的消耗量。高强钢筋的应用如图 6-20 所示。

（a）绑扎成型

（b）现场下料

图 6-20 高强钢筋的应用

3. 混凝土泵管气泵清洗技术

通过在建筑中设置随楼层同步施工的混凝土余料竖向管道，从而在混凝土施工作业时，能够将混凝土余料及泵管清洗水收集到底层的回收池中，并将混凝土及水分离，回收再利用，从而提高材料的利用率和保持良好的施工环境。混凝土泵管气泵清洗技术的应用如图 6-21 所示。

（a）混凝土回流池

（b）混凝土余料制作预制构件

图 6-21 混凝土泵管气泵清洗技术的应用

二、推荐类

1. 钢筋数控加工

钢筋及钢结构制作前应对下料单及样品进行复核，无误后方可批量下料，减少钢筋浪费。装饰、安装工程施工前，需对设计图纸进行深化设计，优化材料用量。钢筋数控加工如图 6-22 所示。

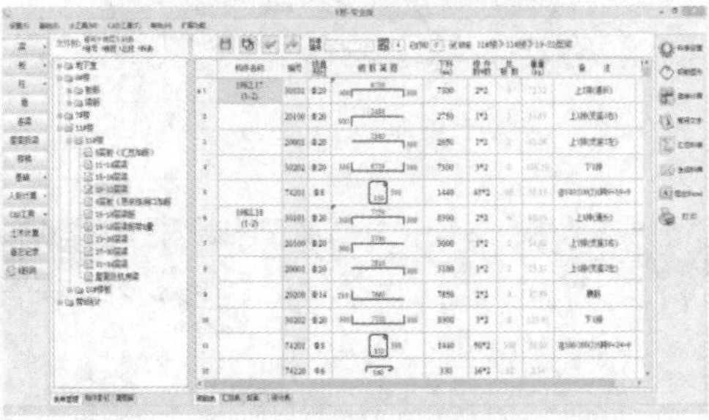

（a）电脑控制

（b）制件车间

图 6-22 钢筋数控加工

2. 装配式可周转活动房

双层轻钢装配式板房作办公、生活等临时用房，节约用地，装拆方便，占地面积小，可重复使用。装配式可周转活动房如图 6-23 所示。

（a）可周转式板房	（b）可周转集装箱 VR 体验馆

图 6-23　装配式可周转活动房

3. 再生骨料利用技术

实施再生骨料利用技术，施工工地可自行消耗施工现场的混凝土固体废弃物，大幅度减少了施工现场建筑垃圾外运量，不仅减少建材产品对自然资源的消耗，而且降低了对环境的影响。再生骨料利用技术的应用如图 6-24 所示。

（a）固体废弃物分选后选用破碎机破碎	（b）粗细骨料分开堆放

（c）制砖机	（d）再生骨料制成的砖块

图 6-24　再生骨料利用技术的应用

4. 非标准砌块预制加工技术

非标准砌块工厂化集中加工技术采用全自动切砖机进行集中切割加工，统筹利用，节约材料。该技术亦可与砌体排版 BIM 应用技术结合应用，精准计算砌体用量，对非标准砌块集中加工，减少损耗，另外减少了现场切割砌块造成的扬尘，一定程度上还控制了建筑垃圾的产生量，节省了建筑垃圾清运费。非标准砌块预制加工技术的应用如图 6-25 所示。

（a）非标准砌块

（b）工厂化集中加工

图 6-25　非标准砌块预制加工技术的应用

5. 钢筋集中加工配送技术

所有钢筋均在钢结构车间进行加工后运至施工现场直接使用；利用钢筋翻样软件，优化下料方案，降低钢材损耗。采用直螺纹套筒连接方式，减少搭接。钢筋集中加工配送技术的应用如图 6-26 所示。

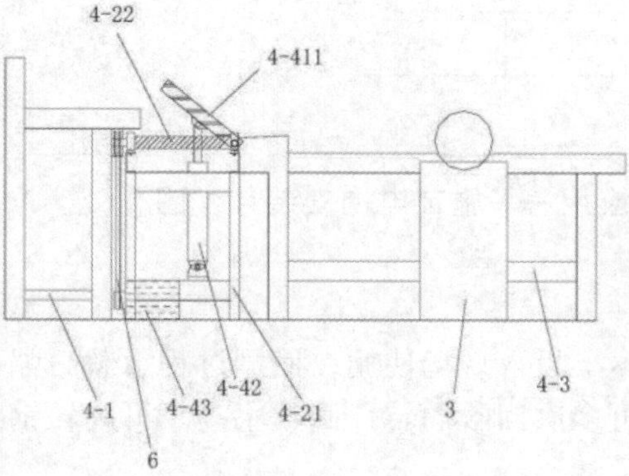

（a）钢筋加工设备组示意图

（b）钢筋直螺纹批量加工技术应用

图 6-26　钢筋集中加工配送技术的应用

6. 无平台施工电梯技术

无平台架外用施工电梯借助建筑的悬挑阳台来作为物料的平台结构，悬挑结构板两侧为砌筑墙体可直接作为外用施工电梯防护，减少脚手架搭设，节约材料。无平台施工电梯技术的应用如图 6-27 所示。

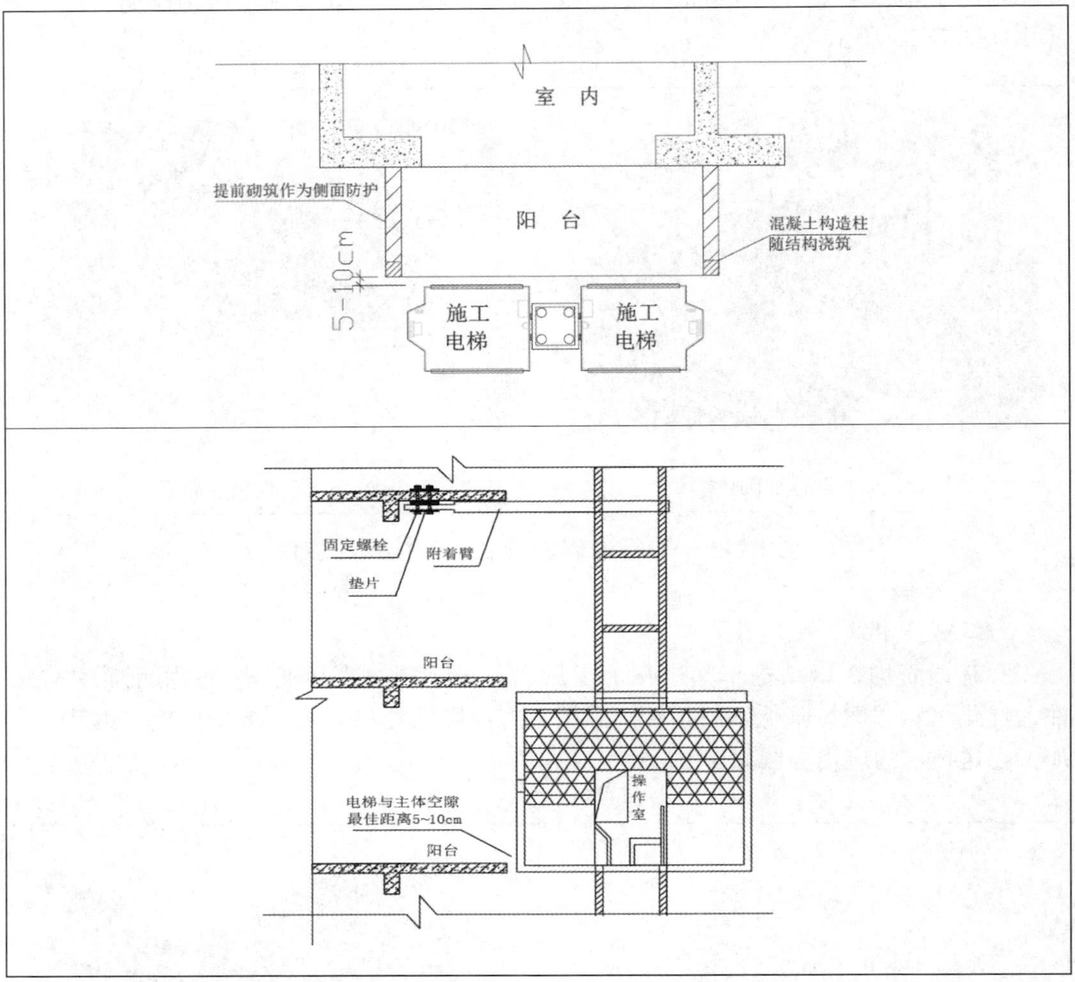

图 6-27 无平台施工电梯技术的应用——施工电梯安装大样图

7. 可周转钢板路面应用技术

采用可周转钢制路面，施工速度快，可尽早投入现场使用，使用过程承载力强、不易损坏、维护费用低、不产生建筑垃圾，可多次回收周转，回收率高。可周转钢板路面应用技术的应用如图 6-28 所示。

8. 临时道路、场地道路硬化预制技术

如图 6-29 所示，场地硬化采用预制钢筋混凝土临时道路板铺设，可实现重复周转利用，节约材料，减少浪费。

（a）钢板两侧路缘石固定

（b）路面两侧旋转喷头

图 6-28　可周转钢板路面应用技术的应用

（a）装配式路面网架

（b）装配式路面安装完毕

图 6-29　临时道路、场地道路硬化预制技术的应用

9. 可周转装配式围墙应用技术

如图 6-30 所示，施工现场的围墙采用可周转装配式，便于安拆、运输和储存，周转使用节约材料。

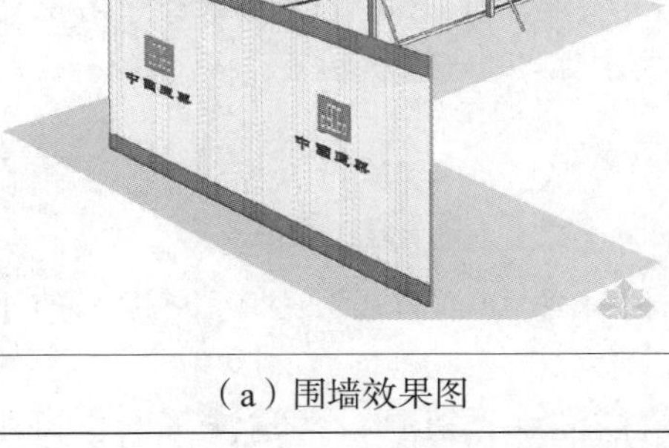

（a）围墙效果图

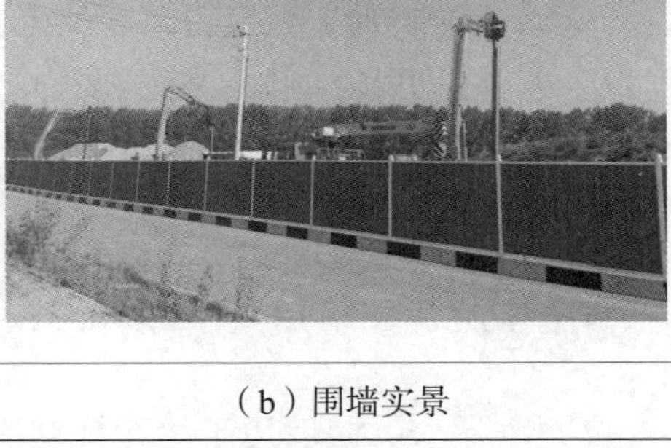

（b）围墙实景

图 6-30　可周转装配式围墙应用技术的应用

第三节 节 水

一、强制类

1. 雨水回收利用技术

通过汇总管对活动板房顶部及地面雨水进行收集，前期通过雨水净化装置对雨水进行净化处理后达到使用标准。经过该系统收集的水资源主要使用于楼层冲洗、道路冲洗、车辆冲洗、绿化浇灌、厕所清洗等作业，能够提高非市政自来水的使用量。雨水回收利用技术的应用如图 6-31 所示。

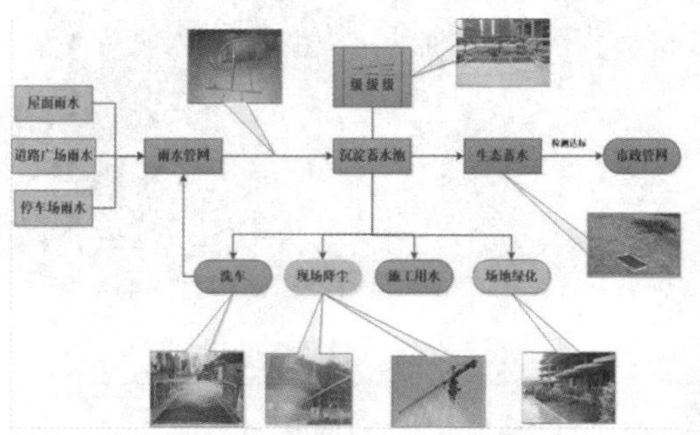

（a）雨水回收利用系统

（b）应用效果

图 6-31 雨水回收利用技术的应用

2. 现场洗车用水重复利用

通过雨水收集管网将雨水及井点降水等非传统水源进行收集并沉淀，利用增压泵将二次处理的水源泵送至需用水的部位。车辆在通过车辆自动冲洗平台时，机械感应器启动自动冲洗装置，完成进出车辆的自动冲洗过程；冲洗完成后的水经过收集池回收内再次沉淀，重复使用。现场洗车用水重复利用如图 6-32 所示。

二、推荐类

1. 地下水回收利用

（1）基坑优先采用封闭降水措施（需与降水方案吻合），尽可能减少地下水抽取。

（2）地下水沉淀后用于绿化浇灌、道路清洁洒水、机具设备清洗等，也可用于混凝土养护用水和部分生产用水。

（a）非传统水源回收系统

（b）现场自动洗车台

图 6-32　施工现场洗车用水重复利用

地下水回收利用如图 6-33 所示。

图 6-33　地下水回收利用——地下水收集箱

2. 标准养护室循环水技术

标准养护室可根据工程实际大小设置不同空间的标养室，内部设置温度和湿度传感器，控制养护用水的启停，地面设置排水沟与三级沉淀池相连，实现养护用水的循环重复利用。标准养护室循环水技术的应用如图 6-34 所示。

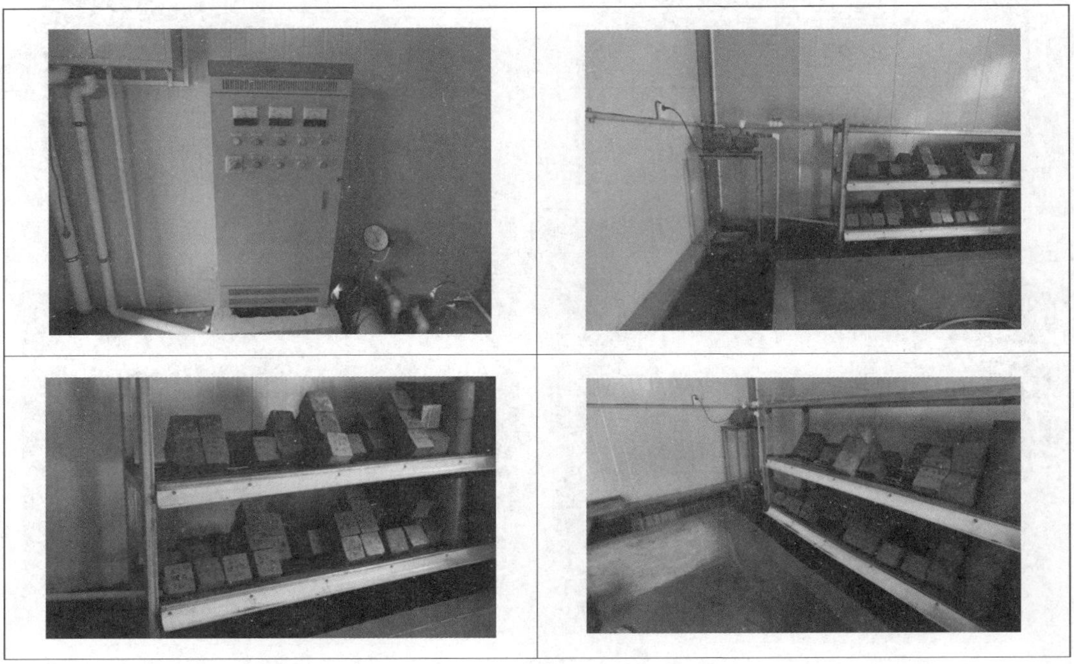

图 6-34 标准养护室循环水技术的应用

3. 循环水自喷淋浇砖系统利用技术

如图 6-35 所示，循环水浇砖系统是建立在喷淋系统的基础上，通过增压泵，将水供应至浇砖管道内，通过喷头进行喷水浇砖。浇筑水通过排水沟流入三级沉淀池回收再利用，大大节约了水资源。

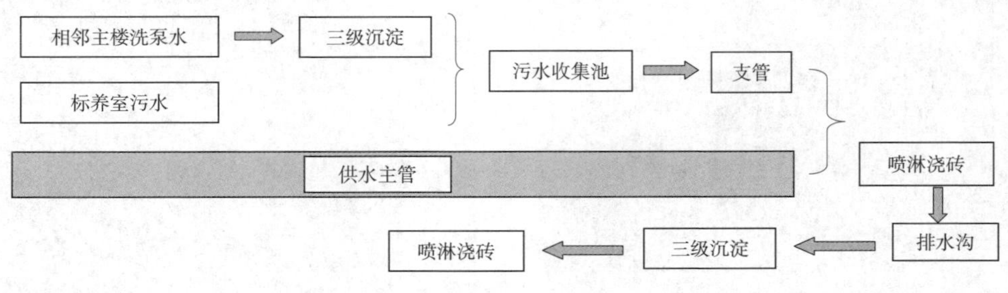

（a）工作原理图

图 6-35 循环水浇砖系统

（b）自喷淋浇砖系统应用现场实况

图 6-35 循环水浇砖系统（续图）

4. 利用消防水池兼做雨水收集技术

有效地利用消防水池建立水资源的收集及循环利用系统，主要适用于消防用水、混凝土养护、楼层冲洗、道路冲洗、车辆冲洗、绿化浇灌、砌筑材料润湿等作业，能够提高非市政自来水的使用量。雨水收集池如图 6-36 所示。

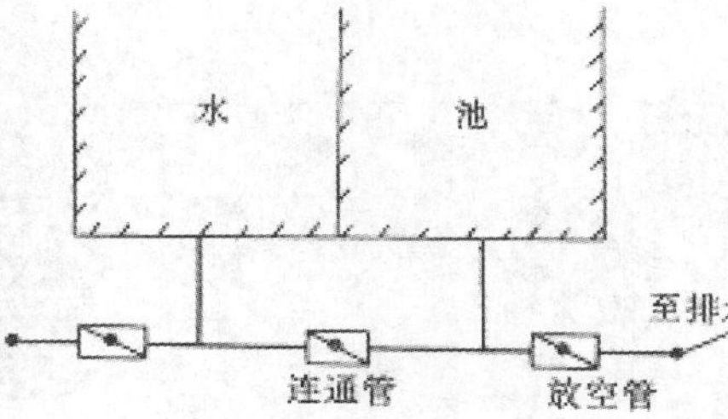

雨水收集技术

图 6-36 雨水收集池

5. 办公区、生活区节水

如图 6-37 所示，施工现场办公区、生活区的生活用水采用节水系统和节水器具，提高节水器与配置比率。项目临时用水应使用节水型产品，安装计量装置，采取有针对性的节水措施。

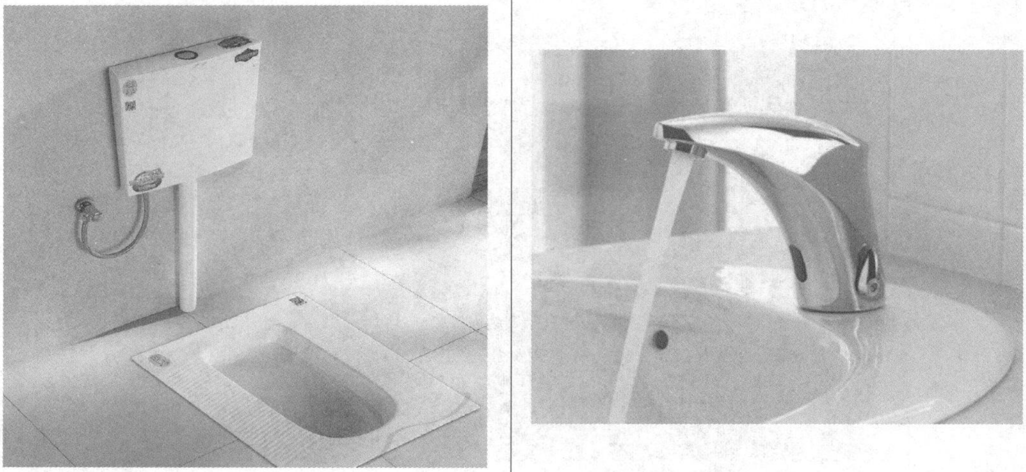

（a）节水型蹲便器　　（b）感应式水龙头

图 6-37　办公区、生活区节水器具

6. 分区定额用水及消耗计量装置

根据项目所在地预算定额、项目产值确定用水定额指标，施工过程中对施工区、办公区、生活区用水量每月分别记录并做好台账，使施工过程中的节水考核取之有据。分区定额用水及消耗计量装置如图 6-38 所示。

用水区域	用水对象	单位	计划耗水量	实际耗水量
施工用水	混凝土养护	L/m²	200	50
	浇砖	L/千块	200	100
	施工现场[illegible]等	L/m²	100	50
	洗车场	L/m²	90	20
	冲洗模板	L/m²	5	0
	砌体工程全部用水	L/m²	200	50
	搅拌砂浆	L/m²	300	200
	楼地面	L/m²	190	100
	抹灰工程全部用水	L/m²	30	20
生活用水	生活用水	L/人日	30	30
	食堂	L/人日	15	10
	浴室、厕所	L/人次	50	30

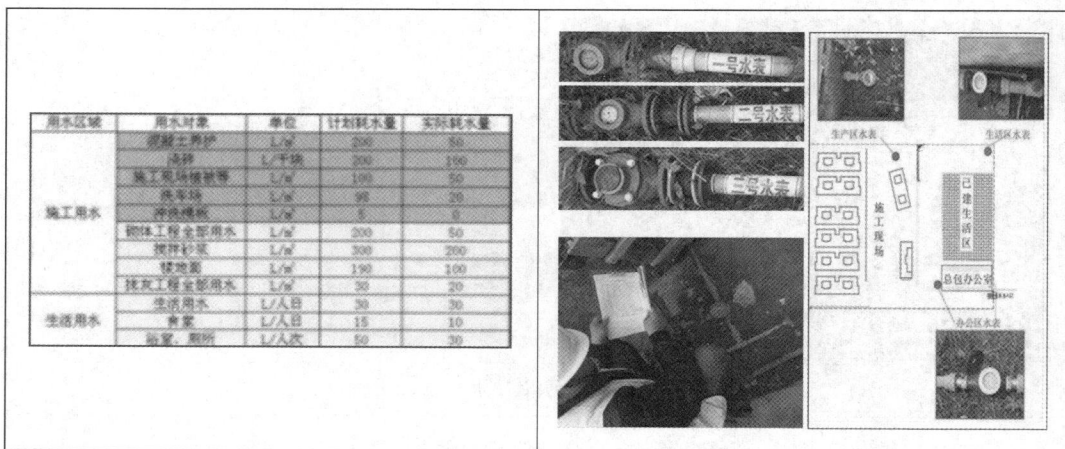

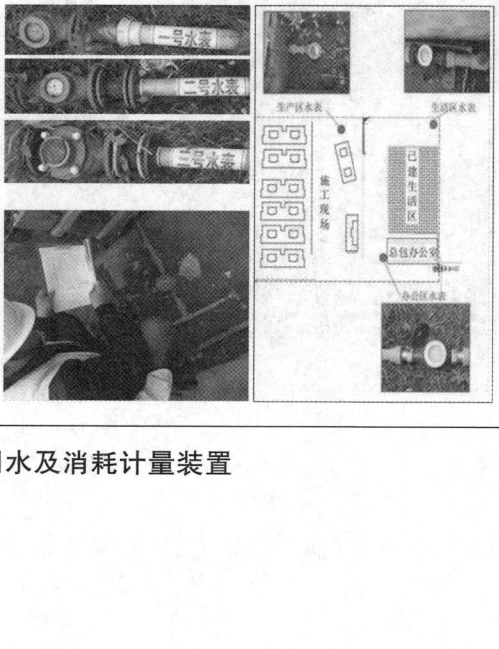

图 6-38　分区定额用水及消耗计量装置

第四节　节　能

一、强制类

1. 空气能热水设备

如图 6-39 所示，工人生活区采用空气能热水设备，以少量电能为驱动力，通过机组循环转为热能，满足各项热水供应，节约电能。

图 6-39　空气能热水设备

2.LED 照明灯具应用技术

LED 灯具是指能透光、分配和改变 LED 光源光分布的器具，提倡采用水溶性树脂，使用无毒、无溶剂树脂与密封材料，可实现绿色生产和无污染排放，失效后的废弃物还可回收，无环境污染等后顾之忧。LED 照明灯具的应用如图 6-40 所示。

地下室 LED 灯照明

图 6-40　LED 照明灯具的应用

3.USB 低压充电系统

将 220V 电压通过变压器将 220V 电压转换为 36V 进行使用，安全便捷。图 6-41 为 USB 充电插座。

图 6-41 USB 充电插座

4. 塔吊（施工电梯、空调、水泵等设备）应用变频启动技术

变频器原理是应用变频技术与微电子技术，通过改变电机工作电源频率方式来控制交流电动机的电力控制设备。根据电机的实际需要来提供其所需要的电源电压，进而达到节能目的。变频启动技术的应用如图 6-42 所示。

（a）塔吊变频器　（b）变频电梯

图 6-42 变频启动技术的应用

二、推荐类

1. 太阳能应用技术

如图 6-43，生活区及施工现场可设置太阳能路灯，生活区可采用太阳能热水器系统，降低生产成本。

（a）太阳能热水器系统

（b）太阳能路灯

图 6-43 太阳能的应用

2. 生物质锅炉供暖技术

现场生物锅炉主要以秸秆颗粒为燃料，以水为传热媒介，减少了煤的燃烧，大气污染物排放少，排放 SO_2 浓度比天然气还低，有效减少环境污染，且节约了电能。生物质锅炉供暖技术的应用如图 6-44 所示。

（a）生物质锅炉

（b）供暖设备

图 6-44 生物质锅炉供暖技术的应用

3. 智能自控电采暖炉应用

在宿舍区设置专门的采暖设备用房，用于安放电锅炉，锅炉房内接通 380V 电源和给排水系统。采用本设备，冬季室内温度可维持在 18℃左右，供回水管道表面温度低于 65℃，且不需要向宿舍内引入 220V 强电，有效节约电能。智能自控电采暖炉的应用如图 6-45 所示。

（a）电采暖锅炉房

（b）智能电采暖锅炉

图 6-45　智能自控电采暖炉的应用

4. 风、光互补路灯技术

风、光互补路灯可根据不同的气候环境配置不同型号的风力发电机。太阳能电池板采用单晶硅太阳能电池板，有效改善了当风资源不足的情况下，无法保证灯正常亮灯的问题。风、光互补路灯技术的应用如图 6-46 所示。

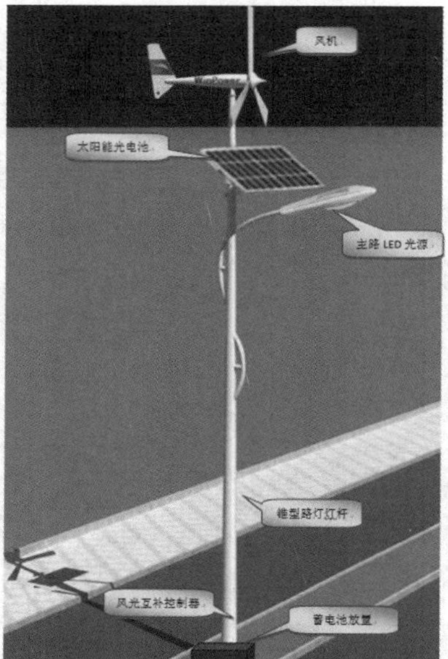

（a）风、光互补路灯效果图

（b）太阳能电池板

图 6-46　风、光互补路灯技术的应用

5. 光伏一体标养室标准化技术

光伏一体标养室标准化技术采用太阳能板进行光伏发电，用于提供标养室内用电设备电能，且通过温湿度控制器与旋涡式水泵循环供水，实现标养室内循环自动喷淋养护，节省了电能与水资源。光伏一体标养室工作流程及其应用如图 6-47 所示。

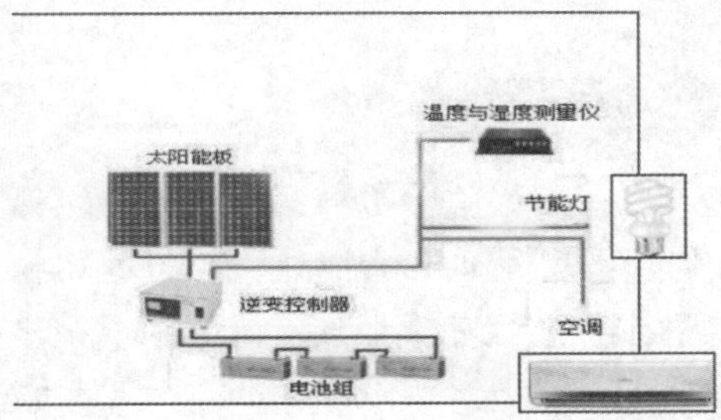

（a）光伏一体标养室工作流程图

（b）光伏一体标养室

图 6-47　光伏一体标养室工作流程及其应用

如图 6-48 所示，办公区、生活区和生产区分别配置一个总电表；安排专人每月计量，建立用电统计台账进行分析、对比，提高节电率。

（a）总电表

（b）大型机械电表

图 6-48　总电表与大型机械电表

第五节 节 地

一、强制类

1. 植被复原技术

速生植物选择品种时要根据地域、场所和生长环境等确定植物品种，将速生植物种植在围墙边、裸露场地、生活办公区等，可美化环境，减少土地硬化范围。植被复原技术的应用如图 6-49 所示。

（a）临建区域绿化　（b）绿化道路

图 6-49 植被复原技术的应用

2. 施工道路基层永临结合技术

现场临时道路与原有道路或后期规划道路相结合，在施工现场道路布置时，考虑使用现场原有道路或与建设单位沟通，将后期规划道路提前施工，作为现场施工道路，保护土地，节约资源。施工道路基层永临结合技术的应用如图 6-50 所示。

图 6-50 施工道路基层永临结合技术的应用

3. 阶段性总平面规划

施工现场内形成环形通路，减少道路占用土地。临时设施布置应注意远近结合，减少和避免大量临时建筑拆迁和场地搬迁。将市政道路与施工道路进行面积对比量化分析。阶段性总平面规划如图 6-51 所示。

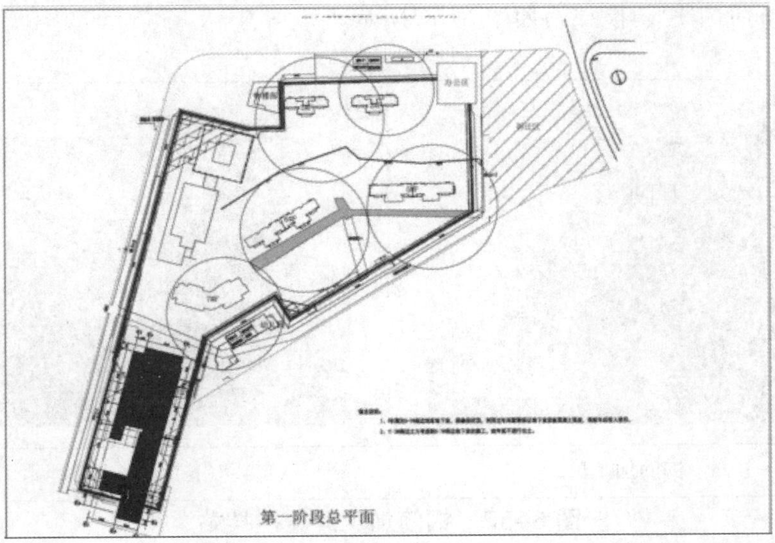

（a）第一阶段总平面

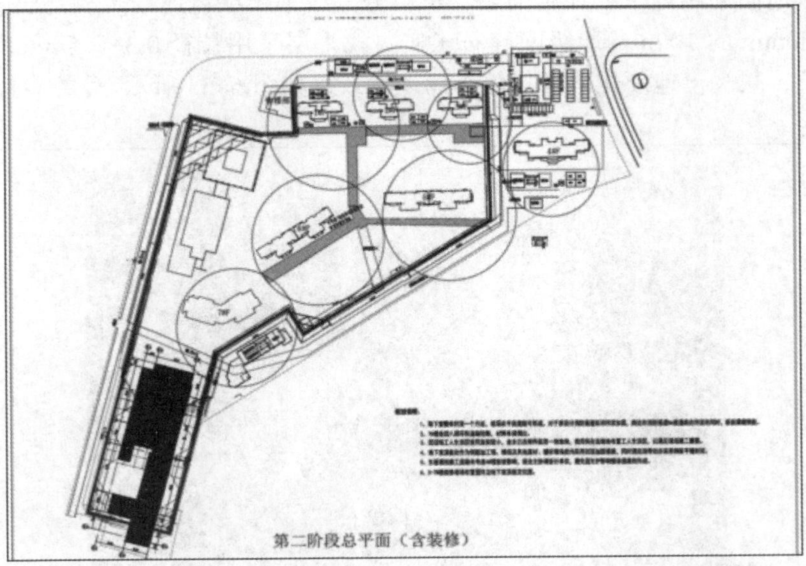

（b）第二阶段总平面

图 6-51　阶段性总平面规划

二、推荐类

1. 钢筋加工厂、搅拌站（适用于基础设施项目）

施工单位应根据施工规模和现场条件选择钢筋加工成的规格大小和位置，减少对土地的占用；应优先采用商品混凝土，减少现场临时占地。若在野外公路、铁路等运距很大的情况下，建议自建搅拌站，选址应尽量使用荒地、废地，少占用农田和耕地。钢筋加工厂、搅拌站如图 6-52 所示。

（a）钢筋加工厂　　（b）混凝土搅拌站

图 6-52　钢筋加工厂、搅拌站

2. 停车场布置

停车位地面采用透水草坪砖铺贴，车位分隔线采用绿色广场砖。基层铺设均采用粒径 5 ～ 60mm 的 100mm 厚级配碎石压实，找平层采用粒径 0.3 ～ 5mm 的 30mm 厚级配砂铺填，减少土地硬化范围。停车场现场效果如图 6-53 所示。

图 6-53　停车场现场效果图

第六节　绿色施工工艺技术

1. 铝合金模板施工技术

铝模板系统适用于标准化程度较高超高层建筑或多层楼群和别墅群，具有施工周期短、可周转次数多、施工方便、稳定性好等一系列优点。铝合金模板的应用如图 6–54 所示。

图 6–54　铝合金模板的应用

2. 附着式升降脚手架技术

附着式升降脚手架技术摒弃了传统悬挑式钢管防护架，通过型钢主架体与钢网片进行楼层防护，架体与楼层结构通过附墙件连接拉结，随结构爬升，安全性能远远高于悬挑式脚手架。附着式升降脚手架的应用如图 6–55 所示。

图 6–55　附着式升降脚手架的应用

3. 装配式建筑施工技术

采用工厂预制化生产，现场装配式施工的工艺，生产的预制构件包括预制剪力墙、预制外挂墙板、预制叠合楼板、预制叠合阳台、预制楼梯、预制空调板等，该工艺是将钢结构安装工程与混凝土构件的制作巧妙结合起来，形成一种综合性较强的施工安装方法，减少建筑垃圾产生。装配式建筑施工流程如图 6-56 所示。

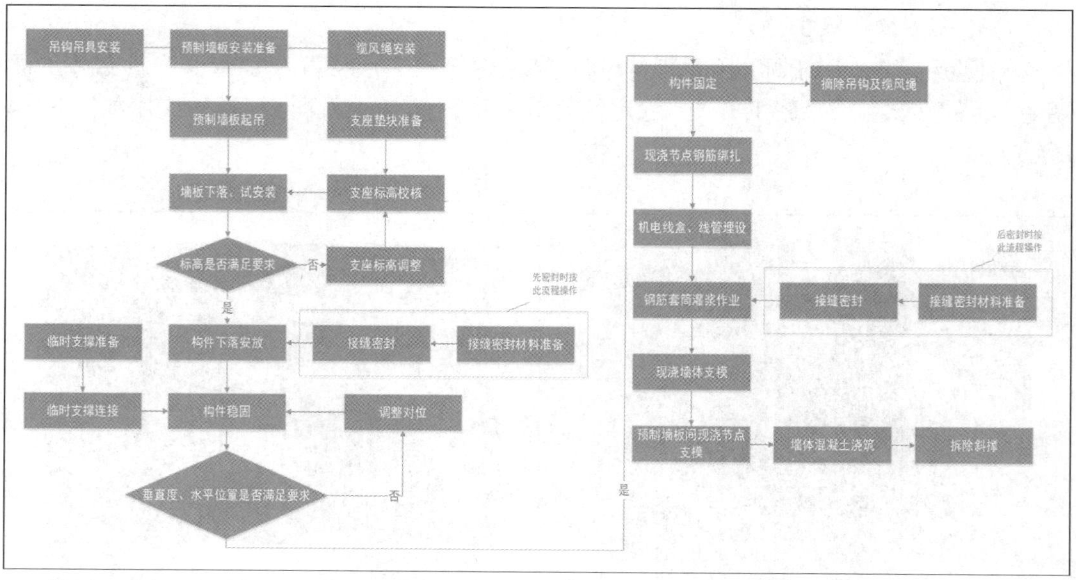

图 6-56 装配式建筑施工流程图

4. 碗扣式钢管脚手架技术

该技术与传统钢管扣件式脚手架对比，具有极强的优势，因碗扣式钢管脚手架是一种管件合一的架体，拼拆快速省力，整架拼拆速度比常规钢管扣件式脚手架快 3 ~ 5 倍，节约功效，加快施工进度，同时因为架体搭设不依靠扣件，可节约材料。碗扣式钢管脚手架如图 6-57 所示。

图 6-57 碗扣式钢管脚手架

5. 超高层顶模技术

超高层顶模系统由桁架平台系统、支撑系统、液压动力及电控系统、挂架围护系统、模板系统五大子系统及核心筒施工所需的辅助设施组成的模架技术，适用于超高层混凝土筒体结构施工，以及建筑高度超过 100m 的住宅或公共建筑。超高层顶模技术的应用如图 6-58 所示。

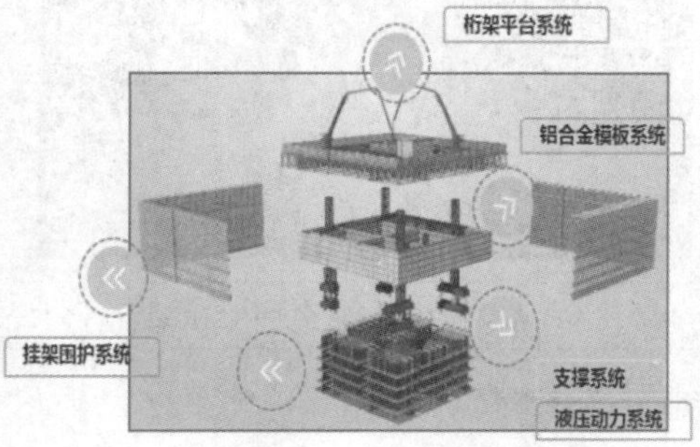

（a）超高层顶模系统五大子系统

（b）顶模应用案例

图 6-58　超高层顶模技术的应用

6. 隔墙免抹灰技术

建筑内隔墙采用 ALC 板安装，无须抹灰粉刷；墙体的表面平整度与垂直度高，墙体砌筑完成后可以直接进行批嵌施工，免去砂浆找平工序，节约材料，降低扬尘。隔墙免抹灰现场施工如图 6-59 所示。

图 6-59　隔墙免抹灰现场施工

7. 永临结合管线布置技术

永临结合管线布置技术利用建筑正式消防管线，作为施工阶段临时消防用水的管线，利用工程主体施工阶段电气预埋管敷设临时照明线路，能够减少临时材料的使用，且能减少临时管线安拆所需的人工，是一种有效的节材措施。永临结合管线布置技术的应用如图 6-60 所示。

（a）正式消防管道做临时消防管　　（b）临时用电与永久照明相结合

图 6-60　永临结合管线布置技术的应用如

8. 预制混凝土薄板胎模施工技术

混凝土薄板通过平面钢片、转角钢片与预留孔眼进行螺栓连接，以快速简便的方式在垫层上装配，形成具有一定强度和刚度，能够承受侧向水土压力且内面光滑的混凝土构件胎模。预制混凝土薄板胎模施工如图 6-61 所示。

（a）胎模体系拼装示意图　　（b）现场施工图

图 6-61　预制混凝土薄板胎模施工

第七节　绿色低碳建造宣传教育

一、办公区和生活区节水与水资源利用

办公区和生活区的节水宣传如图 6-62 所示。

图 6-62　节水宣传

二、节约能源

节约能源的宣传如图 6-63 所示，宣传的标牌建议大小为 20cm × 30cm，横式。

图 6-63　节能宣传

三、环境保护

环境保护的宣传如图 6-64 所示，宣传的标牌建议大小为 1.5m × 1m，横式。

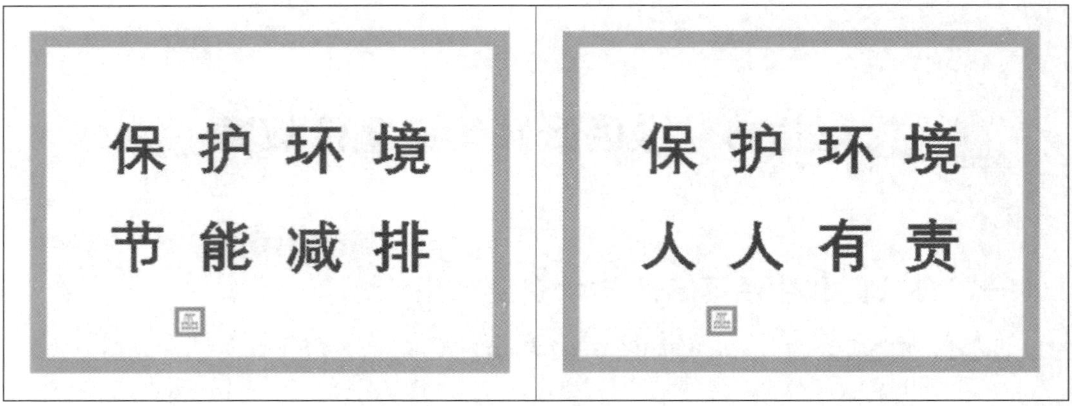

图 6-64　环境保护宣传

四、节能减排宣传

节能减排宣传如图 6-65 所示，宣传的标牌建议大小为 1.5m × 1m，横式。

图 6-65　节能减排宣传

图 6–65　节能减排宣传（续图）

五、节能减排宣传标语

节能减排的宣传标语一般有以下几种：

（1）浪费资源、殃及后代，节约资源、造福子孙。

（2）爱惜生命之源，“关住”点点滴滴。

（3）推动节约能源，落实优质环境。

（4）节能减排，关系民生，利国利民。

（5）珍惜每一寸土地，提高土地利用效益。

（6）节约资源，保护环境，保障健康。

第七章

智慧建造板块

智慧建造体系是一种崭新的项目全生命周期管理理念，以施工项目现场管理系统（PMS）为核心，通过物联网、移动通信技术实时收集数据，上传至基于BIM的物联网云平台进行数据统计及分析，结合项目管理流程自动进行预警，数据及分析结果反馈至公司管理层，打通项目内部及与公司间的信息通道，实现项目的全面信息化、智能化管理。

第一节　智慧建造系统

一、项目施工现场智慧管理系统（PMS）

基于项目管理中生产进度、质量、安全等系统，根据纵向分层级、横向分类别的模式对现有制度进行流程化、标准化的改造，采用信息化、系统化手段将制度要求、流程及表单固化到系统中，通过提高执行力，达到提升企业项目管理水平的目的。

（一）智能化计划自动派生

以项目施工现场管理系统（PMS）为载体，根据项目总进度计划，分解为月度计划、周进度计划，通过系统的标准化匹配，使周进度计划智能自动派生给相应责任人，实现了周工作安排的规范化、自动化、智能化。

（二）智能化质量实测实量

以项目施工现场管理系统（PMS）为载体，将手持移动终端与智能化的实测实量工具通过蓝牙实现数据互通互联，实测数据同步至施工项目现场管理系统（PMS），系统自动计算合格率，提高了实测实量工作效率。工序自动派生原理如图7-1所示。

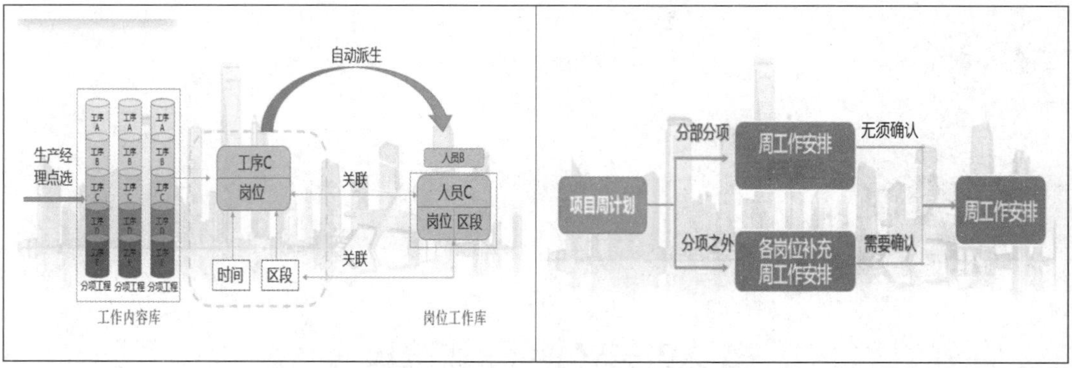

（a） （b）

图 7-1 工序自动派生原理

（三）智能化质量安全现场检查

以项目施工现场管理系统（PMS）为载体，在进行现场质量 / 安全检查时，质检员、安全员通过移动终端记录现场安全隐患，并将整改通知单推送至责任工程师；责任工程师整改完成后，拍照利用 App 回复推送至质检员 / 安全员，由质检员 / 安全员至现场复查整改完成情况，并拍照上传 App，完成整改闭合的工作流程，实现了现场移动办公。质量安全现场检查及整改回复如图 7-2 所示。

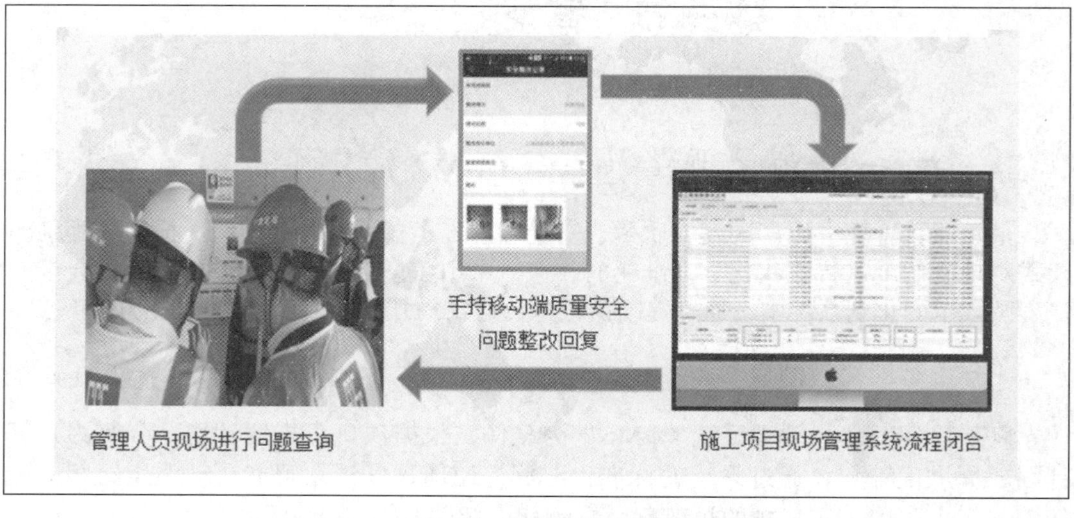

图 7-2 质量安全现场检查及整改回复

（四）智能化建造绩效考核

以项目施工现场管理系统（PMS）为载体，根据项目各岗位管理人员周工作安排的完成情况，自动计算绩效考核成绩，促进项目管理人员积极、高效完成工作任务。

二、物联网技术、工具系统及应用

智慧工地物联网平台是集合 BIM、物联网、大数据、云计算等信息化技术的数据集成云平台，以 BIM 为核心，三维模型为前端，将物联网技术实时数据与模型挂接显示，通过大数据分析给项目进行数据支持与预警，并将数据与公司管理系统对接，实现公司级的智慧管理。物联网云平台如图 7-3 所示。

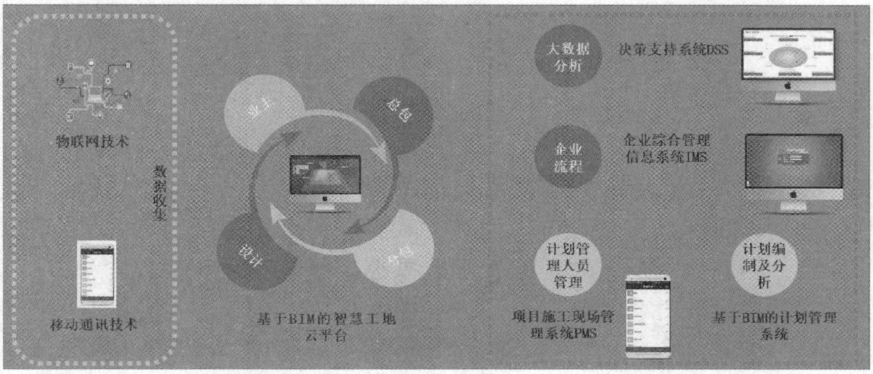

图 7-3 物联网云平台

“物联网 +”智慧工地整体架构是基于“物联网 +”的智慧工地方案，是系统平台和智能终端的全面结合。如图 7-4，为方案整体架构，一般分为四个层次。

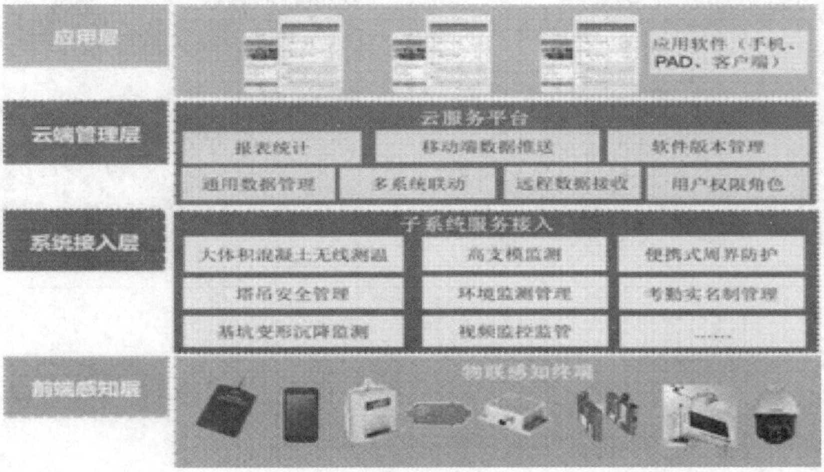

图 7-4 “物联网 +”智慧工地

第一层是前端感知层：由物联感知终端构成，充分利用物联网技术提高施工现场的管理能力。通过定位基站、传感器、摄像机、读卡器等终端设备，实现对施工建设过程中的实时监控、智能感知、数据采集、多维互联，提高作业现场的管理能力。

第二层是现场管理层：通过工地局域网接入各类型物联感知终端。由各个功能子系统主机/服务器通过传输网络接入数据物联感知终端，实现功能子系统的数据存储、处理、分析。

第三层是云端管理层：通过云服务平台，对各系统中处理的复杂业务进行统一调度，实现数据的互联互通，为智慧工地的相关应用提供高效计算、存储及服务。

第四层是应用层：通过手机 /PAD/ 电脑 / 大屏等显示应用终端，呈现系统状态、时间、视频、项目情况等信息，围绕工程项目管理的这一核心点，形成多样化应用的功能表达和呈现。

（一）VR 安全体验馆

VR 安全体验馆是通过虚拟现实 VR 技术结合电动机械创建与现实社会类似的环境，让体验者亲身去经历、亲身去感受施工过程中可能发生的各种危险场景，增加学习内容的形象性和趣味性。实现模拟训练，减少现实空间中某些训练操作的困难和可能发生的危险，寓教于乐，有效地激发学习兴趣，促进安全知识表达和应用，并通过设计的安全问题考试软件让现场安全员可以通过手机或电脑对工人进行安全教育，从而有效地构建一个非常优良的安全知识学习环境，减少施工事故伤亡！ VR 安全体验馆如图 7-5 所示。

（a） （b）

图 7-5 VR 安全体验馆

（二）大体积混凝土无线测温技术

大体积混凝土测温主要通过混凝土测温仪配合测温探头、测温线进行。在进行混凝土浇筑前确定测温点，将测温探头固定在竖向支撑钢筋骨架上，并根据需要预留一定长度的测温线，混凝土浇筑后，由专人按固定时间间隔持混凝土测温仪到现场进行测温并记录。

使用传感器与智能采集设备，建立无线测温系统，实现大体积混凝土温度及标准养护室温湿度的自动检测、记录，并能够根据温度情况提示采取养护措施或报警。数据采集设备可将监测数据自动传输至监测中心，系统具备分析功能，能够自动形成温度、湿度曲线，并且能够存储历史数据供查询。能够降低现场管理人员工作强度，提高工作效率，降低误差。大体积混凝土无线测温技术的应用如图 7-6 所示。

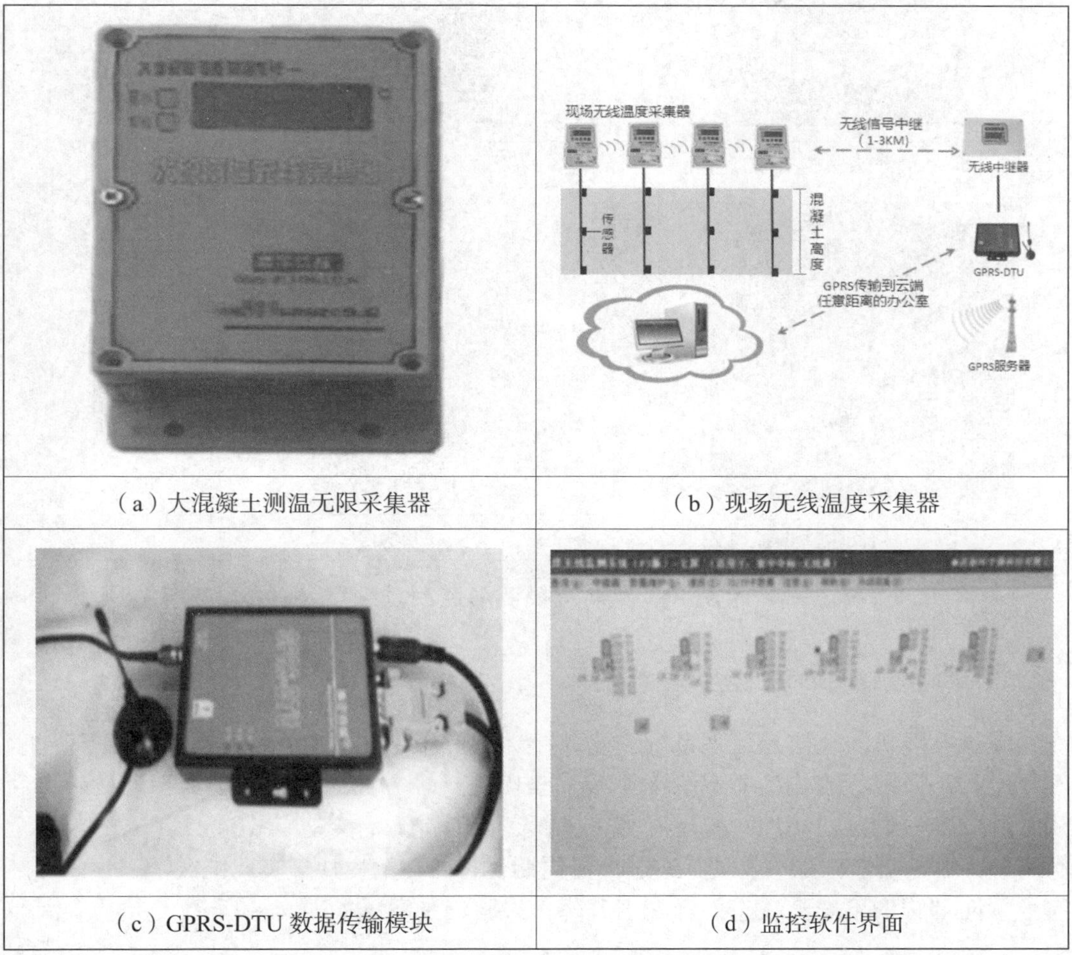

（a）大混凝土测温无限采集器
（b）现场无线温度采集器
（c）GPRS-DTU 数据传输模块
（d）监控软件界面

图 7-6　大体积混凝土无线测温技术的应用

（三）高支模变形监测系统

高支模变形监测系统由传感器、智能数据采集仪、报警器及监测软件组成，用于实时监测高大模板支撑系统的模板沉降，支架变形和立杆轴力，实现高支模施工安全的实时监测、超限预警和危险报警功能。作业人员可以根据需要设置各参数的预警阈值，当监测值超过警戒值时，报警器可实现自动报警。通过高大模板变形监测系统，可以自动感知高支模外围情况，监测支模体系变化，改进传统方式监测手段落后等问题，有效预防高支模安全事故。高支模变形监测系统如图 7-7 所示。

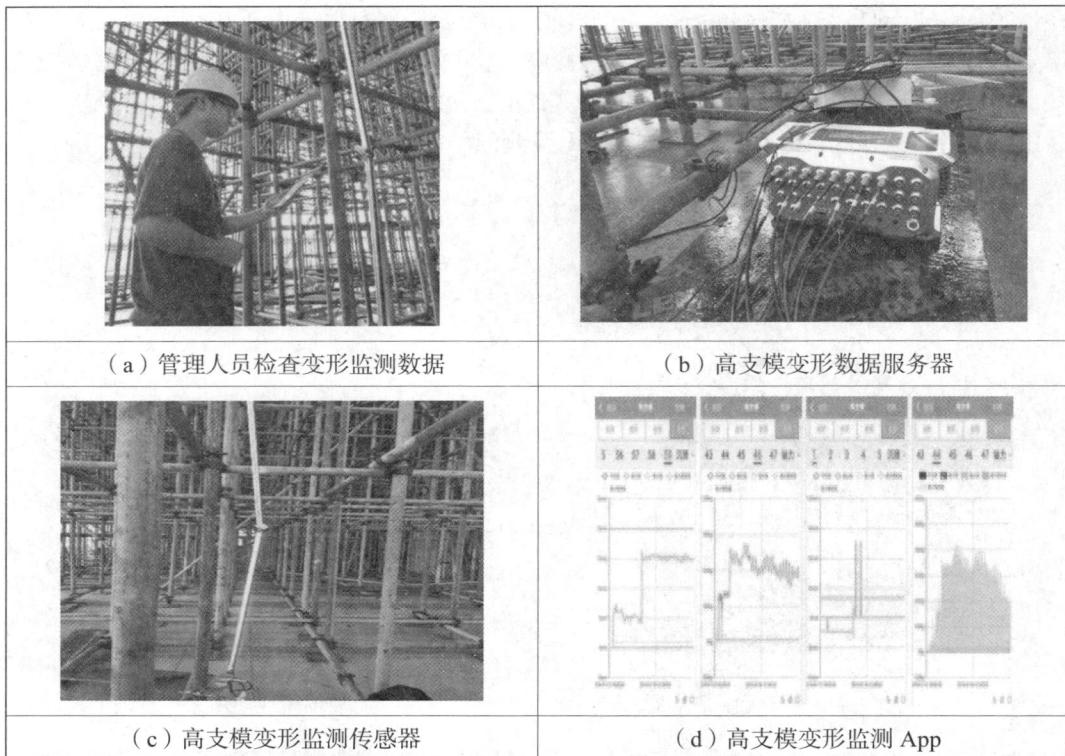

（a）管理人员检查变形监测数据

（b）高支模变形数据服务器

（c）高支模变形监测传感器

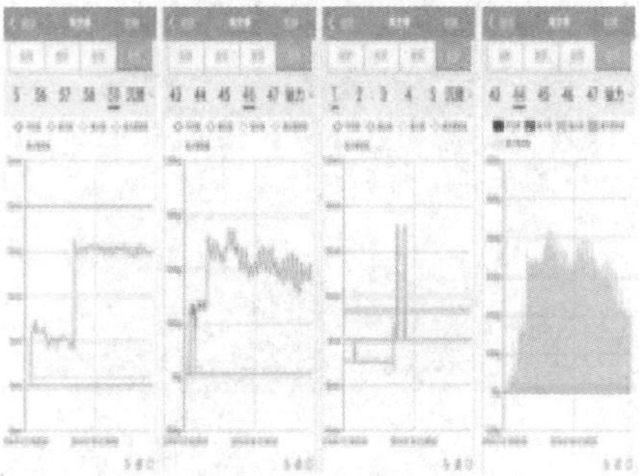

（d）高支模变形监测 App

图 7-7 高支模变形监测系统

（四）施工升降机安全监控系统

施工升降机安全监控管理系统，重点针对施工升降机“非法人员操控施工升降机”和“维保不及时，安全装置易失效”等安全隐患，一方面通过高端生物识别技术，利用人脸的唯一性及便利性，实现升降机操作人员的持证上岗，有效防控 “人的不安全行为”；一方面强化源头管理，通过维保周期化智能提醒模块，实现维保常态化监管，有效预防“物的不安全状态”。施工升降机人脸识别系统如图 7-8 所示。

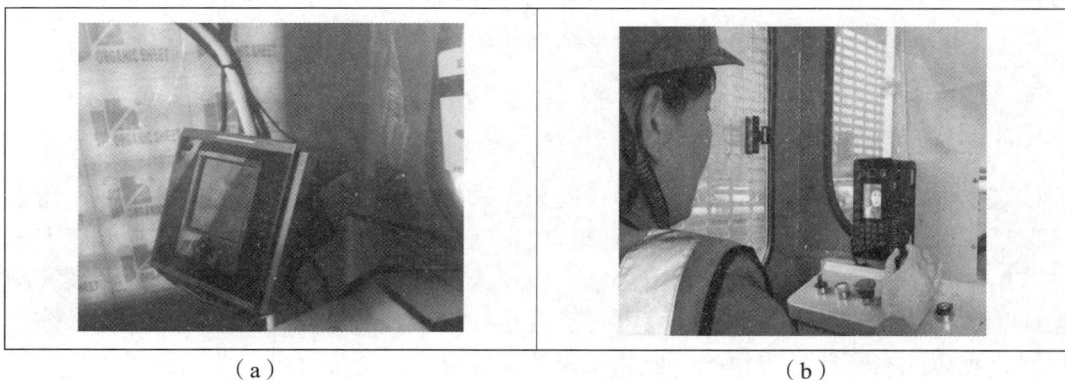

（a）

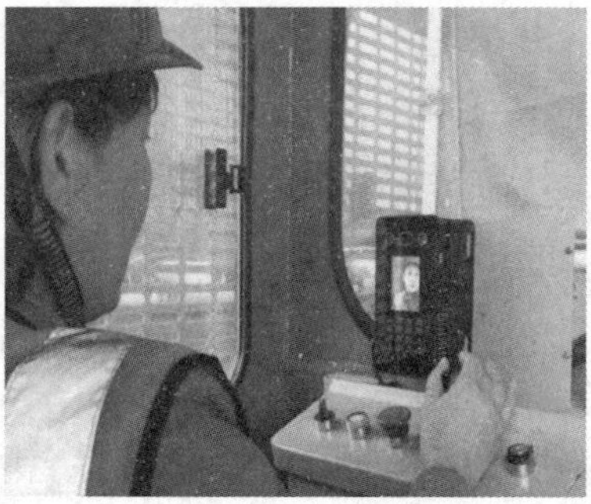

（b）

图 7-8 施工升降机人脸识别系统

（五）实名制管理系统

收集人员的身份信息，将实名制信息导入平台数据库，与 RFID 芯片数据一一对应关联，并将芯片粘贴到安全帽中，在现场入口处、电梯出入口处等加装感应器，实时采集人员信息。在各楼层区域中设置感应器，统计各区域人员详情，结合 BIM 信息模型直观显示现场各施工楼层区域的人员分布情况。实名制管理系统如图 7-9 所示。

（a）附带 RFID 芯片的安全帽

（b）门禁处设置 RFID 感应器

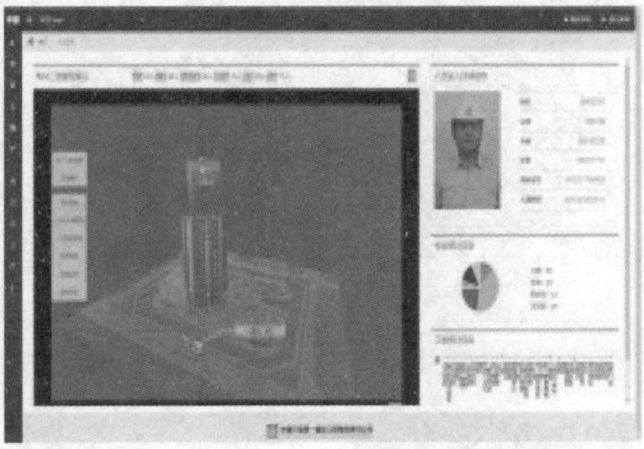

（c）识别入场人员身份信息

（d）各楼层区域人员信息统计

图 7-9　实名制管理系统

（六）塔吊限位防碰撞及吊钩可视化系统

塔吊限位防碰撞及吊钩可视化系统是全新智能化塔式起重机安全监测预警系统，它能够全方位保证塔机的安全运行，包括塔机区域安全防护、塔机防碰撞、塔机超载、塔机防倾翻、吊钩可视化等功能，也能够提供塔机安全状态的实时预警，并进行制动控制，是现代建筑重型机械群的一种安全防护设备。

塔吊吊钩可视化系统通过安装在塔吊大臂上的摄像机可让塔吊司机在驾驶室清晰地了解吊钩周围的环境，本系统还可在 PC 端和移动端上远程查看塔吊的运行状态和历史记录。

塔吊限位防碰撞及吊钩可视化系统如图 7-10 所示。

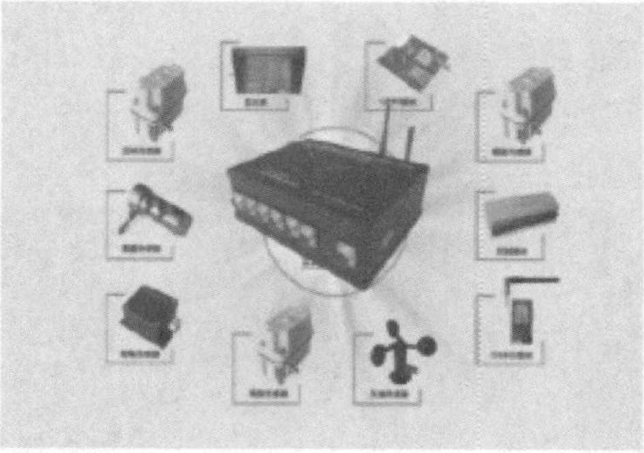

（a）系统组成

（b）高度传感器

（c）小车幅度传感器

（d）重量传感器

（e）风速传感器

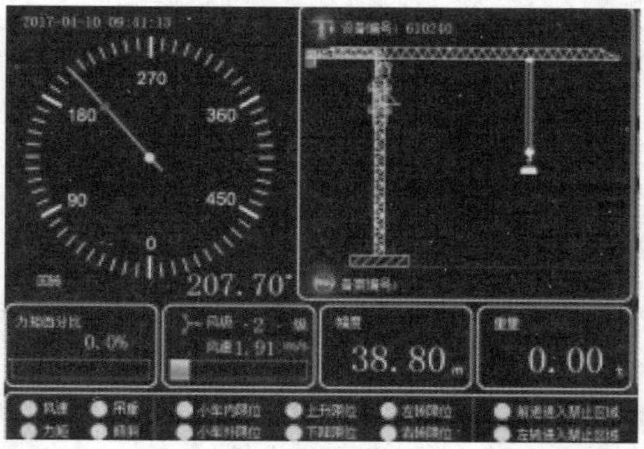

（f）监控系统

图 7-10　塔吊限位防碰撞及吊钩可视化系统

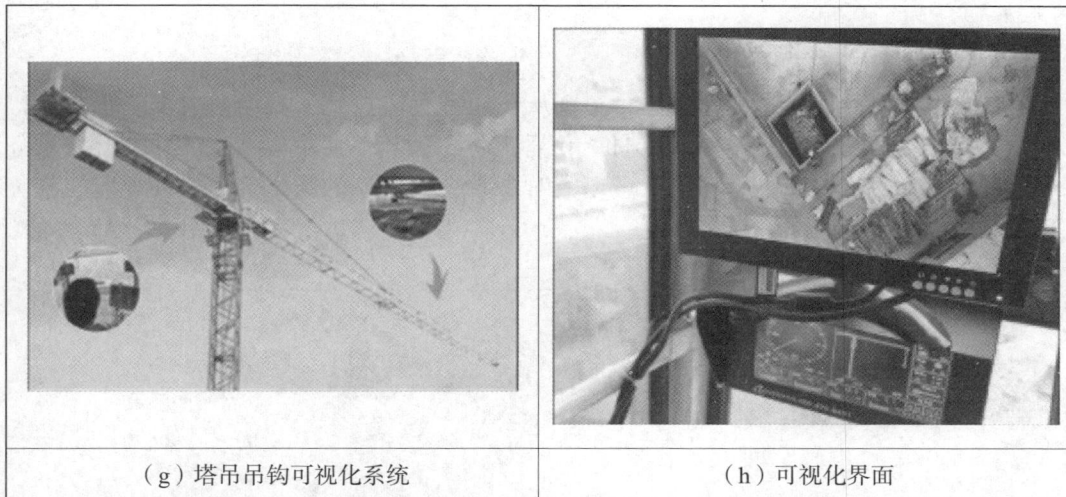

（g）塔吊吊钩可视化系统

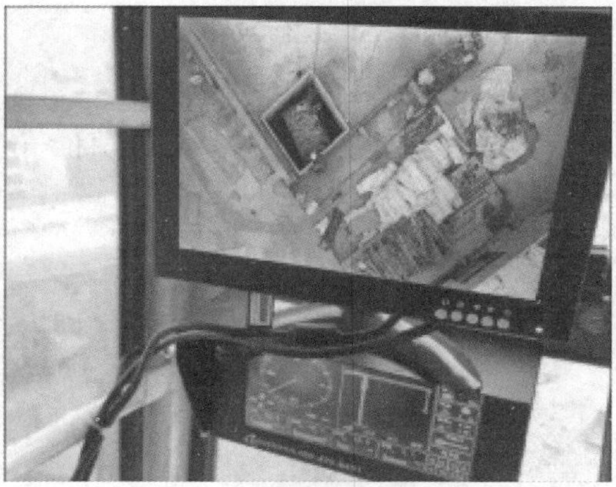

（h）可视化界面

图 7-10 塔吊限位防碰撞及吊钩可视化系统（续图）

（七）环境监测系统

工地环境监测系统对建筑工地固定监测点的扬尘、噪声、气象参数等环境监测数据的采集、存储、加工和统计分析，监测数据和视频图像通过有线或无线（3G/4G）方式进行传输到后端平台。该系统能够帮助监督部门及时准确地掌握建筑工地的环境质量状况和工程施工过程对环境的影响程度，满足建筑施工行业环保统计的要求，为建筑施工行业的污染控制、污染治理、生态保护提供环境信息支持和管理决策依据。环境监测系统如图 7-11 所示。

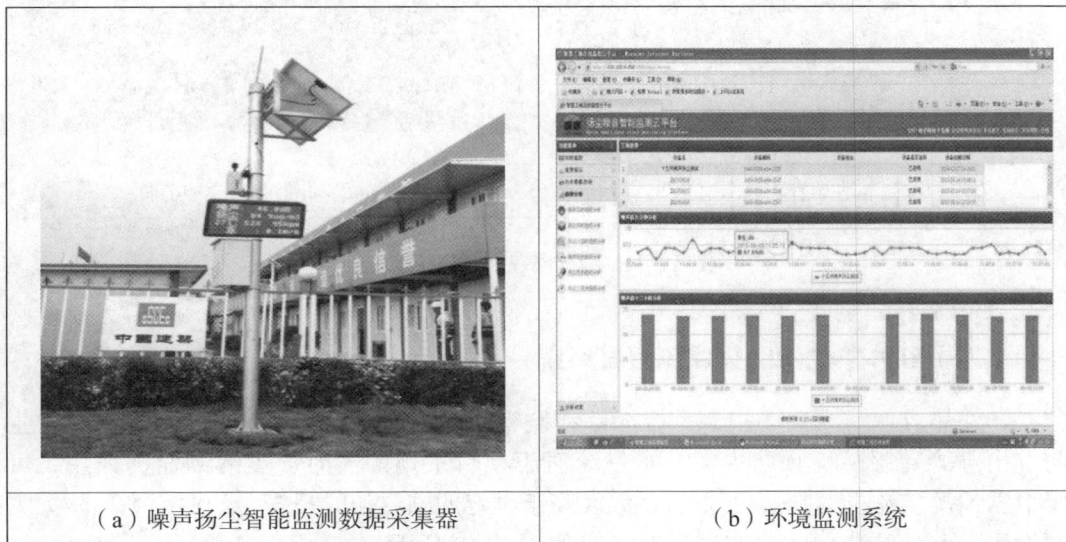

（a）噪声扬尘智能监测数据采集器

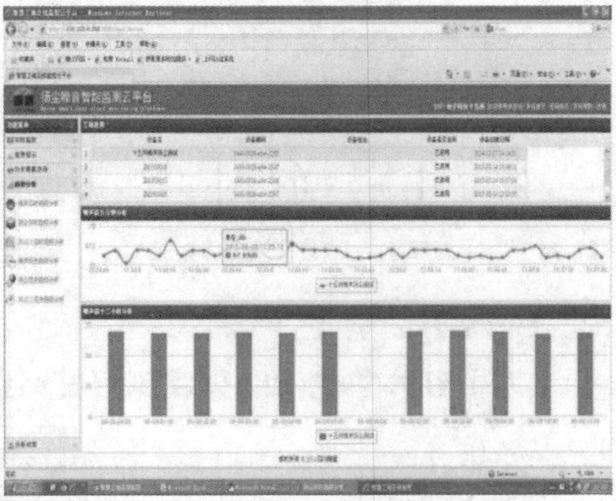

（b）环境监测系统

图 7-11 环境监测系统

（八）远程视频监控系统

在工地场区实现整体视频监控；实现从公司远程监控施工现场情况及施工进度；在智能手机上安装手机 App 管理软件，使管理员随时随地使用本系统的功能；在服务器终端上安装主控软件，在本地也可以实时观看视频监控的数据。远程视频监控系统如图 7-12 所示。

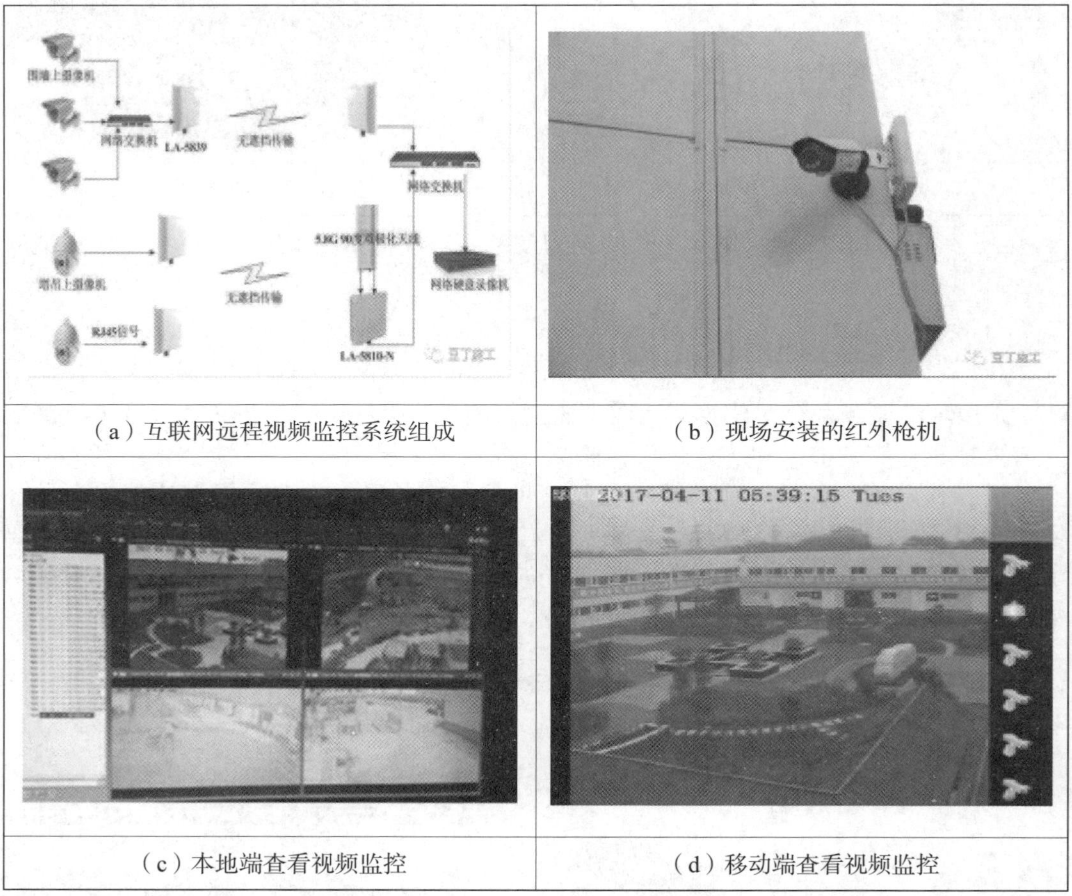

（a）互联网远程视频监控系统组成

（b）现场安装的红外枪机

（c）本地端查看视频监控

（d）移动端查看视频监控

图 7-12 远程视频监控系统

（九）红外热成像防火监测报警系统

红外热成像防火监测报警系统能够在监视画面上显示物体温度场，可在火灾发生前发出声光警报从而预防火灾。本系统对于项目工地的实时温度起到监测作用，可以根据情况实施防暑降温工作。在温度高于设定的临界值时报警，从而起到预防火灾的作用。红外热成像防火监测报警系统如图 7-13 所示。

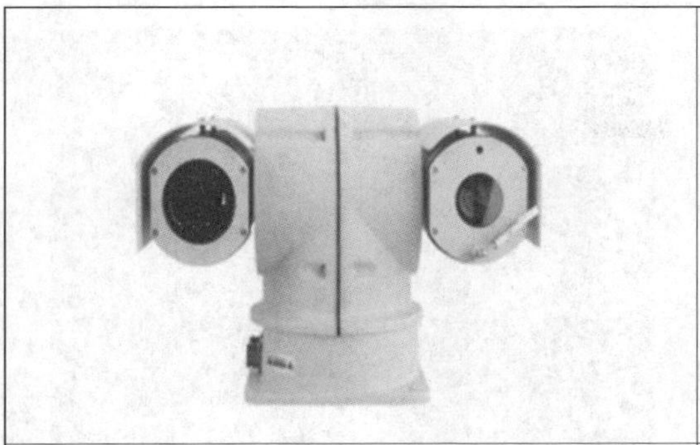

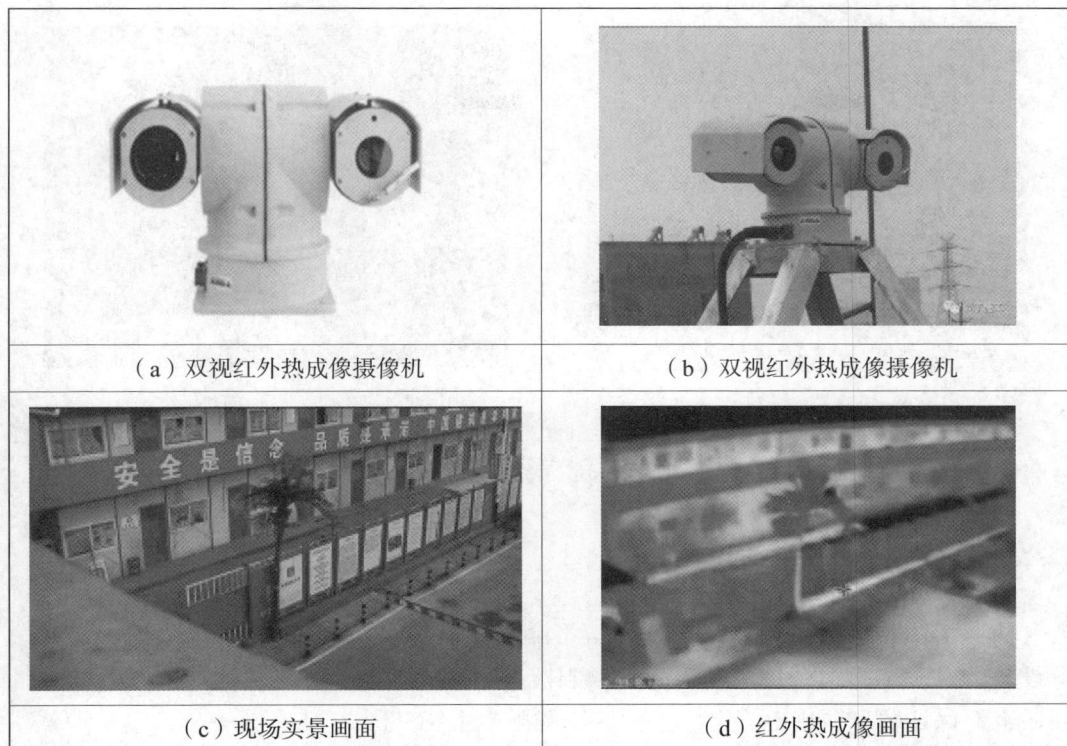

（a）双视红外热成像摄像机

（b）双视红外热成像摄像机

（c）现场实景画面

（d）红外热成像画面

图 7–13　红外热成像防火监测报警系统

（十）水电节能无线监测系统

本系统主要由数据采集层通过电能表、水表等获取各回路的电耗及其相关电力参数、能量消耗和水耗等能源信息。再由数据传输层把能源数据转换成 TCP/IP 协议格式上传至节能管理监控系统数据库服务器。数据存储层可以对能耗数据进行汇总、统计、分析、处理和存储，由数据展示层对存储层中的能耗数据进行展示和发布。水电节能无线监测系统如图 7-14 所示。

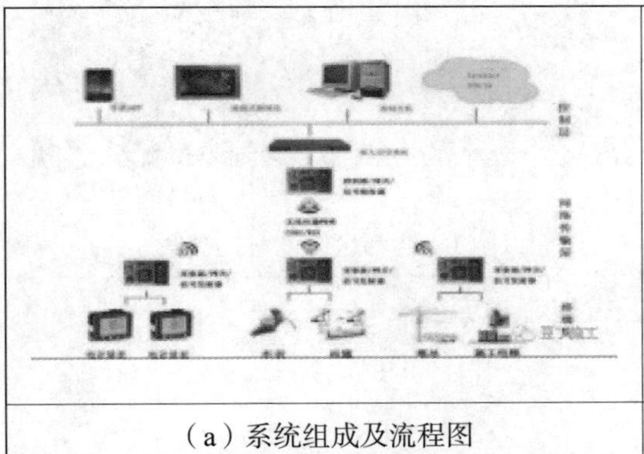

（a）系统组成及流程图

（b）移动终端查看能耗情况

图 7–14　水电节能无线监测系统

（c）电表监测远传　　（d）水表监测远传

图 7-14　水电节能无线监测系统（续图）

（十一）生活区智能限电系统

插座采用智能限电模块将房间内每个电源插口限制在 200W，杜绝使用大功率用电设备，且对工人宿舍用电利用时间控制器进行时间控制，工人作业时间断电休息时间通电，保证宿舍区用电安全。生活区智能限电系统如图 7-15 所示。

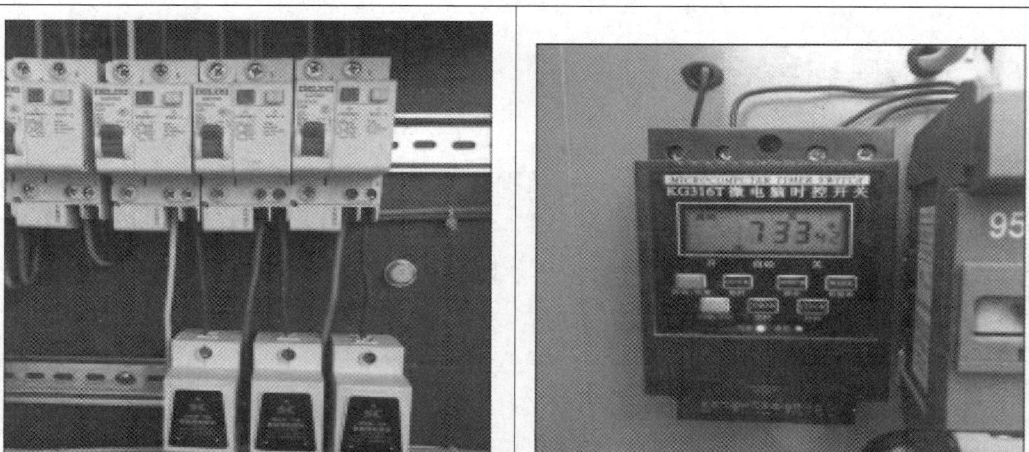

（a）生活区智能限电模块　　（b）生活区智能时控模块

图 7-15　生活区智能限电系统

（十二）厂区无线智能广播系统

智能无线广播系统是一套实现以无线发射的方式来传输广播的系统，设置好定时播放后，无须值守，自动播放，不用立杆架线，覆盖范围广，无限扩容，安装维护方便，投资省，音质优美清晰等特点。可与现场管理相结合，在施工现场、生活区播放劳动质量等竞赛文件、表扬先进和进行安全知识广播，下班后可播放歌曲、新闻，为现场人员放松心情、舒缓压力。厂区无线智能广播系统如图 7-16 所示。

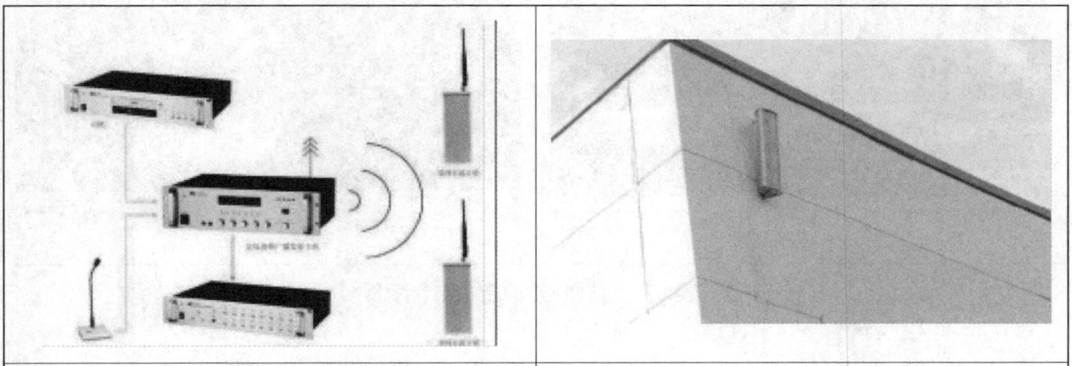

（a）系统组成及原理图　　（b）无线音柱

图 7-16　厂区无线智能广播系统

（十三）智能会议系统

本系统可保证迅速召开会议，以便讨论紧急事务和立即采取措施。本系统还可实现高效高清的远程会议、办公，在提升沟通效率、提高了会议效率、提升管理成效等方面具有良好的效果。智能会议系统如图 7-17 所示。

（a）会议控制机柜　　（b）智能会议室

图 7-17　智能会议系统

（c）网络投影

（d）无线话筒

图 7-17 智能会议系统（续图）

（十四）智能地磅

基于地磅数据自动生成与车牌摄像头智能识别，多维度统计车辆的运载信息，自动识别车牌、载重量、材料类型等信息。实现远程监控与自动算量，系统自动统计分析，减少人为因素，提高数据真实性与及时性，有利于项目材料管理。智能地磅如图 7-18 所示。

（a）智能地泵示意图

（b）智能地泵信息显示牌

图 7-18 智能地磅

（十五）无人机应用（规划、巡检）系统

无人机倾斜摄影实景建模技术是近年国际测绘遥感领域发展起来的一项高新技术，主要原理为通过在飞行平台上搭载一台或多台倾斜摄影相机，同时从垂直、倾斜等不同的角度采集影像，通过专业软件进行解析空中三角测量、几何校正、同名点匹

配、区域网联合平差等处理，最后将平差后的数据（三个坐标信息及三个方向角信息）赋予每张倾斜影像，使得它们具有在虚拟三维空间中的位置和姿态数据，合成高精度三维模型。至此倾斜影像即可进行实时量测，每张斜片上的每个像素对应真实的地理坐标位置，能有效地辅助现场勘探、土方计算、进度汇报、辅助场布等工作。无人机应用（规划、巡检）系统如图 7-19 所示。

（a）多种搭载设备

（b）现场勘探

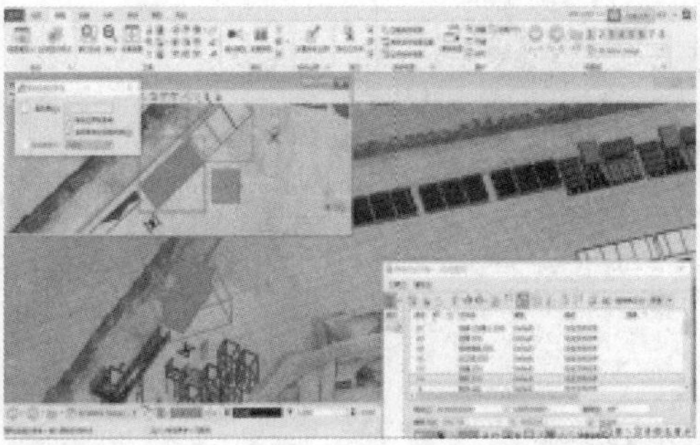

（c）场地规划布置

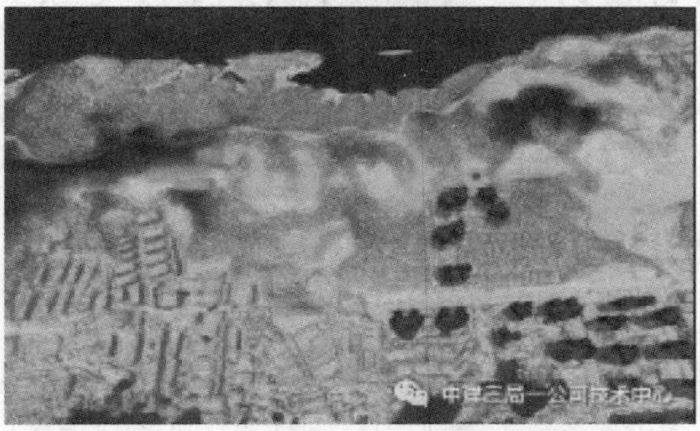

（d）工程测量

（e）土方计算

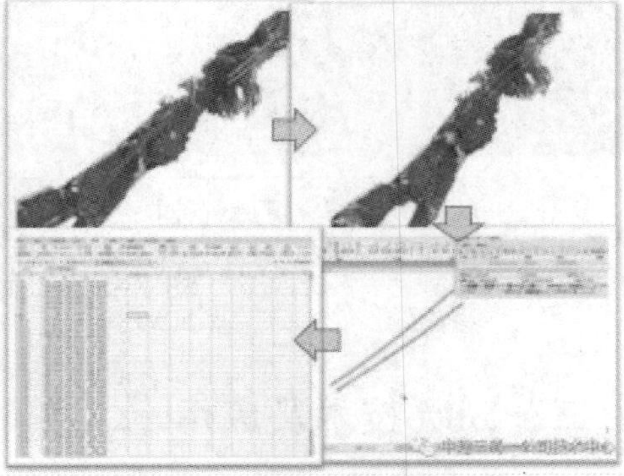

（f）进度跟踪

图 7-19　无人机应用（规划、巡检）系统

（十六）智能安全防护系统

将可移动式红外线感应报警装置布设到现场安全防护区域（如临时防护洞口和限制进入区域），当有人接近危险区域时，声光报警器立即启动，并反馈至控制中心。

智能安全帽、安全带内置有 lora 集成的感应器，可实现施工现场或进入工地时自动监测在场人员是否有佩戴安全帽及安全带，安全帽及安全带在施工现场内与人体分离时报警并反馈至控制中心留存记录，便于安全检测实时管理。

现场设置烟感、温感、可燃气体探测器等设备，实时监测加工区的有毒、可燃气体等状况，实时监测安全状况，能及时发现安全隐患，及时消除。

配电箱门设置蓝牙智能门锁检测箱门开启状态，非正常开启则进行远程报警及现场提示，便于进行安全配电管理。

智能安全防护系统如图 7-20 所示。

（a）移动式红外线感应报警装置

（b）安全帽、安全带与人体分离报警

（c）烟感、温感、可燃气体探测器

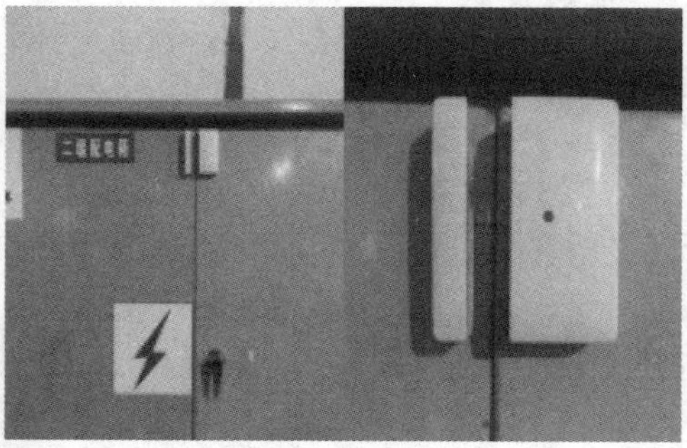

（d）蓝牙智能门锁

图 7-20 智能安全防护系统

三、BIM 技术及应用

（一）模型精度要求

如表 7-1，BIM 模型在不断阶段地发展以及该阶段构件所应该包含的信息定义为六个级别。

表 7-1　BIM 模型信息

模型精度	适用阶段	模型信息
LOD 100	规划、概念设计阶段	包含建筑项目基本的体量信息（例如长、宽、高、体积、位置等）。可以帮助项目参与方尤其是设计与业主方进行总体分析（如容量、建设方向、每单位面积的成本等）
LOD 200	设计开发及初步设计	包括建筑物近似的数量、大小、形状、位置和方向。同时还可以进行一般性能化的分析
LOD 300	细部设计	BIM 模型构件中包含了精确数据（例如尺寸、位置、方向等信息）。可以进行较为详细的分析及模拟（例如碰撞检查、施工模拟等）
LOD 350		增加建筑系统（或组件）间组装所需之接口 (interfaces) 信息细节
LOD 400	施工及加工制造、组装	BIM 模型包含了完整制造、组装、细部施工所需的信息
LOD 500	竣工后的模型	包含了建筑项目在竣工后的数据信息，包括实际尺寸、数量、位置、方向等。该模型可以直接交给运维方作为运营维护的依据

（二）激光扫描与放样

激光扫描技术作为获取空间技术的有效手段，通过高速激光扫描测量的方法，大面积、高分辨率地快速获取被测对象表面的三维坐标数据，快速、大量地采集空间点位信息，生成精确的点云数据，用于测量、深化设计验证、翻新改造。扫描仪与全站仪的测量差别就在于，全站仪测的是一个个点，而激光扫描测的是点云。

将点云与模型进行叠合，根据实际建成的结构调整机电模型，基于点云调整后的放样点导入放样机器人，快速、精准的进行放样。

激光扫描与放样如图 7-21 所示。

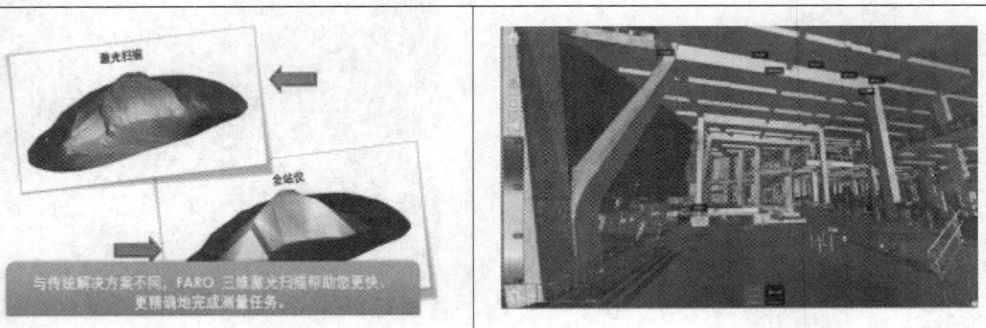

（a）激光扫描与全站仪对比　（b）高大空间非接触测量

图 7-21　激光扫描与放样

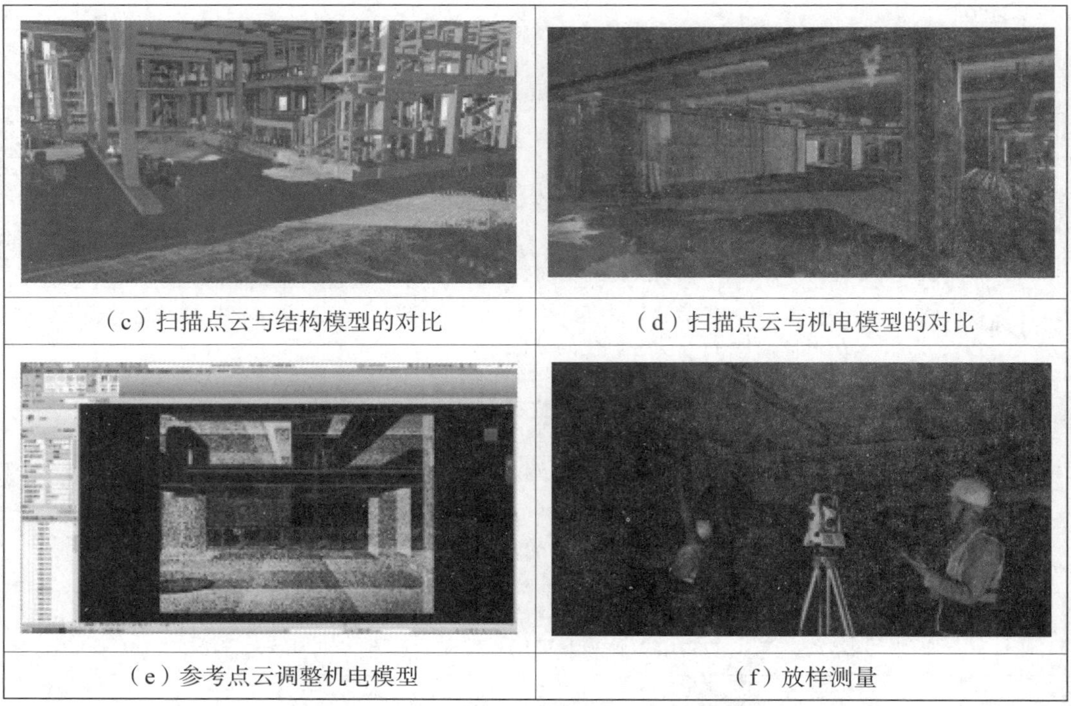

（c）扫描点云与结构模型的对比　（d）扫描点云与机电模型的对比

（e）参考点云调整机电模型　（f）放样测量

图 7-21　激光扫描与放样（续图）

（三）深化设计（幕墙、钢结构节点、机电管线综合、砌体智能排布）

充分利用 BIM 在土建、机电、幕墙、钢结构、精装等专业深化设计和自动出图的功能，进行基于 BIM 模型的深化设计。

重点在机电安装方面建立 BIM 模型和信息录入，达到了 BIM 辅助图纸会审、BIM 辅助机电进行深化设计、样板区模型展示等目的，为施工创造有利条件。

BIM 模型的深化设计如图 7-22 所示。

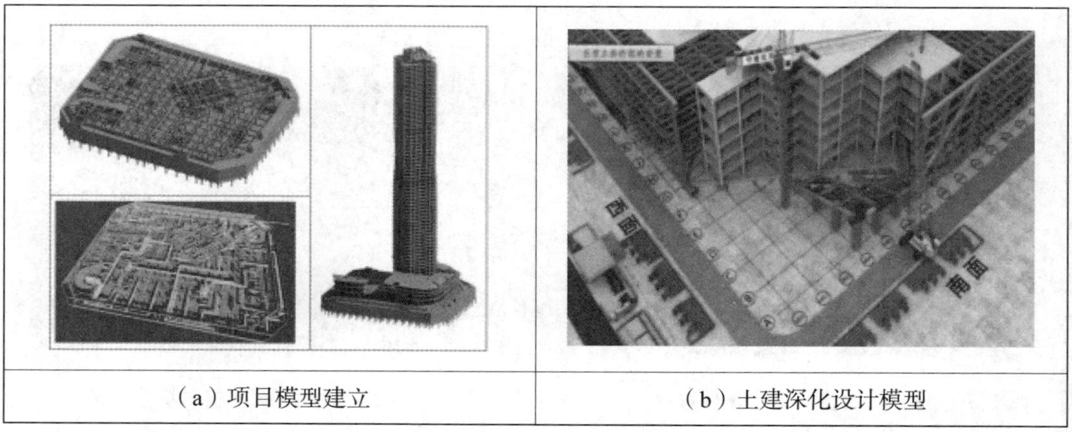

（a）项目模型建立　（b）土建深化设计模型

图 7-22　BIM 模型的深化设计

（c）砌体排砖方案模型

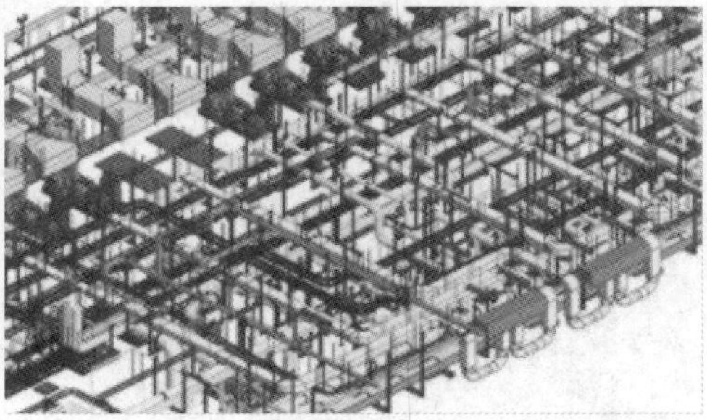

（d）机电深化设计模型

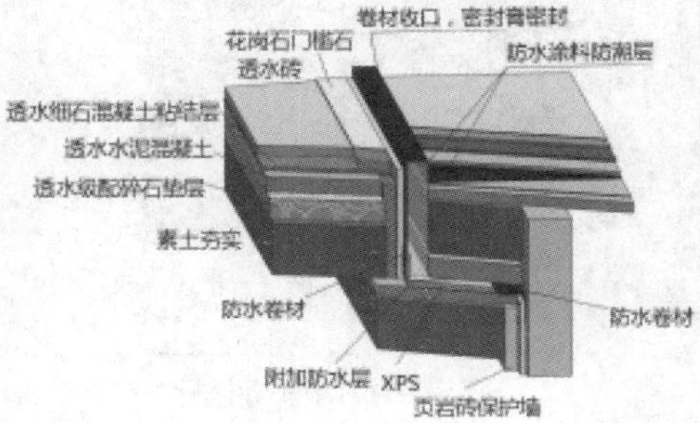

（e）幕墙深化设计模型

（f）钢结构节点模型

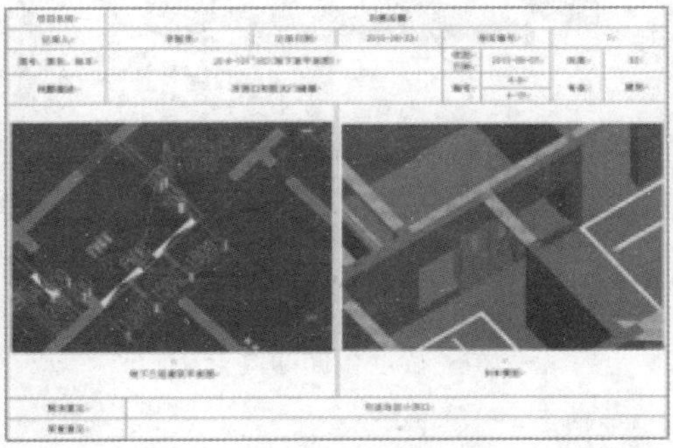

（g）解决碰撞问题

（h）效果展示

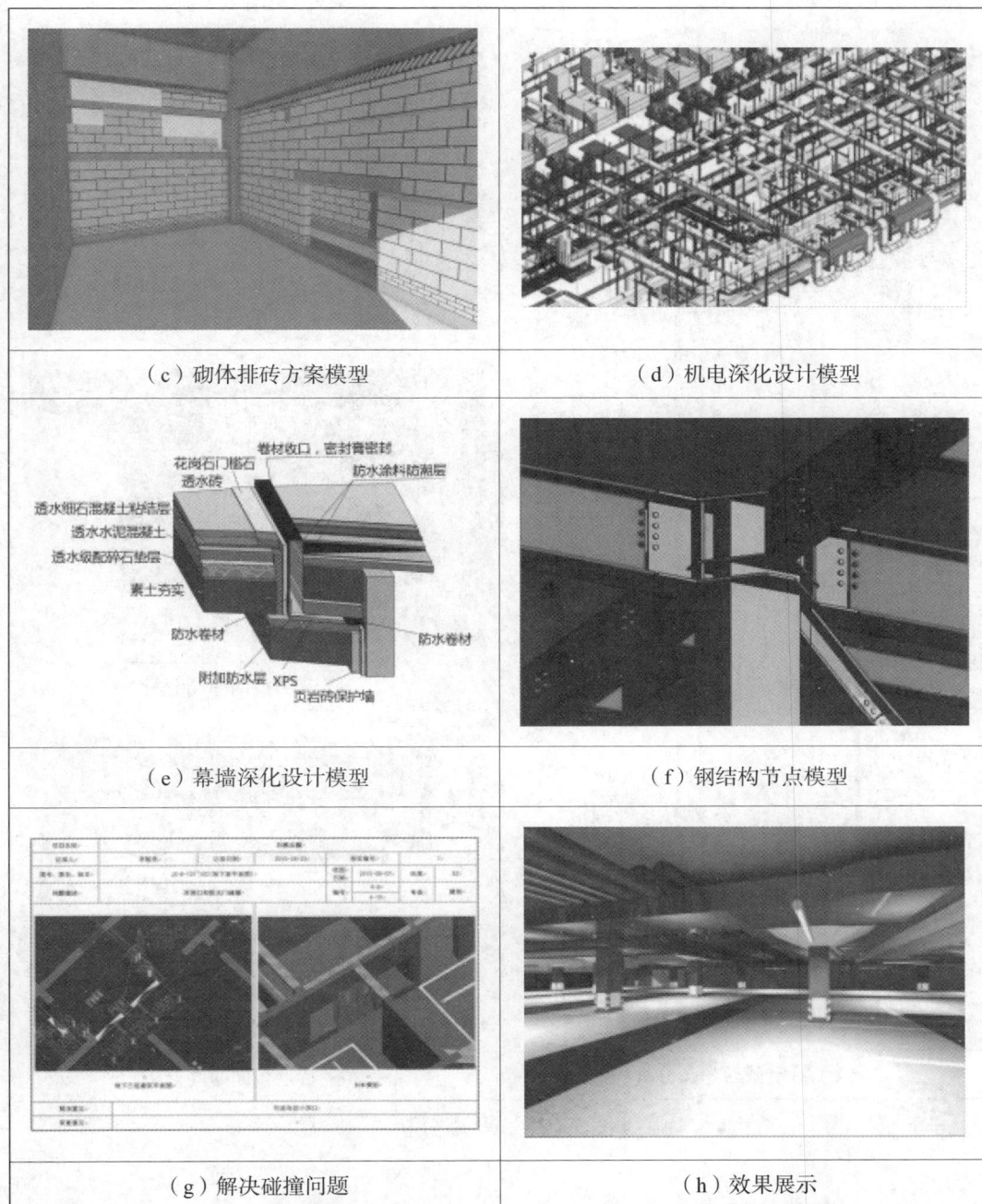

图 7–22　BIM 模型的深化设计（续图）

（四）净高分析

对于机电安装的净高有严格要求的区域，整理项目中的所有管线的高程，通过三维分析、特定截面剖面分析。净高分析如图 7–23 所示。

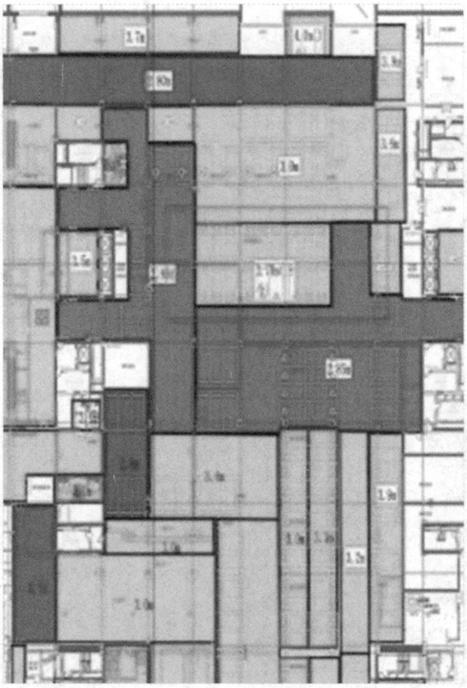

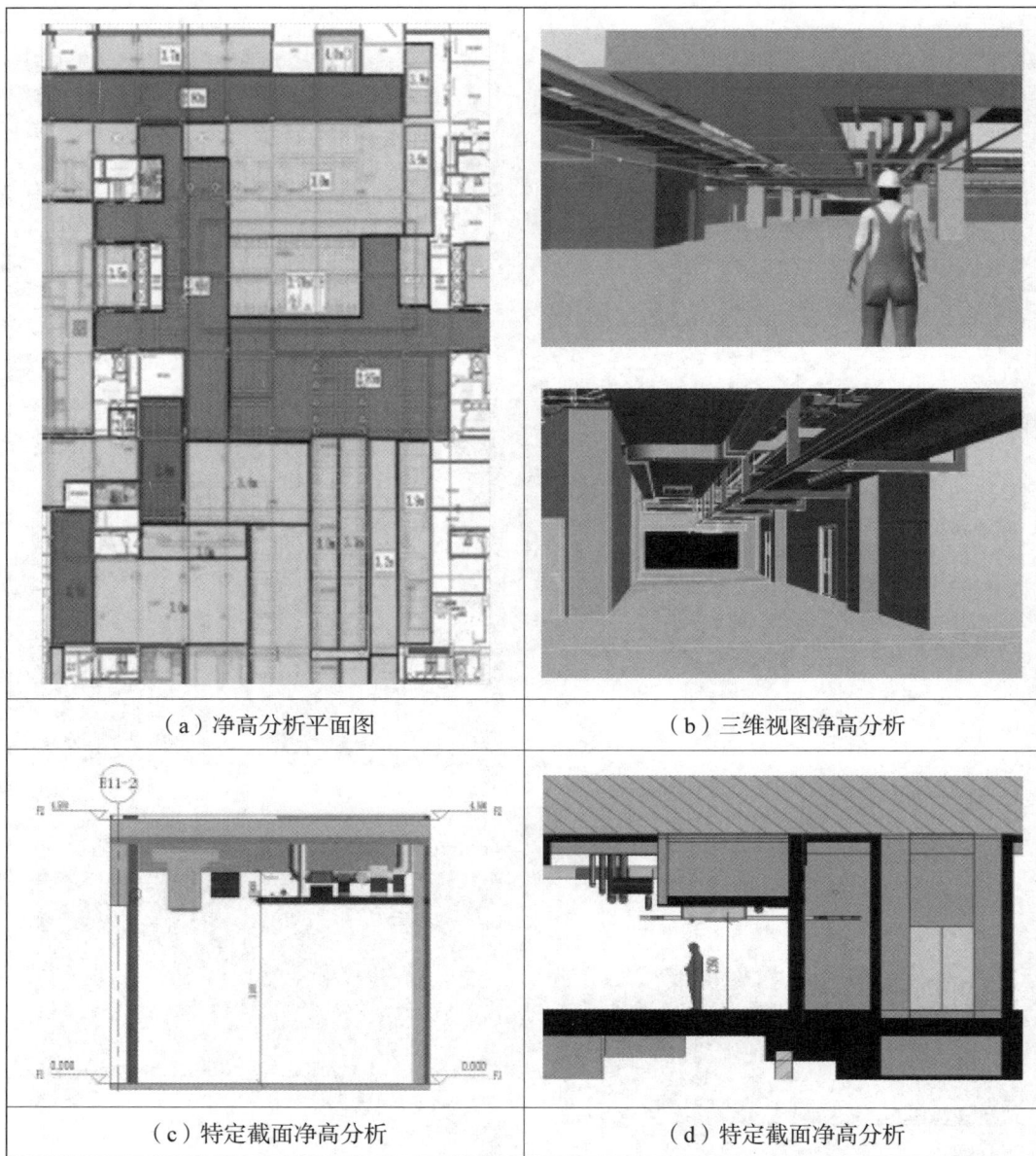

（a）净高分析平面图

（b）三维视图净高分析

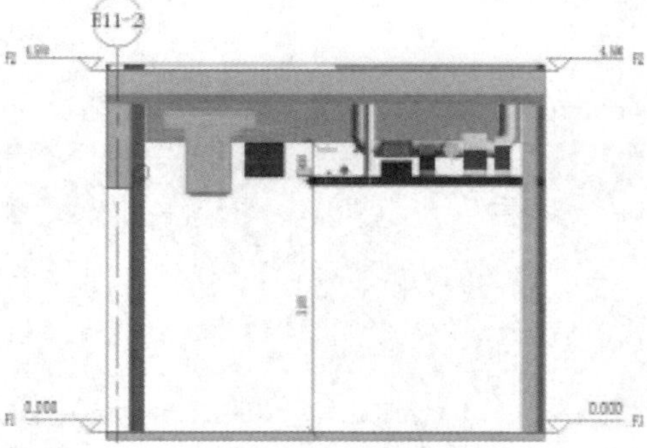

（c）特定截面净高分析

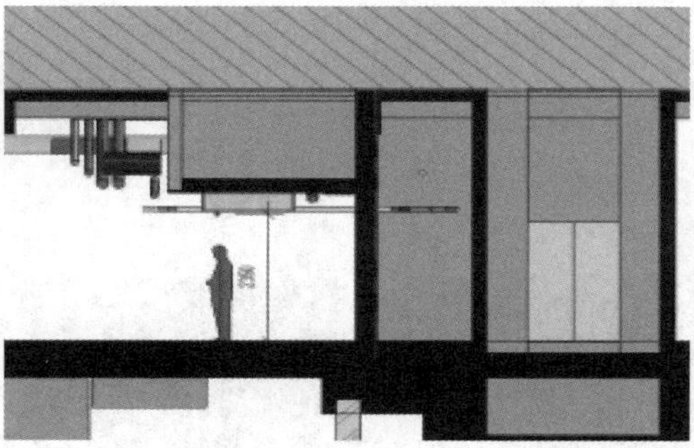

（d）特定截面净高分析

图 7-23 净高分析

（五）计划及资源管理（纠偏、预警）

计划进度和实际进度可在 Microsoft Project 中用甘特图表示，也可在基于 BIM 技术的施工管理或进度控制软件中以动态的 3D 模型展现。

基于 4D-BIM 模型系统可查找任意 WBS 节点的前置任务，并列出其计划开始与结束时间、负责单位，以及完成情况等信息。同时，也支持负责单位过滤的相关前置任务，可辅助施工监理单位或总承包单位明确各项任务的负责单位，便于协同组织各参与方的工作。

基于 BIM 技术的施工管理或进度控制软件可根据 4D-BIM 模型包含的进度信息、任务节点的逻辑关系等信息，对各里程碑节点的开始和结束时间进行预测，并与计划进度进行对比分析，将施工段在某特定时间的计划完成情况与实际完成情况进行对比并加以统计分析，并将提前完成、按时完成和推迟完成的各个部件分开表示出来，预测可能出现的进度冲突，辅助管理人员更好地进行进度计划的调整和资源的配置。

通过进度模拟功能，软件动态地输出资源需求数据，图中显示的是混凝土和钢筋的用量曲线。同时自动生成资金需求曲线，辅助制定合理的方案。同时物资查询能根据选择的部位、时间段、分包合同等计算物资量，并导出电子表格。如图 7-24 所示，从该软件中导出钢构材料需求量的电子表格，进而进行物资采购计划的编制。

计划及资源管理如图 7-24 所示。

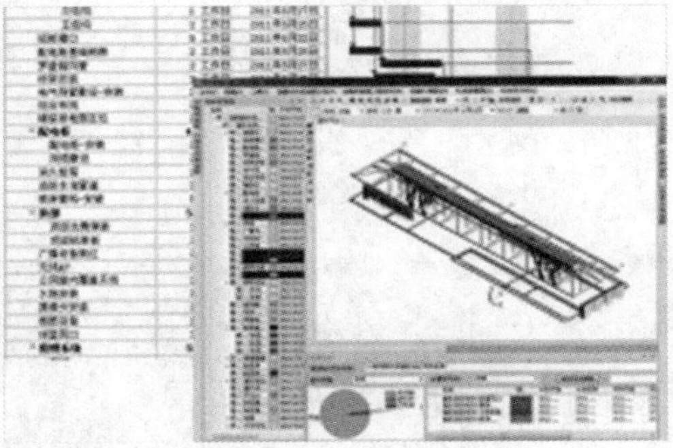

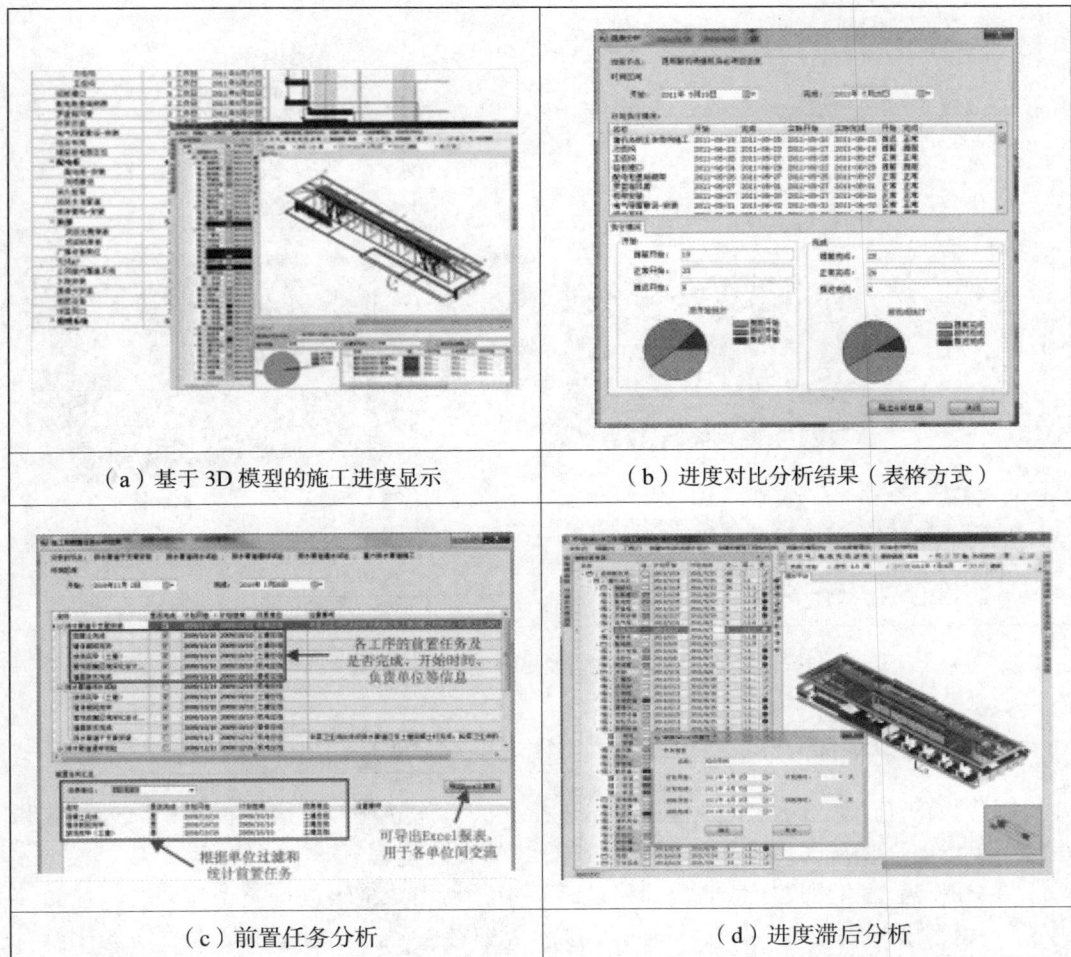

（a）基于 3D 模型的施工进度显示

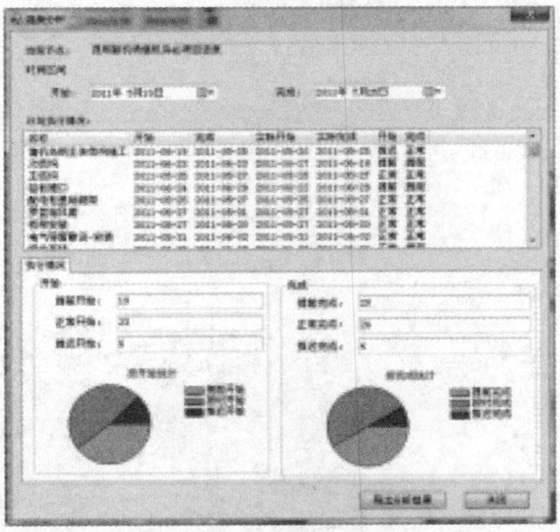

（b）进度对比分析结果（表格方式）

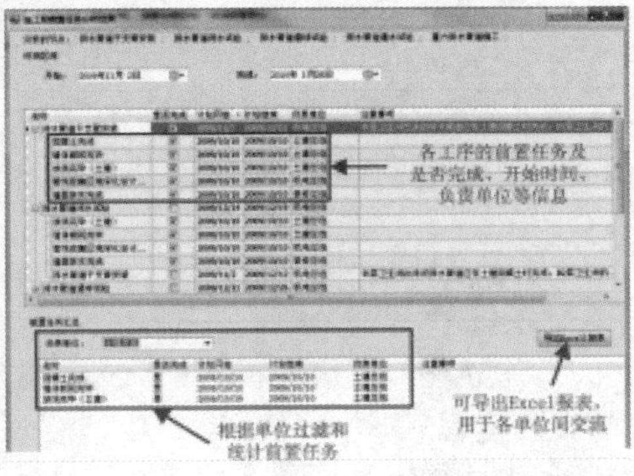

（c）前置任务分析

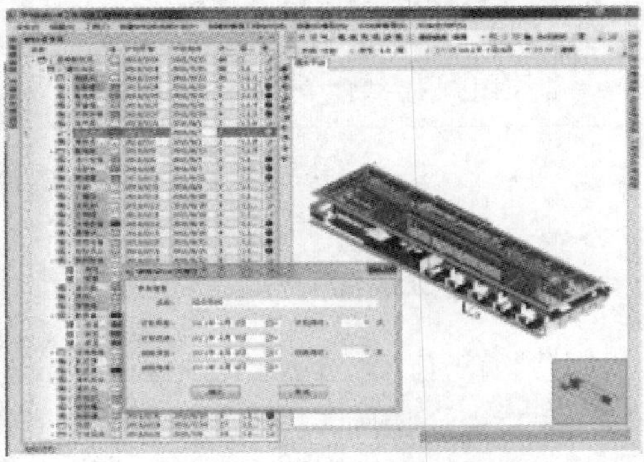

（d）进度滞后分析

图 7-24 计划及资源管理

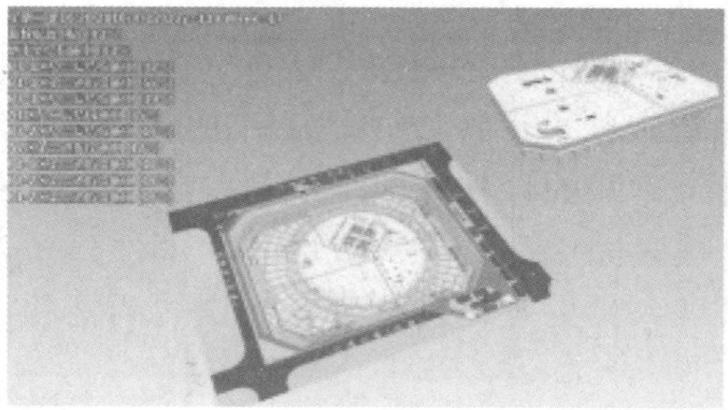

（e）整体施工模拟

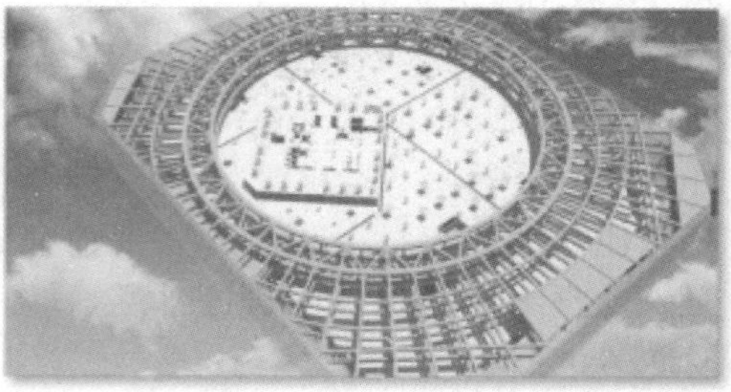

（f）局部施工模拟

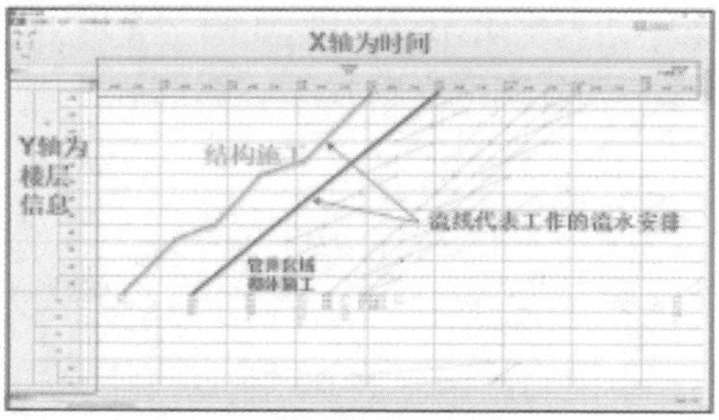

（g）进度流线图

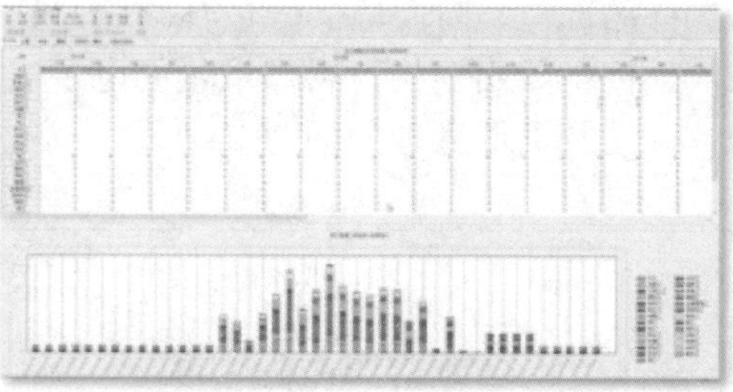

（h）估算主材、周转材、劳动力、设备等资源投入

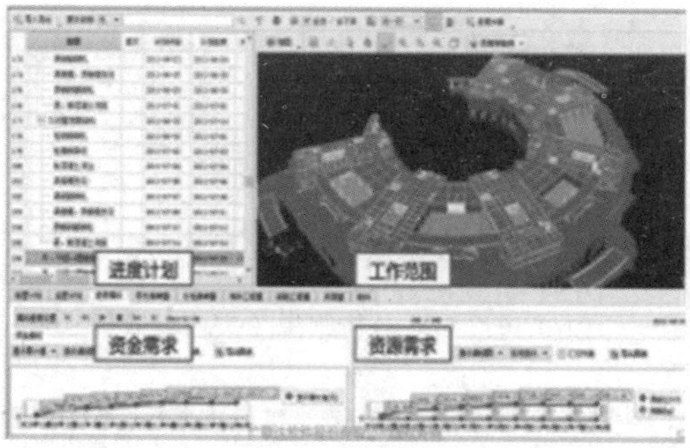

（i）BIM 5D 软件中的资源需求计划

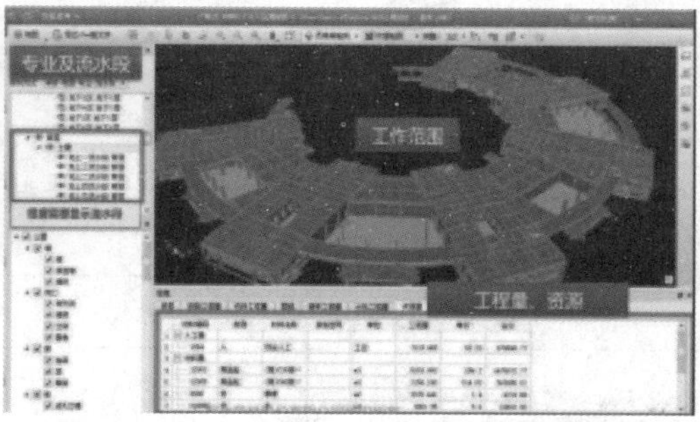

（j）物资提量及节点限额

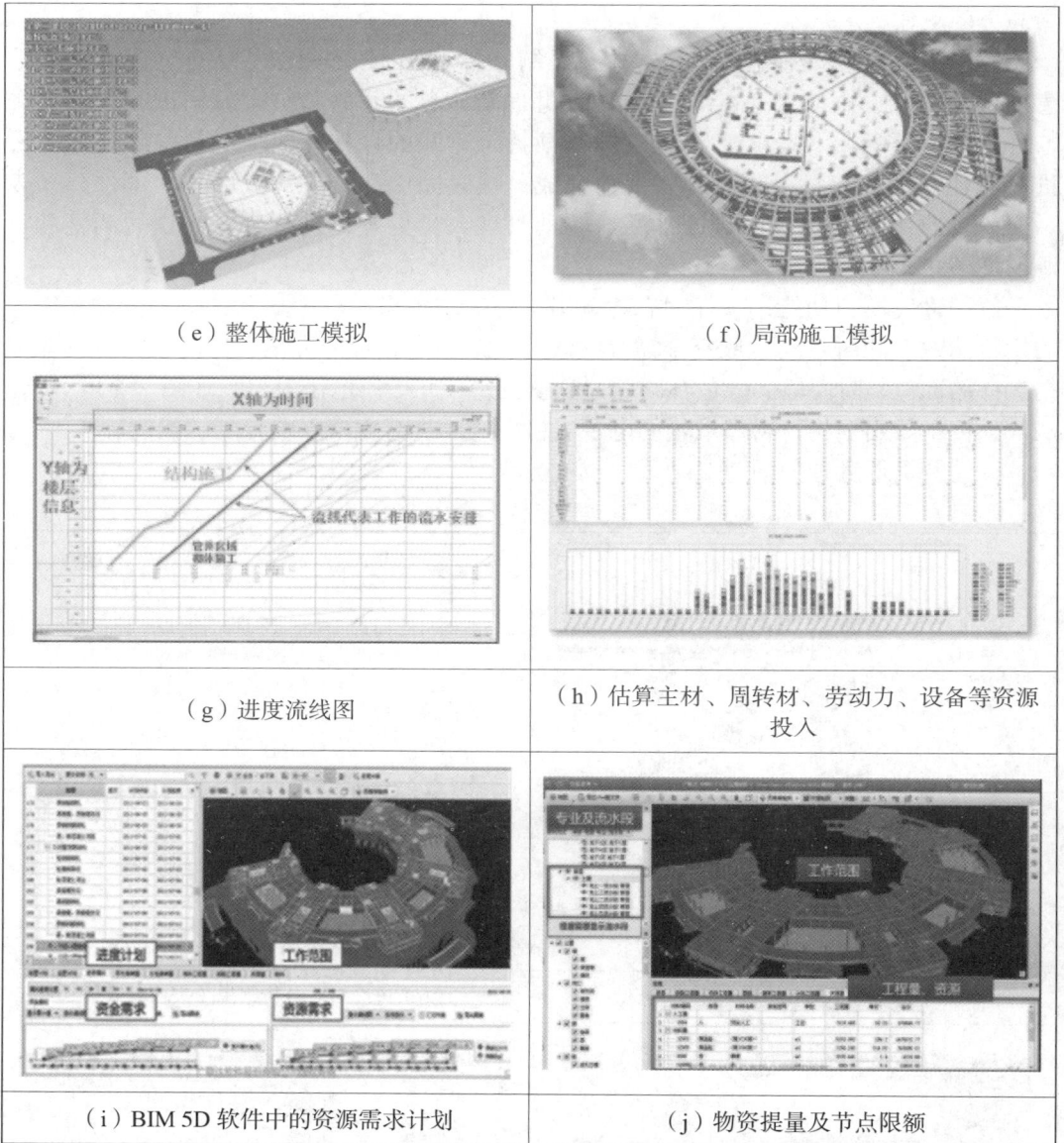

图 7–24 计划及资源管理（续图）

（六）虚拟现实 VR、AR 应用

制冷机房施工可采用 BIM+VR 技术进行交底，建立虚拟机房样板间，通过头戴和手持 VR 设备，使施工者立体感受设备、管线的安装过程。

将 BIM 模型和相关信息加载到移动终端中，利用二维码进行模型与现场匹配的精确定位，使用平板扫描二维码，即可通过平板查看模型。在项目现场以真实的比例对建筑的结构、空间、管道设计等进行检查。在运维阶段，查看隐藏在墙后的管道模型，还可以通过在管道、电路中设置控制装置，通过 AR 界面虚拟控制管道、电路的开关，实现互通互联。虚拟现实 VR、AR 应用如图 7-25 所示。

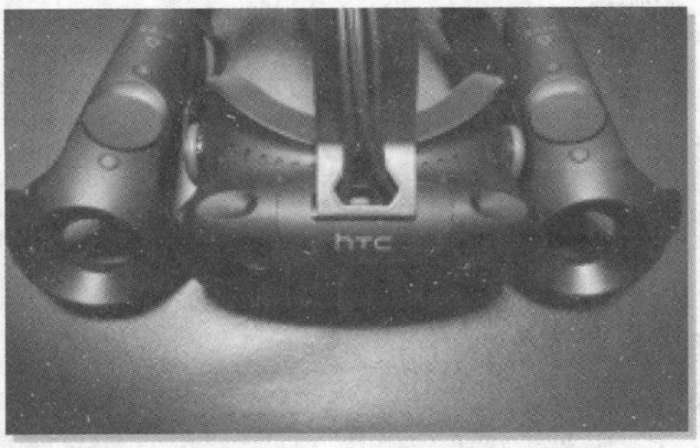	
（a）VR 设备	（b）VR 展示设备管线安装

（c）VR 展示机房工艺	（c）施工现场 AR 终端查看模型

（e）AR 查看天花内的管道线路	（f）查询管线数据

图 7-25　虚拟现实 VR、AR 应用

（七）顶模设计

模拟设计漫游检查路线对顶模各个部位的安全防护进行全方位检查，确认设计

符合安全要求，避免出现安全漏洞，检查内容包括平台侧防护、挂架侧防护、箱梁防护等。在安装和拆除过程中均进行了模拟，并通过模拟确定了拆除方案。顶模设计如图 7-26 所示。

（a）搭建标准化构件　　（b）漫游检查安全防护

图 7-26　顶模设计

第二节　智慧工地管理平台

一、智慧工地管理平台功能

（1）智能水表：自动抄表计费，计算单位产值用水量（项目样本足够后，可形成企业水耗标准）；实时对比 3 日均线超 20% 视为异常自动生成工作要求管理人员去查证处理；通过分区监测了解到底哪里是用水大户，便于精准管控。

（2）智能电表：自动抄表计费，计算单位产值用电量（项目样本足够后，可形成企业电耗标准），还可编制工人生活区用电计划实时对比管控；实时对比 3 日均线超 20% 视为异常自动生成工作要求管理人员去查证处理；通过分回路监测了解到底哪里是用电大户，便于精准管控。

（3）智能插座：主要用于管控空调使用，避免房间无人时空调空转浪费电量。办公室 18:00-8:00（可变设置）为管控时间，每小时空调插座断电一次，一次断 3 秒，如有人加班拿遥控重新开启空调一次即可；宿舍 8:00-12:00、14:00-18:00（可变设置）为管控时间，空调插座完全断电，如宿舍有人可通过 App 自己开启，但必须申报原因（如前晚加班、生病等），项目领导可通过日报了解情况。推广目标为将管理人员办公及生活区用电整体降低 5%。

（4）远程控制：项目照明灯、水泵等远程无线开关，也可设置定时开关。

（5）自动喷淋：远程无线开关，也可设置定时开关、与 PM2.5 监测联动开关。

（6）环境监测：温湿度、风力风向、PM2.5、PM10、噪声监测，对异常及时报警并自动生成工作要求管理人员去查证处理。

（7）微信报告：每日晚20点生成日报，每周一早8点生成上周周报，每月1日早8点生成上月月报，通过微信端自动发送；每半天统计一次管理人员未完成任务分别于12点和18点通过微信端进行提示，管理人员每日任务完成情况将在日报中体现。

二、其他开发功能

（1）塔吊运行管理（功能扩展）：集成吊钩可视化与塔吊日常管理。

（2）施工电梯管理：提取运行时间及楼层停靠次数分析施工电梯使用效率及楼层施工繁忙程度。

（3）智能靠尺：靠尺自动测量自动发送实测实量数据，平台通过数据分析自动生成报表、打分及排名，一人便可轻松完成整个过程；可与BIM模型联动，将数据直接在模型相应位置进行标记。

（4）智能回弹仪：自动测量自动发送测量数据，平台通过数据分析自动生成报表，一人便可轻松完成整个过程；可与BIM模型联动，将数据直接在模型相应位置进行标记。

（5）智能地磅：提取数据自动形成报表，定时发送报告。

（6）构件追踪管理：用于装配式构件、钢构件等生产、运输、安装管理，与BIM模型联动，安装前了解构件应该被安装在哪，安装后可检查是否被正确安装。

（7）智能广播：远程喊话、定点广播、紧急情况下行动指引。

（8）无人机技术：高空巡查，可加载智能广播后进行移动喊话、调度等。

（9）综合环境监测（功能扩展）：增加更多更为完善的管理任务自动派生功能。

（10）大体积混凝土监测：实现无人自动实时温度采集，自动生成报表，并与降温冷水管、养护喷淋等联动，根据监测数据自动开关。远程测温设备可通过DIY，将设备由2.5万～3万元的市场价成本降低至0.5万元，且设备可周转使用。

（11）自动化基坑监测：实现无人自动、实时、连续的数据采集，异常数据及时报警，并自动生成监测报告报表。

（12）高支模监测：实现无人自动、实时、连续的数据采集，异常数据及时以声、光方式报警，并自动生成监测报告报表。设备可通过DIY，将设备由16路监测传感器11万的市场价成本降低至2万元左右，且设备可周转使用。

（13）卸料平台监测：实现无人自动、实时、连续的数据采集，异常数据及时以声、光方式报警，并自动生成监测报告报表，且设备可周转使用。

（14）电焊机动火监测：原创应用，从源头来监测现场动火情况，在电焊机加装电流计，焊机一启用平台就会收到信息。

（15）气瓶动火监测：原创应用，从源头来监测现场动火情况，在气瓶上加装电子锁，电子锁一开启平台就会收到信息。

（16）密闭空间空气监测：通过传感器监测和分析密闭空间气体成分，异常及时报警。

（17）养护室温控系统：通过传感器监测养护室温度，并自动进行调节。

（18）防护栏杆拆除预警：重点防护区域加装感应装置，一旦被拆除或破坏及时预警，并自动生成任务要求管理人员去现场处理。

（19）消防水压监控系统：通过传感器监测水压，并自动进行调节或报警。

（20）污水排放监测系统：通过传感器监测，异常及时报警。

（21）智能AI侦测识别：在视频监控系统基础上叠加AI视觉算法，对安全帽、反光背心穿戴以及火焰进行智能识别报警。

（22）车辆识别引导系统：对车辆进行识别并通过现场指引系统指令车辆的行走路线，以及对现场等候车辆（如混凝土罐车）进行调度。

（23）人群管理：安全帽植入无源芯片，现场关键出入口设置RFID无线射频读取器，来掌握现场人群分布情况。

（24）共享斗车：推动现场施工资源共享。

（25）BIM技术融合：将监测数据、管理痕迹等在BIM模型中进行标记，实现可视化信息查询。

第八章

低成本精益建造管理

建筑企业低成本精益建造管理体系是以精益成本管理思想原则为核心依据，对企业项目施工目标成本管理的运营模式进行系统重组和结构优化升级，在保证工程质量的前提下，尽可能缩短施工周期，降低施工成本，用最小的项目资金投入量，完成建筑项目所有工作，实现项目资源投入的最小值利润的最大化。

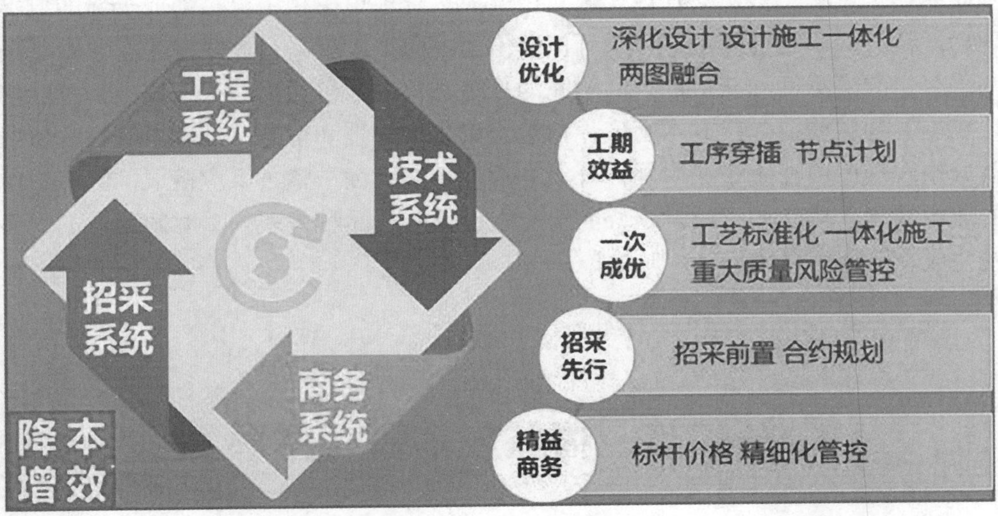

图 8-1 低成本建造体系

如图 8-1 所示，低成本精益建造体系围绕降本增效核心目标，以招采、工程、技术、商务为抓手，通过四大业务系统联动，推动五方面的低成本管理，主要措施为设计阶段的深化、优化；合理计划管控工序穿插创造工期效益以及优质体系打造一次成优品质的成本节约；招采先行，合理降低采购成本；最终通过精益商务全过程精细化管控建立全面、全系统、全成本链成本管理体系。

第一节 精益成本管理体系的思想基础

精益建造是一个寻找价值、最大化价值、持续改进、追求完美和重新复盘先前行为的过程，它的提出对成本管理产生了深刻的影响，需要我们改变和思考建设项目成本管理的方式。精益建造对成本管理的最大挑战是来自管理思想的改变。

新经济的发展赋予了企业成本管理全新的含义，对于建筑工程企业来说，成本管理的目标不再是通过大规模的生产施工而获得相对的利润，从长远角度来看，建筑工程企业成本管理的新目标应该为精益成本管理。精益成本管理是以为项目创造、提高价值为前提，在工作中不断消除浪费、降低成本，运用少量的资源，最大程度地满足项目施工的要求，以项目提供低成本、高质量的建筑产品或服务为目标的一种全新的成本管理模式。

精益思想下成本管理的本质就是要求企业全体员工参与的降低成本活动贯穿于产品寿命周期全过程，把精益管理思想与传统成本管理思想相结合，形成全新的成本管理理念。精益成本管理思想以客户价值增值为导向，以提高企业之间的竞争及市场占有率、客户的满意度和获得最大的利润为目标，其内容包括精益采购成本管理、精益设计成本管理、精益生产成本管理、精益物流成本管理和精益服务成本管理。所以，精益成本管理已由注重企业内部自身成本管理延伸到注重整条供应链成本管理，由传统的成本控制手段转向“质量是好的、成本是低的、品种是多的、时间是快的”系统的精益成本管理思想上。

第二节 精益成本管理体系

一、精益设计成本管理

精益成本管理的另一个需要关注的重点是建筑产品的研发设计阶段，研发设计阶段是整个价值链成本优化的关键环节之一。资料表明，大约有 80% 的产品的成本动因都来源于产品设计阶段，因此建筑企业的成本管理要从设计阶段就进行周密的规划，尤其是针对 EPC 项目。设计阶段不但要考虑本阶段的费用，更要考虑延伸到建筑产品全生命周期的使用维护成本，从而能够从价值链整体出发，科学合理地进行设计，对建筑产品原材料的选择以及机械设备的使用也能够很大程度地降低整个价值链的成本。

二、精益采购成本管理

企业的采购费用往往在企业的整个价值链中占有很大的比例，因此对采购成本的精益化管理势在必行。对于建筑企业来说，由于建筑行业的特殊性，企业原材料采购的费用占整个价值链成本的比重可能更大，所以采购成本就成为降低价值链成本的突破口。首先精益采购成本管理要求企业建立自己的采购部门，建立和完善自己的采购系统，使企业采购工作走上规范化、制度化的道路，采购的决策工作应该做到公开透明，并且能够得到企业员工的监督。其次，精益采购成本管理要求做到准时采购以及按需采购，精益的思想强调库存是一切浪费的根源，因此企业在采购过程中要最大限度地降低原材料的堆积、设备窝工所带来的企业成本管理的负面影响；在精益采购中，采购的依据是建筑产品的实际需要，因此企业应该以原材料的质量、价格、技术为依据，以最终产品的实际需要为根本，真正做到按需采购。按需采购不仅能降低企业的采购成本，同时也提高了企业物流、资金流的速度以及材料设备的周转效率，从另一角度带来企业的成本节约。最后，企业要想成功地做到精益采购成本管理，就必须有相应合格可靠的供应商，并与之建立长期的战略联盟关系，实现供应渠道的快速高效和成本最优。

三、精益生产成本管理

通过价值流控制项目生产成本，价值流是价值产生和成本发生的地方，也是识别和消除浪费、延迟的地方。价值流的全部活动包括增值活动和不增值活动。增值活动指所有直接提供出顾客所需要的产品和服务的活动。例如，混凝土浇筑、门窗的安装等。不增值活动是指除了增值活动之外的其他活动，可以分为两类：第一类是协调增值工作的必要工作，它们使得流程正确运转，例如，模板的支撑和材料入场的检查等；第二类是指对创造客户所需价值毫无贡献的活动，比如返工、等待、库存、设计变更等，它的不增值活动被称为浪费。

精益生产成本是企业节约成本的重要途径，项目实现成本节约的前提应该是实现较短工期，有品质保证；为实现这个目标就需要在过程中采用一些新工艺工法，采用创新型管理模式，实现过程中的节约；具体可分为三类：一类则是商务及科技创效；另一类则是通过工序穿插实现工期缩短，实现工期创效；第三类则是一体化施工，提高一次成品率，降低返工，节约成本。

第三节 低成本精益建造管理要点

一、拓展大商务模式，坚持规模与品质并重

（1）延伸产业链。通过向项目投资、设计、咨询、融资、建造、运营一体化模式发展，为客户提供一站式、全方位的价值创造，实现各方成本最优。向投资、设计、运营的产业链上游延伸，逐步扩大 PPP、EPC 类等新业态项目的占比；向绿色环保材料的生产、销售及专业施工等产业链下游发展，如铝合金模板、幕墙型材、产业化配套材料等生产加工，扩大企业经营范围。

（2）提高合同转化率。开展项目二次经营，扩大自行施工范围；主动沟通业主，通过与甲指分包签订协议，提高营业收入，增大现金流入。

（3）追求运营品质。规模决定市场地位，品质塑造影响力。既要抓源头追求经济规模，又要管过程保障运营质量，还要控制优化利润结构，通过不断追求高品质的规模，全面提升运营品质和投资效能，巩固和扩大成本竞争优势。

二、重视速度经济，推进项目完美履约

（1）加强总承包计划管理。重视事前的策划和过程的协调，对于施工方案准备、材料设备采购及进场、劳动力资源组织、现场规划、工序安排等施工环节，“两化”融合要聚焦到项目，通过推进计划管控模块管理与信息化建设，提高项目工期成本管控的质量。

（2）聚焦合同工期管控，强化“工期就是效益”，严格以合同工期为管控目标，加强工期履约考核，逐年提高按合同竣工和提前竣工项目个数占比，降低工期成本。

（3）强化履约资料管理。积极识别和应对工期及费用索赔与反索赔风险，重点提升履约资料支撑作用，促使项目管理人员诚信履约、精益索赔。

三、强化设计管理，提高设计降本能力

（1）加强设计体系建设。方案设计和图纸设计是控制建造成本的关键，加快“设计引领”为主线的制度建设、职责分工和管理流程优化，加强各专业设计人员的配置，通过建立科学的考核激励机制，激发设计人员工作的积极性和创效的能动性。

（2）加强设计优化能力。通过主导设计管理，整合设计院资源和专家资源，推进 EPC 项目在初步设计、勘测设计和施工图设计阶段的设计优化前置，提高装饰、

安装、钢构等专业方案设计和深化设计质量；把握项目建造标准、同类产品设计做法、设计指标情况、材料市场供求等要素，进行设计优化，实现采购便利、建造高效和成本降低。

（3）加强设计协调引领。围绕成本管控，成立设计优化小组，统一协调各专业间以及专业与设计院之间的联动，发挥项目"铁三角"主动性，将施工经验与教训加入设计，避免现场返工、降低施工难度；通过及时进行图纸交付，保证专业分包进度；通过优化各专业接口的设计做法，解决图纸的错漏碰缺等问题，降低成本浪费。

四、深化招采模式，降低分供采购成本

（1）强化采购管理。要降低专业分包占比，扩大主材自购范围，提高采购效益；掌握不同物资设备的品牌特点、规格型号和性能参数，研究建筑产品的功能特点，满足客户的不同需求，实现采购的经济适用；严格审核拟招标项目的分供方、租赁方的控制价，确保采购价合理。

（2）采购模式多元化。采取供应链融资模式，降低采购资金成本；推行云筑集采平台和电商采购，提高采购效率；推进战略集采、厂家直采和区域联采，实现采购规模效益。

（3）建立采购数据库。生产、技术、合约和商务部门要协同建立采购数据库，包括分供商资源库、材料设备品牌库、分供指导价格库、分供招采管控要素库、分供合同范本库等；发布同期同城主材采购成本对比情况，进行价格预警。

五、加强精益管理，拓宽降本增效空间

（1）全面实施底线管控。比对企业主要成本控制指标要求，实行底线管理；形成企业低成本管理要素集成库和项目低成本管控要素集成库（详见表 8-1），落实关键环节、管理要素、应对举措和责任部门，实现精准控制。

表 8-1　项目低成本管控要素集成库

序号	分类	控制点	管控要素
1	土石方工程	开挖	分析研究现场各种条件（如场地、交通、地质、支护方案、地下水、冬雨季、桩基单位泥浆问题、开挖顺序等），结合"三点"分析情况，制定开挖方案
2		土石方量	开挖前，应对原始地面标高进行实测，对工作面、放坡系数和设计底标高进行控制，避免超挖，如遇石方、障碍物等地质，应实测土石方的分界线标高以及障碍物范围；如场地需铺山皮石或砖渣的，应实际测量铺后的方格网，并取得分包人确认；与招标文件有冲突的，还需及时取得发包人、审计及监理的确认

（续表）

序号	分类	控制点	管控要素
3	土石方工程	清表、填料厚度控制	清表前后、压实前后应对原地面测量，严格控制清表厚度和压实沉降量
4		砂石回收	隧道工程的石方、地质勘测到的砂层等可回收材料，应在分包招标前明确回收方式、价格等
5		土石方平衡	应进行回填留存量与外运量的平衡测算，并根据区域内、项目间土石方的使用情况综合进行平衡
6		外运	根据外运路线、弃土场位置以及当地环保政策，确定外运方案
7		回填	应按照方案，做好回填土选材和回填工序管理，避免回填土下沉，以及地下室外墙防水层、水电管网、电缆线、排污水接驳口破坏等问题
8	桩基工程	桩基形式	根据地质情况和“三点”情况，选择合适的桩基形式（如钻孔桩、挖孔桩、挖井桩等）
9		试桩	减少试桩数量，试桩合格作为工程桩使用；破坏性试验试桩应避免与桩位重合
10		桩长	桩长要进行复测，先取得分包确认；再与业主测量，取得业主确认，分包招标时要考虑空钻因素，分包承担合理的空钻费用
11		泥浆池	应布置在无桩区或桩位少的区域，减少对土方的影响，或者设置移动式泥浆池；如受施工场地影响，可考虑运用新型施工工艺处理泥浆（如泥水分离），但需做好成本核算对比工作
12		桩头	应控制桩头大小，减少超灌量；制定桩头破除方案，选择好桩头破除和外运单位。应选择打桩单位进行桩头的处理，以此控制其超灌工程量
13	支护工程	地下连续墙	导墙与重载道路应一次成型；控制成槽质量，合理调整措施钢筋；选择分幅及接头形式；优化导墙深度及配筋等
14		板桩围护墙	如为临时性板桩围护墙，则尽量缩短其使用时间，减少使用费用；板桩沉桩时，应在表面涂刷润滑油，以便后期顺利拔出
15		型钢水泥土搅拌墙	优化施工工艺，如型钢水泥土搅拌墙为临时围护墙，则考虑缩短型钢使用时间，尽快拔出；为加快下沉速度，应提高水灰比，并结合土质采用相适应的注浆材料
16		水泥搅拌桩止水帷幕	包括单排、多排，双轴和三轴，实际施工时，严控水泥配比和咬合距离，并确保施工质量。对地质状况可能引起的漏浆问题，应运用检测技术进行监控，并制定整改方案

（续表）

序号	分类	控制点	管控要素
17	支护工程	水泥土重力式挡墙	调整施工工艺，控制水泥用量；控制尺寸、标高
18		内支撑	优化支撑底模、支撑布置方式（如调整混凝土支撑为钢支撑），选择合适支撑拆除方式
19		栈桥与结构结合	设计时考虑半逆做法；栈桥与永久结构相结合
20		坑内土体加固	施工工艺优化，如加快钻进速度、降低水泥参量；严格控制加固区域、水灰比
21		施工机械选型	根据设计图纸、“三点”分析情况确定围护施工机械
22		栈桥布置	根据设计图纸、土方开挖情况、场地道路交通布置情况等要素，提出栈桥优化布置方案（如钢格构柱数量、混凝土用量），并调整截面尺寸
23		栈桥材料	宜采用定型化可周转的梯笼或钢梯；回收钢格构柱、钢梁材料；底模、侧模板应采用废旧模板
24	降水工程	降水方式和井点布置	根据合同计价情况、现场情况、地质情况、降水深度等综合确定降排水方式和布置形式，如抽水机明排地表水、轻型井点、喷射井点、大口井点等，如对于原设计为轻型井点降水调整为疏干井
25		降水井运行监控	根据开挖深度，按需降水；实时记录降水井运行时间和排水量；记录降水井开启及封闭时间。
26		基坑抽水	底板挖土期间的降水应包干在降水工程中；地下室施工阶段根据施工所处时间考虑是否加设固定泵或给分包划分包干范围
27		回灌井	回灌井数量和运行时间应按相关部门要求优化设置
28		地下水回收利用	现场应设置蓄水池及二次循环水系统，进行地下水回收利用
29		降水计价方式	在降水招标时，降水电费应由我方承担；降水系统按方案投入情况测算总价包干，降水井的日常维护费用按天计算，水泵设定合理损耗
30	钢筋工程	采购	钢筋采购计划应综合考虑各阶段钢筋实际用量、钢筋堆放场地规模、价格波动、现场原材料剩余等因素，适时适量采购钢筋。对于钢筋用量少的基础设施项目，可考虑采用内部调拨方式，降低采购价格
31		验收	把好钢筋进场验收关，保证钢筋质量，避免以次充好；严控钢筋的进场量，避免人为的偏差或因直径偏差导致钢筋数量误差。项目部组织分包单位人员进行数量、定尺长度、质量等检查验收，并建立过磅复核制度；钢筋现场清点无误后，及时与劳务分包单位办理交接手续

（续表）

序号	分类	控制点	管控要素
32	钢筋工程	放样	自行放样，经项目总工审核后实施；根据钢筋放样料单提取钢筋需求计划及接头计划，并对钢筋的定尺规格进行策划，对钢筋放样进行优化；完成钢筋放样后，组织对现场管理人员及劳务人员进行交底；监督劳务单位加工制作，本着厉行节约的原则控制下料误差，合理利用钢筋余料，钢筋接头设置应与余料利用相结合
33		余料	设置专门的钢筋余料堆放区，分规格、型号、长度进行分类码放，便于钢筋余料的二次利用
34		绑扎	监督现场钢筋的绑扎质量，严格间距控制；如绑扎过程中超量，需由项目钢筋放样师审核确认后补加料单；严格按照料单中的成品钢筋数量及套筒数量领料，避免多领和用错；定期检查已领料的现场堆放情况，并及时回收绑扎剩余钢筋
35		机械选用	应尽量选择市场成熟的自动化数控机械，以提高钢筋加工的精度，减少浪费
36		接头形式	对不同的接头形式，应进行成本分析测算，优化钢筋连接方案
37		措施钢筋	应合理布置措施钢筋，尽量用结构钢筋和废旧钢筋代替措施筋。在设计阶段让措施钢筋入施工图，减少措施钢筋数量
38		废旧钢筋	成立项目废旧物资处理小组，按规定处理，手续完善，以便于核算钢筋的实际耗用量
39		预应力深化设计	根据“三点”情况进行深化设计，优化分包计量方式
40		预应力张拉	优化钢绞线直径，缩短张拉时间，尽量利用支撑体系作为操作平台
41		型钢外钢筋绑扎	应提前在耳板、腹板开孔，并优化梁柱节点处钢筋，避免后续处理带来的费用
42	混凝土工程	配合比	对于基础设施项目的混凝土搅拌站，加强商品混凝土试验配合比的优化，学习借鉴成熟商品混凝土站的经验，科学选择水泥、砂、石和外加剂的单位用量
43		地材验收	在过磅验收砂石数量的同时，对粒径级配、含泥量、含水率、有机物含量、碎石压碎值等指标进行试验
44		混凝土进场量控制点	加强混凝土进场称重及量方管理，降低混凝土在进场前亏方量
45		运输机械	拌和站罐车、铲车租赁模式应按运输混凝土方量计价，并且油料由我方自行采购，同时进行 GPS 定位监控，并对油料用量和实际里程进行分析预警

（续表）

序号	分类	控制点	管控要素
46	混凝土工程	泵送或浇筑机械	选择合适的水平浇筑和垂直运输机械；集中浇捣的大体积混凝土采用溜槽、钢管输送，降低泵送费
47		清洗方式	采用压缩空气清洗泵管
48		养护	采取薄膜覆盖保湿或其他节水保湿；根据需要采取合理的养护（蓄热、蒸汽）措施
49		余料再利用	提前做好预制构件模板，用浇筑余料制作预制构件
50		结构表面处理	楼面、屋面和车库顶板等结构表面原浆压光，一次成型，节省找平层
51		混凝土尺寸	控制底板混凝土顶标高、厚度，优化剪力墙截面尺寸
52		基础做法	根据土质等情况，调整基础做法（下翻梁变为上翻梁）
53		温度后浇带	应用跳仓法，取消温度后浇带
54		装配式构件加工形式	对比构件外委加工和场内自加工、部分构件场内加工的经济性情况，择优选择加工方式，并优化加工场地布置方案
55		构件运距	分析确定外购或外场地加工运输距离，确定运距
56		吊装机械及安装支撑体系	根据构件大小，选择合理的施工吊装机械，并优化安装支撑的施工方案
57		构件标准化	应将构件、连接节点标准化，降低模具成本
58		混凝土使用部位	根据图纸要求和结构形式，明确商品混凝土、现场搅拌混凝土的范围统一成本核算口径；注意高低标号混凝土拦截，避免高标号混凝土浪费
59		剪力墙预制垫块	剪力墙采用预制垫块，减少支撑筋的使用，减少撑筋对模板的损伤，提高剪力墙表观质量
60		型钢混凝土节点	根据设计图纸，分析节点区域施工难度；利用 BIM 技术对复杂节点区域进行三维建模，对钢筋碰撞进行提前检查，并将碰撞报告提交给设计院，调整节点区域钢筋配置
61		钢管混凝土浇筑施工	根据设计图纸，确定混凝土浇筑施工顺序；提出合理的浇筑方法，如顶升或高抛；针对隔板、节点、斜柱等特殊区域，通过试验确定合理的浇筑方法和配合比；为保证浇筑密实度，向甲方和设计院建议使用自密实混凝土
62		型钢混凝土浇筑施工	优先选择自密性能好的混凝土；柱模板应开孔，以保证混凝土的密实性
63		零星混凝土使用	控制现场非结构混凝土使用量，如临时设施的混凝土地坪浇筑厚度

（续表）

序号	分类	控制点	管控要素
64	砌筑工程	材料优化	依据“三点”分析情况，选择适合的砌体材料（如隔墙板、加气块、灰加砌等）
65		验收	应开包验收，重点对缺棱掉角、连体、开裂检查
66		墙砌块的模数	优化墙体砌块模数，如 190mm × 190mm × 390mm、165mm × 190mm × 390mm 的组合，降低主材损耗
67		落地灰	做好落地灰的回收利用
68		运输机械	根据现场实际情况，选择垂直运输机械（井架、汽吊等）
69		固体废料再利用	利用固体废料筛选后制作砌块、预埋件，以及符合设计的回填料
70		二次留洞深化	运用 BIM 技术将各个专业的洞口按照标高、尺寸预留，进行模拟施工，以减少后开孔及修补工作量
71		粗装修阶段工序穿插	二次结构和一结构进度差距不超过 4 层，高层分段主体验收（按每 10 层分段），及时插入内抹灰，缩短二次结构工期；外抹灰、外墙保温在主体结构完成后 3 个月内完成，外保温和外抹灰垂直交叉施工，为人货梯、外脚手架拆除创造条件
72		二次结构混凝土	优化圈梁、构造柱，尽量与结构一次施工
73		质量控制	应控制砌筑质量，做好砌筑与抹灰工序交接
74	抹灰工程	材料优化	依据“三点”分析情况，选择适合的抹灰材料（石粉等）进行设计优化
75		屋面找坡	将建筑找坡优化为结构找坡，取消找坡层
76		屋面施工时间控制	一结构封顶后 2 个月内应完成屋面构筑物、设备基础、防水施工，缩短塔吊使用时间，减少建筑物内排水费用
77		地下室外墙防水保护层	根据“三点”分析情况，优化保护层做法（如砌砖、挤塑板等）
78		劳务价格优化	外墙抹灰可由保温单位一并施工，以降低抹灰价格，并规避后期维修责任问题
79	防水工程	品牌优化	根据“三点”分析情况，优化选择防水材料种类、规格、品牌、参数（如卷材防水、涂料或涂膜防水、渗透结晶防水等）
80		防水工序	优先采用倒置式屋面，保温层上设置刚性防水层，增加防水可靠性，降低维修成本。如甲供防水，应与专业分包明确损耗系数
81		防水混凝土配合比调整	根据混凝土试配试验，选用合适的外加剂和掺合料；加强过程监控，确保结构自防水质量
82		疏水板设置	对于面积较大且渗漏概率大的底板，应在底板结构面上增设疏水板

（续表）

序号	分类	控制点	管控要素
83	防水工程	节点做法	优化方案中防水节点做法，减少渗漏
84		注浆堵漏	根据地下室漏水情况、漏水点位置、漏点数量，综合确定注浆堵漏价格，堵漏费用应由责任方承担
85	保温工程	品牌优化	依据“三点”分析情况和当地消防要求，优化材料类型（挤塑板、石墨板、真金板、石棉板等）
86		材料供应	如甲供保温，应进行排版设计，与专业分包明确损耗系数
87		进场验收	进场时，应组织有关人员与封样对比，查看发票、合格证件等资料，并电话厂家回访
88		材料检验	进场后，根据规定选取样品进行检验，经检验合格后方可使用
89		施工时点	注意避开雪、雨季节，防止保温施工环节管理不善带来的渗漏等隐患
90	装饰	材料定尺加工	对石材、型材等材料应提前设计优化，并在招标时进行定尺加工
91		放线管控	加强放线质量，降低施工偏差
92		定制产品的工期	应提前进行市场摸底，倒排采购工期和制作周期
93		施工范围交底	如对墙砖的粘贴范围提前进行交底，避免多贴错贴
94		加工产品的现场复核	应安排专人到加工厂进行现场复核产品尺寸
95		分包招标	应对工序详细、完整、准确描述，避免与图纸规范的差异，引起分包索赔
96		联合验收	装饰封板前应组织安装、消防等专业进行联合验收
97		富余量	为降低材料色差影响，采购时应考虑一定的富余量比例
98		工作界面移交	与前序施工单位对施工质量进行全面交验，避免后续缺陷修复成本增加
99		设计深化	根据合同文件、现场条件、使用需求、概算情况等进行深化设计，优化施工工艺，优化基层、面层
100		品牌优选	根据合同约定、设计要求，进行材料品牌优选
101		主材控制	进行地砖等材料的排版优化，并限定主要材料使用量，控制主材消耗
102		辅材管控	根据图纸设计及现场实际测算，严控分包辅材用量（或限价由分包采购，我方管控材料质量）
103		措施方案优化	根据图纸设计及现场实际，结合土建、安装施工方案，优化出装饰最合理施工方案

（续表）

序号	分类	控制点	管控要素
104	装饰	计划管控	应根据现场放线排版情况，提出物资使用计划，编号采购，对号施工，降低采购浪费、现场损耗
105		半成品加工	型材的二次加工应由专业厂家施工，提高加工精度及效率
106		专业配合	与安装、消防、弱电等相关专业密切配合，控制施工进度
107		成品保护	根据现场需要，做好成品保护方案编制与实施，防止验收、交工前被破坏。取得甲方认可的保护措施
108	钢结构	深化设计	根据施工图纸的荷载条件、使用条件，进行深化设计；利用BIM技术手段，做好管线开洞和预留预埋的提前模拟
109		连接板周转使用	通过设计优化及现场管控，做好吊耳连接板的重复使用
110		油漆及防火涂料	不同的构件类型及要求，采用不同的施工工艺，降低材料损耗
111		吊装机械	分析吊装构件重量、最重构件重量级分布、吊装次数和场地条件等因素，编制吊装方案，确定吊装机械选型
112		吊装方法和顺序	根据构件特点和分布，确定合理的吊装方法和吊装顺序（如一层一吊、两层一吊或串吊）
113		连接方式调整	根据螺栓连接节点数量和施工难度，分析螺栓连接改焊接连接可行性，进行优化
114		油漆、防火涂料	根据设计图纸和使用要求，分析设计提供的防火涂料和防锈漆的适用性，并优化品牌、厚度
115		临时加固措施	根据构件类型，分类优化柱、梁、压型钢板、大跨度空间结构等钢构件的临时加固措施
116		连接方式变更	依据规范规定的锚板厚度、化学螺栓型号，将原本利润较低的普通螺栓优化为价格较高的化学螺栓，锚板等厚度及个数相应变更
117		钢结构防火漆	优化施工工艺、钢结构防火涂料做法
118		金属埋件深化	根据设计情况，优化金属埋件尺寸，但避免与规范不符
119		废料回收	加大金属构件的全过程管控，做好剩余边角料安装拼接再利用，监督废料回收
120		现场加固	对照图纸严控粘贴部位、层数、方式等
121		加固方案优化	如梁顶压条与板底压条产生重叠时，可适当减少工序
122		明确计量规则	涉及异形板碳纤维加固、梁板无规则裂缝修补等无法精确按规则计量的内容

（续表）

序号	分类	控制点	管控要素
123	模板支架	新型模架应用	劳务招标时，应对下属木工班组的新型模具使用经验进行考察；进场后，邀请有经验的专家进行培训，提高使用效率
124		模板组合	应对新型模架的配模情况进行分析，能取消异型模板的尽量取消，取消不了的用木模板替代
125		方钢管验收	验收时采用过磅为主、现场测量为辅的验收方式
126		严格配模	应编制配模方案，现场编号使用，过程不定期到检查
127		不可周转材料	特殊部位模板不能拆除或周转，应严格使用废旧材料
128		木方、模板拼接	应加强木方拼接、模板拼接再利用
129		分包管理	对于分包野蛮施工导致周转工具损坏、退场维修不积极导致租赁费增加等现象，应严格考核。对于基础设施板块，工作面路线长或无法全封闭施工的，可根据需要选择分包模式，将周转工具或周转材料等包给分包商，但要单独计价、价格合理，避免分包履约不能退场时的结算争议
130		项目间周转	料具应及时办理退场，对丢失料具应在过程核减租赁费；废旧木方模板应及时报告公司，在其他项目间进行调转
131	垂直运输	塔吊、电梯、地泵方案	应对塔吊、电梯型号，布置数量、位置等进行优化
132		租赁时间	塔吊应提前布置，减少前期汽车吊等投入；冬季停工、完工的退场时间均应严格论证，及时报停，既避免租赁费的无效增加，又要防止材料后期运输增加的其他费用
133		日常保修	应建立机械维保修制度，确保塔吊、电梯、地泵等机械的正常运转
134	给排水系统	土石方	安装室外工程的管沟，应现场实测实量，并确认工程量，避免分包结算按图纸超结
135		管道敷设	优化管道材质、连接方式、管道敷设长度和弯头三通等配件，分析图纸路由与现场路由差异，优先设置共用支吊架
136		HDPE 管	优化管材等级；对室外管路布置深化
137		UPVC 管	优化管材等级；根据楼层高度定尺采购管材，减少管配件的使用量；管材采购时，应将套管及阻火圈一并采购
138		PE 管	管材采购时，应将套管、支架的、保温、套管及阻火圈等一并采购
139		PPR 管	关注冷热水管的压力等级、明敷或开槽暗敷、保温情况、预留套管等；因 PPR 管辅材用量较大，变更较多，严格控制配件数量
140		钢塑复合管	关注涂塑与衬塑的差异以及不同管径的连接方式，做好支架、套管、油漆的计算；优化管线路由，减少衬塑配件的用量

（续表）

序号	分类	控制点	管控要素
141	给排水系统	镀锌、焊接钢管	优化不同管径丝扣、沟槽的连接方式；做好支架、套管、油漆的计算
142		不锈钢管	优化连接方式、支架设置、管道保温、管线路由，减少配件的使用量
143		铸铁管	根据图纸技术要求及业主验收状况，选择 A 型、B 型铸铁管、W 型铸铁管、W1 型铸铁管（室内）；一般情况，直管壁厚可以下公差标准采购，管件壁厚不做调整；减少铸铁配件的用量；关注室外埋地管的土方开挖、管道坞塝、支墩设置
144		黑金管材验收	黑金管材类：壁厚下公差验收指标，指标＜5%，壁厚验收指标合格率=(合同要求壁厚—实测壁厚）÷ 合同要求壁厚 ×100%
145		黑金型材验收	黑金型钢类：下公差称重验收合格指标，指标＜3%，型钢类验收合格指标＝国标比重 × 每米—实测比重）÷ 国标比重 ×100%
146		阀门采购及安装	关注阀门的类型、安装方式、压力等级（如球阀代替闸阀）；阀门连接法兰应含在安装单价中；在确保公斤压力的情况下，对阀体的重量、阀门连接方式（如法兰连接改为对夹连接）、阀门形式（如闸阀改为蝶阀）进行优化；对系统进行优化，调整阀门位置及数量，减少系统冗余的阀门及配件；根据采购品牌要求，验收供货产品是否为原厂产品、对于贴牌产品坚决予以退货并索赔；根据采购清单技术参数对阀门诸如阀体、阀杆、阀板、密封材质、连接方式等关键部位进行专项验收
147		水表安装	明确水表安装的工作界面，水表是否甲供，水表短管的连接是否可另行计算；根据现场清理确定立式还是卧式；关注合同内技术规格书要求（是否为远传水表，需 BA 控制）；优化水表型式（如智能水表调整为机械水表）。
148		卫生洁具	分析卫生间精装修布置图与土建施工图差异；明确洁具安装标高；卫生洁具安装完毕后及时封闭空间，杜绝无关人员进出，减少因清理洁具发生的分包签证
149		热水器	分析热水器尺寸是否满足精装要求；优化热水器参数
150		设备安装	对于设备基础与设备尺寸提前进行复核；明确设备支架设置、吊装费用、接地及调试、维护费用、安装界面
151		水泵安装	根据设计参数优化水泵减震台座、水泵的选型参数、接口类型；明确设备是否变频，配电箱是否含变频器；对照合同规格型号，进行数量，质量外观验收，查看随机附件、产品说明书，质保书，做到专业工程师，材料人员、分包共同签收办理开箱报告，避免缺件坏件说情况导致补件增加成本；水泵验收要注意采购技术要求，重点复核水泵叶轮材质
152		水处理设备安装	关注水处理设备的接口界面，药剂量；结算应列清设备元件清单以及整体槽钢支座做法
153		雨水回收系统、太阳能热水系统、虹吸雨水系统	根据“三点”情况，进行深化设计；依据设计优化方案＋经评审的最低价的招标原则，招标时总价包干，避免过程中专业分包变更增加成本

（续表）

序号	分类	控制点	管控要素
154	给排水系统	电梯系统采购与安装	根据“三点”情况，对电梯品牌进行优化；关注核心部件（门机、曳引机、控制柜），并在签订物资合同时，把备品备件的价格约定清楚，避免过程中定价偏差
155		管道压力试验、吹扫与清洗	第一次管道压力试验、吹扫与清洗属于合同包干内容，如管道变更，重新试压，应进行费用计算
156		给排水调试	费用结算时，应细分给水、排水、雨水等；车库单排集水井管道应合并出户，并减少穿人防墙、板的管道及阀门数量
157	电气系统	支架	根据项目特点，科学选择镀锌支架和普通支架
158		管道采购	根据不同安装位置选择不同等级的管材（如人防区用钢管、地下室用四级管、地上部分用三极管）；根据项目安装位置选用 PVC 轻型、中型管材；标准层材料定尺寸加工，降低材料损耗
159		管道敷设	优化电气管线路由、管材材质更、连接方式等；分析线管明敷与暗敷的施工方法；在预埋阶段，针对可以预见的后期变更或者变动部位的电气预埋管（如精装修区域的照明线管、动力设备的线管等），及时改成后期明敷或吊顶内明敷，减少预埋管线报废
160		开槽补槽	深化并精确定位电气末端点位，优先采用预埋电线管，减少后期线管暗敷
161		电线、电缆采购	矿物电缆应采用 BTLY 或类似的柔性矿物电缆代替普通 BTTZ 氧化镁矿物电缆，并明确专用电缆头及连接体的单价
162		电缆敷设	电缆测量、盘柜预留长度准确；电线电缆敷设按最短路由调整；合理安排电线电缆的敷设顺序；合理预留盘柜接线长度；电线电缆的材质变更，可从安全角度出发，适当调整类型及规格（如矿物绝缘电缆调整为耐火电缆）；电缆验收应重点查验首末两端数据，如遇到明显量差，查验打码间距、厂家是否有跳码行为；电线验收时随机抽检单卷长度
163		电线敷设	关注验收、使用管控；做好成品保护；根据需求定制加工 200 米 / 卷、300 米 / 卷电线，降低电线短头损耗
164		金属软管	关注软管长度的计算规范
165		桥架采购	应将槽式桥架优化为节能型桥架；采购时明确配件（螺丝、连接片、铜编织带等）；三通、变径、登高弯等按照延长米计算
166		桥架安装	优化桥架路由、桥架类型（如热浸锌桥架调整为热镀锌桥架），按规范进行截面尺寸优化；关注桥架接地跨接、敷设接地扁钢的计量；桥架验收应注意：线槽板厚测量下公差合格指标，指标＜ 5%，壁厚验收指标合格率＝（合同要求壁厚－实测壁厚）÷ 合同要求壁厚 ×100%
167		母线采购	浇筑型母线应明确接头浇筑单价，专用吊卡单价；对品质不高或安装空间较大的项目建议用合金母线代替普通铜母线；注意控制母线连接辅材单价、数量控制（如母线连接器）

（续表）

序号	分类	控制点	管控要素
168	电气系统	母线安装	优化路由，管线综合时优先考虑母线安装，减少母线翻弯及接头配件；按最优路径预制加工；深化时，将母线画至机房内柜子上方；母线验收应关注母线接地 PE 线是否与招标技术要求一致，厂家经常将五芯母线的 PE 线以母线铝合金外壳接地的方式偷换
169		母线接线箱	优化安装标高、接线箱后出线敷设方式
170		灯具采购	根据“三点”情况，对灯具品牌进行优化；若业主对镇流器无明确要求，可用电感式镇流器代替电子镇流器；应急灯具需明确应急时间要求、是否需要反光罩、色温照度等参数；智能照明及智能疏散系统占比较大的控制模块部分，采购时需要供应商提供组网形式，最大限度减少控制模块数量，或用大回路控制模块替代小回路控制模块（如 16 回路替代 4 个 4 回路模块）
171	电气系统	灯具安装	关注安装工序交接，成品保护、安装界面；注意分析装饰吊顶排布图纸与电气专业图纸的差异，避免出现定位偏差；绘制点位偏差图纸，精确计算电线及软管的长度
172		配电箱安装	优化配电箱元器件（如主开关、双电源切换、分断路器、多功能仪表、浪涌等）；关注配电箱二次系统的深化调整，内部元器件的替换
173		防雷接地系统	费用计算时应细分基础接地、引上线、均压环、避雷装置、接地跨接；分析预埋、明敷部分防雷系统差异；优化接地材料，尽量利用建筑物主筋作为接地线，减少镀锌扁钢用量，优化减少跨接点数量；依据防雷接地验收规范，除设计要求外，兼做引下线的结构构件不再进行焊接
174	电气系统	局部送电调试	做好泵与风机等配合设备调试；关注调试用电费用
175		电气调试	关注系统调试的用电费用；将临时电转正式电方案进行申报
176		其余系统电源配置	优化弱电系统等的电源配置、配电箱等
177	暖通风系统	风管采购	应选择镀锌板，禁止镀锌板以直板形式提计划供货；应选择下公差镀锌板，有助于提高成品率
178		风管制作工艺调整	依据规范对风管板材厚度和风管连接工艺进行调整；分析工厂化预制与现场加工经济性；通过 BIM 深化设计，调整风管路由、截面尺寸及风管配件，降低风管耗量；合理设计裁剪方案，降低损耗，提高成品率；镀锌铁皮加工风管的成品率指标应＞ 90%
179		镀锌钢板法兰连接	关注镀锌板材厚度管控；分析工厂化预制与现场加工经济性；核定损耗率；应采用锌层测量仪检测镀锌层厚度（锌层厚度不足，耐腐蚀强度低，会增加维修成本）；选择加工厂位置、摆放区域，以减少二次倒运与污染损耗
180		风口安装	根据“三点”情况，对风口形式、连接方式进行优化；注意分析装饰吊顶排布图纸与通风空调专业图纸的差异，避免出现定位偏差
181		风阀安装	对风系统阀门进行优化；根据规范和系统图纸功能要求，对系统阀门进行调整，减少风系统中冗余的风阀

（续表）

序号	分类	控制点	管控要素
182	暖通风系统	离心玻璃棉安装	分析玻璃棉密度及技术要求；关注计算方式（平方米或立方米计算）；关注玻璃棉外保温成品率指标
183		橡塑保温安装	关注计算方式（平方米或立方米计算）；根据大批量小尺寸风管定尺寸加工，降低材料损耗；关注橡塑板保温成品率指标，应＞85%；关注橡塑管保温成品率指标，应＞97%
184		防火板安装	关注防火板的损耗率、辅材的用量和安装范围
185		铝皮、不锈钢保温安装	明确施工界面，关注铝皮、不锈钢外保温成品率指标（应＞90%）
186		静压箱安装	根据噪声计算结果，选择合适的消声器；优化设备支架
187		消声器安装	优化消声器、静压箱形式型号和设备支架
188		风机盘管安装	明确设备安装界面；优化设备支架及减震系统；风机盘管招标时建议三速开关一同采购，降低采购成本
189		新风机组、空气处理机组	关注设备选型，优化设备的水管接口、进出风口风向，减少设备返工及接管；关注施工界面；关注设备定制；合理规划运输路线并预留墙洞，优先采用整机运输及安装
190		风机、排风扇	关注设备参数、型号规格、施工界面
191		减震器安装	关注技术规格，减震形式
192		漏风量检测	关注风系统第三方检测的费用
193		风系统调试	分析系统调试责任界面；结合 BIM 模型进行风系统模拟调试，提高调试效率，降低调试成本
194		人防系统	明确人防通风与常用通风界面；关注预埋穿通钢板的套管数量、人防设备参数
195		焊接、镀锌钢管	优化不同管径丝扣、沟槽的连接方式；做好支架、套管、油漆的计算；在满足设计要求的前提下优化喷淋系统管线、喷头
196		无缝钢管	关注管材壁厚，以及除锈、坡口、焊接的技术要求；优化固定支架设置；减少冲压弯法兰片的用量
197		阀门安装	优化阀门的类型、安装方式、压力等级；关注法兰及螺栓的相符性
198		冷冻水泵的运输及安装	减震浮动台座应选择现场加工制作和安装（满足规范最低要求）；提前规划水泵运输路线，预留运输通道
199		冷却塔的安装	明确施工界面；冷却塔一般散件进场，协调厂家就位组装
200		仪表安装	优化型号规格；做好成品保护；明确暖通与 BA 系统界面
201		阀门安装	优化阀门位置及数量，减少系统冗余的阀门及配件；优化阀门的类型、安装方式、压力等级（如局部用球阀代替闸阀）

（续表）

序号	分类	控制点	管控要素
202	暖通风系统	管道清洗、钝化、镀膜试验	明确施工界面；优化管道清洗、钝化、镀膜专项方案；及时出具报告并做好移交，规避后期风险；关注药剂用量、清洗次数
203		单系统调试	关注调试界面和调试水电费用
204	消防系统	末端设备安装	根据吸顶和吊顶情况，选择安装方式
205		机房设备安装	明确设备施工界面；关注调试配合；利用 BIM 建模进行综合排布，减少管道、管件及支吊架用量
206		单系统调试	关注调试界面、调试水电费用以及联动调试要求
207		管道敷设	优化不同管径丝扣、沟槽的连接方式；关注支架、套管、油漆、标识的计算；在满足设计要求的前提下，优化喷淋系统管线、喷头
208		阀门安装	优化阀门的类型、安装方式、压力等级以及法兰和螺栓的相符性
209		抗震支架	应根据情况，对抗震与普通支架结合使用，并采用综合单价模式
210		气体灭火管道安装	优化气体灭火管网形式，采用无管网灭火系统或悬挂式七氟丙烷灭火装置
211		水压试验	关注分段试压、系统试压及管线变更后再试压的情况
212		主管部门沟通	提前与当地消防局沟通了解当地消防验收特殊施工做法、标准，避免消防验收时造成返工
213	路基	土石方填筑	严格控制路基刷坡验收质量，避免刷坡不到位影响附属工程施工；避免土石方及路基附属交叉作业纠纷
214		渗水土填筑	控制渗水土的填筑坡比、厚度；按要求布设土工布，确保排水畅通
215		路基预制构件	为降低运输损耗，预制和运输要进行综合分包，并适当提高运输单价；合理控制施工现场库存，避免在现场的积压破坏
216		路基附属工程	根据附属工程混凝土需求量少浇筑频次多的特点，尽量协调业主、监理单位采用现场自拌；混凝土吊装设备要进行多方案比选
217		土工布、复合土工膜、土工格栅	结合现场实际情况，制定铺设方案，减少搭 / 拼接宽度，合理优化材料品牌，在分包计量时做到联合验收、按实计量
218		水泥砂浆桩、CFG 桩	根据地质情况、承载力情况、结合现场实际情况，优化试桩方案、制定桩位布置方案，在分包计量时做到联合验收、按实计量；分包合同中应明确虚桩不计量
219		浆砌石	应明确浆砌石综合单价包含泄水孔、勾缝、抹面等所有工作；严格控制砂浆用量，按要求坐浆施工，杜绝灌浆。明确按照实际厚度折合方量进行计量，确保质量，降低分包成本
220		路基地段电缆槽	电缆槽基础按标准尺寸施工；电缆槽预制构件勾缝、平整度要作为现场作业的质量控制点

（续表）

序号	分类	控制点	管控要素
221	路基	路基接触网基础灌注	接触网预埋件安装要严格控制预埋件定位，灌注前贯通地线必须引出地面
222		桩板挡土墙	要做好护壁的验收，按实计量
223		桥梁墩柱	明确按照实际厚度折合方量进行计量，确保质量，降低分包成本
224		泥浆钻渣处理	由于环保要求，泥浆和钻渣要进行处理，尤其做好弃渣场、沉淀池的选择工作，避免出现污染环境的情况出现
225		桩间土处理	CFG 桩在处理过程中会产生大量桩间土，应在分包合同中明确约定清理运输的责任单位
226		混凝土灌桩	应加强桩基混凝土供应、施工工艺管理，避免出现断桩现象，并控制钻头直径，防止超灌
227		基层铺装厚度、宽度控制	通过导线控制虚铺厚度，防止铺设厚度超过设计厚度；边部铺设枕木或提前培土路基，防止铺设超宽，浪费基层材料
228	路面	路面工程	厚度按下限控制；推广基层双层连铺施工，减少养护成本和时间成本；场站的布置，要最大可能的靠近主线且运距要短，不走市政公共道路，减少运输成本和协调成本；工程体量大的线性工程，进场之初，快速建设场站、快速购买囤积碎石材料，减少材料涨价成本；安全附属设施，以及对社会及公众安全可能造成大影响的安全设施材料，必须保证完全合格；注重沥青路面施工中的过程管理，及时统计分析能耗量，关注沥青、电、燃油或燃气的总用量和单位用量，防止超用
229	桥梁	控制基坑开挖坡度及标高测定	明确放坡系数，按实际开挖量且不超过预定放坡系数计量；基坑抽水较难计量，应尽量包含在基坑开挖综合单价中；打拔钢板桩应按实际施工的钢板桩重量进行计量
230		桩头大小、扩孔系数	明确钻孔桩按设计桩长进行计算，明确桩头超灌长度，桩头由下部结构队伍施工，单独计量，确保桩基钢筋与承台、系梁钢筋搭接质量。施工中要选择合适的钻头尺寸，确保规范要求范围内扩孔，避免塌孔，防止混凝土不合理超用
231		垫石标高控制及支座螺栓孔的位置	垫石施工前对盖梁标高进行复测，准确定位垫石标高及支座螺栓孔位置；有条件的情况下盖梁与垫石可同时施工，以减少吊车费用
232		模板、支架	合理安排多跨梁施工顺序；严格控制支架数量和租赁时间；做好支架基础的方案论证；预压材料循环利用及废弃预压材料的处理、支架基础硬化、预埋构件要位置精准，避免返工
233	隧道	开挖量	应明确正洞洞身土石挖运按设计图示计算，不含设计允许超挖、预留变形；严控开挖边线，测量放线时，适当内收开挖轮廓线以抵充超挖尺寸；根据隧道监控量测数据，控制隧道预留变形尺寸；根据隧道开挖后底板积水多、车辆通行频繁导致底标高下降的特点，在测量放线时，适当提高隧道底部开挖边线；严控掌子面与仰拱二衬的安全步距，避免只开挖不衬砌；洞内布设的三管（通风管、给水管、排水管）和两路（高压电路或低压电路）应尽量含在劳务综合开挖单价中，并明确每项价格，不再单独计量；严格控制火工品领用，火工品消耗要及时转扣；注意“坚硬围岩”碎石的回收

（续表）

序号	分类	控制点	管控要素
234	隧道	模筑混凝土	应明确正洞洞身衬砌混凝土按设计图示衬砌断面数量计算，包含沟槽及各种辅助洞室衬砌数量，不含设计允许超挖回填量、预留变形量；应明确衬砌拱顶应预留衬砌背后的注浆孔和接触网支架螺栓，并约定相关处罚；严格对称分层浇筑，防水板按设计搭接并保证挂设的松弛度；每次衬砌浇筑前要实测初期支护的变形沉降量
235	隧道	喷射混凝土	应明确喷射面积按设计外轮廓线计算，喷射厚度按实际喷射并不超过设计厚度计算；现场要对喷射混凝土进行破检抽查，避免拱架背后空洞；明确湿喷与干喷混凝土的工艺；科学论证施工配比
236	隧道	管棚、超前小导管	注浆施工时必须有现场技术人员确认注浆量；导向墙按实计量；明确钢管要按实计量，但不超过设计长度
237	隧道	锚杆	应明确按实际施工锚杆的数量及长度计量，但不超过设计长度
238	隧道	钢支撑	应明确格栅钢架、型钢钢架按实计量；明确钢架连接钢筋、螺栓、螺母、橡胶垫片
239	轨道	桩基施工窝工闲置、充盈系数控制	尽量避免超灌造成的桩头破除，或者施工问题造成的桩基侵限剔凿、桩基施工位置偏离造成的支护混凝土喷射超厚等问题；尽量连续施工，如确属遇特殊地层等发生窝工事件，应按合同及时办理签证
240	轨道	高压旋喷桩加固、三轴搅拌桩止水帷幕等	若三轴搅拌桩止水帷幕按照立方米计算时，两桩重叠部分工程量只计量一次，控制水泥掺量，注浆压力，加强甲供水泥管理
241	轨道	钢支撑	提前进行方案设计；约定钢管支撑的计量规则，明确钢围檩、活络端、固定端、连系梁、钢垫箱等是否含在综合单价中
242	轨道	土方工程	桩（及泥浆）与车站土方要一同招标，降低桩基土方单独外运增加的成本；应约定指定弃渣场运距；覆土回填应与土方外运同时进行招标，考虑泥浆分离，减少场内二次倒运周转，优化开挖工序，减少降低土方外购成本。桩（及泥浆）与车站土方要一同招标，降低桩基土方单独外运增加的成本；应约定指定弃渣场运距；覆土回填应与土方外运同时进行招标，考虑泥浆分离，减少场内二次倒运周转，优化开挖工序，降低土方外购成本
243	轨道	车站主体	车站主体招标时，应包括龙门吊基础、混凝土支撑梁、冠梁、挡土墙等工程，以保证施工连续性；统一分包的各分部分项的价格要合理，底板、顶板、边墙等施工难度较低部位价格要适当偏低，中板、轨顶风道、站台板、中隔墙、楼梯等施工难度较高部位价格应适当偏高；出入口及风亭组的主体结构应随车站主体一同招标，避免甩项造成成本增加；车站及附属结构尽量保持连续性施工；严格控制防水及混凝土自防水施工质量，质量缺陷应在施工过程中及时进行修复，避免责任划分不清。车站主体施工时优化技术方案，提前预埋接驳器，尽量减少后期植筋量

（续表）

序号	分类	控制点	管控要素
244	轨道	盾构工程	应约定盾构盾尾油脂、齿轮油、润滑油、液压油等机械耗材的控制指标；约定衬砌混凝土、同步注浆材料的消耗指标；钢轨、轨道板、走道板等周转性材料的周转使用率；遇硬岩、孤石、过特殊建筑物风险源时，要有专项的设计方案；管片防水及背后注浆要加强，降低质量缺陷成本；盾构始发及接收方案要进行技术经济论证；应选择专业单位来进行盾构的组装调试、维修保养等工作，降低盾构在施工过程中因故障而造成的成本；管片嵌缝及手孔封堵要按要求施工，同时注意过程中的错缝、管片破裂等质量缺陷要及时修复；每两台盾构机要成立专门的盾构工区，一般包括工区长及主司机在内按照 28 人左右的编制；要严格控制分包班组的人员数量，按照每个工区两台盾构机、两班施工的 90 人进行配置
245	地下管廊	外挂舱底部	由于外挂舱底部回填土有压实度要求，人工机械均不能夯实，在外挂舱底部预埋注浆管，进行素土回填，肥槽顶部压实后进行压力注浆，可增加注浆费用
246		钢筋	管廊标准段多，同长度、同规格横向钢筋使用数量多，可定尺化管理，减少套筒使用数量及钢筋损耗；尽量设计梯子筋纵筋和墙体纵筋为同一规格，绑扎梯子筋部位墙体竖向钢筋取消
247		肥槽	为了消除黄土湿陷性，保证道路不下沉，管廊肥槽两侧可将素土回填变更为灰土回填
248		成品支架	为了减少对墙面原结构的破坏，增强电力支架的承载力，可将综合舱、缆线舱支架由预埋槽钢＋托臂形式变更为支架采用“UNC”成品支架
249		墙模滑移体系应用	管廊标准段多、工期短，使用滑模体系，可节省竖向结构模板水平运输、材料、人工费用
250	办公用品、设备	办公用品	项目部办公用品由项目办公室（或物资部）统一采购；所有办公费用全部包干，不得以任何形式转入其他费用
251		个人日常办公用品	包括笔、本子、尺子、订书机、剪刀、美工刀、胶棒、计算器、长尾夹、垃圾袋、回形针、百事贴等；品牌以“得力”“齐心”等知名品牌为主；费用标准：50 元 /（人 · 月）
252		公用类办公用品	包括打印纸、硒鼓、墨盒、档案盒、一次性水杯等；严格管控标准
253		办公设备	项目办公设备均需贴有实物编号；以经理部为单位每半年盘点一次，由经理部办公室负责调配和周转；周转费用＝设备原值 ×（使用年限 ×12 − 已使用月数）÷ 使用年限 ×12
254		办公家具	严格办公桌椅、文件柜、沙发、茶几等采购标准
255		办公及生活电器	严格执行公司采购标准、租赁标准
256	车辆管理	车辆维修	车辆维修保养应先审批再维修，并在指定的厂家进行维修；维修超过额度，会同办公室制定维修方案
257		车辆使用	项目部租赁车辆应由经理部办公室负责，车辆油费由经理部办公室负责统一办理登记（个人及项目部不得自行进行油卡办理），车辆年使用费控制在预算费用内

（续表）

序号	分类	控制点	管控要素
258	临建用房	办公室	办公室应执行统一规定，项目副经理应与一般人员在一起办公，可搭建小隔断划开区域
259		项目会议室	项目会议室宜以中、小会议室为主，特殊项目可设大会议室；根据项目分级，设定会议室面积
260		项目管理	项目管理人员住宿人均使用面积按规定执行
261		项目活动室	根据标准化管理要求，设置工会工作站、体育活动室、职工图书室
262		临建用房选型	项目应根据实际情况，选择合理的临建用房形式，比如办公区选用箱式房、工人生活区选用二次调拨彩钢板房、短期临建租用集装箱
263	临水临电等	方案先行	根据施工方案和施工图纸，优化并确定临水临电布置
264		采购	明确与分包的采购界面，提报采购计划，并执行公司统一采购标准
265		硬化	临时道路应统一规划，并编制施工图纸；对于需要处理的地基，方案应经公司审批；硬化材料的选择应进行技术经济分析后确定
266		施工便道	基础设施工程的施工便道是工程材料、机械的主要运输通道，应重视便道的施工质量，一次性修筑好
267		加工棚	应按公司统一标准搭设钢筋、模板等加工棚，提高周转次数
268		推广绿色施工技术	推广使用空气源热水器、可移动太阳能路灯、循环水系统、可移动废料池、可移动厕所等实施效果好、周转使用率高、经济效益可观的绿色施工技术措施
269		临时水电转化	施工后期利用永久工程代替临水临电工程，并加强临水临电日常维护费用控制
270	临时用工	用工程序	根据现场需要，按规定程序公司人力资源部，审批后使用，防止用工纠纷
271		用工数量	安保等人员应两班制，统一配置标准，并随工程进展进行人员调整
272	资料管理	完善有关手续	项目管理人员进场时，要及时与发包人办理进场记录，明确现场情况、进场日期等，并及时取得项目《建筑工程施工许可证》《项目监理合同》等资料
273	招标采购	招标范围确定	结合项目规模、合同工期、施工难度、工序特点、平面和垂直布置形式等综合确定施工标段、分包范围，规避现场停窝工、零星甩项等问题
274		招标控制价	基础设施项目要根据线性工程的特点、施工方案、作业环境制定分部分项的控制价；根据具体各分部分项的工程量情况和施工顺序进行价格的合理平衡
275		地材价格	依据基础设施项目周期性、环保影响，可能造成的地材紧张问题，应时刻关注地材的供应量，以及不同标段间单位的竞争问题，做好采购策划，对于偏远地区基础设施项目，地材还需考虑地方垄断和供应能力而带来的材料涨价风险

（续表）

序号	分类	控制点	管控要素
276	项目策划	征拆策划	据现场勘察情况和施工组织设计，在项目策划中明确征拆范围、时间等，明确分工，责任到人
277		商务策划	包括但不限于项目背景、客户关系、投标报价策略、合同条款、施工技术措施、现场平面布置等，应根据项目“三点”分析情况，制定商务策划立项和实施措施，具体数量根据项目总造价、建筑面积、承包模式等因素确定
278	项目目标管理	项目岗位责任书	要结合项目情况，将《项目目标管理责任书》成本控制指标逐一分解，落实到岗。包括前期的成本测算，项目部应充分了解市场行情，如现行分包价格与材料、机械价格，尽可能准确进行标价分离，以便对项目精准地引导项目管理
279	工期管理	关键线路	施工前应统筹分析总体进度计划，确定经济效益最大的线路为项目管理的关键线路
280		专业管理	依据项目工期、项目特点等实际情况，确定有实力的专业分包商，并分析各专业、各工序间的穿插性与继承性，确定最佳的施工组织设计，降低专业分包的停窝工风险
281		工期和费用索赔	要通过全面落实《工期及费用索赔与反索赔管理指引》，规范工期及费用索赔管理行为，推进项目降本增效。在项目管理过程中，要留好施工过程中一切与日后索赔相关的工作联系单、会议纪要等，以免在结算谈判阶段处于被动处境
282		相关方沟通	加强与发包人、监理、主管部门等有效沟通，防范沟通不畅带来的验收不及时、故意或恶意复检或罚款等因素，导致施工不畅
283	质量管理	做好测量放线工作	做好放线复核，确保尺寸无偏差，防止放线错误导致停窝工，并根据规定、标准，尽可能地将尺寸限定在负差范围内，降低成本
284		封样管理	加强招标前的技术参数评审、招标材料的封样管理，保证招采符合设计和质量要求
285		落实质量管理制度	执行好方案先行、样板引路、过程“三检制”等，注重制度管人，抓好细节
286		关键质量成本控制	梳理各分部分项工程的细部做法和质量控制要点，落实相关岗位职责，严格过程管控
287		成品保护	对进场原材、半成品、施工成品、过程已完工序、分部分项工程等进行成品保护
288		与价格关联	质量部根据合同有关项目质量条款，进行量化评价，商务部据此计价
289	安全管理	创新安全教育形式	将安全技术交底、安全常识、临电管理、施工工艺流程等内容录入二维码后台管理系统，生成二维码打印张贴，进行安排教育培训
290		安全策划	结合工程类型及结构形式、施工工艺、施工进度、生产条件变化、气候条件、施工队伍、管理资源等影响因素，分析工程重难点，精准辨识项目存在的主要危险源，并结合行业内先进的安全技术、措施和管理方法，确定监控措施

（续表）

序号	分类	控制点	管控要素
291	安全管理	安全会议	定期召开安全会议，强化安全岗位职责，确保安全措施贯彻落实
292		机械日常保养	项目机械管理员要建立机械管理台账，结合机械状态及检验情况，制定日常保养计划；同时，备足常用零配件，过程加强使用检查，按需要或按计划进行保养，确保机械安全、正常运行
293	预算管理	施工图预算	依据合同约定完成施工图预算编报或清标，没有约定的，在项目部收到全部图纸后 60 天内完成；属于三边工程的，要分阶段完成
294	确权管理	签证、认价	加强沟通与协调，提高签证索赔、认质认价材料的确认时效，确保足额计量
295	分包管理	费用收取	及时按合同约定收取总包服务费、配合费或（和）履约保证金等
296		合同、制度交底与考核	分包进场后，对分包管理人员进行质量、安全、商务、人材机、管理资源配置和管理制度等全面交底；加强制度考核，确保从进场初始受控。
297		分包参与方案研讨	在平面布置和技术方案论证时，应征求分包商的合理化建议，兼顾分包资源配置和成本投入，避免重复投入，确保施工连续
298		班组价格摸底	对主要劳务班组的价格进行摸底，提交项目商务部，与合同价格进行对比分析，如有班组成本异常，制定风险防控方案，进行帮助纠偏
299		分包签证	经济签证实行“日清月结、月度封存”制度。公司的商务部门应定期组织项目相关部门集中审核，形成统一意见。签证内容必须注明签证发生的时间、地点、事件、机械型号、机械数量、人工数量、工程量、照片等信息
300		分包计量	严格按照合同约定计量，必要时参考技术交底、现场实际情况等，与相关部门联合进行测量、验收，审核分包实际产值，避免过程超付。制作分包完成工程量动态监控表，每月劳务完成工程量、累计完成量与工程预算量进行对比分析，避免工程量超付；盘点物资台账，每月分包计量时与物资消耗量对比分析，防止超计或者材料浪费
301		垄断性质分包	水务、电力、人防、高低压尽量业主独立分包，如不能独立分包时尽量减少垄断行业的施工范围；电信、电视施工支架争取业主支持采用我方公用支架，减少创优整改费用
302		分包结算	按分包合同约定时间及时进行办理和上报审批，特别注意结算条件是否具备，尤其是完工验收是否合格、材料对账是否完成、各类扣款是否确认、退场记录是否签字、经济签证是否审批等
303	物资管理	物资需用总计划	建立所辖项目的物资需求总计划台账，项目开工后 2 个月或项目复工后 1 个月内，商务部门要根据施工图纸、技术方案和施工进度提供项目物资需用总计划（节点计划）
304		物资采购策划	对物资采购方式进行策划；根据项目特点，定制加工，如厂房桥架 3 米改 6 米，减少管件
305		材料计划量	责任工程师要逐渐从劳务分包报量向自行算量转变，不断培养自行算量的能力，提高计划用量的准确性
306		物资计划管理	坚持无计划不进场的原则，加强物资计划审批管理，控制物资进场种类及数量

（续表）

序号	分类	控制点	管控要素
307	物资管理	节超分析	按规定对“计划量、采购量、预算量和实耗量”的对比进行分析，对存在的问题，及时分析原因，制定并实施纠偏措施
308	方案管理	方案经济性	关注专项方案编制的完整性、经济性、可行性和先进性，并在施工前督促完成施工技术交底、安全交底和进度计划等的编制工作，实际施工时快速加以完善，使方案既要指导施工，更要内控降本
309	方案管理	商务参与	商务参与方案讨论和审批，对方案降本进行把关
310	方案管理	内外有别	对外施工方案，要经业主、监理和设计院（基础设施项目）确认，以作为结算依据；对内施工方案，要严格评审程序，降低成本，指导项目施工
311	科技、设计管理	新技术应用	技术与商务要协同研究“科技推广应用技术清单”技术，分析论证新技术应用的降本情况，在项目上进行推广应用
312	科技、设计管理	创新技术降本	对于重点工程，联合设计、科研院校和专业技术公司成立了科研小组，通过开发新技术，实现降本
313	科技、设计管理	新材料应用	以项目工期、质量和成本为切入说服业主，推广使用免抹灰砖、新型保温、防水、涂料等，实现降本增效
314	科技、设计管理	双优化	组织全生命周期“三点”动态分析，根据地质情况、场地条件，设计（方案）、建造标准、其他同类产品的设计做法，材料的市场供求情况、价格范围等，地方政府部门的特殊要求等，进行多方案比选分析，提出设计优化点，进入施工图
315	科技、设计管理	施工图审查	结合国家、地方相关规范及业主运营标准，以公司利益为出发点，通过施工图纸审查，提高图纸的完整性
316	科技、设计管理	材料代换	要研究该项工程的设计和功能需求，通过分析同类产品的厂家供应情况、性能参数、主要构件的设计参数和价格情况，确定最优方案，并取得业主和设计院的认可
317	科技、设计管理	方案设计	围绕成本控制，成立设计优化小组，积极对接方案设计单位。在方案设计报规前减少效果图、总平图中的增加成本项目（如景观效果、灯光效果、外立面装饰效果等）；满足项目报规容积率的条件下，尽可能减少地下室层数、地下室层高；减少各类机房（总配电室、换热站、水泵房）数量；保证施工阶段平面布置图最优，以节省塔吊布设、二次倒运等
318	科技、设计管理	勘察设计	勘察同步介入，完成地质分析及建筑物下部及周边管线分析。彻底摸清项目周边情况完成市政接口大体位置（自来水、燃气、电力、热力、排污等）。以便于施工图设计阶段各设备机房定位最经济。施工总承包的项目要通过沟通地勘单位，在地勘报告中做好数据支撑，为后期工程量策划做铺垫。如地勘报告揭露砂层位置（影响支护桩长）、岩层位置（影响桩基及抗浮锚杆长度）、钻孔见溶洞率、溶洞高度范围（影响溶洞注浆方量）地下水位（影响降水井数量）

（续表）

序号	分类	控制点	管控要素
319	科技、设计管理	施工图设计	施工图设计优化要根据招标文件、合同、相关设计规范、节能、消防、人防、交通等项目特点完成设计指标制定、含量控制等的优化。优先完成桩基、基础选型，天然地基处理，基坑处理，地下室结构等优化工作。需要注意的是，住宅工程结构阶段的设计优化着力于正负零以下，会产生较高的效益（基础埋深、层高设计、外加剂选用、基础选型、桩基类型、天然地基处理等）。标准层结构可以优化的空间非常小，前期工作务必重视。另外，门窗设计优化除了窗墙比外还要综合考虑节能、消防、材质等要求进行设计
320		深化设计	深化设计要依据结构、装饰方案进行主要施工工艺对比分析（防水工艺、铝模板、叠合板、外架体系、钢筋连接等），并且一定做到采购策划先行，及时提出所用设备、材料清单（如防水材料、门窗、外墙保温材料选型，电梯、太阳能等设备比选等），通过考察不同产品及施工工艺到达指导设计的效果，针对材料的考察、对比、分析提供设计变更建议，落实到图纸中去
321	甲指分包	公共资源管理	加强总平面、道路路网、垂直运输、临水临电等公共资源管理，制定统一整体施工方案，充分考虑主体结构、装饰装修及其他施工环节的整体成本最低，如合理利用外墙脚手架、塔吊、电梯、外墙防护等设施，降低分包直接成本，转化为我方利润
322		施工组织	注重施工阶段进度穿插、风险合理转移等进行策划。如在电梯招标文件中策划提前安装正式电梯，能够实现外运电梯提前拆除，减少措施费投入，同时能够实现外立面提前封闭，室内精装提前完成，节约工期。
323		公共费用	统筹规划，在材料检测费、人身意外伤害险、排污费、施工 / 生活电费、临设使用费、堵洞、小型机械费、开荒保洁费、安保费等方面加强专业分包的费用合理分摊
324	会议管理	项目经济运营分析会	要按标准化手册规定，召开项目经济运营分析会，对项目成本管理总目标、各分项成本指标完成情况进行分析，分部门制定纠偏措施、责任到人、持续改进
325		优化竣工资料	竣工图由设计技术部安排专人绘制，由项目商务经理从结算角度提出意见协同绘制，共同承担责任。从效益最大化出发，对竣工资料尤其是竣工图纸要予以优化，技术部门和商务部门要将图纸会审、设计变更、技术核定单、施工方案以及有利于计量计价的措施进入竣工图纸
326		抓好结算清单销项	竣工前三个月，要分析施工过程尚未解决的问题，包括材料认价、变更签证、费用索赔、计价分歧、资料优化等，根据项目管理人员的岗位分工，制定目标、销项时限，并定期跟踪，确保结算编报前完成
327		夯实项目实际成本	竣工前，商务经理牵头分析项目实际成本，由各相关方书面提供成本数据，扎实项目实际成本，结合项目目标管理责任书等，确定结算编报底线
328		落实总包结算策划	根据项目情况和合同约定等，项目经理牵头组织结算策划，对结算资料优化、问题清单销项、结算编制质量、分层对接等做出安排，并定期督导，为结算办理创造条件

（续表）

序号	分类	控制点	管控要素
329	结算管理	做好结算时效管理	依据合同约定和“3163”结算时点要求，及时编报竣工结算；及时完善竣工交备手续，确保结算条件；沟通发包人、审计公司等有关方，及时安排结算核对；对结算过程中出现的争议，及时进行沟通，避免一揽子解决。
330	成本还原	商务总结	应对完工项目进行成本总结，分类整理各类含量指标、每平方米造价指标、成本管控得失、经验数据等，协助建立完善企业定额

（2）坚持“无策划不商务”。项目“铁三角”要协同联动，在项目商务优化中发挥核心作用；要围绕产品定位、功能需求和设计可能的变化等进行投标报价优化，投资概算策划要关注建安费用构成并做好加减法；要深化钢筋精益管理，在放样优化、技术优化和精算优化上下功夫；要建立临时设施分级标准，有效控制临设产值占比，加强项目资产建账、标准化配置及周转管理；要强化资金时间价值意识，严格结算责任考核，确保结算时效和效益；要重视竣工项目后评估与成本还原工作，加强总结分析评价和知识集成共享。

（3）避免无效成本支出。通过实施无效成本管控，降低项目成本费用，以最少的成本取得最优的经济效益。项目经理要在开工前组织项目管理人员根据无效成本分类清单（表 8-2），结合项目特点和合同约定等，进行无效成本识别，分解落实岗位责任，制定防范措施；过程要结合项目部周例会，检查和纠偏各系统无效成本的预控情况。

表 8-2　无效成本分类清单

序号	环节	策划点	表现形式或导致结果

第九章

安全与现场风险管控

从本质安全、行为安全、智慧安全及智能管控三方面入手，实现安全管理精细化。

一、本质安全

在设计阶段通过设计优化减少施工过程安全隐患，实施永临结合，永久设施代替临时防护，提升作业环境安全性。

（一）安全计划管理

安全计划管理依托于精益计划及项目工序穿插模型，根据项目的穿插计划对现场存在施工安全隐患的重点部位及工程进行危险源计划监管，从而提前进行预判及采取相应的应对措施。表 9-1 为 N-4 层危险源识别模型。

表 9-1　N-4 层危险源识别模型

节点类型	节点内容	隐患类型	计划管理重点
主体施工阶段	主体施工至 4 层爬梯安装	起重伤害、消防、物体打击、高坠	该阶段危险源监控重点在于现场爬架安装旁站及检查
	主体施工至 7 层电梯安装	起重伤害、消防、物体打击、高坠	该阶段危险源监控重点在于现场爬架安装旁站及检查
	N 层 作业面支撑体系、钢筋、混凝土浇筑、爬架验收及提升	高处坠落、物体打击、触电	该阶段危险源监控重点在于现场爬架验收
	N-1 层 拆模、养护、修补清理等	物体打击、高坠	该阶段危险源监控重点在于现场爬架检查及作业面巡查
	N-2 层 室内螺杆洞口封堵等		
	N-3 层 支撑体系拆除、楼层清理		

（续表）

节点类型	节点内容	隐患类型	计划管理重点
主体施工阶段	N-4 层 外窗栏杆安装、打胶等	物体打击、高坠	该阶段危险源监控重点在于现场爬架检查及作业面巡查

（二）安全设计优化

安全设计优化管理主要依托于两图融合，将地上结构尤其是外立面砌体、电梯井道砌体、过梁、反坎、构造柱、空调板线条等二次结构深化为混凝土一次性浇筑，避免了高空临边及洞口砌体作业风险。外墙一次浇筑成型后可直接进行外侧窗安装，有效降低安装风险。安全设计优化示例如图 9-1 所示。

（a）外墙砌体优化为剪力墙

（b）电梯井砌体优化为剪力墙

（c）自动爬升塔吊走道

（d）电梯基础构造柱支撑

图 9-1　安全设计优化示例

（三）安全工艺优化

止水节、套管预埋：避免外立面管线二次吊洞施工，杜绝外立面高空作业风险。铝模外墙成型精度高，采用铝模施工工艺减免外墙抹灰工序，同时也可减免爬架下降工序，大大降低了外立面高空作业风险。安全工艺优化示例如图 9-2 所示。

（a）止水节预埋

（b）套管预埋

（c）外墙免抹灰

（d）屋面花架改钢构

图 9-2　安全工艺优化示例

（四）安全措施优化

措施优化以保证施工安全可行为前提，从永临结合、优化措施方案、开发实用工具等方面，减少临时施工措施投入，消除多余辅助措施资源浪费，减少多次安拆及施工带来的安全隐患。安全措施优化示例见表 9-2。

表 9-2　安全措施优化示例

编号	名称	简述	图示
2.1.4-1	水平洞口防护（短边尺寸≤1500mm）	铝模： （1）混凝土浇筑前，通过模板凹槽设置钢筋，混凝土浇筑后钢筋网永久留置；由于凹槽存在，顺一侧拆除模板即可，不影响已设置的钢筋防护网。 （2）部分有传料功能的洞口长边设置单层单向钢筋，方便传料，同时具有防护效果	

（续表）

编号	名称	简述	图示
2.1.4-2	水平洞口防护（短边尺寸≤ 1500mm）	木模： （1）木模开槽，做法原理同铝模。 （2）设置钢筋弯钩，与洞口两侧钢筋拉结，避免开槽，同时避免混凝土浇筑后模板难以拆除	
2.1.4-3	定型化施工升降机出入口平台	布置楼层升降机时，节约平台架搭设，以建筑结构平台作为出入口平台，既满足升降机使用需要，亦减少了措施投入，规避了后期升降机平台架拆除风险，优化了施工工艺	
2.1.4-4	临边、高处作业防护	阳台、楼层、大洞口边等临边作业防护方式可采用： （1）安全绳、钢丝绳穿插预留洞口、穿墙螺栓孔进行固定，必须牢固可靠。 （2）使用膨胀螺栓式挂扣，必须采用 M8 型号闭环式膨胀螺栓，固定牢固。 （3）使用移动式可调节安全带固定夹具，固定夹固定在剪力墙、梁底等部位。 （4）写字楼等商业公办项目临边范围较广时，可采用膨胀螺栓安装至框架柱，互相拉设安全绳提供较长范围内安全带系挂点。 （5）可采用类似吊篮安全绳的方式，在已拆模最顶层直接将安全大绳固定在结构柱上，则阳台垂直立面均可将安全带挂设在该大绳上	 

（续表）

编号	名称	简述	图示
2.1.4-5	工业式插座电箱推广使用	现场二级箱、开关箱均采用工业式插座电箱，并且电箱设置双层防护门，减少工人私自接电现象，避免现场因违规接电造成用电规范用电管理	
2.1.4-6	承插型盘扣式脚手架安全通道	现场安全通道通过承插盘扣式脚手架搭设而成，与传统做法相比，安拆操作简单方便，自重轻，受力合理、抗冲击性能好，构配件可多次周转重复使用	
2.1.4-7	消防永临结合	在单栋建筑物设计消防系统中选取单根永久消防立管作为施工期间临时消防立管，并在每层采用临时消防栓（箱）辅以接驳，确保楼层消防管线通水且滞后作业层不超过3层，配合消防器材的合理配置，大大降低了楼层内的消防安全隐患，同时避免临时消防管线安装拆除的作业风险	
2.1.4-8	加工区永临结合通风排烟设施	提前深化设计施工现场加工区布置场地周围通风排烟设施，提前施工，根据加工区通排风需求留设排风口，切割机等施工机具排风管道可按正式管道等尺寸制作安装，便于后期周转安装成正式排风管	

（续表）

编号	名称	简述	图示
2.1.4-9	空气能热水器	生活区洗浴热水采用空气能热水器，在保证工人洗浴需要的同时，降低了传统锅炉热水器的安全风险及维护成本，达到节能减排，降本增效的效果	
2.1.4-10	“市政先行”场内道路做法	便于场内文明施工、人车分流、扬尘治理等方案落实	 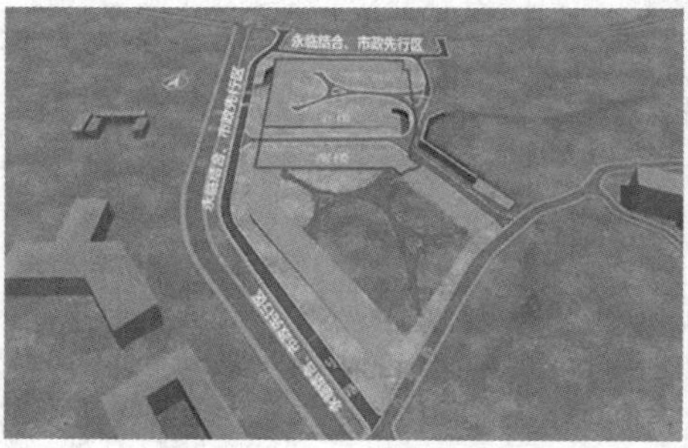
2.1.4-11	后浇带构造柱支撑	楼层及地下室后浇带采用构造柱支撑体系，在保证独立支撑受力的同时，降低支撑架体材料的租赁费用不确定性及维护，降本增效的同时，保证了项目楼层及地下室整体形象	

（续表）

编号	名称	简述	图示
2.1.4-12	后浇带构造柱支撑	后浇带采用构造柱及型钢柱支撑代替传统独立支模架支撑做法，拆模后整体文明施工形象较好，减少地下室后浇带回顶钢管材料大量积压	
2.1.4-13	墩柱盖梁施工一体化操作平台	通过将工具式、拆卸方便的人员操作平台与墩柱模板、盖梁分配梁统一设计，不仅防护效果好、方便人员操作且形象整洁美观、提高施工效率	
2.1.4-14	预制箱梁一体化操作平台	对预制梁模板进行改良，外模两侧增设操作平台，安装拆装方便的装配式防护网片，作业人员上下均采用标准化移动登高梯，保证作业人员高处作业安全	 

（续表）

编号	名称	简述	图示
2.1.4-15	预制安全网挂钩	在钢梁加工制作时提前将安全网挂钩焊接至钢梁腹板上沿，即便于安全网安拆，比原挂网工艺也大大降低人员绑扎固定安全网时的高坠风险	
2.1.4-16	组装式操作平台	操作平台的抱柱形状和大小随结构形式的变化而变化，因此设计组装式操作平台即可解决结构变化问题，也便于周转及重复利用	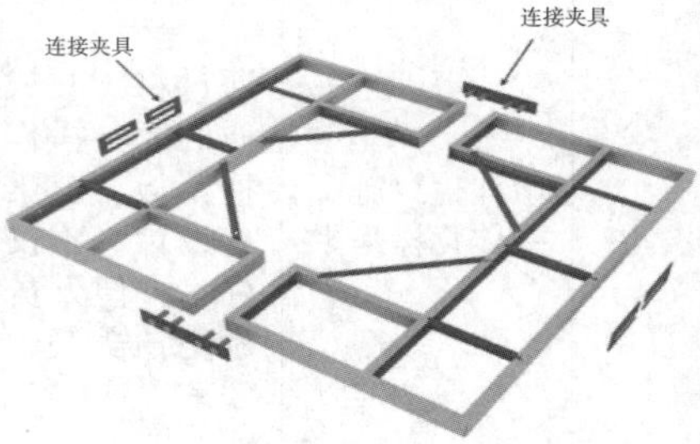
2.1.4-17	门式起重机滑触线	预制梁场采用安全性能高的滑触线，能适应多种恶劣环境，保证梁场施工用电安全，维修和检查方便、快捷，使用寿命更长，且保障电缆线不在地上拖拉，减少触电事故	
2.1.4-18	塔吊速差式防坠器	塔吊司机攀爬时若出现下坠，可对坠落速度差进行自控，避免发生高处坠落事故	

（续表）

编号	名称	简述	图示
2.1.4-19	使用滑触线式施工电梯	与传统电缆线相比，专用滑触线使用寿命长，长期使用能节约大量成本。滑触线采用固定式分节安装，垂直安装在施工电梯标准节中间位置，能有效解决大风天气对电缆线的影响	
2.1.4-20	阳台栏杆立柱预埋锚板	在立柱以及栏杆扶手位置预埋锚板（锚板在构件预制过程中预埋），然后将立柱以及扶手焊接在锚板上	
2.1.4-21	定型化放线洞、烟道洞防护盖板	采用定型化洞口盖板进行封堵，安装快捷、减少人工及模板、木方材料投入，定型化盖板可在各在建项目周转使用，重复利用	
2.1.4-22	铝模爬架体系的设计深化	对铝模K板尺寸、位置进行深化，避免影响爬架附墙导座预埋，确保爬架第一时间提升到位，大大降低了拆模作业及作业层作业安全风险，同时降低了爬架上堆载铝模材料的概率	

二、行为安全

合理安排工序，劳动力扁平化组织，工人相对稳定，减少人的不安全行为；开展早巡场、晚闭合、“六个一”等管理活动，规范管理行为，提升安全管理水平。

用行为科学强化人员安全行为和消除不安全行为，从而减少因人员不安全行为造成的安全事故和伤害的系统化管理方法。行为安全实施示例如表 9-3 所示。

表 9-3 行为安全实施示例

序号	名称	简述	图示
2.2-1	责任制及考核体系	建立管理人员安全生产责任制及考核体系，考核结果作为个人 KPI 组成部分，不同岗位 KPI 安全履职指标占比不同；全面深化“党政同责、一岗双责”，明确企业、项目部门各岗位安全生产职责，安全履职情况与个人 KPI 挂钩，进一步推进全员安全管理	 管理人员安全生产责任制考核表 项目名称： 职务：项目经理 姓名： 考核得分： 序号 / 考核内容 / 应得分 / 实得分 1 / 项目经理作为企业法人代表在项目上的委托人是项目安全生产第一责任人，对所承担的生产经营过程中安全生产负直接责任。 / 10 / 2 / 按照分公司指定的项目安全生产目标（包括伤亡控制指标和安全达标、文明施工目标），进行安全责任目标分解并定期组织检查考核。 / 10 / 3 / 坚持“管生产必须管安全”的原则，贯彻落实安全生产方针、政策、法规和各项规章制度，结合项目工程特点及施工全过程的情况，指定本项目工程各项安全生产管理措施，并监督实施。组织并监督项目施工中安全技术交底制度和设备、设施验收制度的实施。 / 10 / 4 / 支持、指导安全管理人员的工作，按建设部的规定配备专职安全人员，所配备的专职安全人员必须持证上岗。 / 10 / 5 / 健全和完善用工管理手续，录用的分包队必须分公司批准。认真做好自己职工和外包队人员上岗安全教育，保证他们的健康安全。 / 10 / 6 / 组织施工现场每周一次的定期安全生产检查，发现施工生产中的安全隐患，组织制定措施，及时整改。对上级提出的安全与管理方面的问题，要定人、定时间、定措施予以解决。 / 10 / 7 / 不折不扣地采取和用好安全措施费用，落实各项安全防护措施，实现工地安全达标。 / 20 / 8 / 发生事故，要做好现场保护和抢救工作。及时上报，组织配合事故调查。认真落实事故的调查，认真落实制定的防护措施，吸取事故教训。 / 20 / 考核机构： 填表人： 时间：
2.2-2	责任区域管理	项目施工现场实行属地化安全管理，根据项目实际，划分责任区域、明确区域责任人、包括总包、分包单位责任人	
2.2-3	深化设计	开工阶段，项目与业主沟通，提升建造思维，组织深化设，优化部分传统做法	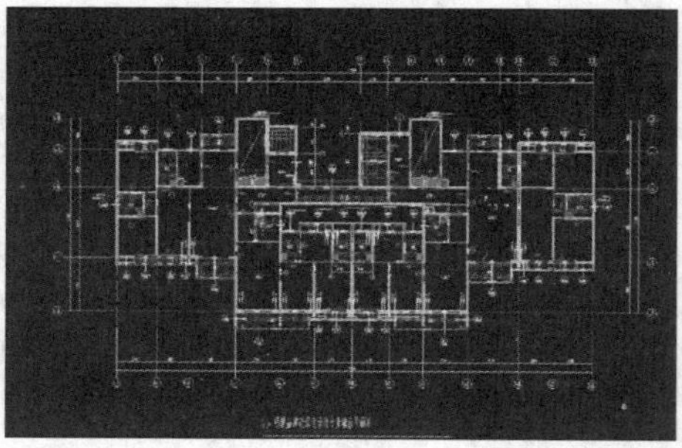

（续表）

序号	名称	简述	图示
2.2-4	BIM技术应用	项目前期策划使用BIM工具，对现场进行虚拟建模、三维场布，用于临建设计、场平布设、外架设计、洞口防护等	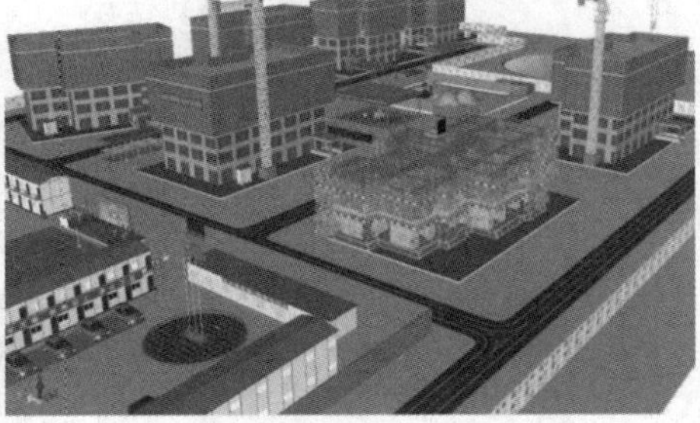
2.2-5	专项整治规定	针对项目风险集中情况，建立各类集中风险安全管理规定	
2.2-6	管理动作可视化	（1）将施工方案编审、安全交底（方案交底、安全技术交底）、过程旁站监督检查、验收、作业人员安全教育培训等管理行为通过展牌现场公示； （2）对现场安全防护设施及危大工程实行挂牌验收管理	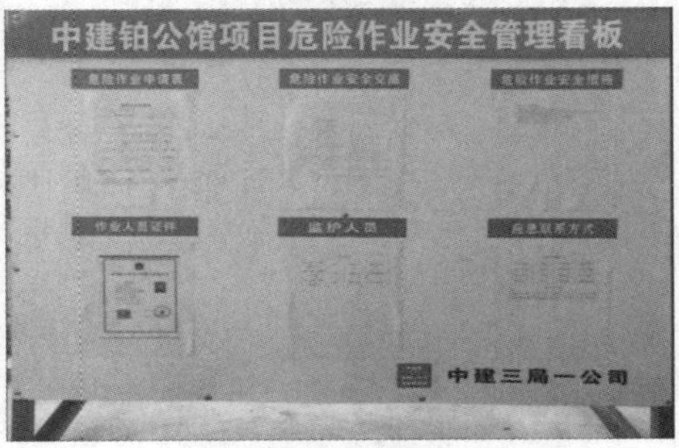
2.2-7	总分包安监一体化	建立安全联合办公室，将分包安全管理人员全面纳入总包安全管理体系，集中巡查、集中通报、统一协调解决安全问题	

（续表）

序号	名称	简述	图示
2.2-8	多样化检查	（1）领导带班检查； （2）早巡场、晚闭合； （3）设备班前检查； （4）“检到位”系统运用； （5）内部第三方评估	
2.2-9	关键作业监督	定点巡更，对大型设备及现场危险作业关键部位安装安全巡查打卡点，责任工程师通过打卡器定点监督关键工艺推进落实情况	
2.2-10	职业健康体检	组织合作医院，对现场一线作业人员进行全面职业健康体检，对体检结果进行收集整理，形成作业人员职业健康档案，纳入个人安全档案	
2.2-11	职业病危害告知卡	（1）现场不同位置根据作业类别设置职业病危害告知卡。 （2）告知教育作业人员职业病危害，加强职业健康防护	

（续表）

序号	名称	简述	图示
2.2-12	混凝土泵车降噪棚	在泵车停放区域设置混凝土隔声棚，场地硬化，四周利于车辆行走	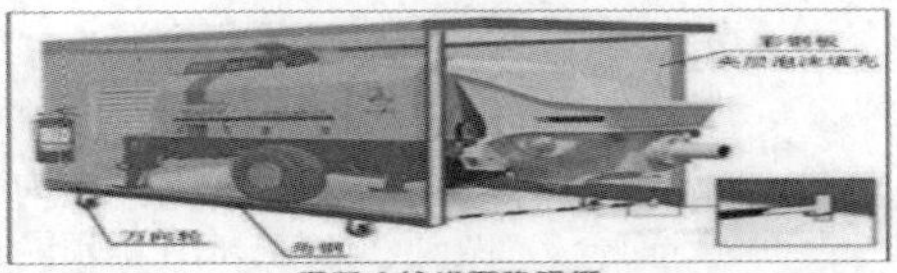 混凝土输送泵降噪棚  可移动多功能隔音棚
2.2-13	生活区低压用电	（1）生活区宿舍使用36V低压供电，每间房内统一安装8个USB接口。 （2）空调专线设置，在临建房外沿屋檐下套管布设，空调插座设置在屋檐下，冷凝管和空调电源线穿孔至外部插座位置，设置专用开关箱	
2.2-14	应急消防站	在施工现场根据相关规范和实际需求，配备全套消防应急器材并指定专人进行管理及物资核查	

三、智能安全管控

依托互联网、物联网等技术手段，将现场施工数据集成化、智能化，从而实现劳务管理、安全施工、智能管控。智能安全管控实施示例见表9-4。

表 9–4 智能安全管控实施示例

序号	名称	简述	图示
2.3-1	行为安全之星系统	利用互联网思维将行为安全之星做到线上，利用互联网信息化手段记录行为数据以提升现场劳务安全管理水平	
2.3-2	慧眼AI	结合摄像头布点、角度、焦距及清晰度等组网方式，实现对工地施工区域人员是否佩戴安全帽、安全背心、边界越界及明火等危险行为实施监督、分析和预警；语音提醒，并将预警截图信息推送至相关责任人，真正做到安全生产、智能化管理，预防安全事故发生，提升管理效率	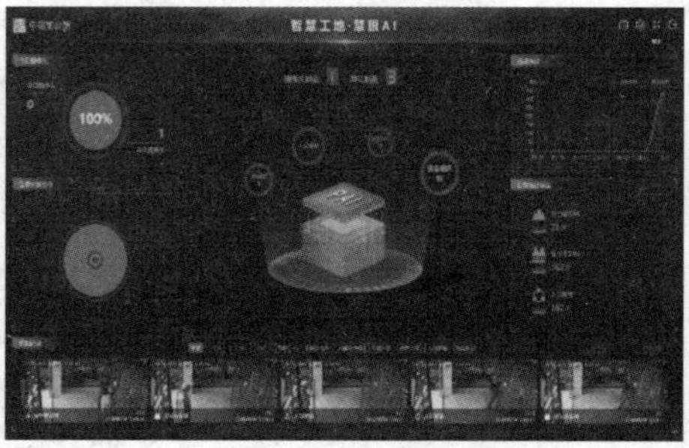
2.3-3	动态可视化系统	通过对施工现场的可视化监控，实现安全生产，施工进度，施工规范等管理活动的有效监督，对意外突发事件进行取证或还原现场，辅助项目的生产管理与安全文明施工	
2.3-4	智能wifi教育系统	工人可以搜到项目部提供的无线 WiFi 网络信号，在上网前需要经过安全认证，回答关于安全的试题，通过认证后便可自由上网，在潜移默化中要求工人必须了解建筑施工中的安全知识，增强安全意识，提高工人的安全素质，进而达到减少安全事故的目的	

（续表）

序号	名称	简述	图示
2.3-5	卸料平台监测	对施工现场卸料平台因堆载不规范导致的超载超限问题的实时监控，当出现过载时发出报警，提醒操作人员规范操作，防止危险事故发生，为施工员工提供更为安全的施工环境	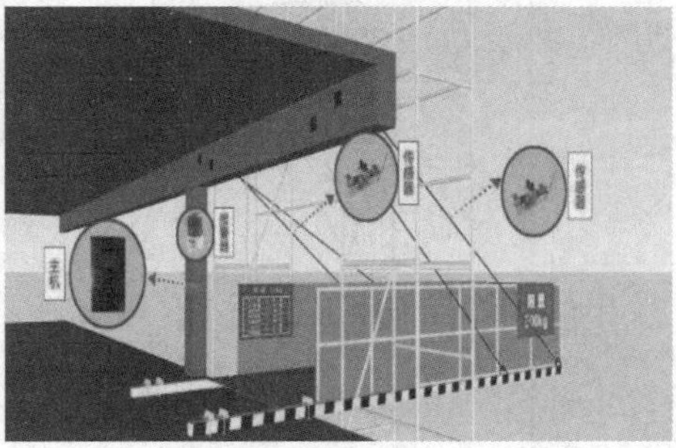
2.3-6	多种形式线上培训	（1）项目安全管理人员采用多媒体工具箱进行对项目劳务人员进行人员建档、安全教育考勤、培训、考试等活动，数据实时传输到公司 PMS 系统安全教育模块。 （2）采用地方政府的网页式培训平台，网上观看视频、扫码答题的方式更为便捷，不受多媒体工具箱设备和答题卡数量影响，且在工人入场教育、日常教育中均可应用	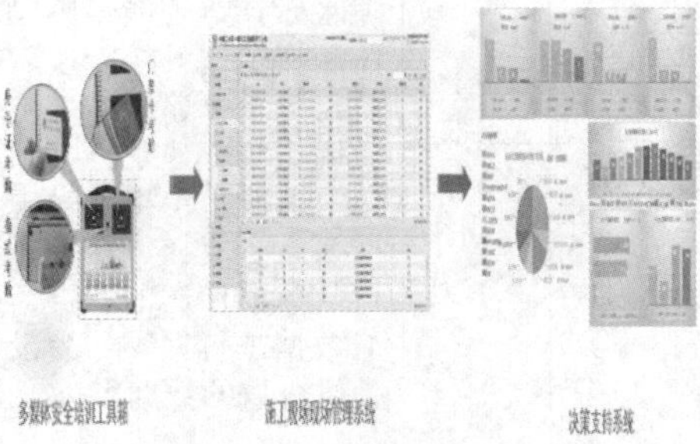
2.3-7	烟感报警	烟感报警系统能够在火灾初期探测到燃烧的烟雾，及时发现火情，并能联动报警设备，如声光报警器、喷淋、气体灭火装置等（根据用户和现场实际配置）。一方面提醒现场人员火灾撤离，一方面起到灭火延缓火势作用，降低损失和挽回生命	
2.3-8	智能广播	安装在工人生活区，是工程管理部和工人之间的信息传输通道，能够将需要公告的信号无阻碍地传送给工人，不受工人主动性的影响。系统由遥控寻呼话筒、调谐器、前置放大器、贮备切换器、双通道功放、外置音响等组成	

（续表）

序号	名称	简述	图示
2.3-9	高支模监测	在模板支架顶部安装传感器，实时监测模板支架的钢管承受的压力、架体的竖向位移和倾斜度等内容，并通过无线通信模板将数据发送至设备信号接收和分析终端，对数据的安全性进行计算，并及时将支模架的危险状态通过声光报警、短信发送和向平台实时传讯的模式传递出去	
2.3-10	深基坑监测	通过土压力盒、锚杆应力计、孔隙水压计等智能传感设备，实时监测在基坑开挖阶段、支护施工阶段、地下建筑施工阶段及竣工后周边相邻建筑物、附属设施的稳定情况，承担着对现场监测数据采集、复核、汇总、整理、分析与数据传送的职责，并对超警戒数据进行报警，为设计、施工提供可靠的数据支持	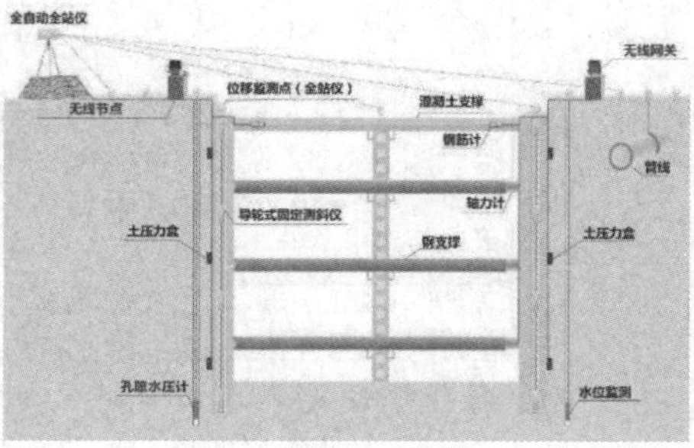
2.3-11	检到位设备智慧管理系统	运用“物联网（电子标签）+ 云服务”技术，强力管控一线作业行为，涵盖自检、维保、巡检、危大作业申报、旁站监督等模块，基于真实作业，自动在后台形成多维报表，作业过程及作业质量一目了然	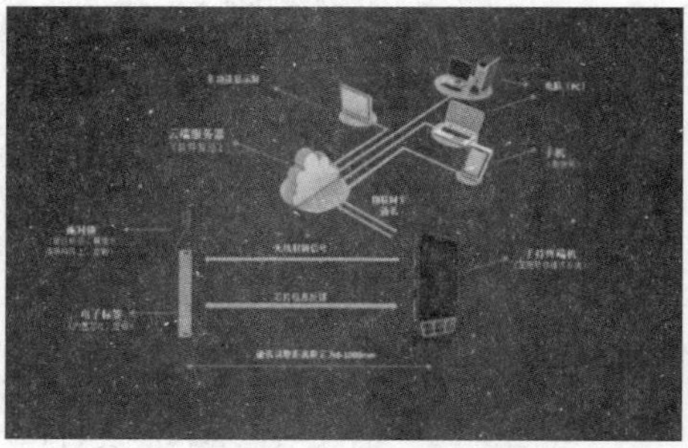

第十章

地产项目精益建造管理

第一节　住宅类工程精益建造管理

一、计划与工期管理

计划与工期管理，以满足合同工期节点要求为基础，通过梳理工程做法及交付标准，合理安排工序流程和各专业插入条件，通过工序合理穿插，控制关键节点，减少工作面闲置，消除窝工、返工现象。

（一）整体工期梳理

（1）结合项目自身建设标准，系统梳理住宅工程主要施工工序流程，明晰工序间逻辑关系，对每道工序的前置和后置工序、施工条件（合约、技术、资源、基础）进行梳理，形成住宅工程工序插入条件汇总表（表10-1）。

表10-1　住宅类工程工序插入条件样板表

<table>
<tr><th rowspan="3">序号</th><th rowspan="3">工作名称</th><th colspan="5">工序插入条件</th></tr>
<tr><th rowspan="2">合约、资源、基础条件</th><th colspan="2">前置工序</th><th colspan="2">后续工序</th></tr>
<tr><th>序号</th><th>工作名称</th><th>序号</th><th>工作名称</th></tr>
<tr><td rowspan="3">0</td><td rowspan="3"></td><td rowspan="3">开工</td><td rowspan="3">—</td><td rowspan="3">—</td><td>1</td><td>水电接驳点、场地控制点移交</td></tr>
<tr><td>2</td><td>临建施工</td></tr>
<tr><td>3</td><td>基坑支护工程</td></tr>
</table>

（续表）

序号	工作名称	工序插入条件				
		合约、资源、基础条件	前置工序		后续工序	
			序号	工作名称	序号	工作名称
1	水电接驳点、场地控制点移交	合约条件：项目合同签订 / 中标通知书 / 进场通知单。 资源条件：测量设备及测量人员就位	—	—	—	—
2	临建施工	合约条件：（1）提前完成临建招标定标，临建劳务施工队招标定标；（2）临建费用预算通过审批。 技术条件：完成临建施工方案编制、报审通过（包含临建消防、临水临电等必要内容）。 基础条件：临建场地移交完成。 资源条件：临建材料、劳动队伍进场验收	0	开工	—	—
3	基坑支护工程	合约条件：提前完成基坑支护专业招标、定标。 技术条件：（1）基坑支护设计图纸定版；（2）施工方案报审通过（专家论证）；（3）地质资料、地下管线资料收集。 基础条件：（1）现场水电接通；（2）现场临时道路完成。 资源条件：匹配资源进场并通过验收（钢筋、混凝土等材料验收、搅拌机、注浆机等施工机械试运行）	0	开工	4	降水
4	降水工程	合约条件：完成降水专业招标定标技术条件：（1）设计图纸定版；（2）施工方案报审通过（专家论证）；（3）地质材料（水位），地下管线资料收集；（4）周边环境水位要求。 基础条件：（1）临建设施施工完成；（2）现场施工用电接通；（3）排水系统施工完成。 资源条件：水泵等降水设备进场验收、调试	3	基坑支护工程	5	土方开挖施工
5	土方开挖施工	合约条件：提前完成土方开挖专业分包招标定标。 技术条件：（1）地质资料、地下管线资料收集；（2）土方、支护、降水、排水方案完成报批和专家论证；（3）测量放线。 基础条件：（1）临时水电接通；（2）完成道路建设和出土路线的规划；（3）各项文明施工措施完成；（4）基坑降水、排水系统水工完成；（5）基坑水位和位移等实时监测。 资源条件：挖机、出土车等资源进场验收、调试	4	降水工程	6	桩基 / 锚杆 / 人工挖孔墩工程＋检测

（续表）

序号	工作名称	工序插入条件				
		合约、资源、基础条件	前置工序		后续工序	
			序号	工作名称	序号	工作名称
6	桩基/锚杆/人工挖孔墩工程＋检测	合约条件：提前完成桩基专业招标定标。 技术条件：（1）桩基设计图纸定版；（2）桩基/人工挖孔桩/锚杆施工方案编制、并报审通过（专家论证）；（3）地质勘查报告。 基础条件：（1）超前钻实测现场地质情况；（2）桩孔成型后完成桩基坑验槽；（3）同步塔吊桩施工（如有）。 资源条件：（1）桩机（配套机械设备）进场通过验收；（2）钢筋等进场；（3）劳动力准备	5	土方开挖施工	7.1.1	二次土方开挖＋验槽
					10.1.1	塔吊基础施工
7	地下室工程					
7.1	地下室结构施工					
7.1.1	二次土方开挖＋验槽	合约条件：提前完成二次土方开挖专业分包招标定标。 技术条件：（1）完成《基础开挖和回填施工方案》并通过审批（专家论证）；（2）测量放线。 基础条件：（1）完成现场基坑排水系统施工；（2）二次开挖成型基坑验槽后完工；（3）同步开始塔吊基础施工（如有）。 资源条件：挖机、出土车等资源进场验收、调试	6	桩基/锚杆/人工挖孔墩工程＋检测	7.1.2	垫层、砖胎膜施工
7.1.2	垫层、砖胎膜施工	合约条件：提前垫层、砖胎膜劳务招标。 定标技术条件：完成砖胎膜施工方案编制，并通过审批（专家论证）。 基础条件：（1）完成基坑二次开挖验槽；（2）场地测量移交；（3）砖胎膜侧壁回填完成。 资源条件：钢筋、混凝土、砌块、人员进场	7.1.1	二次土方开挖＋验槽	7.1.3	底板防水施工
			6	桩基/锚杆/人工挖孔墩工程＋检测		
7.1.3	底板防水施工	合约条件：提前进行防水专业分包招标。 定标技术条件：完成地下室地板防水施工方案编制，并通过审批。 基础条件：（1）垫层、砖胎模施工完成；（2）防水卷材送检合格。 资源条件：防水卷材、劳动力等资源进场验收	7.1.2	垫层、砖胎膜施工	7.1.4	底板结构施工

（续表）

序号	工作名称	工序插入条件				
		合约、资源、基础条件	前置工序		后续工序	
			序号	工作名称	序号	工作名称
7.1.4	底板结构施工	合约条件：提前完成主体结构劳务分包招标定标。 技术条件:（1)完成《大体积混凝土方案》《地下室钢筋工程方案》《地下室临水临电施工方案》《地下室消防方案》等方案编制，并通过审批；（2）各专业一次预埋图图纸定版。 基础条件：（1）塔吊安装完成；（2）现场加工车间、堆场、行车道路等地下室平面布置。 资源条件：结构施工材料进场并通过验收（钢筋、砌体、混凝土、劳务作业人员）	7.1.3	底板防水施工	7.1.5	地下室结构施工
			10.1.2	塔吊安装		
7.1.5	地下室结构施工	合约条件：提前完成相关劳务分包招标定标（如外脚手架）。 技术条件：完成《地下室外脚手架施工方案》《模板工程施工方案》《高大模板工程施工方案》编制，并通过审批（专家论证）。 基础条件：（1）完成加工车间、堆场、行车道路等地下室平面布置；（2）基坑水位和位移等实时监测；（3）同时完成各专业一次预埋完成。 资源条件：结构施工材料进场并通过验收（钢筋、砌体、混凝土、止水钢板、劳务作业人员）	7.1.4	底板结构施工	9.1.1	地下室外墙防水＋苯板（结构施工后至少养护 7 天）
					—	地下室材料清理
7.1.6	★地下室结构封顶		—	—	9.1.2	地下室顶板防水＋保护层施工
					7.5.2	地下室可利用永久排水系统施工
7.2	地下室结构验收	技术条件：（1）完成地下室结构检测方案编制和报备；（2）工程验收资料、试验资料准备。 基础条件：（1）地下室清理完成；（2）地下室照明、排水完成	7.1.6	★地下室结构封顶	7.3	地下室二次结构工程（含设备基础）
			7.5.2	地下室可利用永久排水系统施工		
			/	地下室材料清理		
7.3	地下室二次结构工程		7.2	地下室结构验收	7.5	地下室机电工程

（续表）

序号	工作名称	工序插入条件				
		合约、资源、基础条件	前置工序		后续工序	
			序号	工作名称	序号	工作名称
7.3.1	地下室反坎施工；设备基础施工	技术条件：（1）地下室砌体图纸定版；（2）地下室砌体深化设计完成。 基础条件：（1）地下室结构验收合格；（2）地下室清理完成	7.2	地下室结构验收	7.3.2	地下室砌体结构施工
7.3.2	地下室砌体结构施工	合约条件：提前完成砌体采购和劳务招标定标。 技术条件：（1）地下室砌体图纸定版；（2）地下室砌体深化设计完成；（3）机电接口与设备预留洞深化完成。 基础条件：（1）主体轴线移交；（2）混凝土结构通过验收。 资源条件：砌体入场并通过验收	7.3.1	地下室反坎和设备基础施工	7.3.3	地下室抹灰
7.3.3	地下室抹灰	基础条件：安装预埋、土建隐蔽工程通过验收	7.3.2	地下室砌体结构施工	7.5	地下室机电工程
7.4	地下室后浇带封闭	技术条件：地下室封顶前完成《沉降观测方案》编制、报审。 基础条件：（1）后浇带两侧结构施工后 45 ～ 60 天；（2）塔楼沉降缝需要满足沉降要求。 资源条件：模板、脚手架、钢筋、混凝土、劳务作业人员等资源配备完全	7.1.4 7.1.5	底板结构施工 地下室结构施工	7.5.4	地下室机电工程
7.5	地下室机电工程					
7.5.1	地下室机电一次预埋	合约条件：提前完成机电各专业招标定标。 技术条件：机电各专业一次预埋深化图完成。 资源条件：机电各系统预埋材料进场验收	—	—	—	—
7.5.2	地下室可利用永久排水系统施工	合约条件：排水泵合约签订。 技术条件：综合管路排布完成。 基础条件：地下室集水井完成。 资源条件：水泵、排水管道进场验收	7.1.6	★地下室结构封顶	7.2 7.5.3	地下室结构验收 地下室机电样板区施工
7.5.3	地下室机电样板区施工	合约条件：（1）提前完成机电劳务分包招标定标；（2）完成机电各类管线材料招标、采购。 技术条件：（1）完成地下室样板区深化设计；（2）机电施工方案编制、报批完成。 基础条件：（1）样板区工作面清理干净并完成移交；（2）建筑 1 米标高线移交	7.5.2 —	地下室可利用永久排水系统施工 地下室材料清理	7.5.4	地下室机电工程

（续表）

序号	工作名称	工序插入条件				
		合约、资源、基础条件	前置工序		后续工序	
			序号	工作名称	序号	工作名称
7.5.4	地下室机电各专业桥架安装、配管穿线；消防管、防排烟风管安装	技术条件：机电施工方案编制、报批完成。 基础条件：（1）样板区施工完成，并验收通过；（2）地下室砌体、抹灰（刮白）完成；（3）建筑 1 米标高线移交；（4）地下室后浇带封闭	7.4	地下室后浇带封闭	7.5.5	设备安装
			7.5.3	地下室机电样板区施工	7.5.6	砌体预留通道、洞口修补
7.5.5	设备安装	合约条件：完成设备招标、采购； 基础条件：（1）设备基础浇筑完成，设备房移交；（2）泵房内抹灰、刮白完成；（3）机电管线安装完成	7.3.1-1	地下室反坎施工；设备基础施工	7.5.6	砌体预留通道、洞口修补
7.5.6	砌体预留通道、洞口修补	基础条件：（1）机电管线（水平）安装完成；（2）设备房设备就位	7.5.4	地下室机电各专业桥架安装、配管穿线	7.6	地下室精装修工程
			7.5.5	设备安装		
7.6	地下室精装修工程					
7.6.1	墙面天花腻子涂料施工	合约条件：（1）精装修分包招标定标，（2）劳务招标定标；（3）装修材料采购招标定标。 技术条件：（1）精装修图纸定版；（2）机电、土建各专业图纸接口确定；（3）精装修方案编制和报批。 基础条件：（1）地下结构通过验收；（2）后浇带施工完成，断水施工完成；（3）地下室砌体、机电管线安装完成。 资源条件：精装修腻子等材料进场验收	7.5.4	地下室机电各专业桥架安装、配管穿线；消防管、防排烟风管安装	7.6.2	地坪施工
7.6.2	地坪施工	合约条件：提前完成地坪施工队伍招标定标。 技术条件：（1）精装修图纸定版；（2）机电、土建各专业图纸接口确定；（3）地坪施工方案编制和报批。 基础条件：（1）后浇带施工完成；（2）防水施工完成通过验收；（3）墙面天花腻子涂料施工；（4）机电管线安装完成。 资源条件：地面回填材料、环氧树脂等材料进场验收	7.6.1	墙面天花腻子涂料施工	10.1.4	塔吊位置地下室结构、精装修、室外工程收口
			7.5.5 7.5.6	设备安装＋砌体预留通道、洞口修补	12	综合系统联动调试

（续表）

<table>
<tr><th rowspan="3">序号</th><th rowspan="3">工作名称</th><th colspan="5">工序插入条件</th></tr>
<tr><th rowspan="2">合约、资源、基础条件</th><th colspan="2">前置工序</th><th colspan="2">后续工序</th></tr>
<tr><th>序号</th><th>工作名称</th><th>序号</th><th>工作名称</th></tr>
<tr><td>8</td><td>地上主体工程</td><td></td><td></td><td></td><td></td><td></td></tr>
<tr><td>8.1</td><td>主体结构工程施工</td><td></td><td></td><td></td><td></td><td></td></tr>
<tr><td rowspan="3">8.1.1</td><td rowspan="3">首层～2层结构施工（非标层）</td><td rowspan="3">技术条件：（1）完成《高支模方案》编制、审批（专家论证）；（2）主体结构图纸定版；（3）主体结构各专业图纸定版。
基础条件：地下室结构封顶</td><td rowspan="3">7.1.6</td><td rowspan="3">★地下室结构封顶</td><td rowspan="2">8.1.2</td><td>3层结构施工</td></tr>
<tr><td>铝模安装</td></tr>
<tr><td>10.3.1</td><td>爬架安装</td></tr>
<tr><td rowspan="3">8.1.2</td><td>3层结构施工（标准层）</td><td>基础条件：（1）开始插入安装铝合金模板安装；（2）开始插入爬架安装；（3）同时完成各专业一次预埋（包含幕墙龙骨埋件预埋；机电安装管线、防雷接地等预留预埋）</td><td rowspan="3">8.1.1</td><td rowspan="3">首层～2层结构施工（非标层）</td><td rowspan="3">8.1.3</td><td rowspan="3">4～40层结构施工</td></tr>
<tr><td>铝模安装</td><td>合约条件：完成铝模招标定标。
技术条件：（1）完成铝模图纸深化设计、加工、预拼装；（2）完成安装方案编制审批论证（专家论证）。
基础条件：（1）完成铝模加工、预拼装；（2）安装层钢筋完成验收；（3）同时完成各专业一次预埋（包含幕墙龙骨埋件预埋；机电安装管线、防雷接地等预留预埋）。
资源条件：铝模材料进场验收</td></tr>
<tr><td>爬架安装</td><td>（见 10.3.1）</td></tr>
<tr><td>8.1.3</td><td>4～40层结构施工（标准层）</td><td>基础条件：（1）7层完成爬架安装；（2）8层结构施工完成前完成施工电梯安装并投入使用；（3）爬架以下外立面分段设置防护棚，完成外立面安装</td><td></td><td></td><td>8.2</td><td>屋面工程施工</td></tr>
<tr><td>8.1.4</td><td>★塔楼主体结构封顶</td><td></td><td></td><td></td><td></td><td></td></tr>
<tr><td>8.2</td><td>屋面工程施工</td><td></td><td></td><td></td><td></td><td></td></tr>
<tr><td>8.2.1</td><td>出屋面结构施工（包含电梯机房施工）</td><td></td><td>8.1.4</td><td>★塔楼主体结构封顶</td><td>8.2.2</td><td>屋面防水、保温、面层施工</td></tr>
</table>

（续表）

序号	工作名称	工序插入条件				
		合约、资源、基础条件	前置工序		后续工序	
			序号	工作名称	序号	工作名称
8.2.2	屋面防水、保温、面层施工	合约条件：保温防水等相关材料招标定标，施工劳务招标定标。 技术条件：（1）屋面做工程图纸确认；（2）机电、幕墙、防水结构各专业末端接口确认。 基础条件：（1）电梯机房结构（斜屋面结构）、女儿墙、电梯机房二次结构砌筑、屋面烟风道墙体完成；（2）屋面管道、地漏等安装完成；（3）屋面楼板洞口封堵完成后	8.2.1	出屋面结构施工（包含电梯机房施工）	12	综合系统联动调试
8.3	电梯工程					
8.3.1	电梯轨道梁安装、电梯门安装、设备安装等	合约条件：电梯设备招标采购完成。 技术条件：（1）电梯施工方案编制报审并通过；（2）电梯图纸深化完成。 基础条件：（1）主体结构施工完成，模板拆除完毕，各防护搭设完成；（2）电梯井道、预埋件、留洞验收合格；（3）电梯机房设备基础及地面砂浆找平施工完成；（4）电梯机房抹灰刮白完成；（5）电梯机房门窗安装完成；（6）提供电梯安装以及后期运行供电。 资源条件：（1）电梯工程配件材料进场验收；（2）作业人员进场	8.1.4	★塔楼主体结构封顶	10.2.3	施工电梯拆除
8.3.2	电梯前室精装修收口	基础条件：（1）电梯安装完成；（2）电梯门安装完成	8.3	电梯工程（室内）	12	综合系统联动调试
8.4	主体结构室内工程采用 N-16 工序穿插施工					
8.4.1	【N-1】室内墙体拆模清理、结构养护	工序插入：2 层结构施工时首层开始插入。 基础条件：（1）主体结构混凝土浇筑完成；（2）幕墙龙骨埋件；机电安装管线、防雷接地等各专业一次预埋完成	8.1	主体结构工程施工	8.4.2	室内螺杆洞口封堵
8.4.2	【N-2】室内螺杆洞口封堵	工序插入：3 层结构施工时首层开始插入。 基础条件：墙体拆模完成	8.4.1	室内墙体拆模清理、结构养护	8.4.3	模板支撑拆除、楼层清理
8.4.3	【N-3】模板支撑拆除、楼层清理	工序插入：4 层结构施工时首层开始插入。 基础条件：室内螺杆孔封堵完成	8.4.2	室内螺杆洞口封堵	8.4.4	外窗框及栏杆安装、打胶；厨卫结构蓄水试验

（续表）

序号	工作名称	工序插入条件				
		合约、资源、基础条件	前置工序		后续工序	
			序号	工作名称	序号	工作名称
8.4.4	【N-4】外窗框及栏杆安装、打胶；厨卫结构蓄水试验	工序插入：5层结构施工时首层开始插入	8.4.3	模板支撑拆除、楼层清理	8.4.5	反坎施工；设备基础施工
8.4.4-1	【N-4】-1 外窗框及栏杆安装、打胶	合约条件：完成外窗采购定标。 技术条件：户型精装修图纸/门窗和栏杆型号确定。 基础条件：（1）室内螺杆孔封堵完成；（2）室内模板拆除完成、窗台/阳台结构修补完成；（3）建筑1米标高线移交。 资源条件：外窗框、栏杆等材料进场验收				
8.4.4-2	【N-4】-2 厨卫结构蓄水试验及修补	基础条件：（1）厨房、卫生间模板和支撑系统拆除完成；（2）厨房、卫生间材料垃圾清理完成				
8.4.5	【N-5】反坎施工；设备基础施工	工序插入：6层结构施工时首层开始插入	8.4.4	外窗框及栏杆安装、打胶；厨卫结构蓄水试验	8.4.6	内墙板/砌体施工及二次预埋；烟道安装；机电立管安装
8.4.5-1	【N-5】-1 反坎施工	技术条件：（1）管井、电井、电梯井特殊部位经机电、电梯等相关单位确认；（2）户内精装修图纸、砌体深化图定版。 基础条件：（1）室内螺杆孔封堵完成；（2）室内模板拆除完成、窗台/阳台结构修补完成				
8.4.5-2	【N-5】-2 设备基础施工（面层处理，设备就位）	技术条件：（1）室内设备型号确定；（2）设备基础位置及做法确、图纸定版。 基础条件：（1）室内完成清理；（2）轴线移交；（3）建筑1米标高线移交				
8.4.6	【N-6】内墙板/砌体施工及二次预埋；烟道安装；机电立管安装	工序插入：7层结构施工时首层开始插入。 合约条件：材料品牌，管线参数、分供商招标定标。 基础条件：建筑1米标高线移交	8.4.5	反坎施工；设备基础施工	8.4.7	室内机电水平水电管线安装；吊洞封闭

（续表）

序号	工作名称	工序插入条件				
		合约、资源、基础条件	前置工序		后续工序	
			序号	工作名称	序号	工作名称
8.4.6-1	【N-6】-1 砌体施工＋抹灰（管井、厨卫等局部位置）	技术条件：（1）管井等特殊部位经机电、电梯等相关单位确认；（2）精装修图纸、砌体深化图定版；（3）砌体机电预留孔需求深化完成。 基础条件：施工部位反坎浇筑完成	8.4.5	反坎施工；设备基础施工	8.4.7	室内机电水平水电管线安装；吊洞封闭
8.4.6-2	【N-6】-2 内墙板施工	合约条件：（1）完成内墙板采购定标；（2）内墙板施工劳务招标定标。 技术条件：（1）户型图纸定版；（2）工作面完成移交。 基础条件：（1）厨卫反坎；（2）预留管洞移交；（3）主体轴线移交。 资源条件：内墙板入场并通过验收，施工前运输至相应楼层				
8.4.6-3	【N-6】-3 烟道安装	合约条件：完成烟道采购定标（预支成品）。 基础条件：工作面清理移交。 资源条件：烟道材料入场并通过验收，施工前运输至相应楼层				
8.4.6-4	【N-6】-4 机电、电梯等专业二次开槽预埋	技术条件：机电、电梯等专业二次预埋图纸定版。 基础条件：内墙板、砌体施工完成。 资源条件：内墙板入场并通过验收，施工前运输至相应楼层				
8.4.6-5	【N-6】-5 室内给排水、消防立管安装	基础条件：（1）管井内墙板/砌体＋抹灰（刮白）施工完成；（2）管道预留孔洞进行上下吊线修整后移交				
8.4.6-6	【N-6】-6 设备基础面层处理	合约条件：完成地面/面层处理分包招标定标。 技术条件：设备基础做法明确。 基础条件：（1）设备基础施工完成；（2）设备基础平整度验收合格				
8.4.7	【N-7】室内机电水平水电管线安装；吊洞封闭	工序插入：8层结构施工时首层开始插入。 合约条件：材料品牌，管线参数、分供商招标定标	8.4.6	内墙板/砌体施工及二次预埋；烟道安装；机电立管安装	8.4.8	室内防水及地坪施工；给排水管分段打压、通球试验

（续表）

序号	工作名称	工序插入条件				
		合约、资源、基础条件	前置工序		后续工序	
			序号	工作名称	序号	工作名称
8.4.7-1	【N-7】-1 室内给排水、雨水、消防管水平支管安装（含桥架）；表后水表及阀门安装	技术条件：（1）机电深化设计图定版；（2）精装修消防点位确认。 基础条件：（1）内墙板、砌体施工完成；（2）楼层清理并移交。 资源条件：给排水、雨水、消防管水平支管、支架入场并通过验收，施工前运输至相应楼层	8.4.6	内墙板/砌体施工及二次预埋；烟道安装；机电立管安装	8.4.8	室内防水及地坪施工；给排水管分段打压、通球试验
8.4.7-2	【N-7】-2 强弱电、消防系统桥架线管安装；管内穿线及室内线缆敷设	技术条件：（1）机电深化设计图定版；（2）各专业确定各系统末端点位。 基础条件：（1）内墙板、砌体施工完成；（2）预埋管线盒疏通；（3）楼层清理并移交。 资源条件：强弱电、消防系统桥架、线缆敷设材料入场并通过验收，施工前运输至相应楼层				
8.4.7-3	【N-7】-3 户内配电箱；消防箱等安装	技术条件：配电箱、消防箱等箱体点位确认。 基础条件：内墙板、砌体施工完成				
8.4.7-4	【N-7】-4 管井/电井吊洞及蓄水试验、防火封堵	技术条件：（1）管井/电井吊洞做法确认；（2）防火封堵确认。 基础条件：室内给排水立管、电缆敷设完成				
8.4.8	【N-8】室内防水及地坪施工；给排水管分段打压、通球试验	工序插入：9层结构施工时首层开始插入	8.4.7	室内机电水平水电管线安装；吊洞封闭	8.4.9	外门窗扇安装；止水层施工/5层
8.4.8-1	【N-8】-1 室内防水及地坪施工（含防水＋厨卫回填）	基础条件：（1）结构蓄水试验完成；（2）室内机电水平水电管线安装完成（包含厨房、卫生间排水支管、地漏。预埋电线管疏通）；（3）洞口吊洞封堵完成；（4）室内清理完成				

（续表）

序号	工作名称	工序插入条件				
		合约、资源、基础条件	前置工序		后续工序	
			序号	工作名称	序号	工作名称
8.4.8-2	【N-8】-2 给排分段打压、水管通球试验	基础条件：室内给排水立管、水平水电支管安装完成	8.4.7	室内机电水平水电管线安装；吊洞封闭	8.4.9	外门窗扇安装；止水层施工 /5 层
8.4.9	【N-9】外门窗扇安装；止水层施工 /5 层	工序插入：10 层结构施工时首层开始插入。 基础条件：（1）外门窗框安装完成；（2）室内二次结构、内墙板施工完成，线槽封闭；（3）室内机电水电管线安装完成；（4）室内防水及地坪施工	8.4.8	室内防水及地坪施工；给排水管分段打压、通球试验	8.4.11	轻钢龙骨墙另一侧面板安装
8.4.10	【N-10】轻钢龙骨墙龙、单侧板安装；轻钢龙骨墙内水电管线安装	工序插入：11 层结构施工时首层开始插入。 合约条件：轻钢龙骨墙材料品牌，分供商招标定标	8.4.9	外门窗扇安装	8.4.11	轻钢龙骨墙另一侧面板安装
8.4.10-1	【N-10】-1 轻钢龙骨墙龙、单侧板安装	技术条件：（1）精装修图纸定版；（2）机电末端点位、设备、接口确认。 基础条件：（1）室内二次结构、内墙板施工完成；防水及地坪施工；（2）建筑 1 米标高线移交；（3）上一层止水措施完成				
8.4.10-2	【N-10】-2 轻钢龙骨墙内水电管线安装	基础条件：轻钢龙骨墙龙、单侧板安装完成				
8.4.11	【N-11】轻钢龙骨墙另一侧面板安装	工序插入：11 层结构施工时首层开始插入。 基础条件：（1）轻钢龙骨墙龙、单侧板及内部水电管线安装完成；（2）开始部分机电末端插口，开关安装	8.4.10	轻钢龙骨墙龙、单侧板安装；轻钢龙骨墙内水电管线安装	8.4.12	天花找平；墙面腻子施工

（续表）

序号	工作名称	工序插入条件				
		合约、资源、基础条件	前置工序		后续工序	
			序号	工作名称	序号	工作名称
8.4.12	【N-12】天花找平；墙面腻子施工	工序插入：13 层结构施工时首层开始插入。 合约条件：确定腻子材料品牌。 技术条件：建筑做法明确。 基础条件：（1）室内墙体结构，地面施工完成；（2）机电管线安装完成、线槽封闭，给排水管、消防管试压、灌水试验完成，设备间设备安装完成；（3）墙面基层处理完成	8.4.11	轻钢龙骨墙另一侧面板安装	8.4.13	吊顶及顶棚饰面层施工
8.4.13	【N-13】吊顶及顶棚饰面层施工	工序插入：14 层结构施工时首层开始插入。 合约条件：完成吊顶供应商的招定标。 技术条件：确定顶棚设计方案、确定室内净空要求。 基础条件：（1）天花找平；墙面腻子施工；（2）完成顶棚内设备及管线支架安装及验收。 资源条件：龙骨、吊挂杆等材料入场并通过验收	8.4.12	天花找平；墙面腻子施工	8.4.14	地面饰面层施工
8.4.14	【N-14】地面饰面层施工	工序插入：15 层结构施工时首层开始插入。 合约条件：确定地砖 / 木地板等饰面材料品牌，分供商招标定标。 技术条件：确定天棚设计方案、确定室内净空要求。 基础条件:（1)天花找平; 墙面腻子施工, 吊顶及顶棚饰面层施工；（2）水电管线地下施工完成；（3）地砖施工前检查地面平整度及高低差。 资源条件：材料进场通过验收	8.4.12	吊顶及顶棚饰面层施工	8.4.15	户内门、防火门安装；柜体、洁具、灯具开关插座、弱电设备安装
8.4.15	【N-15】户内门、防火门安装；柜体、洁具、灯具开关插座、弱电设备安装	工序插入：16 层结构施工时首层开始插入。 合约条件：完成室内门、柜体、洁具等物品供应商的招定标。 基础条件：室内所有水电末端、墙面、顶棚装修完成。 资源条件：材料入场并通过验收	8.4.12	地面饰面层施工	8.4.16	保洁；模拟检查验收
8.4.16	【N-16】保洁；模拟检查验收	工序插入：17 层结构施工时首层开始插入。 基础条件：室内合同内结构、机电、精装修工作完成并移交	8.4.15	户内门、防火门安装；柜体、洁具、灯具等设备安装	11	机电单调试

（续表）

序号	工作名称	工序插入条件				
		合约、资源、基础条件	前置工序		后续工序	
			序号	工作名称	序号	工作名称
8.5	外立面装饰装修施工（含屋面）					
8.5.1	【N-1】外墙拆模清理、养护；结构打磨；螺杆孔封堵	工序插入：2 层结构施工时首层开始插入。 基础条件：（1）主体结构混凝土浇筑完成；（2）幕墙龙骨埋件；机电安装管线、防雷接地等各专业一次预埋完成	8.1	主体结构工程施工	8.5.2	第一遍外墙腻子施工；外墙排水立管安装；幕墙龙骨防线
8.5.2	【N-2】第一遍外墙腻子施工；外墙排水立管安装；幕墙龙骨放线	工序插入：3 层结构施工时首层开始插入	8.5.1	外墙拆模清理、养护；结构打磨；螺杆孔封堵	8.5.3	第二遍外墙腻子施工；幕墙龙骨安装
8.5.2-1	【N-2】-1 第一遍外墙腻子施工	合约条件：提前完成腻子分包招标定标。 基础条件：墙面结构打磨；螺杆孔封堵				
8.5.2-2	【N-2】-2 外墙排水立管安装安装	技术条件：机电主体结构外排水立管深化完成。 基础条件：（1）墙面模板拆除完成；（2）机电安装管线、防雷接地等各专业一次预埋完成。 资源条件：支架、立管等材料进场通过验收				
8.5.2-3	【N-2】-3 幕墙龙骨放线	合约条件：提前完成幕墙招标定标。 技术条件：（1）根据项目施工部署，完成幕墙安装编制、审批（专家论证）；（2）幕墙图纸和预埋点深化完成；（3）幕墙与爬架碰撞深化完成。 基础条件：（1）墙面模板拆除完成；（2）目前埋件预埋完成				
8.5.3	【N-3】第二遍外墙腻子施工；幕墙龙骨安装	工序插入：4 层结构施工时首层开始插入	8.5.2	第一遍外墙腻子施工；外墙排水立管安装安装；幕墙龙骨防线	8.5.4	外立面涂料 / 底漆施工

（续表）

序号	工作名称	工序插入条件				
		合约、资源、基础条件	前置工序		后续工序	
			序号	工作名称	序号	工作名称
8.5.3-1	【N-3】-1 幕墙龙骨安装	基础条件：（1）墙面模板拆除完成；（2）目前埋件预埋完成	8.5.2	第一遍外墙腻子施工；外墙排水立管安装安装；幕墙龙骨防线	8.5.4	外立面涂料 / 底漆施工
8.5.3-2	【N-3】-2 第二遍外墙腻子施工	基础条件：（1）第一遍墙面腻子施工完成；（2）外排水立管、幕墙埋件安装完成				
8.5.4	【N-4】外立面涂料 / 底漆施工	工序插入：5 层结构施工时首层开始插入。 合约条件：提前完成涂料分包招标定标。 基础条件：（1）外排水立管、幕墙埋件安装完成；（2）第二遍墙面腻子施工及打磨完成	8.5.3	第二遍外墙腻子施工；幕墙龙骨安装	8.6	幕墙 / 石材 / 涂料工程
8.6	幕墙 / 石材 / 涂料工程	合约条件：幕墙板 / 石材 / 涂料定标。 技术条件：（1）根据项目施工部署，完成幕墙安装编制、审批（专家论证）；（2）幕墙图纸深化完成。 基础条件：（1）根据外立面分段先完成防护棚和吊篮安装，吊篮滞后防护棚一个结构层；（2）幕墙 / 石材等龙骨安装前验收合格；（3）底层涂料施工验收合格；（4）幕墙、机电、土建各专业接口确认完成。 资源条件：材料进场通过验收、连接件试验验收	8.5.4	外立面涂料 / 底漆施工	12	综合系统联动调试
9	室外工程					
9.1	室外防水工程					
9.1.1	地下室外墙防水＋苯板	技术条件：完成《地下室防水施工方案》编制，并通过审批。 基础条件：（1）施工部位地下室侧壁完成施工；（2）各专业外侧壁预埋孔完成封堵	7.1.5	地下室结构施工	9.2.1	地下室侧壁土方回填
9.1.2	地下室顶板防水＋保护层施工	基础条件：（1）地下室封顶；（2）顶板爬架安装脚手架完成拆除；（3）顶板材料清理完成	/	爬架安装脚手架拆除	9.2.2	地下室顶板等其他区域土方回填
9.2	室外土方回填工程					

（续表）

序号	工作名称	工序插入条件				
		合约、资源、基础条件	前置工序		后续工序	
			序号	工作名称	序号	工作名称
9.2.1	地下室侧壁土方回填	合约条件：提前进行回填劳务分包招标定标。 技术条件：完成《基坑回填施工方案》编制，并通过审批。 基础条件：（1）顶板出地面结构施工完成；（2）回填前完成地下室侧壁防水验收；（3）结构至少达到7天的养护强度；（4）完成地下室外墙脚手架拆除	9.1.1	地下室外墙防水＋苯板	9.2.2	地下室顶板等其他区域土方回填
9.2.2	地下室顶板等其他区域土方回填	技术条件：（1）室外综合管线、园林市政工程图纸定版；（2）各专业接口需求确认。 基础条件：（1）顶板出地面结构后浇带施工完成；（2）回填前完成地防水/疏水工程验收；（3）结构至少达到7天的养护强度；（4）完成地下室外墙脚手架拆除。 资源条件：挖掘机等机械设备进场验收	9.1.2	地下室顶板防水＋保护层施工	9.3	室外综合管线施工
			9.2.1	地下室侧壁土方回填		
9.3	室外综合管线施工					
9.3.1	室外化粪池、雨水收集池等深埋设备开挖、施工	合约条件：提前完成化粪池、雨水收集池等设备和室外工程劳务队伍招标定标。 技术条件：室外综合管线图定版。 基础条件：室外土方回填完成	9.2.2	地下室顶板等其他区域土方回填	9.3.2	室外管沟管井、电缆沟及电缆井开挖砌筑
9.3.2	室外管沟管井、电缆沟及电缆井开挖砌筑	技术条件：（1）室外综合管线图定版；（2）室外工程深化图示定版。 基础条件：室外土方回填完成	9.3.1	室外化粪池、雨水收集池等深埋设备开挖、施工	9.3.3	室外管道安装、电缆敷设
9.3.3	室外管道安装、电缆敷设	技术条件：室外综合管线图定版。 基础条件：室外管沟管井、电缆沟及电缆井开挖砌筑	9.3.2	室外管沟管井、电缆沟及电缆井开挖砌筑	9.4	室外市政道路（硬景）施工
9.4	室外市政道路（硬景）施工	技术条件：（1）室外综合管线、园林市政工程图纸定版；（2）各专业接口需求确认。 基础条件：室外综合管线安装	9.3	室外综合管线施工	9.5	室外园林（软景）施工

（续表）

序号	工作名称	工序插入条件				
		合约、资源、基础条件	前置工序		后续工序	
			序号	工作名称	序号	工作名称
9.5	室外园林（软景）施工	技术条件：（1）室外综合管线、园林市政工程图纸定版；（2）各专业接口需求确认。 基础条件：室外综合管线安装完成，市政道路完成	9.5	室外市政道路（硬景）施工	11	机电单系统调试
10	大型设备安装与拆除					
10.1	塔吊安装与拆除					
10.1.1	塔吊基础施工	合约条件：提前完成塔吊招标定标。 技术条件：（1）完成对应《塔吊基础方案》编制，并通过审批（专家论证）；（2）完成现场平面布置。 基础条件：（1）塔吊基础桩施工完成；（2）塔吊型号确定。 资源条件：匹配资源进场并通过验收（塔吊基础节、钢筋、混凝土等材料验收）、挖掘机等机械设备进场	6	桩基/锚杆/人工挖孔墩工程＋检测	10.1.2	塔吊安装
10.1.2	塔吊安装	技术条件：完成《塔吊安装方案》（专家论证）和《群塔防碰撞方案》编制，并通过审批。 基础条件：（1）塔吊基础施工完成，验收合格；（2）底板施工前完成塔吊安装；（3）完成吊车定位和行走路线规划及场地布置。 资源条件：塔吊配件进场，吊车等机械设备及安装作业人员进场就位	10.1.1	塔吊基础施工	7.1.5	地下室结构施工
					10.1.3	塔吊拆除
10.1.3	塔吊拆除	技术条件：完成《塔吊拆除方案》编制，并通过审批（专家论证）。 基础条件：（1）爬架拆除完成；（2）吊车定位和行走路线规划及场地布置。 资源条件：吊车等机械设备及安装作业人员进场就位	10.3.2	爬架拆除	10.1.3	地下室结构封闭
			10.1.2	塔吊安装		
10.1.4	塔吊位置地下室结构、精装修、室外工程收口	基础条件：塔吊拆除完成	10.1.3	塔吊拆除	12	综合系统联动调试
10.2	施工电梯安装与拆除					

（续表）

序号	工作名称	工序插入条件				
		合约、资源、基础条件	前置工序		后续工序	
			序号	工作名称	序号	工作名称
10.2.1	施工电梯基础施工	合约条件：提前完成施工电梯招标定标。 技术条件：（1）完成《施工电梯基础方案》编制，并通过审批；（2）施工电梯型号确定。 基础条件：（1）施工电梯定位；（2）基础埋件预埋；（3）吊车定位和行走路线规划及场地布置。 资源条件：电梯基础预埋件等进场验收	—	地下室顶板结构施工	10.2.2	施工电梯安装
10.2.2	施工电梯安装	技术条件：完成《施工电梯基础方案》编制，并通过审批。 基础条件：（1）完成基础埋件预埋；（2）8 层主体结构施工时投入使用。 资源条件：电梯基础预埋件等进场验收、劳动安排	10.2.1	施工电梯基础施工	10.2.3	施工电梯拆除
					—	8 层主体结构施工
10.2.3	施工电梯拆除	技术条件：完成《施工电梯拆除方案》编制，并通过审批。 基础条件：（1）施工电梯定位；（2）地下室顶板施工时完成基础埋件预埋；（3）室内电梯完成安装。 资源条件：电梯基础预埋件等进场验收	10.2.2	施工电梯安装	10.2.4	施工电梯处外立面和精装修收口
			8.3	室内电梯工程		
10.2.4	施工电梯位置外立面和精装修收口	基础条件：室内湿作业基本完毕，木门、洗手柜、洗面台石材等大宗物品完全运至施工楼层后、室内电梯取证使用	10.2.3	施工电梯拆除	12	综合系统联动调试
10.3	爬架安装与拆除					
10.3.1	爬架安装	合约条件：提前完成施工爬架招标定标。 技术条件：（1）完成《爬架方案》编制，并通过审批（专家论证）；（2）幕墙龙骨与爬架碰撞深化；（3）图纸深化设计。 基础条件：（1）爬架安装操作架搭设完成；（2）爬架材料堆场平面策划；（3）辅助安装起重设备安装完成或进场验收；（4）3 层结构施工开始插入安装。 资源条件：（1）爬架材料进场验收；（2）吊车起吊设备进场验收；（3）爬架安装作业人员进场	8.1.2	2 层结构施工	8.1	主体结构工程施工
					10.3.2	爬架拆除

（续表）

序号	工作名称	工序插入条件				
		合约、资源、基础条件	前置工序		后续工序	
			序号	工作名称	序号	工作名称
10.3.2	爬架拆除	技术条件：（1）完成《爬架拆除》编制，并通过审批（专家论证）或包含于安装方案中；（2）塔吊吊重分析。 基础条件：（1）爬架材料堆场平面策划；（2）屋面外墙。 资源条件：爬架拆除作业人员进场	8.5.3	外立面龙骨安装	10.1.3	塔吊拆除
			8.5.4	外立面涂料施工	—	顶段层幕墙/石材/涂料施工
			10.3.1	爬架安装		
11	机电单系统调试（给排水、强弱电、消防、通风空调等系统）	基础条件：各系统设备、管线安装完成	11	机电单系统调试	12	综合系统联动调试
12	综合系统联动调试					
13	消防验收					
14	竣工初验					
15	竣工验收及备案					

（2）工序流程图和工序穿插条件样板为参考使用，项目引用时需结合工程项目特点作针对性调整和深化。

（二）主控关键节点

考虑普适性特点，同时结合三类住宅工程各自合同条件，按照提高施工工效、为后续工作创造条件、节约投入成本、合同强制要求四个方面进行识别，分地下室、地上室内、地上室外及屋面、室外工程的顺序确定了 A、B、C 类项目的关键节点，关键行为必须满足符合，其他节点为参照性节点。实现企业关注节点的前提下，严格执行各自主控关键节点，具体见表 10-2。

表 10-2　主控关键节点

节点类型	节点内容	插入时间	最迟完成时间	A 类	B 类	C 类	备注
地下室	地下室结构封顶	N	—				
	地下室清理及断水	N＋1 天	N＋45 天	★	★	★	* 关键节点，为后续施工创造条件

（续表）

节点类型	节点内容	插入时间	最迟完成时间	A 类	B 类	C 类	备注
地下室	砌体等二次结构施工、预留套管	N + 45 天	N + 105 天	★	★		A、B 类同步穿插
	顶棚刮白	N + 45 天	N + 75 天	★	★		A、B 类同步，可为后续提供工作面
	地下室机电管线施工	N + 60 天	N + 195 天	★			
	地坪施工（混凝土基层、漆面）	N + 135 天	N + 210 天	★			
	地下室整体施工完成	—	主体结构封顶后 120 天	★	★	★	* 最不利条件下须在竣工验收完成前 135 天完成
地上室内部位	施工电梯安装启用	主体结构施工至 4 层	铝模工艺主体结构施工至 6 层；木模工艺主体结构施工至 8 层	★	★	★	* 关键节点，提高施工工效
	首个样板层（标准层）施工	首个标准层施工时	主体结构施工至 12 层	★	★	★	* 关键节点，以确定工艺和标准
	业主销售样板间施工	按照合同要求楼层布置	进场即开始策划，确保完成	★	★	★	* 关键节点，合同要求
	主体楼层清理及断水	楼层模板架料拆除后	楼层模板架料拆除后 3 日内完成清理和断水	★	★		A、B 类项目为开展同步做准备
	室内二次结构同步施工	楼层清理后，同步开展		★	★		
	室内窗户、阳台栏杆施工			★			A 类同步开展
	室内装修同步开展			★			A 类同步开展
地上室外及屋面	屋面电梯机房移交	—	主体结构封顶后 40 天	★	★	★	
	屋面工程	—	主体结构封顶后 60 天	★	★	★	* 关键节点，为后期施工创造条件

（续表）

节点类型	节点内容	插入时间	最迟完成时间	A类	B类	C类	备注
地上室外及屋面	外架拆除	—	铝模爬架主体结构封顶后45天；木模悬挑架主体结构封顶后75天	★	★	★	
	塔吊拆除	—	主体结构封顶后90天	★	★		
	外墙装饰整体完成	—	铝模工艺主体结构封顶后100天；木模工艺主体结构封顶后120天	★	★		按照1.5天/层施工工效施工
	施工电梯拆除	室内正式电梯启用后立即开始拆除	铝模工艺主体结构封顶后100天；木模工艺主体结构封顶后120天	★	★		
室外园林工序穿插	地下室结构封顶	N	—	★	★	★	
	外墙拆模、防水	N＋28天	—	★	★	★	
	外墙土方回填	N＋40天	—	★	★	★	
	顶板防水、滤水及保护层	N＋60天或主体施工至12层	主体结构施工至15层	★			
	土方回填	N＋70天	塔吊拆除前45天完成	★			

（三）工序穿插模型

根据住宅建造工程特点，将整体工序梳理划分为四类工序穿插模型：地下室工序穿插模型、室内工序穿插模型、屋面及外立面工序穿插模型、室外园林工序穿插模型。结合“铝模＋爬架”和“木模＋悬挑架”两种施工工艺分别给出穿插流程和节点，各穿插模型之间互为联系、互为支撑，形成有机统一的整体。

四类工序穿插模型具体如下：

1. 地下室工序穿插模型

地下室工序穿插底线要求是要确保“地下室清理及断水、地下室整体施工完成”

共 2 个节点按期完成；最不利条件下，地下室整体施工要在竣工验收完成前 135 天完成。如图 10-1、表 10-3、图 10-2、表 10-4、表 10-5、图 10-3 所示。

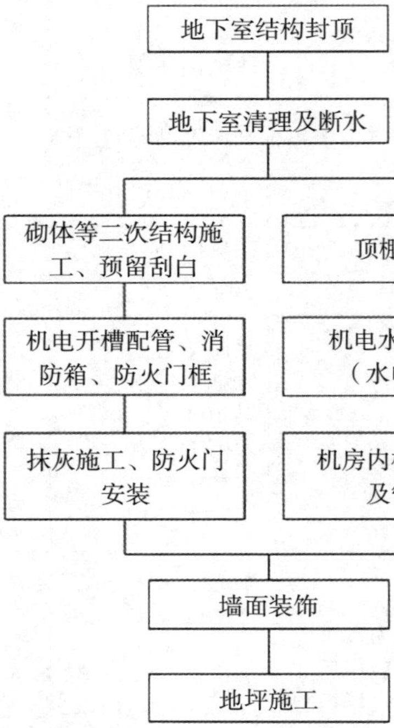

图 10-1　地下室整体工序穿插流程图

表 10-3　地下室整体工序穿插节点模型

工序名称	插入节点时间	最迟完成时间	备注
地下室结构封顶	N	—	—
地下室清理及断水	N + 1 天	N + 45 天	* 地下室分区进行清理及断水
砌体等二次结构施工、预留套管；	N + 45 天	N + 105 天	砌体等二次结构施工应在开始砌筑后 60 天内完成
顶棚刮白	N + 45 天	N + 75 天	顶棚刮白应在 15 天内移交第一个工作面给机电水平管线施工（该处设置地下室样板区）
机电开槽配管、消防箱、防火门框	N + 60 天	N + 120 天	—
机电水平管线（水电风）	N + 60 天	N + 150 天	机电水平管线应在开始施工后 90 天内完成
抹灰施工、防火门安装	N + 105 天	N + 135 天	在砌体等二次结构完成后 30 天内完成

（续表）

工序名称	插入节点时间	最迟完成时间	备注
机房内机电设备及管线	N + 105 天	N + 195 天	在防火门安装完成后 60 天内完成
墙面装饰	N + 125 天	—	—
地坪施工（混凝土基层、漆面）	N + 135 天	N + 210 天	在抹灰及防火门完成后开始施工，在机房设备及管线安装完成后 15 天内完成
地下室整体施工完成	—	主体结构封顶后 120 天	* 最不利条件下须在竣工验收完成前 135 天完成。

注：* 为关键节点。

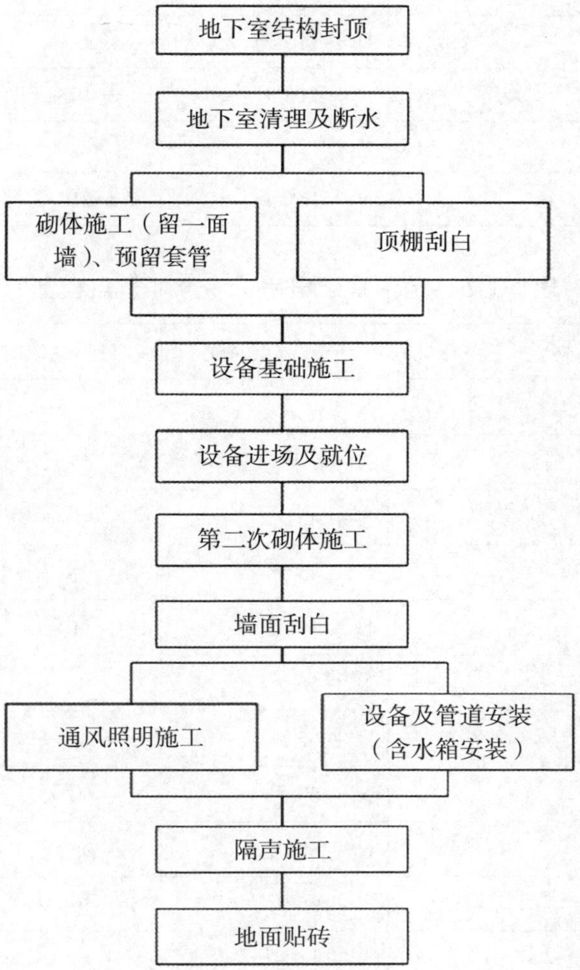

图 10-2　地下室风机房 / 水泵房工序穿插流程图

表 10–4 地下室风机房 / 水泵房工序穿插节点模型

工序名称	插入节点时间	最迟完成时间	备注
地下室结构封顶	N	—	—
机房清理及断水	N + 1 天	N + 45 天	*
砌体施工（留一面墙）、预留套管	N + 45 天	—	—
顶棚刮白	N + 45 天	—	—
设备基础施工	N + 55 天	—	—
设备进场及就位	N + 90 天	N + 95 天	—
第二次砌体施工	N + 95 天	N + 105 天	—
墙面刮白	N + 100 天	N + 110 天	—
通风照明施工	N + 110 天	—	—
设备及管道安装（含水箱安装）	N + 110 天	N + 195 天	—
隔声施工	N + 125 天	—	—
地面贴砖	N + 135 天	N + 210 天	—

表 10–5 地下室配电房工序穿插节点模型

工序名称	插入节点时间	最迟完成时间	备注
地下室结构施工	N	—	—
配电房清理及断水	N + 1 天	N + 45 天	*
砌体施工（留一面墙）、预留套管	N + 45 天	—	—
顶棚刮白	N + 45 天	—	—
墙面刮白	N + 65 天	N + 110 天	—
设备基础、电缆沟施工	N + 55 天	—	—
通风照明施工	N + 65 天	—	—
地坪施工	N + 80 天	N + 90 天	—
配电柜进场及就位	N + 90 天	N + 95 天	—
第二次砌体施工	N + 95 天	N + 105 天	—
桥架安装	N + 110 天	—	—
电缆敷设、配电柜接线、通电试运行	N + 135 天	N + 210 天	—

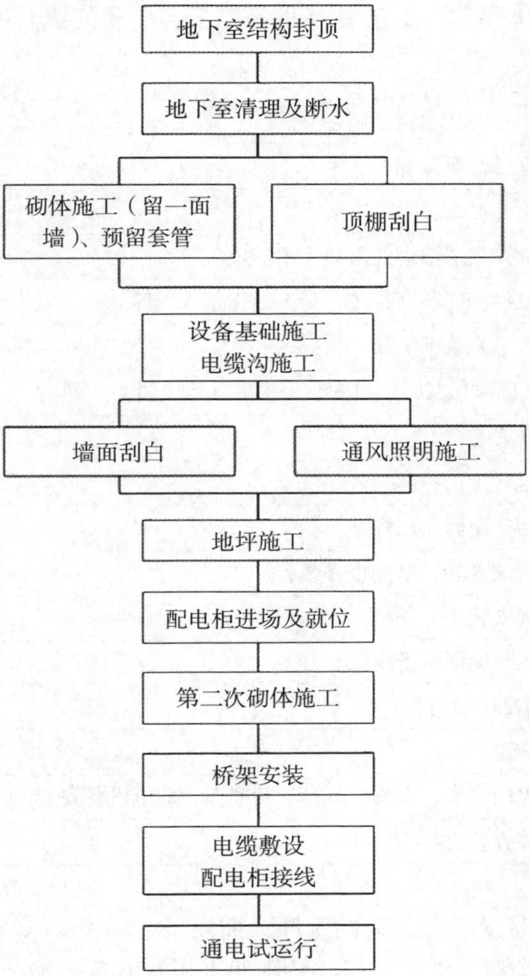

图 10-3 地下室配电房工序穿插流程图

2. 地上室内工序穿插模型

1）采用“铝模＋爬架”工艺的工序穿插模型

主体结构标准层按 5 天一层节奏施工，当施工至 N 层时，充分利用 N 层及以下楼层工作面，及时组织合理的工序穿插。用“空间换时间”原则，区间形成大循环，楼层间形成小流水，实施劳动力扁平化施工组织，实现均衡施工，既可提升施工质量，又可利用紧凑工序穿插缩短总体工期。

（1）采用“铝模＋爬架”工艺地上室内 N-16 工序穿插流程参见本书第五章图 5-3。其中 N ～ N-3 层为结构作业段；N-4 ～ N-8 层为粗装修作业段；N-9 为断水层；N-10 ～ N-16 为精装修作业段。

（2）采用“铝模＋爬架”工艺地上室内 N-16 工序穿插模型见表 10-6。

表 10-6 “铝模＋爬架”工艺中 N 层及以下各层提前插入室内工序穿插模型

楼层	工序名称	标准作业时间（天）
N	主体结构施工，一次预留预埋	5
N-1	墙体拆模清理，混凝土养护	5
N-2	螺杆洞口封堵	5
N-3	楼板底模拆除、楼层清理，层间止水措施	5
N-4	室内外窗框及栏杆安装、打胶；厨卫结构蓄水试验	5
N-5	反坎凿毛清理及浇筑	5
N-6	内隔墙安装 / 砌体抹灰，烟道安装，机电立管安装	5
N-7	室内水电管线安装	5
N-8	室内防水及地坪施工；	5
N-9	外门窗扇安装，层间止水措施	5
N-10	隔墙龙骨及管线安装，单侧板安装；	5
N-11	隔墙另侧面板安装	5
N-12	天花找平施工与墙面腻子施工	5
N-13	吊顶与顶棚饰面层施工	5
N-14	地面饰面层施工	5
N-15	户内门、防火门安装，家具、灯具开关插座，弱电设备安装	5
N-16	保洁；模拟检查验收	5

2）采用“木模＋悬挑架”工艺的工序穿插模型

采用“木模＋悬挑架”施工工艺，悬挑架采用每 6 层一悬挑，考虑 3 层及以上楼层为标准层、木模支撑体系采用满堂架搭设、质监部门结构验收不同步（按每 6 层一次验收节奏），主体结构标准层施工按 6 天一层节奏不等步距安排 N 层及 N 层以下楼层室内和外立面各工序合理穿插。

（1）采用“木模＋悬挑架”工艺的地上室内 N-21 工序穿插流程图参见本书第五章图 5-3。其中 N ～ N-2 层为结构作业段；N-3 ～ N-8 层为结构验收段；N-9 ～ N-14 层为粗装修作业段；N-15 ～ N-21 层为精装修作业段。

（2）采用“木模＋悬挑架”工艺的工序穿插模型见表 10-7 和表 10-8。

表 10-7 “木膜＋悬挑架”工艺中 N 层及以下各层提前插入室内工序穿插模型

楼层	工序	标准作业时间（天）
N	主体结构施工	6
N-1	技术间歇	6
N-2	技术间歇	6

（续表）

楼层	工序	标准作业时间（天）
N-3	拆模及楼层清理、混凝土养护；层间断水措施	6
N-4	安全防护、螺杆洞封堵	6
N-5	测量放线、消防立管（永临结合）	6
N-6	反坎浇筑、植筋	6
N-7	烟道安装	6
N-8	结构验收、砌体施工；层间断水措施	6
N-9	二次结构施工	6
N-10	室内外窗框及栏杆安装、打胶；砌体抹灰	6
N-11	厨卫结构蓄水试验、室内水电管线安装	6
N-12	内隔墙安装	6
N-13	室内防水及地坪施工、机电立管安装	6
N-14	外门窗扇安装，层间断水措施	6
N-15	隔墙龙骨及管线安装，单侧板安装（若有）	6
N-16	隔墙另侧面板安装（若有）	6
N-17	天花找平施工与墙面腻子施工	6
N-18	吊顶与顶棚饰面层施工	6
N-19	地面饰面层施工	6
N-20	户内门、防火门安装，家具、灯具开关插座，弱电设备安装	6
N-21	保洁；模拟检查验收	6

地上室内工序穿插无论是采用何种施工工艺，底线要求是做到区（段）间大循环，并实现控制性关键节点（10个），努力追求在各段内部每层的小流水施工；不局限于具体到每层在施工某个工序，可以是一个工序在多层同时穿插施工。如“外门窗扇安装”，根据到货情况，既可以分层安装，也可以同时安装。具体关键节点要求见表10-8。

表10-8　地上工序穿插关键节点要求

工序名称	插入时间	最迟完成时间	备注
铝模、爬架招标及深化完成或悬挑架施工方案完成	施工图出图	开工后40天内完成	*
机电、门窗深化及招采	施工图出图	开工后30天内完成（采用铝模爬架工艺的，须考虑与铝模爬架深化配合）	*
其他各专业、材料招采	—	标准层施工前完成	*

（续表）

工序名称	插入时间	最迟完成时间	备注
铝模预拼装	标准层施工前30天	标准层施工前15天	*
铝模安装完成	—	标准层结构施工时安装完成	*
外架安装（爬架或悬挑架）	悬挑架工艺主体结构施工至3层	爬架工艺主体结构施工至6层时完成；悬挑架工艺主体结构施工至8层时完成	*
施工电梯安装启用	主体结构施工至4层	铝模工艺主体结构施工至6层时完成；木模工艺主体结构施工至8层时完成	*
首个样板层（室内结构实体样板、工序穿插样板、套内交付样板完成）	首个标准层施工时	主体结构施工至12层时完成	*
电缆敷设、配电箱柜安装	防火门施工完成后开始	开始插入施工后60天内完成	*
公共部位照明、指示灯、楼梯扶手等	入户门安装完成后开始	开始插入施工后30天内完成	*

注：* 为关键节点。

3. 屋面及外立面工序穿插模型

1）“铝模＋爬架”工艺的屋面及外立面工序穿插模型

采用“铝模＋爬架”施工工艺的住宅工程，其外立面为N-4工序穿插流程，参见本书第五章图5-3；其外立面N-4工序穿插模型见表10-9。

表10-9 “铝模＋爬架”工艺外立面N-4工序穿插模型

施工层	外立面施工工序	标准作业时间（天）
N层	主体结构施工、一次预埋	5
N-1层	外墙拆模，结构养护、打磨，螺杆洞封堵	5
N-2层	外墙第一道腻子及雨水立管安装；幕墙龙骨定位（若有）	5
N-3层	外墙第二道腻子施工；幕墙龙骨安装（若有）	5
N-4层	室外窗框、栏杆安装及收口，外墙底层涂料/底漆施工	5

2）“木模＋悬挑架”工艺的屋面及外立面工序穿插模型

采用“木模＋悬挑架”施工工艺的住宅工程，其外立面为N-11工序穿插流程，其外立面N-11工序穿插模型见表10-10。考虑木模支撑体系和结构验收情况，按N-11模型进行外立面流水施工（需占用竖向两挑悬挑架）。

表 10–10　“木模＋悬挑架”外立面 N–11 工序穿插模型

施工层	外立面施工工序	标准作业时间（天）
N 层	主体结构施工、一次预埋	6
N-1 层	技术间歇	6
N-2 层	技术间歇	6
N-3 层	外墙拆模；结构养护、打磨	6
N-4 层	螺杆洞封堵	6
N-5 层	外墙雨水立管安装	6
N-6 层	幕墙龙骨定位（若有）	6
N-7 层	外墙栏杆安装及收口	6
N-8 层	室外窗框安装及收口	6
N-9 层	外墙第一道腻子施工	6
N-10 层	外墙第二道腻子施工；幕墙龙骨安装（若有）	6
N-11 层	外墙底层涂料 / 底漆施工	6

3）屋面及外立面工序穿插关键节点

外立面及屋面工序穿插无论是采用何种施工工艺，底线要求是做到在一个区（段）间循环内实现外墙底层涂料或底漆施工完成，避免后期外立面存在大量未完工序占用吊篮施工周期过长；同时要实现控制性关键节点（7 个）。屋面及外立面工序穿插关键节点要求见表 10–11。

表 10–11　屋面及外立面工序穿插关键节点要求

工序名称		节点要求	最迟完成时间	备注
外架拆除	爬架	—	主体结构封顶后 45 天内完成	*
	悬挑架	当主体施工至 20 层时，开始拆除 3~8 层第一挑悬挑架；当主体施工至 26 层，开始拆除 9~14 层第二挑悬挑架……依此类推。	主体结构封顶后 75 天内完成	*
屋面电梯机房砌体及粗装		—	主体结构封顶后 40 天内完成	*
屋面工程		—	主体结构封顶后 60 天内完成	*
外墙装饰（面层施工）		—	按照 1.5 天一层速度完成	*
塔吊拆除		—	主体结构封顶后 90 天内完成	*

（续表）

工序名称	节点要求	最迟完成时间	备注
室内正式电梯安装启用	主体结构封顶后 50 天内开始	主体结构封顶后 90 天内完成	*
施工电梯拆除	室内电梯启用后立即开始拆除	铝模工艺主体结构封顶后 100 天之内完成； 木模工艺主体结构封顶后 120 天之内完成	*

注：* 为关键节点。

4. 室外园林工序穿插模型

采用“铝模＋爬架”工艺的住宅，通过合理场平布置，可在主体施工的同时，对室外进行分区域提前回填和穿插园林市政施工。室外园林工序穿插时间节点要求见表 10–12。

表 10–12 “铝模＋爬架”工艺室外园林工序穿插时间节点

工序名称	插入节点时间	最迟完成时间	备注
地下室结构封顶	N	—	—
外墙拆模、防水	N ＋ 28 天	—	—
外墙土方回填（肥槽）	N ＋ 40 天	—	—
顶板防水、滤水及保护层	N ＋ 60 天或主体施工至 12 层	主体结构施工至 15 层	*
土方回填	N ＋ 70 天	塔吊拆除前 45 天完成	—
管沟放线及开挖	N ＋ 80 天	—	最晚主体结构封顶之后安排插入
市政管线施工	N ＋ 90 天	爬架拆除后 60 天内完成	*
种植土施工	N ＋ 100 天	—	最晚主体结构封顶之后安排插入
乔木、绿化施工	N ＋ 110 天	爬架拆除后 90 天内完成	*
道路垫层施工	N ＋ 110 天	—	最晚主体结构封顶之后安排插入
道路级配碎石施工	N ＋ 120 天	—	—
路面沥青施工	N ＋ 130 天	—	—
设备及车间位置收尾	N ＋ 150 天	爬架拆除后 90 天内完成	*

注：* 为关键节点。

采用“木模＋悬挑架”施工工艺，室外园林工序穿插与采用“铝模＋爬架”施工工艺的工序穿插基本一致，但考虑悬挑架按挑拆除的危险因素，建议室外市政管线、道路、园林绿化最晚应于悬挑架全部拆除完毕后插入施工。

二、合约与商务管理

通过系统性合约规划，整合优质资源，消除无效成本。项目应建立以合约规划为核心的合约管控体系，包括全专业集成的合约框架划分、合约界面梳理，以工程总进度计划和设计计划为依据，提前盘点各项资源进场时间，制定有序招采计划，做到合约内容完整、界面清晰、招采有序、成本可控。

（一）合约框架

根据 EPC 合同内容，项目商务合约部组织分析确定项目初步合约框架，建造部、设计技术部、计划管理部提供标段划分建议，分公司层面商务、工程部门提供合约包划分支撑信息，商务部组织项目和分公司进行集中评审。

合约包划分原则：（1）主合同合约内容全覆盖，防止合约包划分先天不足和专业漏项；（2）工程全专业作业内容全识别，除自营部分施工内容外，还应识别包括甲指分包、甲方分包、甲供材、甲指乙供材等合约内容。

两级合约框架的管理：一级合约框架是对总包项下的合约进行划分；二级合约框架是对分包项下的合约进行划分。合约包按合约框架表方式梳理完成后以合约框架图的形式展现，如图 10-4 ～图 10-7 所示。

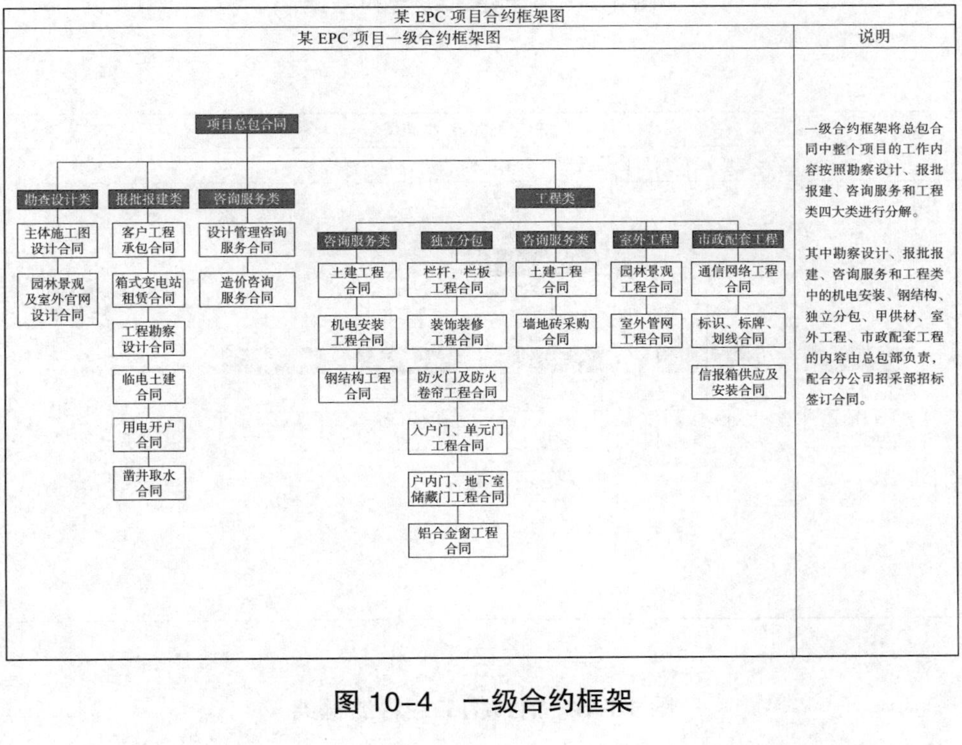

图 10-4　一级合约框架

某 EPC 项目合约框架图

某 EPC 项目合约框架——土建二级

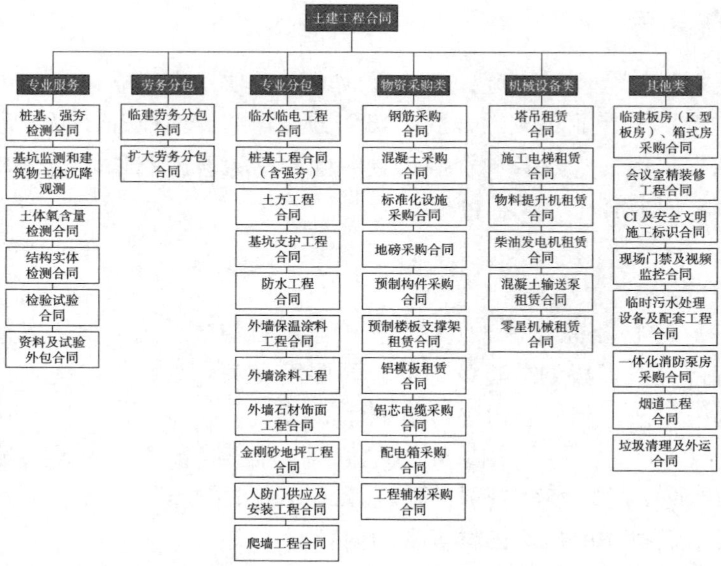

说明

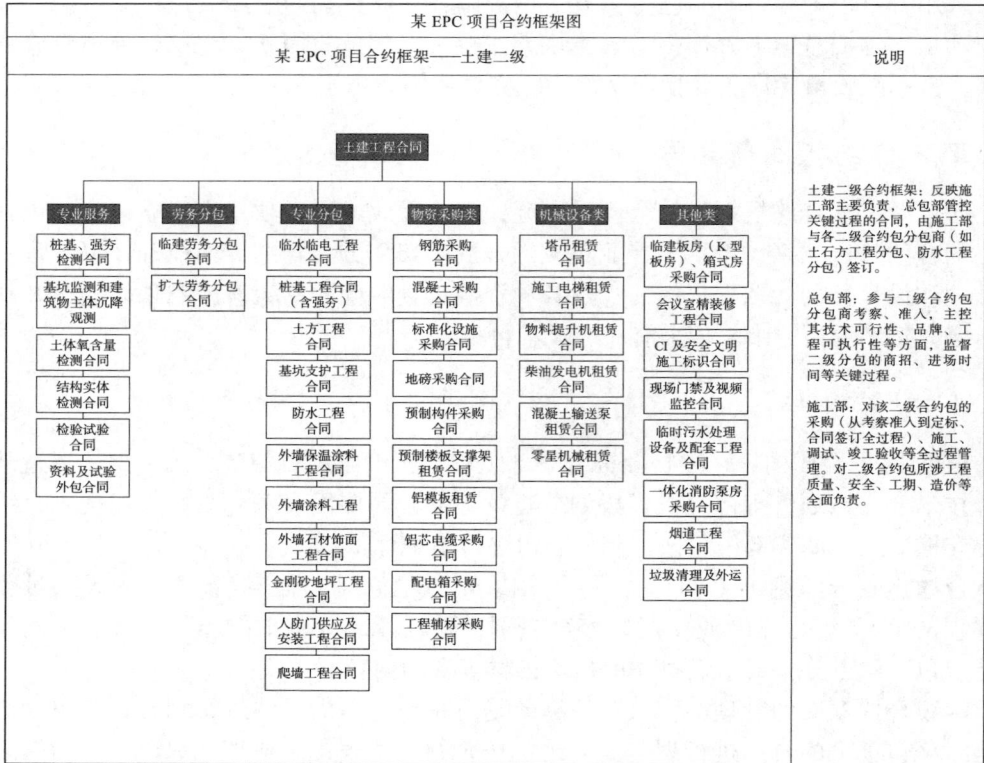

土建二级合约框架：反映施工部主要负责，总包部管控关键过程的合同，由施工部与各二级合约包分包商（如土石方工程分包、防水工程分包）签订。

总包部：参与二级合约包分包商考察、准入，主控其技术可行性、品牌、工程可执行性等方面，监督二级分包的商招、进场时间等关键过程。

施工部：对该二级合约包的采购（从考察准入到定标、合同签订全过程）、施工、调试、竣工验收等全过程管理。对二级合约包所涉工程质量、安全、工期、造价等全面负责。

图 10-5 土建二级合约框架

某 EPC 项目合约框架图

某 EPC 项目合约框架——钢结构二级

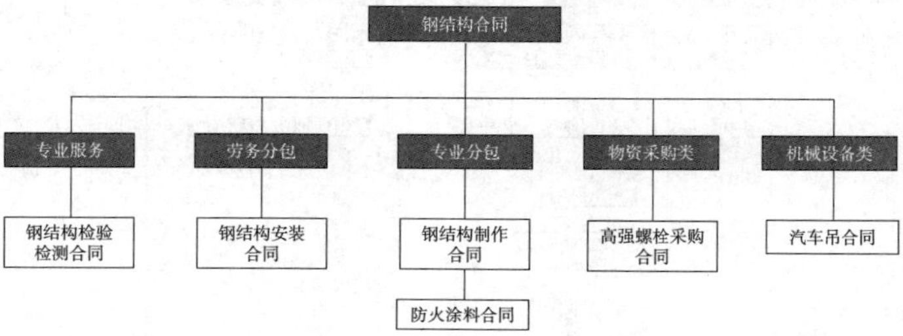

说明

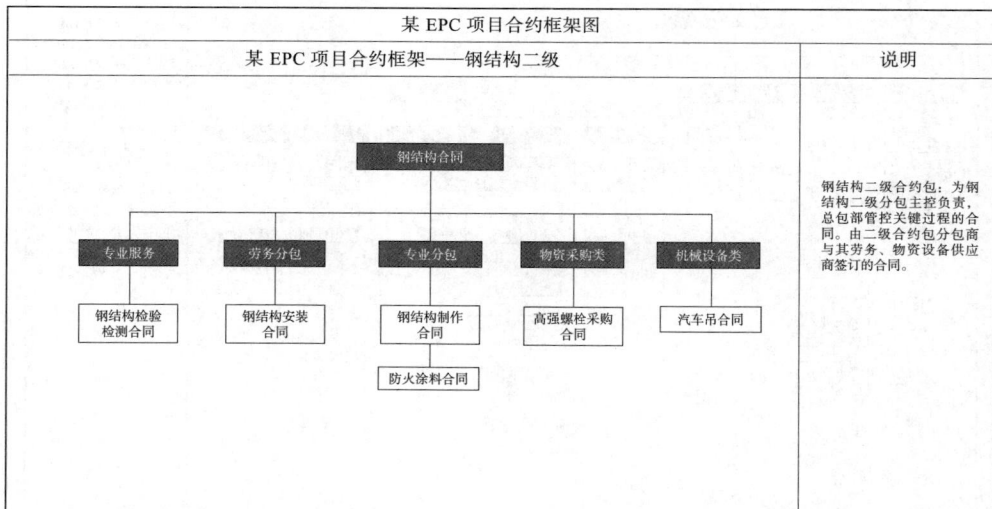

钢结构二级合约包：为钢结构二级分包主控负责，总包部管控关键过程的合同。由二级合约包分包商与其劳务、物资设备供应商签订的合同。

图 10-6 钢结构二级合约框架

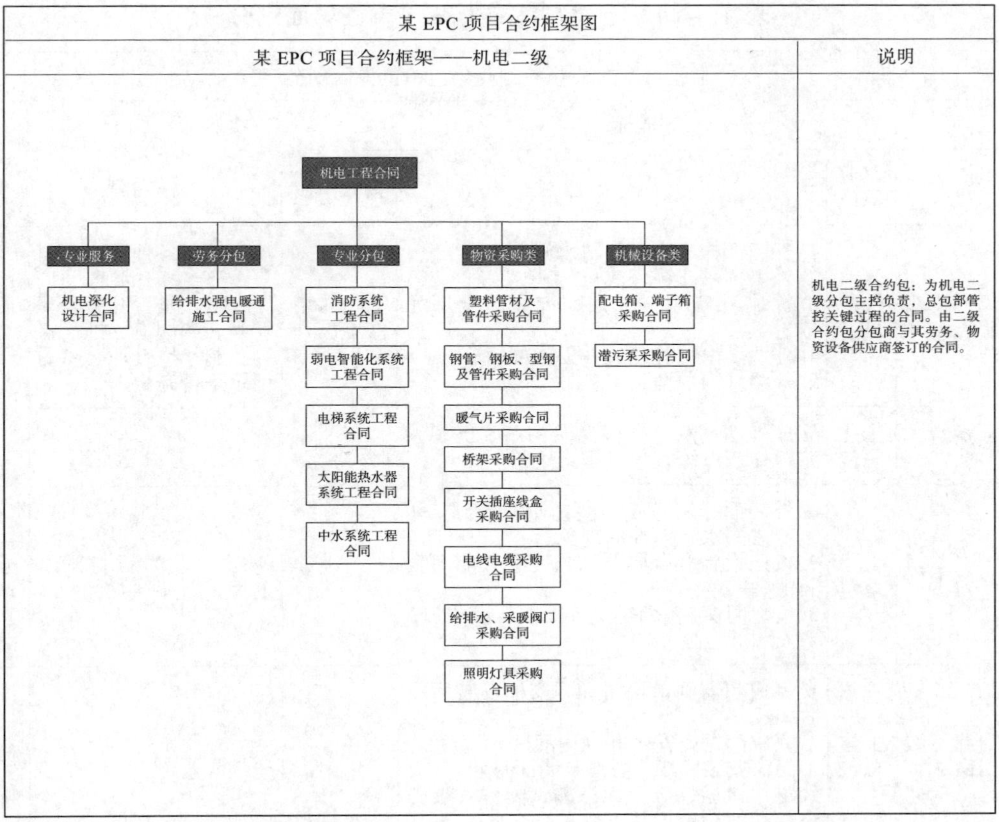

图 10-7 机电二级合约框架

（二）合约界面划分

将总承包方与业主方、总承包方与各分包方、各分包方之间的交叉作业面进行梳理，明确工作界面及相关责任主体。

项目商务合约部组织合约界面的划分，项目建造部、设计技术部、计划管理部共同参与，重点对合约内容、标段划分、工序交接、技术条件等信息进行确定。

界面梳理采取工序分解方式，先将各采购合约项分解为具体的工序活动，通过全专业的交叉检查，筛选出各合约间存在接口关系的内容，再针对接口分析相关单位的权责和义务。

通过全专业集成的界面梳理，避免不同专业间合约内容漏项、工作界面混淆，实现管理链条短、成本管控优的效果。

土建与各专业分包单位界面划分见表 10-13 所示。

表 10–14 土建与各专业分包单位界面划分

<table>
<tr><td colspan="7">土建与室内装修各专业分包单位界面划分</td></tr>
<tr><td colspan="2">界面</td><td colspan="2">完成面</td><td colspan="2">接收面</td><td rowspan="2">备注</td></tr>
<tr><td colspan="2">类型</td><td>完成单位</td><td>工作内容</td><td>接收单位</td><td>工作内容</td></tr>
<tr><td colspan="2">外墙面（总包施工）</td><td>土建总包</td><td>1. 外墙面抹灰完成，防水施工完成；
2. 外墙预留孔洞完成；
3. 涂刷外墙涂料或铺贴饰面砖全部完成；
4. 外墙淋水试验完成并无渗漏；
5. 外墙灯饰预埋施工</td><td>室内精装修单位</td><td>注意检查各种预留孔洞是否齐全和孔洞坡度是否合格、是否有穿墙套管等，如烟道、排气扇等孔洞；检查外墙渗漏记录是否齐全</td><td></td></tr>
<tr><td colspan="2">外墙保温</td><td>土建总包</td><td>完成外墙抹灰，外墙保温粘贴、抗裂砂浆薄抹灰系统，包含备案资料</td><td>—</td><td>—</td><td></td></tr>
<tr><td colspan="2">外墙仿石材真石漆工程和石材</td><td>土建总包</td><td>1. 外墙面抹灰完成；检查外墙是否有开裂，渗漏水、空鼓的现象；
2. 按照设计和合同要求，完成外墙面真石漆；
3. 负责门窗 / 幕墙等交界面的打胶收口；
4. 石材无色差</td><td>—</td><td>4 层以下为石材，以上为真石漆</td><td></td></tr>
<tr><td colspan="2">铝合金 / 塑钢门窗</td><td>土建总包</td><td>1. 完成门窗洞口预留和门窗框安装后的收口；
2. 完成门框的安装和框内灌浆、塞缝；
3. 门窗安装完毕，窗框与墙面打胶完成，经淋水试验，确定无渗漏，配件安装齐全、功能调试正常</td><td>—</td><td>—</td><td></td></tr>
<tr><td colspan="2">外墙排水</td><td>土建总包</td><td>完成管道安装及疏通、排水坡度满足设计要求</td><td>室内精装修单位</td><td>检查外墙立管是否完好，放水试验检查排水坡度是否合格、通畅</td><td></td></tr>
<tr><td colspan="2">上人屋面</td><td>土建总包 / 栏杆</td><td>1. 结构蓄水无漏水，地坪找平层完成；
2. 下面为开放空间的无须做防水，下面为房间的需做完防水；
3. 栏杆安装完成</td><td>—</td><td>进行蓄水试验并检查排水坡度、面层铺贴完成</td><td></td></tr>
<tr><td colspan="2">进户门</td><td>土建总包</td><td>1. 完成洞口预留和门框安装后的收口；完成门框的安装和框内灌浆或塞缝；
2. 待精装修湿作业完成后负责安装门扇、锁具并做成品保护后移交</td><td>—</td><td>—</td><td></td></tr>
<tr><td rowspan="3">墙面</td><td>墙面、梁底、梁侧面</td><td>土建总包</td><td>水泥砂浆抹灰完成</td><td>室内精装修单位</td><td>面层装饰</td><td></td></tr>
<tr><td>卫生间、厨房</td><td>土建总包</td><td>墙面抹灰完成</td><td>室内精装修单位</td><td>防水及墙面铺贴装饰</td><td></td></tr>
<tr><td>户内门洞口</td><td>土建总包</td><td>门洞口尺寸符合施工图纸要求</td><td>室内精装修单位</td><td>完成户内门安装后的收边</td><td></td></tr>
</table>

（续表）

界面		完成面		接收面		备注
类型		完成单位	工作内容	接收单位	工作内容	
天花		土建总包	结构混凝土面修补及钉眼处理；按质量验收标准检验平整度	室内精装修单位	顶棚装饰（涂料或吊顶）	
楼梯踏步		土建总包	1. 平整度达到验收标准； 2. 完成照明管道敷设及底盒预留； 3. 完成安全指示灯及应急照明灯的安装； 4. 完成楼梯装饰（暂定 1~4 层）	—	—	
楼地面	房 / 厅	土建总包	结构完成验收平整度并整理干净	室内精装修单位	完成合同规定的精装饰面施工	
楼地面	卫生间	土建总包	1. 降板底结构板上防水层施工完成四周上返 400mm，墙面无需做防水；防水层上防水砂浆找平； 2. 检验有无渗漏现象、地漏位置按照精装设计图	室内精装修单位	1. 管道通水测试及蓄水试验； 2. 墙地面防水层及后续的装修工作	
楼地面	烟道	土建总包	1. 排烟管道及配件安装完成，位置正确、无堵阻、渗漏水现象； 2. 烟道动力帽安装完成，转动灵活无异响	室内精装修单位	面层防水及装饰施工	
空调		机电分包	1. 线路、风管和冷凝管等全部安装完成，并达到图纸和规范要求； 2. 设备调试完成	室内精装修单位	进行吊顶施工及照明线路施工	
强弱电		1~4 层（商业）	1. 室内强电箱安装到位； 2. 室内弱电箱安装到位； 3. 室内等电位安装及连接到位； 4. 负责公共部分线路 / 桥架布设及测试； 5. 管线预埋（按照装修图纸、二次结构前提供图纸）	—	—	
强弱电		5~16 层（精装公寓）	1. 室内强电箱安装到位； 2. 室内弱电箱安装到位； 3. 室内等电位安装及连接到位； 4. 负责公共部分线路 / 桥架布设及测试； 5. 管线预埋（按照装修图纸、二次结构前提供图纸）	室内精装修单位	—	
强弱电		17~20 层（写字楼）	1. 室内强电箱安装到位； 2. 室内弱电箱安装到位； 3. 室内等电位安装及连接到位； 4. 负责公共部分线路 / 桥架布设及测试； 5. 管线预埋（按照装修图纸、二次结构前提供图纸）	—	—	

（续表）

界面	完成面		接收面		备注
类型	完成单位	工作内容	接收单位	工作内容	
给排水	土建总包	排水管道全部按照图纸安装到位，给水管道预留出接驳口	室内精装修单位	完成合同规定的精装管道及设备的安装	
安防智能化	专业分包		安防分包	完成合同 / 图纸要求的穿线和测试及末端设备安装	
电视、电话、网络	专业单位	1. 各种弱电线管的预埋、底盒预埋 / 井内桥架布设； 2. 公共部分线路及测试由专业分包单位负责	室内精装修单位	完成图纸和合同要求的室内精装线路敷设和测试	
电梯前室、公共部分	土建总包	1. 完成管线预埋； 2. 完成墙面砂浆抹灰（若墙面装饰需做石材的，总包做到结构面；如有吊顶则不作顶面及吊顶以上墙面的粉刷）； 3. 地面做到结构层，标高按图施工	室内精装修单位	完成墙地面、顶棚、电梯门套的装修	
电梯轿厢	电梯分包	完成电梯轿厢顶、厢壁安装	室内精装修单位	完成轿厢墙地面、顶棚装修及成品保护	
大堂内	土建总包	完成结构及墙面水泥砂浆抹灰（若装饰需做石材的，总包做到结构面清理；如有吊顶则不做顶面及吊顶以上墙面粉刷）；不做地面找平	室内精装修单位	完成大厅墙地面、顶棚装修施工	
大堂外	土建总包	门庭雨篷等安装及打胶收口；做好成品保护	室内精装修单位		
土建与景观园林等各分包单位界面划分					
界面	完成面		接收面		备注
类项	完成单位	工作内容	接收单位	工作内容	
土方工程	土建总包	完成场地内土方回填至场外图纸要求的标高，并达到95%夯实度，并书面移交场地给景观绿化单位	景观单位	负责场地内土方的平衡（局部补土及外运）及种植土的供应	
防水保护工程	土建总包	车库和地下室顶板、侧板防水及保护层施工	景观单位	水景的防水及保护层施工	
室外雨水收集系统	土建总包	1. 负责将景观排水接入相应市政雨水管道； 2. 由总承包单位施工的排水管上的检查井（包含总承包单位与景观单位施工的接驳处）及常规井盖的制作	景观单位	1. 负责将景观（路面、绿化、水景）排水接至室外雨水沟或检查井； 2. 负责景观单位施工的排水管上的检查井及常规井盖的制作； 3. 负责雨水沟的砌筑、装饰井盖的制作及各种井的高程；	

（续表）

界面	完成面		接收面		备注
类项	完成单位	工作内容	接收单位	工作内容	
室外雨水收集系统	市政单位	市政分包负责修复景观排水排入接驳井的接驳点。区域内的排水总管线和井由小市政负责	景观单位	4. 将景观排水排入小市政指定接驳井内；从小市政雨水管线指定的接驳井开始，此井（不含）以上的所有景观排水工作全部由景观分包完成	
低压配电系统	土建总包	1. 负责供应、安装及接驳电源至指定总配电箱（不含箱体的供应及安装）的上端； 2. 园林照明配电箱进线直埋敷设施工； 3. 出线管井施工及出线套管封堵； 4. 泛光照明系统、专业照明系统、厨房、洗衣房配电系统主电源配电箱及进线敷设	景观单位	1. 负责从指定景观工程的动力、照明总配电箱（含箱体的供应及安装）出线起，景观范围内的所有电气设备及电缆的供应、安装及接驳； 2. 绿化场地内的电气电缆直埋； 3. 绿化灯具、水泵及其供电线路的安装	
照明系统	土建总包	负责供应、安装及接驳所有水景泵房的照明系统	景观单位	景观照明系统所有设备的供应、安装及接驳	
防雷接地	土建总包	负责提供并接驳接地系统指定位置	景观单位	从指定位置接驳并安装完成必要的接地系统	
室外景观给水系统	土建总包	负责预留机房内和室外临时给水点（含水表及相关阀门的供应及安装）供景观单位接驳	景观单位	1. 从水景机房内指定给水点起所有水景、灌溉相关的给水设备、管道及其检查井的供应及安装； 2. 负责景观给水系统、景观照明系统等与取水点、低压配电系统的连接部分	
标识工程	标识分包	在景观施工前提供节点要求，供景观单位配合	景观单位	配合标识工程在景观小品、硬质铺装等相关部位的开孔、预留管线，满足标识的安装要求	
给水工程	市政单位	负责室外给水环网系统施工，包括室外给水管道敷设、检查井的砌筑、常规井盖的制作、室外消火栓安装、土方开挖及回填	景观单位	负责室外给水环网系统中检查井的路面收口处理及装饰井盖的制作	
智能化工程	专业分包	在景观施工前提供节点要求，供景观单位配合	景观单位	配合智能化工程在景观小品、硬质铺装等相关部位的开孔、预留管线，满足室外摄像监控系统等智能化系统安装要求	

（续表）

界面	完成面		接收面		备注
类项	完成单位	工作内容	接收单位	工作内容	
道路	市政单位	1. 沥青混凝土道路路基、基层、路面施工、路缘石安装等工作；预留路面雨水口，安装雨箅子。（不含景观铺装路）； 2. 完成小市政道路及园区内所有车行路的施工（含路缘石施工）	景观单位	负责小区内的园路及车行路路缘石以外的人行步道施工；消防道路面层为块材铺装时，块材铺装部分由景观单位实施	

土建与小市政等各分包单位界面划分

界面		完成面		接收面		备注
类项		完成单位	工作内容	接收单位	工作内容	
土方工程	园区道路土方回填	土建总包	红线内场地平整至指定标高	市政单位	负责回填道路土方，且修筑园区沥青路环路	
土方工程	室外回填至指定标高	土建总包	负责给水、雨污废水出户管的相应挖填土工作； 完成区域内基槽回填	市政单位	1. 车库顶板土方回填至室外地坪标高以下20cm，土质要求为种植土； 2. 非车库区域基槽以上部位回填至室外完成面以下50cm	
自来水、消防水外线		土建总包	给水出户管出建筑外墙1.5m处、有车库的出车库1.5m；车库内的各管线施工；如出车库，则出车库外墙1.5m，并封堵供市政分包接驳	市政单位	1. 完成出车库外墙1.5m接驳点以后的全部室外给水管线； 2. 室外消防给水工程及消火栓、水泵结合器等室外消防系统； 3. 给水、室外消防系统管路的沟槽开挖、管道敷设、检查井的砌筑、闭水试验、管路冲洗、井盖安装、沟槽回填施工等工作	
				景观单位	景观给水接自小市政中水的指定接驳阀门井，从小市政中水管线指定的接驳阀门井开始，此井（不含）以后的所有景观给水工作全部由景观分包完成	

（续表）

界面	完成面		接收面		备注
类项	完成单位	工作内容	接收单位	工作内容	
电气工程	土建总包	负责至市政照明配电箱电源的引入及施工	市政单位	1. 完成市政照明配电箱的安装及基础施工； 2. 完成线路敷设及套管施工； 3. 完成灯具及地笼固定安装施工及整个道路景观照明系统调试	
雨水、污水	土建总包	1. 负责施工雨水管、污水管、废水管接管至单体以外第一个窨井或地下室外墙外第一个窨井内（不含窨井）； 2. 雨水、污水出户管出建筑外墙 1.5m 处、有车库的出车库 1.5m	市政单位	1. 雨水、污水、废水管线、雨水口及雨水支管施工； 2. 小市政雨污水系统管路的沟槽开挖、管道敷设、检查井的砌筑、闭水试验、管路冲洗、井盖安装、沟槽回填以及与现状大市政管线的接头施工等工作	
弱电工程	土建总包	所有建筑物弱电、消防、有线电视系统的出楼管预埋出外墙 1.5m，管口封堵好并预留钢丝；墙、楼板洞口预留（含套管）及封堵	市政单位	负责小区弱电管井、管道施工，并负责与总包预留的出楼管、大市政外线接口接驳	

土建与配电等各分包单位界面划分

界面	完成面		接收面		备注
类项	完成单位	工作内容	接收单位	工作内容	
市政供电	土建总包	1.10kV 变电室、各低压配电间等设备用房的外墙和基础等主体结构工程施工，高低压配电柜基础设施施工； 2. 随主体结构预埋的电缆进出线电缆套管、桥架孔洞预留（含套管）和套管外层封堵等。 3. 按图纸进行接地系统的施工； 4. 各公共建筑房间内的照明灯具、插座、面板开关等进行安装； 5. 设备用房内设备、照明、插座、面板开关、桥架及其线路等安装； 6.10kV 配电室低压设备出线至住户内的电缆桥架、电缆铺设、住户入户电表箱、室内住户配电箱、住户内电路管线预埋施工（不穿线）； 7. 机房内的地面处理，结合现场情况进行划分	供电单位	1. 外环境高压管网电井施工； 2.10kV 高压进线电缆施工； 3.10kV 高压进线管井及进线套管封堵； 4.10kV 变配电室电气设备的施工、安装、测试； 5. 变配电室施工及发送电手续	

（续表）

界面	完成面		接收面		备注
类项	完成单位	工作内容	接收单位	工作内容	
发电机系统	土建总包	1. 发电机房一二次结构、防水、墙面及天花抹灰、地面找平、设备基础和随主体结构预埋管道、孔洞预留（含套管）和套管外层封堵（需专业单位提供详细施工图纸）； 2. 设备房内刷白照明灯具、插座、桥架及其线路施工，隔声、隔震配合施工； 3. 套管内层封堵； 4. 发电机设备安装； 5. 发电机输出回路所需配电柜及输出开关安装； 6. 机房内的地面处理，结合现场情况进行划分	发机电总包单位	1. 发电机配套设备及线路管道设计及承装； 2. 发电机设备进场施工，负责指导安装； 3. 电机试车发送电及培训维修工作； 4. 发电机隔声隔震施工	
空调及新风系统		1. 空调机房、风机房的结构、防水、墙面及天花抹灰、地面找平、设备基础施工； 2. 随主体结构预埋的管道及管道疏通、穿引线； 3. 随主体结构预留的孔洞和套管外层封堵。 4. 完成机房内总配电箱柜、给水点的施工及污水排水设备安装； 5. 配合空调单位协作安装； 6. 机房内的地面处理，结合现场情况进行划分	空调专业分包单位	1. 空调系统方案优化设计及确定； 2. 空调系统设备、循环管道、冷凝水管管道施工； 3. 各功能区域的空调风机盘管、各送回风口、通风系统主风管和主风机安装； 4. 套管内层封堵及管道保温； 5. 新风系统施工； 6. 空调系统运行监控、自动控制系统的安装	
消防工程		1. 随主体预埋的管道及设计变更所造成管道更改及后期管道疏通、穿引线； 2. 消防泵房（含风机房）的结构、防水、墙面及天花抹灰、地面找平、设备基础等； 3. 设备房内照明、插座及线路、消防弱电桥架、消防总动力配电（含配电箱）安装； 4. 消防机房供水点，消防排水设备安装； 5. 各消防设备电源进线及配电箱安装； 6. 设备房内刷白； 7. 随主体结构的孔洞预留和套管外层封堵； 8. 机房内的地面处理，电源柜与消防配电柜之间电缆施工结合现场情况进行划分	消防工程分包单位	1. 消防系统优化设计施工； 2. 消火栓及喷淋管网（含园区管道、消火栓箱、水泵）和消防报警联动系统（含通风排烟风机、风管、防火阀）安装（含设备二次线路、移交前设备保管、消防验收）。防火卷帘及配套设备、线路安装、消防管道保温； 3. 酒店、会所、住户内的厨房排烟煤气报警系统的配套设备、线路； 4. 住宅设备管井内，各专业管道与楼板之间缝隙的防火泥封堵； 5. 防火卷帘卷轴与门洞之间的缝隙封堵及各设备房防火门安装； 6. 消防测试并完成消防验收	

（续表）

界面	完成面		接收面		备注
类项	完成单位	工作内容	接收单位	工作内容	
电梯工程	土建总包	1. 电梯机房及井道的结构、防水、墙面及天花抹灰、地面找平、设备基础（含缓冲器底座）和随主体结构预埋的吊件、孔洞预留和套管外层封堵； 2. 土建井道及洞口按图纸要求施工； 3. 电梯外呼面板预留孔洞施工； 4. 设备房内刷白、照明、插座、排气扇及其线路和动力配电（含配电箱）施工； 5. 电梯底坑排水设备安装； 6、电梯厅门口放置护栏进行保护； 7. 厅门及面板固定后的封堵； 8. 提供临时施工电源； 9. 机房内的地面处理，结合现场情况进行划分	电梯工程分包单位	1. 电梯安装条件检查及电梯设备安装； 2. 机房电梯控制设备箱安装； 3. 电梯井道内脚手架安装拆卸； 4. 电梯设备登记备案并进行特检； 5. 电梯系统内部的五方对讲系统设备及线路和监控中心内的对讲主机安装并调试，并配合弱电智能化安装单位完成电梯机房至监控中心的线路敷设； 6. 配合消防单位安装消防联动的线路及设备并通过消防检测	
燃气工程	土建总包	1. 燃气管理用房的结构、防水、墙面及天花抹灰、地面找平、设备基础和随主体结构的孔洞预留； 2. 设备房内刷白、地砖铺砌由土建总包施工； 3. 外环境的调压站基础设施和阀门井； 4. 燃气管理用房内照明灯具、插座、排气扇及其线路和动力配电（含配电箱）； 5. 消防联动系统内的电磁阀供电系统	燃气分包单位	1. 燃气系统内的所有管道及设备和连接用气设备的软、硬管； 2. 燃气电磁阀安装并调试（含消防检测）； 3. 消防联动系统内的消防联动线路及模块安装敷设； 4. 住户内的燃气管道施工及测试； 5. 通气手续办理	
电话、网络、电视、手机信号覆盖系统	专业分包	1. 设备管理用房结构、防水、墙面及天花抹灰、地面找平、设备基础和随主体结构的孔洞预留和套管外层封堵； 2. 住宅部分除总机房外的设备房刷白、内供电（含配电箱）及照明灯具、插座、排气扇及其线路（各电信专业单位需安装电表独立计量） 3. 公共区域及竖井内的桥架施工、独立接地施工； 4. 户内弱电箱体安装； 5. 园区弱电系统管道及管井施工并与外管网连接； 6. 出总机房内的地面处理，结合现场情况进行划分	弱电总包	1. 外管网线路引进及封堵； 2. 电话、网络、电视的信号源引入至各信号末端模块、面板及线路及配套设备（不含住宅户内弱电箱箱体）安装并开通； 3. 手机信号覆盖的全范围和弱电井、设备房、主干线等的管道，由各专业单位安装	

（续表）

界面	完成面		接收面		备注
类项	完成单位	工作内容	接收单位	工作内容	
弱电智能化系统	土建总包	1. 设备管理用房的结构、防水、墙面及天花抹灰、地面找平、设备基础和随主体结构的孔洞预留； 2. 设备房内刷白、供电（含配电箱）及除监控中心外的设备房照明灯具、插座、排气扇及其线路施工； 3. 室外管井套管或者管沟施工； 4. 除总机房内的地面处理，结合现场情况进行划分	机电总包	1. 弱电系统所有的穿线或直埋线缆施工； 2. 所有弱电系统的设备安装，包括安防系统、建筑智能控制系统车档系统； 3. 现场监测设备安装、测试； 4. 弱电系统的； 5. 进行设备自动化监控、开启调试	
防雷工程	土建总包	1. 防雷及强、弱电接地由总包位焊接接地网及其引出点，并通过验收。引出点后接地线由各专业单位施工（部分弱电系统所需独立接地网由弱电专业单位施工）； 2. 防雷开关由专业单位或机电总包单位安装（不含市政供电部分）	防雷办	根据工程进度进行接地测试	

（三）采购计划

（1）招采计划编制：根据项目合约包及工作界面划分结果，项目商务合约部以总控计划为依据组织编制项目总体招采计划，项目建造部、设计技术部、计划管理部提供施工时间、设计时间、送样时间等各类时间节点以及分包管控重点信息，分公司商务部协助项目倒排具体的招标方式、招标时间、招标关键项等信息，完成计划编制。

（2）为保证总承包项目大量招采工作有序、高效开展，对影响招标组织实施的各项信息（前置条件、业务周期、关键项等）进行识别。

识别各专业的前置工作条件。通过详细梳理各专业前置工作条件，建立专业间联动关系，实现联动提醒功能，避免招标不及时，造成不同专业、不同工序施工穿插混乱，影响整体进度。

识别各专业采购全业务周期。识别招采准备周期、采购周期、深化设计周期、供货周期、施工准备周期，细化各阶段责任部门及完成时间，提高计划的前瞻性。

识别各专业采购招标关键项。针对每个合约项，识别采购招标关键项，如要求分供方具备的加工制造精度、生产产能、质量检测能力、自有设备数量等，防止招标关键项条件不具备，耽误招采的情况。

识别设计图纸中所涉及的采购内容，提前对工程所在地周边资源进行摸底调研，对非常规产品或稀缺资源造成采购成本较大的设计方案进行适当调整。

三、典型案例

某项目位于武汉市，是某地产公司开发的政府还建房项目，总建筑面积约 25.6 万平方米，最大建筑高度48层，工期仅472天。项目工期紧，质量要求高，同时是战略客户全国首个提质增效试点项目。在此背景下，需要深入探索实施一条精益建造穿插施工模式。

（一）前期策划

在此背景下，项目在公司“精益建造”理念下，结合企业《住宅工程精益建造实施指南1.0版》《一体化施工技术指南》《住宅项目工序穿插施工技术指南》等多项文件，借鉴万科云城模式，对该工程项目进行了精益建造策划。

1. 项目策划思路

策划主要围绕以下5个因素展开。

（1）组织管理保障。项目合同模式为传统土建总包，为了保证穿插有序进行，与甲方、监理、各专业分包统一精益建造思想，取得甲方的支持是必备条件，建立部门齐全、职责明确的总承包管理组织机构，将所有分包纳入总包管理范围，对工程总承包实施全面的管理、协调与服务，是保证精益建造的管理保障。

（2）精益计划管理。计划管理是实现精益建造的核心内容，以总进度计划为主线，辅以设计、招采计划，贯穿项目建设全周期。以计划指导整个项目的建造全生命周期，确保各项工作、工序高效穿插，提升整体建造效率与建造质量。

（3）合约规划与招采。①合约规划——明确要求（议标、合同），合约包划分和合同界面。②合作资源——提前盘点，合理配置合作资源。改变设计、采购根据现场进度逐步提供资源的方式，使计划性更强、集中采购优势更能体现。

（4）设计优化。①图纸——提高出图时间及出图质量，减少后期变更。②设计优化——在设计出图前，提前沟通深化设计内容。

（5）施工组织优化。组织方式突破——改变原有的外立面、装修在主体工序结束由上往下的组织方式。在主体施工的同时，实施砌体、水电安装、消防、腻子、门窗、装修穿插施工，同时在主体施工时插入市政园林施工。

2. 项目策划点

项目按照精益建造要求，围绕施工部位从土建工程、装饰装修工程、电梯工程、安装工程、园林工程五个方面，主要从16个点立足优质建造、快速建造、低成本建造、绿色进行了具体策划，见表10-14、图10-8。

表10-14　项目策划点

序号	部位		策划点
1	土建工程	外墙	外墙改为采用全混凝土外墙结构，取消外围砌体墙
2		内墙	普通蒸压加气块改为精确砂加气块，薄抹灰
3		电梯井道	优化为全混凝土结构

（续表）

序号	部位		策划点
4	土建工程	二次结构	反坎、构造柱、门窗过梁随主体结构一次成型
5		后浇带	优化后浇带浇筑方案，提前进行浇筑
6		机房花架	花架改钢结构，机房改为混凝土结构
7	装饰装修工程	外立面装修	取消外墙抹灰和贴砖，外墙装修做法改为真石漆
8		门窗、栏杆工程	预留门窗企口、预留门窗固定片位置
9		屋面工程	优化屋面工程设计，减少施工工序，屋面保温防水一体化施工
10	电梯工程		逆向法施工，在主体施工阶段同步安装电梯门及导轨，不影响公区装修收口
11	安装工程		优化预留洞口位置、减少或避免后期吊洞
12			厨卫、阳台排水管预埋止水节
13			配电箱、线盒预埋同主体一次成型
14			BIM 综合管线布置
15			智能系统的配备完善
16	园建工程		合理平面布置，采用盘扣安全通道，不影响土方回填

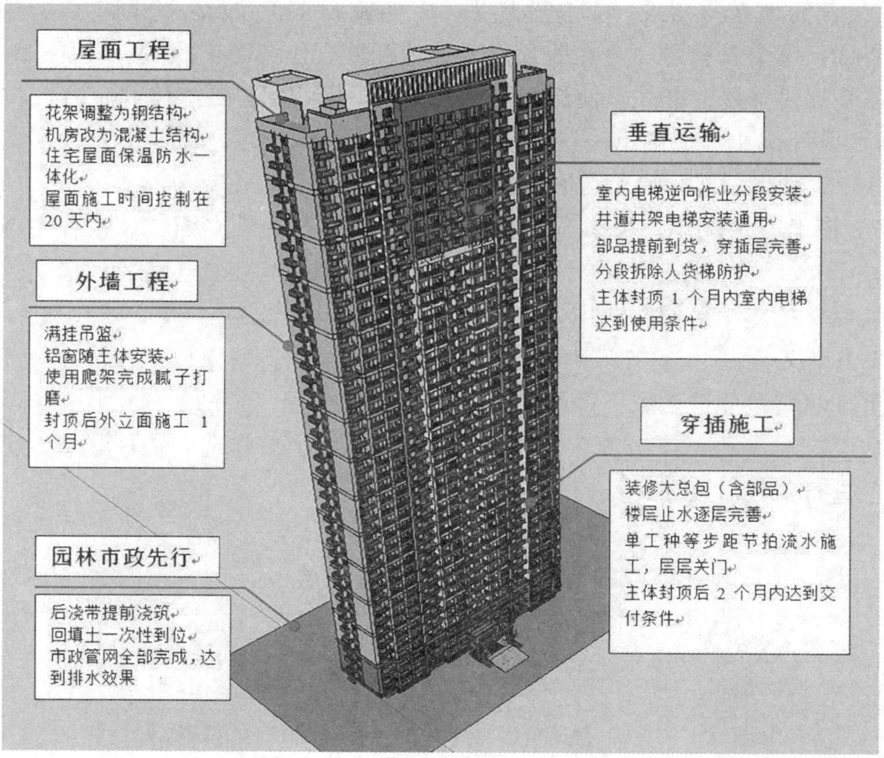

图 10–8　项目策划点

同时项目在实施过程中，不断探索，不断发掘新的策划点。

3. 精细化计划

精细化计划管理以工序穿插建造计划为主线，配套设计、招采配置计划。建立全专业、全过程的计划管理体系。

（1）室内穿插计划。室内穿插施工是指在主体结构按照 5 天每层，施工 N 层时在 N 层及以下各层提前插入室内工序施工，结构和装修各工序有序穿插形成同步向上的流水作业施工，提高工效，缩短工期，如图 10-9 所示。

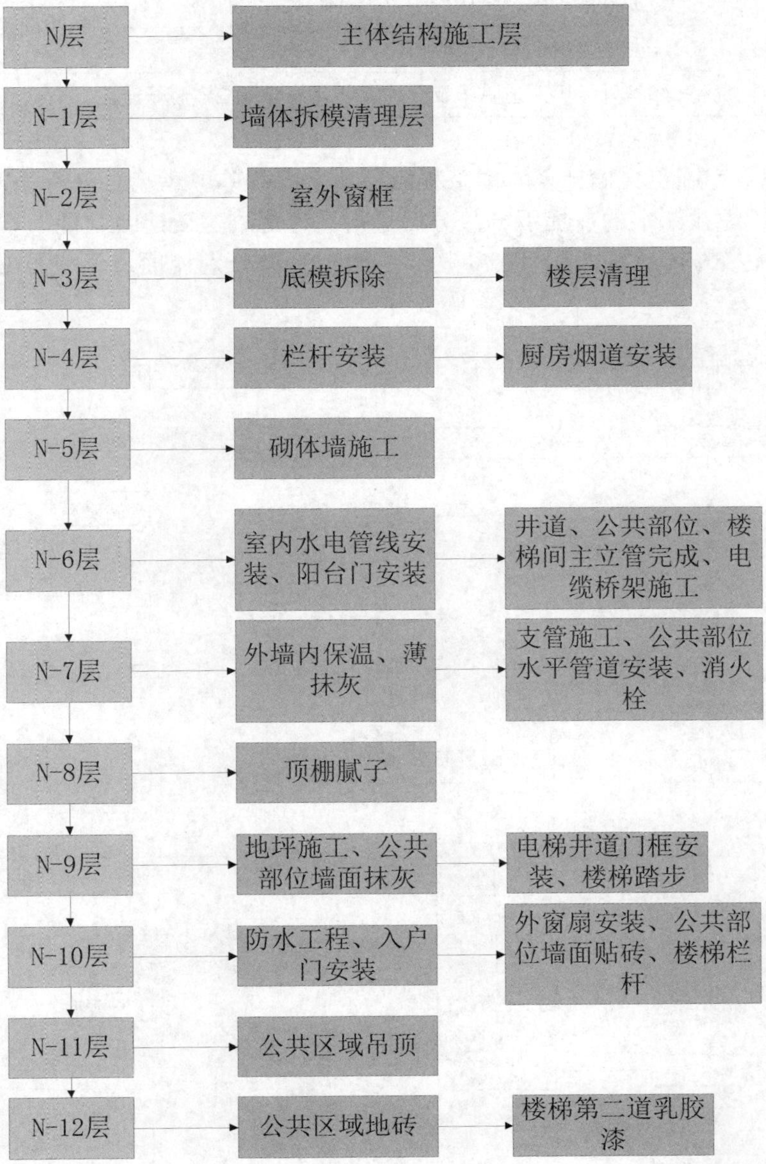

图 10-9　室内施工穿插计划

（2）室外施工穿插计划。①外墙涂料前工序均跟随主体结构 5 天每层等节奏施工，在爬架覆盖范围内完成。②外立面涂料等后续采用吊篮自下而上进行施工。

室外穿插计划见表 10-15。

表 10-15　室外施工穿插计划

施工层	外立面施工工序
N 层	结构层施工
N-1 层	外墙拆模、结构养护、螺杆眼封堵、打磨
N-2 层	室外窗框安装及收口
N-3 层	外墙第一道腻子及立管安装、外墙第二道腻子施工

（3）地下室施工穿插计划。本工程两层地下室，单层建筑面积约 3.3 万平方米，地下室施工考虑在断水的前提下分区分段进行，考虑到主要建筑功能，本项目地下室施工穿插工序按车库、水泵房及风机房、配电房三类分别梳理，分别如图 10-10 ～图 10-12 所示。

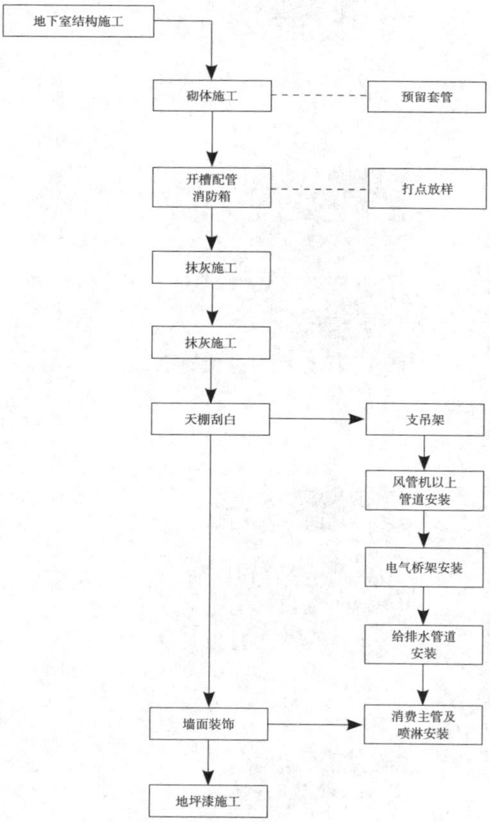

图 10-10　车库施工穿插流程图

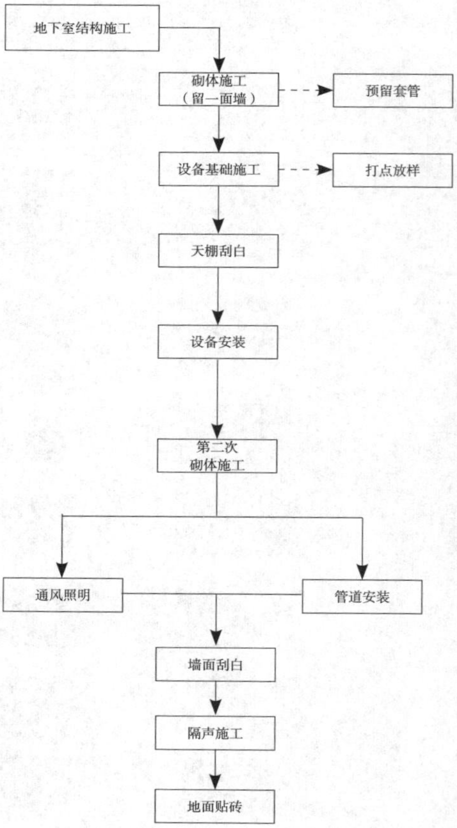

图 10-11　风机房 / 水泵房施工穿插流程图

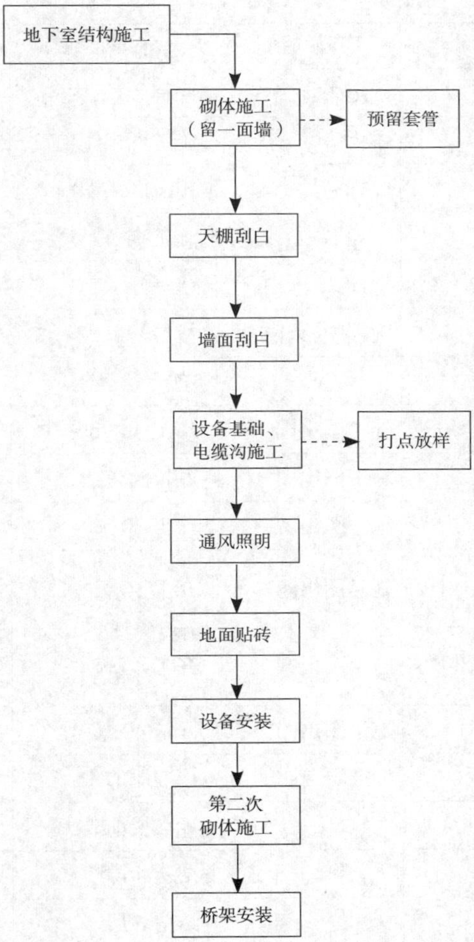

图 10-12 配电房施工穿插流程图

（4）园建穿插计划。通过合理的平面布置，在主体施工的同时，能够分区对部分区域提前进行回填和园林施工，地下室穿插与地下室封顶后开始，大面工序在 4 个月内完成，即地下室封顶 4 个月（此时主体结构封顶），随后一个月完成预留区收尾工作。

为了确保各项工作按精益计划进行，在建造各阶段需确保完成以下事项（表 10-16）。

表 10-16 建造各阶段需完成事项

序号	工作内容	开始时间	节点要求	备注
1	合约包划分完成	—	投标时	
2	实施策划完成	—	合同签订前	

（续表）

序号	工作内容	开始时间	节点要求	备注
3	铝模、机电招标完成	确定中标	中标 20 天内	
4	图纸设计优化	中标	施工图出图前	铝模、机电需参与
5	完整的招采计划	中标	施工图出图前	含甲方直接发包单位
6	平面布置及临建	—	施工准备	考虑园林穿插
7	垂直运输方案	中标 20 天内	垫层施工前	考虑后期园林及外墙穿插
8	塔吊完成安装	中标 20 天内	垫层施工前	
9	施工图出图	—	垫层施工前	
10	门窗招采	施工图出图	出图 30 天内	
11	穿插模型及策划完成	施工图出图	底板施工前	
12	机电深化	施工图出图	开工 30 天	周期约 30 天
13	门窗招标及深化完成	施工图出图	开工 30 天	考虑与铝模配合，周期约 30 天
14	爬架招标及深化完成	施工图出图	开工 40 天	考虑与铝模配合，周期约 40 天
15	铝模深化完成	施工图出图	开工 40 天	周期约 40 天
16	铝模预拼装	标准层前 30 天	标准层前 15 天	
17	铝模、爬架、门窗到货	—	标准层前 5 天	
18	施工电梯开始安装	—	结构 4 层	
19	施工电梯投入使用	—	结构 6 层	
20	其他各项招采	—	均需在标准层施工前完成	
21	楼层断水	—	楼层清理完成后	根据实际情况每 5 ~ 8 层断水一次
22	电梯导轨施工	主体 8 层	主体 8 层	
23	地库防水及回填	主体 12 层	主体 15 层	
24	地下室清理完成	封顶 30 天	地下室封顶 45 天	
25	塔吊拆除	主体封顶 30 天	主体封顶 45 天	
26	施工电梯拆除	主体封顶 60 天	主体封顶 75 天	

4. 精益设计

在出图前，总包方全面参与设计优化，将总包施工经验融于设计图纸中，便于深化设计，重点体现在两图融合，如图 10-13 所示。

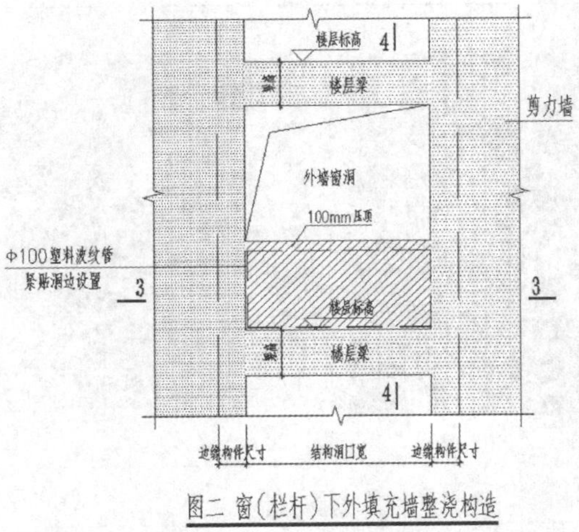

（a）外砌体墙

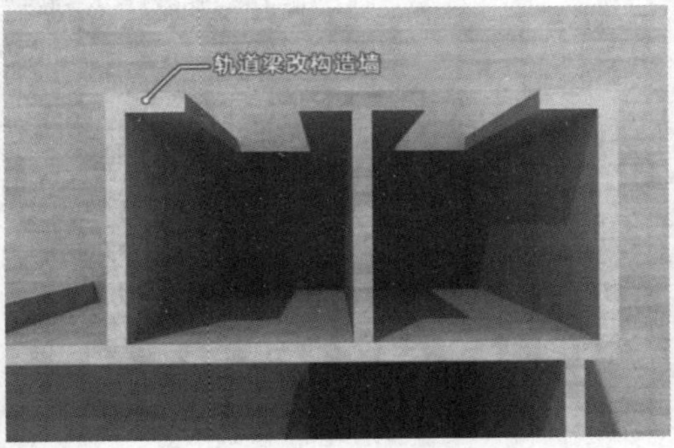

（b）电梯轨道梁

（c）外立面线条

（d）构造柱

（e）门过梁

图 10-13　两图整合

（续表）

（f）门垛	（g）反坎

（h）滴水线	（i）门窗企口

（j）门窗固定片	（k）设备基础

图 10–13 两图整合（续图）

（2）一体化施工，如图 10-14 所示。

（a）止水节

（b）线盒预留预埋

（c）电箱预埋

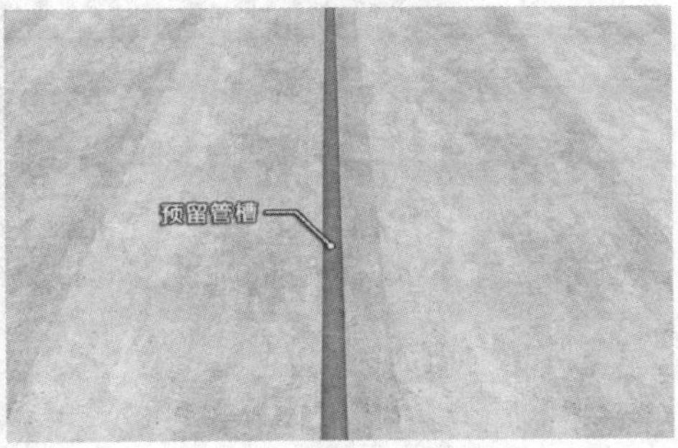

（d）室内水管埋设

（e）电井、水井套管预留预埋

（f）强弱电配电预埋

（g）屋面防水保温一体化

（h）屋面花架改钢构

图 10-14　一体化施工

同时还应用了道路、消防、临电、排水等永临结合设计以及对电梯基础、层间断水、悬挑防护棚等措施方案的优化。

5. 精益工艺

在策划和实施中，积极应用新技术、新工艺是提升质量的有力保障，项目主要应用有铝模工艺、爬架工艺、盘扣架工艺等，如图 10-15 所示。铝合金模板体系具有成型效果好，免抹灰工艺的前提；尺寸精准，土建安装一体化提供保障；构件标准化，使“两图融合”变为可能。

图 10-15 精益工艺

附着提升脚手架为外立面穿插提供安全有效的作业面，如图 10-16 所示；爬架空中解体，省去下降时间及传统外架对园林穿插的影响；电梯进爬架保障穿插施工的材料运输。

图 10-16 附着提升脚手架

安全通道采用承插式盘扣脚手架具有安拆方便、整洁美观的特点。采用双排立杆，不影响土方回填，为园林穿插创造条件。

6. 精益商务管理

为保证工序组织的顺利落实，实现精益建造，项目从招投标、合同等工作开始充分考虑配套的物资、设备采购要求，以满足工序组织的施工需求。各项资源组织是确保工程按计划进行的重要保障，以工程总进度计划和设计为依据，提前盘点所有的资源进场时间，制定有序的招采计划。

同时梳理合约框架和界面划分，明确各专业之间的交接，是管理的依据。

（1）工作包划分。详见表 10-17。

表 10-17　工作包划分

工作包类型	工作包	合同包数量
总包合同范围	土建工程：土建结构工程、金属结构工程、室内初装饰装修工程、外立面装饰工程、阳台栏杆、防火门、其他装饰工程（包含穿混凝土墙、穿楼板钢套管、穿砌体 PVC 套管、墙面钢丝网、内墙面玻纤网、烟道、成品风帽）等	60
甲指分包	桩基工程、土方工程、水电安装工程（电气工程、给排水工程、预留预埋工程）、防水工程等； 太阳能工程、铝合金门窗工程、公共区域精装修工程、智能化工程、保温工程、入户门工程、消防工程、二次加压供水工程、交通划线及停车设施	13
甲方直接发包	基坑支护、电梯采购及安装工程、亮化工程、有线电视工程、网络工程、市政道路、园林景观工程、供电工程、室外综合管网、供热工程、燃气工程、人防设备供货及安装工程	19

（2）施工界面划分。在专业工程开始实施前，对各专业分包单位的施工范围及施工界面进行明确界定，规避在事中及事后扯皮现象，避免项目施工界面留有真空地段，以提高施工过程中的施工效率，保证工程使用功能的完整性。施工界面划分示例见表 10-18 所示。

表 10-18　施工界面划分

序号	专业分包工程名称	专业分包工程单位完成工作	承包人完成工作	其他相关专业分包完成工作	备注
1	土方工程	地下室底板垫层下表面以上土方由专业分包单位施工，土方施工期间洗车槽的修建、维护及使用费的承担	承台及地梁、沟槽坑等房内土方开挖及单栋房内的全部土方回填并将余土外运	含强弱电、消防、天然气、给排水、景观给排水等配套单位的管沟开挖及回填	其他由承包人配合的土方工程，承包人必须在发包人规定的时间内完成，费用由各配套单位承担

（续表）

序号	专业分包工程名称	专业分包工程单位完成工作	承包人完成工作	其他相关专业分包完成工作	备注
2	外门窗	含门窗框加工、门窗框及门扇、玻璃安装，门窗框与墙面交接处打发泡胶（要求发泡胶凹进门窗框两边各 15mm），门窗框周边（室外）与墙面交接处打防水胶、玻璃边打玻璃胶。门窗框与接地体的连接。门窗框两边及框上下口用水泥砂浆塞缝，本项工程验收前的成品保护	窗预埋件，按规范要求预留门窗洞口（门垛两边必须为实心砖墙），门窗周边用水泥砂浆收口粉刷（遇保温墙面时内侧面及上下面由保温单位负责施工，外侧面及上下面由承包人负责施工），本项工程验收后的成品保护		如安装的门窗平整度、垂直度及与墙面宽窄不一致时，必须先通知发包人，待门窗安装单位完成整改后，其他配合单位方能进行施工，否则，由此造成的返工损失由配合单位承担
3	预制桩	桩基施工及截桩、将断桩外运、建筑渣土外运	破桩头，插筋施工及桩芯填灌混凝土封堵固定插筋。提供标高及测量定位		
	现浇桩	护壁、桩基施工、建筑渣土外运	破桩头，提供标高及测量定位		
	基坑支护及降水	基坑支护及降水工程施工，承担降水工程运行费用，基坑顶部安全围栏的施工，基坑顶部 1m 以内硬化压顶与排水沟施工	提供标高及测量定位		
4	栏杆、百叶	栏杆与百叶的制作、安装； 百叶框与墙面交接处打发泡胶，框周边（室外）与墙面交接处打防水胶； 本项工程验收前的成品保护	百叶及预埋件； 阳台返边混凝土及栏杆安装完毕后两端栏杆与墙连接处用水泥砂浆塞缝抹平，接地体连接； 百叶安装完毕后两端栏杆与墙连接处用水泥砂浆塞缝抹平，接地体连接； 本项工程验收后的成品保护		
5	入户门	入户门安装、灌浆，本项目工程验收前的成品保护	负责门洞侧面塞缝、收口及粉刷，本项工程安装后的成品保护		
6	太阳能工程	太阳能系统的工程深化设计，提供设备基础图、施工图，钢架、水箱、系统管道，承压保温水箱，冷水补水管从总包单位预留的三通处接入。负责控制系统配管、穿线、面板安装、调试	施工图纸设计的预留预埋，按照太阳能设计图纸预留太阳能承压保温水箱的冷水补水管接入点，对太阳能屋面预埋件的防水处理，管道开槽及孔洞的封堵修补粉刷。负责设备基础施工		1. 太阳能热水管安装完成后进行打压记录（发包人、监理旁站）； 2. 总包单位须对太阳能安装单位提供配套服务

（续表）

序号	专业分包工程名称	专业分包工程单位完成工作	承包人完成工作	其他相关专业分包完成工作	备注
7	室外排水工程	从建筑外墙第一个检查井开始施工	排水出户管做到建筑外墙第一个检查井内；雨水暗沟接排水管至最近的检查井		1. 室外排水单位施工出户管接至室外检查井时应做好管道基础支撑，防止回填土沉降拉断 UPVC 管道；2. 总包单位施工压力排水管出顶板时应做好管道保护措施，防止回填时对管道进行破坏
8	室外给水工程	从市政管网取水点位置到用户结算水表（含水表）前的所有管网敷设、二次供水加压机房内相应设施设备建设安装； 水泵房生活供水设备安装、设备控制箱安装，从总包单位的动力柜埋管接线至设备处	室内给水管道施工做到水表处，并与水表相连通（水表由给水施工单位负责安装）。设备基础施工，总包单位制作安装动力柜		1. 生活供水设备安装单位负责设备调试； 2、总包单位在动力柜中提供各设备控制开关回路预留
9	消防工程	1. 报警系统； 2. 气体灭火； 3. 消火栓系统； 4. 喷淋系统； 5. 通风（不含成品烟道）； 6. 防火卷帘，从防火卷帘控制箱开始； 7. 消防水泵设备安装、设备控制箱安装，从总包单位的动力柜接线至设备处； 8. 消防电检消检，消防验收（含防火门及应急照明）	1. 暗装的消火栓箱洞口预留及消防栓箱安装完毕后的洞口补洞、挂网、粉刷施工； 2. 预留预埋及穿带线，所有应急照明与疏散照明； 3. 防火卷帘控制箱的电源接线； 4. 消防水泵及配电箱设备基础施工； 5. 防火门		
10	强电工程	1. 公变系统：按照电力局设计的图纸做到各栋或各户的电表箱； 2. 专变系统：按照电力局设计的图纸做到小区配电房的低压柜	1. 公变系统：公变电表箱以后的强电桥架、户内配电箱、照明、插座及户内等电位箱安装； 2. 专变系统：小区配电房低压柜以后的动力工程、照明工程等		

（续表）

序号	专业分包工程名称	专业分包工程单位完成工作	承包人完成工作	其他相关专业分包完成工作	备注
11	弱电工程	按照弱电单位出具的专业设计图纸施工，弱电（安防、有线电视、通信）工程的配管、穿带线、弱电智能箱以及弱电桥架的安装由弱电专业施工单位施工	预留预埋及穿带线		
12	燃气工程	燃气施工单位按照燃气公司设计的图纸进行施工	预留预埋，燃气安装完毕后的洞口补洞、挂网、粉刷施工		燃气管道进户时预留预埋穿墙套管，燃气管道穿墙时的孔洞封堵
13	人防门及设备供货及安装工程	1. 包含所有人防设备，人防门的供货及安装； 2. 防护部分：防护门（窗）、封堵板密封； 3. 防化部分：人防区通风全部工作内容；人防区水电战时通风信号控制箱、战时通风信号显示箱、风机配电箱本体安装及支架底座制作安装，通风方式信号控制线及线管敷设，风机配电箱至风机电缆及线管敷设，防爆地漏、防爆按钮（门铃）设备提供（预埋安装由各专业单位完成）； 4. 不含人防区照明及应急照明	含防护门（窗）框预埋承包人负责对各分包工程完成后的水泥砂浆修补、塞缝、补平等全部土建工作内容，人防区照明及应急照明，所有人防设备配电箱的电源线敷设及接线。给排水工程：人防施工图纸范围内的给水系统、防爆地漏；埋地排水管道由总包单位完成		
14	幕墙工程	少量幕墙的深化设计，幕墙工程施工及验收	按图纸预留预埋		
15	钢结构工程	钢结构工程施工	基础工程施工及预留预埋		
16	地暖工程	1. 地暖分包单位负责采暖支管（塑料管部分）施工至管井出建筑地面100mm，预留带内螺纹接口的活接头，承包人单位负责接驳； 2. 地暖分包单位负责地板采暖加热盘管、绝热层、防潮层、铝箔层、钢丝网以及其他辅材的供货及安装、分集水器、电动执行器、房间温控器安装和卫生间散热器的供应及安装。 3. 分包单位负责弱电穿线、面板安装、调试	1. 负责盘管以上的填充层、伸缩缝施工； 2. 采暖干管、立管及管井内支管施工； 3. 承包人负责强电插座预留到位，温控器控制线预埋管及穿带线，预留电源盒盖板		

（续表）

序号	专业分包工程名称	专业分包工程单位完成工作	承包人完成工作	其他相关专业分包完成工作	备注
17	首层大堂、标准层及公共走廊精装修工程	入户门厅、标准层电梯厅等公共部位精装修工程施工，开荒及保洁	1. 入户门厅、标准层电梯厅等公共部位的地面及顶棚由承包人负责根据建筑、结构施工图施工至结构层，并确保地面及顶棚面的平整度后交付； 2. 承包人负责公共部位砖砌体的砌筑（如墙面采用涂料或真石漆，由总包完成墙面基层粉刷，其他均不做粉刷）； 3. 入户门厅、标准层电梯厅等公共部位的安装工程仅由承包人根据强弱电施工图在混凝土墙、混凝土顶板中预埋管并穿铁丝		
18	交通画线及停车设施、环氧地坪漆工程	交通画线及停车设施、环氧地坪漆工程	负责施工至地坪的粉刷基层，并满足地坪质量要求		
19	楼体亮化工程	从电源箱下口以后的所有楼体亮化工程	电源箱及电源线的敷设		
20	电梯工程	1. 施工用电：在屋面提供临时用电接口，施工及调试电费、电缆由专业分包工程负责； 2. 完成电梯的安装、调试、验收	1. 强电工程：发包人按施工图纸在机房内安装完成电梯供电电源箱，从电梯供电电源箱出线口起为承包人完成工程； 2. 土建工程：土建施工单位按承包人绘制的电梯与土建配合图预留孔洞、埋设预埋件及井道内结构梁、墙的施工，对电梯前室安装的门套与门槛进行塞缝抹灰；承包人负责以上土建工程的验收交接； 3. 提供的服务：在屋面提供临时用电接口混凝土设备基础		

7. 精益质量控制

推广工艺标准化，样板引路工作，建立结构、工序、交房三大样板，如图 10-17 所示。三大样板既是对劳务的工艺交底又是质量标准的保证，也是对甲方标准的确认。项目结合公司实测实景要求、业主方要求及第三方评估，进行实测实量，并与劳务结算挂钩，增强劳务质量管理意识；根据项目实际，结合中建三局及司内以往施工经验梳理出以防渗漏等为主的住宅项目常见风险项 50 多项，并制定质量风险评估表，严控质量风险。实施过程中，定期召开质量专题会，培训等及时纠偏，保证施工质量。

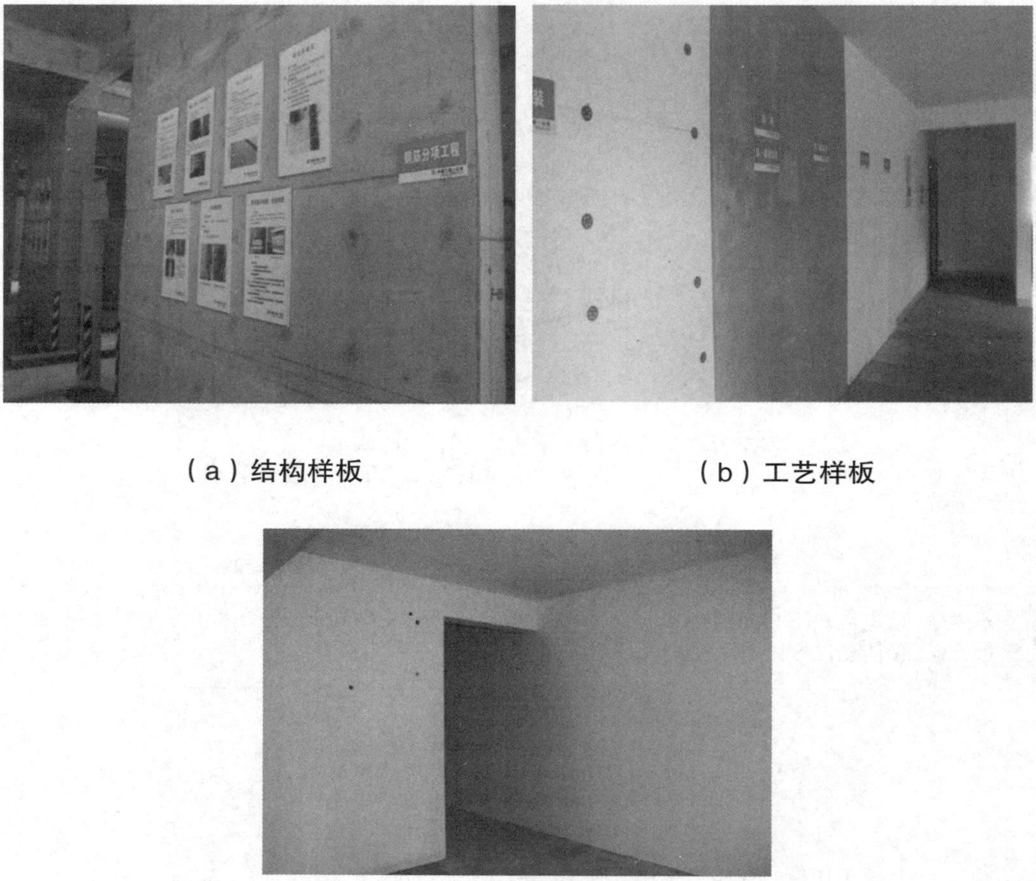

（a）结构样板　（b）工艺样板

（c）交房样板

图 10-17　三大样板

8. 实施情况

项目各项工序均按策划执行，室内各穿插工序均满足计划要求。部分楼层示例如图 10-18 所示。

（a）N-5 层：砌体施工

（b）N-8 层：顶棚施工

（c）N-12 层：公区施工完成

图 10-18　项目工序实施情况

同时项目自精益建造实施以来，先后接待了各级单位的调研，承办了精益建造相关活动的启动会，先后与近 50 家兄弟单位、地产企业进行了经验交流，获得了肯定的评价。如图 10-19 所示。

图 10-19　项目实施情况调研

（二）实施过程中存在的不足及采取的措施

项目在实施过程中，依然遇到了一些问题和不足，并对问题进行了梳理总结，见表 10-19。

表 10-19 项目存在的不足及解决措施

序号	存在不足	解决措施	备注
1	铝模深化有所遗漏，如洞口、防水圆弧等	铝模深化是要求各相关分包单位参与，总结梳理出一套铝模深化设计的指导手册	
2	穿插施工对分包施工的影响不一，部分专业分包配合度较差	分析穿插施工对分包方的影响，梳理出“正分包”和“负分包”，“因材施教”，差异化管理	
3	精益结构得以实施，精益装修策划需要总结及探索	以精益结构为基础，举一反三、推进对精益装修的管理，形成总结性文件	
4	穿插模型局限在专业与专业的穿插，存在工序穿插不合理情况	探索总结工序间穿插模型与实际紧密结合的可实施性，对策划不断纠偏	
5	栏杆及外窗插入过早，意义不大，且实现过程材料运输困难	N-3 层以前外立面已有防护，可考虑栏杆及外窗扇在爬架提升前施工的可行性	
6	涉及电力、自来水、燃气等政府垄断专业分包合同签订有所延迟	加强对业主招采的沟通，确保相关专业的及时进场	
7	工序穿插对商务成本的分析不透彻	在项目实施过程中加强成本数据收集，全面梳理总结穿插对成本的定量收益	

（三）总结

项目精益建造穿插施工取得了一定的成果，也总结了部分经验，但缺乏全面性、系统性。为了能更大范围内推广精益建造穿插施工，项目在后续实施过程中还将从成本分析、工艺优化、设计优化、管理方法等方面不断挖掘，不断探索，不断总结，将项目打造成精益建造穿插施工典型案例。

第二节 公建类工程精益建造管理

一、进度管理

（一）整体工序梳理

结合项目自身建设标准，系统梳理工程主要施工工序流程，明晰工序间逻辑关系，对每道工序的前置和后置工序、施工条件（合约、技术、资源、基础）进行梳理，形成工序插入条件汇总表。

超高层办公楼项目工序插入条件样板表见表 10-20。

超高层办公楼项目工序流程图如图 10-20 所示。

表 10-20 超高层办公楼项目工序插入条件样板

序号	施工内容	关键工序控制内容	参考工期控制值
1	地基与基础	坑支护、降水	30 ~ 50 天
		桩基、土方工程	25 ~ 35 天 / 层
2	主体施工	地下室结构施工	20 ~ 30 天 / 层
		裙楼结构施工	20 ~ 25 天 / 层
		标准层结构施工	5 ~ 8 天 / 层
		屋面结构施工	20 ~ 30 天
3	室内机电与装修	机房设备安装与接驳	60 ~ 90 天
		高、低压配电房设备安装	50 ~ 70 天
		线缆敷设、箱柜安装	90 ~ 120 天
		室内精装修工程及机电末端	120 ~ 150 天
4	电梯安装	低区电梯安装	20 ~ 30
		中区电梯安装	50 ~ 70 天
		高区电梯安装	80 ~ 100 天

（续表）

序号	施工内容	关键工序控制内容	参考工期控制值
5	外立面装饰	幕墙安装	3 ~ 5 天 / 层
		泛光照明施工	70 ~ 90 天
6	室外工程	市政配套施工	30 ~ 50 天
		园林景观施工	50 ~ 60 天
7	调试	市政正式水电接驳	30 ~ 50 天
		系统调试与验收	60 ~ 90 天

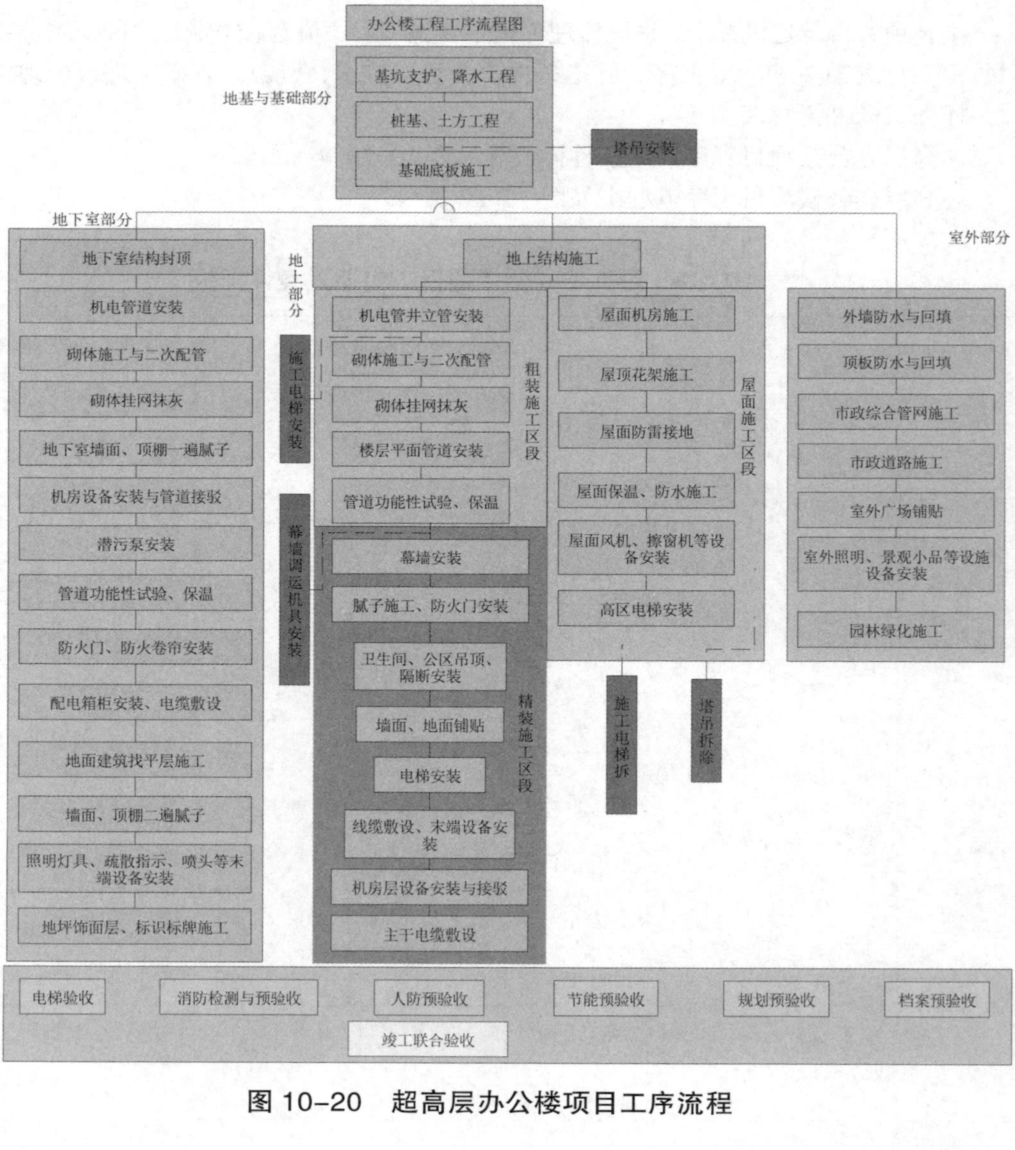

图 10-20 超高层办公楼项目工序流程

（二）主控关键控制内容

1. 关键工期控制

为了提高施工工效为后续工作及时创造条件，制定该类型项目参考的关键工序工期控制表，项目需结合各自合同条件，实现企业关注节点的前提下，严格执行各自主控关键工序工期控制。

针对关键工序，梳理工程全过程的主控业务事项，设置关键控制点，确定控制时间与控制重点要求，具体见表 10-21。

表 10-21　项目工期（进度）关键控制点

序号	关键控制点	插入节点	最晚完成节点	控制重点
1	土方开挖	场地移交后	—	避开雨期
2	塔吊安装	—	垫层开始施工	优先施工塔吊基础
3	地下室坡道通车	—	地下室封顶后 45 天	后浇带部位临时加固、坡道外侧提前回填
4	室外回填	首道悬挑架搭设后 7 天	塔楼施工至 15 层	前期注重总平策划、条件具备时室外管网同步施工
5	地下室管道安装	地下室坡道通车后 10 天	—	组织样板区施工
6	施工电梯安装	结构施工至 5 层	结构施工至 7 层	可考虑井道式施工电梯或跃层电梯，避免影响外幕墙封闭
7	地上管道安装	首个结构标准层施工后 30 天	结构封顶后 30 天	墙体洞口精准预留
8	砌体施工			
9	首个样板层（标准层）施工	首个结构标准层施工后 60 天	标准层施工后 90 天	确定工艺和材料认证工作
10	正式电梯安装	电梯机房层施工完毕后 15 天	电梯机房层施工完毕后 50 天	按高中低区分阶段安装、采用专用临时电源调试后分区投入使用
11	幕墙安装	结构施工至 15 层	结构封顶后 60 天	埋件深化与预埋
12	塔吊拆除	屋面结构完成后报拆	屋面结构完成后 30 天	拆除后及时进行幕墙封闭
13	施工电梯拆除	正式电梯投入后报拆	正式电梯投入使用 30 天	
14	机电设备安装	裙楼及地下室		断水措施；成品保护；大型设备运输通道
		裙楼封顶后 90 天	裙楼封顶后 180 天	
		塔楼		
15	线缆敷设	竣工验收前 180 天	竣工验收前 45 天	配电房锁门、电缆防盗
16	市政通水通电	竣工验收前 90 天	竣工验收前 45 天	—

2. 关键资源配置

资源配置计划是项目进度管理的核心，也是确保工期的前提，项目需以工期计划为主线，进行资源配置和统筹安排，确保各专业和各工序间及时搭接和按期完成，且资源配置计划需通过周密测算，确保资源的均衡投入。

以常用的挖掘机、钻机等机械设备及土方开挖、桩基施工、钢筋绑扎、模板支设、风管制作安装等常见施工工序为例，结合目前实施项目的实际施工进度，梳理各施工内容主要施工定额参考值，见表 10-22。

表 10-22 主要施工定额参考值

序号	施工内容	施工定额参考值
地基与基础		
1	土方开挖（挖掘机 320）	1200m³/（台·天）
2	灌注桩（回旋钻 GPS10）	3 根 /（20m·天）
3	灌注桩（旋挖钻 SR150）	3 根 /（20m·天）
4	灌注桩（20 型冲击钻）	0.5 根 /（20m·天）
5	预制管桩（600t 静压桩机）	20 根 /（20m·天）
6	钢筋（基础底板）	1.2 ~ 1.5t/（人·天）
主体结构		
1	钢筋（标准层：梁柱）	0.5t/（人·天）
2	钢筋（标准层：楼板）	0.3t/（人·天）
3	钢筋（标准层：剪力墙）	0.5t/（人·天）
4	模板（标准层：梁柱）	18 ~ 20m²/（人·天）
5	模板（标准层：楼板）	40 ~ 50m²/（人·天）
6	模板（标准层：剪力墙）	30 ~ 40m²/（人·天）
初装修阶段		
1	砌体	3 ~ 3.5m³/（人·天）
2	抹灰	30 ~ 40m²/（人·天）
3	墙地砖铺贴	25 ~ 30m²/（人·天）
4	风管制作与安装	50 ~ 70m²/（人·天）
5	水系统管道安装	60 ~ 70m/（人·天）
6	电缆敷设	30 ~ 50m/（人·天）

通过分析 200 ～ 300m 超高层办公楼建筑及 100m 以内高层产业园区项目各类材料及料具使用情况，梳理各类主要资源配置参考值，见表 10-23。

表 10-23 主要资源配置平方米含量参考值

序号	施工区域	主要资源配置平方米含量参考值				
		钢筋（kg）	混凝土（m^3）	钢管（m）	模板（m^2）	木枋（m^3）
1	地下室主体	150 ～ 180	1.1 ～ 1.2	18	2.5 ～ 3.0	0.04
2	裙楼主体	55 ～ 80	0.3 ～ 0.4	14	2.0 ～ 2.5	0.04
3	塔楼主体	55 ～ 65	0.3 ～ 0.4	14	2.0 ～ 2.5	0.04

注：地下室周转架（料）宜一次性投入，地上主体根据情况投入 3 ～ 5 套进行周转。

3. 关键工作安排

项目实施全过程中，为确保关键工作合理组织，梳理关键工作完成时间控制表，见表 10-24。

表 10-24 关键工作进度完成时间控制表

序号	工作内容		完成时间
1	项目组织机构确定与主要人员进场		中标后 7 天
2	项目总体策划		项目进场后 30 天
3	主要劳务、物资设备的选型招标及进场		项目进场后 45 天
4	主要施工方案编制与专家评审		组织施工前 60 天
5	招标采购	机电安装工程招标	底板施工前 60 天
6		幕墙工程招标	结构出正负零前 90 天
7		泛光照明招标	结构出正负零前 90 天
8		装饰装修工程招标	首个标准层施工完成
9		电梯工程招标	若使用跃层电梯，则在土方开挖完成时；若不使用跃层电梯，则在低区电梯机房层施工完毕前 180 天。
10		室外工程招标	地下室全面封顶前 30 天
11		暂估价专业工程招标	组织施工前 60 天
12	深化设计	钢结构深化设计	排产加工前 30 天，分阶段出图；地下室阶段深化 60 ~ 75 天，裙楼 30 ~ 40 天，塔楼 80 ~ 100 天
13		机电深化设计	施工前 60 天按阶段、分机房区和平面区出图；地下室 90 ~ 100 天，裙楼 60 ~ 70 天，塔楼 25 ~ 30 天
14		幕墙深化设计	进场后 50 ~ 70 天，幕墙样板区施工前
15		精装修深化设计	进场后 50 ~ 70 天，样板层施工前

（三）工序穿插模型

1. 地下工序穿插模型

以建筑高度 200 ～ 300m，单层面积 2000 ㎡左右的超高层办公楼为例，根据地下室各工序工作面交接要求，梳理地下工序穿插模型，见表 10-25。

表 10-25 地下工序穿插模型

工序名称	插入时间	最晚完成时间	备注
结构封顶	N	—	—
清理及断水	养护满足要求	N＋55 天	逐层拆模清理，车道形成后 10 天转运完毕
机电管道安装	N＋30 天	（N＋30）＋45 天 × 层数	逐层流水施工，工期紧张项目可多层同步流水施工
砌体、抹灰施工	N＋60 天	N＋150 天	预留设备运输通道，机电管道穿墙部位精确留洞
墙面、顶棚刮白	N＋90 天	N＋160 天	—
设备安装与接驳	N＋105 天	N＋195 天	设备基础随一次结构同步浇筑
防火门安装	N＋105 天	（N＋105）＋30 天 × 层数	设备房间待设备运输就位后安装，避免造成损坏
地坪施工（基层局部修补打磨、饰面层）	塔楼高区主干电缆敷设完毕	插入时间＋30 天 × 层数	除地下室最底层需做建筑做法外，其余楼板（除功能性房间外）一次精平收面，消除找平层湿作业，直接进行饰面层施工
整体施工完成	/	主体结构封顶后 60 天	做好成品保护措施，机电系统提前启用，保证地下室排水顺畅、通风干燥

2. 地上工序穿插模型

以建筑高度 200 ～ 300m，单层面积 2000 ㎡左右，主体同层结构同步施工的超高层办公楼为例，根据地上各工序工作面交接要求，梳理地上工序穿插模型，见表 10-26。

表 10-26 地上工序穿插模型

楼层	工序名称	参考作业时间（天）	备注
N	主体结构施工，机电预留预埋，幕墙预留预埋	8	内外框筒同步施工，外框楼板采用压型钢板时，时间为 5 天
N-1	墙柱模板拆除清理、养护	8	—
N-2	满堂架及模板拆除清理、养护	8	—
N-3	缺陷修补、螺杆眼洞口封堵	8	—

（续表）

楼层	工序名称	参考作业时间（天）	备注
N-4	层间止水及机电立管安装	8	—
N-5	砌体施工及构造柱模板支设、混凝土浇筑	8	内隔墙采用预制隔墙时，时间为 5 天
N-6	机电水平管线安装	8	—
N-7	抹灰、腻子施工	8	—
N-8	幕墙安装	8	—
N-9	门窗安装、墙面腻子施工	8	结构同步验收
N-10	吊顶施工、墙地砖铺贴	8	
N-11	公区穿线、开关灯具等末端安装	8	
N-12	拓荒保洁，检查验收	8	—

结合上述地上工序穿插模型及主要施工定额参考，制定地上 N-12 工序穿插模型流水表，见表 10-27。

表 10-27　地上 N-12 工序穿插模型流水

楼层	施工状态	施工工序流程	工期（天）	交通组织	
				室内通行	室外运输
N	结构作业层	主体结构施工，机电预留预埋，幕墙预留预埋	8		爬模
N-1		墙柱模板拆除清理、养护	8		
N-2		满堂架及模板拆除清理、养护	8		
N-3		缺陷修补、螺杆眼洞口封堵	8		
N-4	粗装修作业层	层间止水及机电立管安装	8		施工电梯
N-5		砌体施工及构造柱模板支设、混凝土浇筑	8		
N-6		机电水平管线安装	8		
N-7		抹灰、腻子施工	8	楼梯隔断	
N-8	精装修作业层	幕墙安装	8		
N-9		门窗安装、隔断安装	8		
N-10		吊顶施工、墙地砖铺贴	8		
N-11		公区穿线、开关灯具等末端安装	8		
N-12		拓荒保洁，检查验收	8	楼梯隔断	

二、合约招采管理

通过系统性合约规划，整合优质资源，消除无效成本。项目应建立以合约规划为核心的合约管控体系，包括全专业集成的合约框架划分、合约界面梳理，以工程总进度计划和设计计划为依据，提前盘点各项资源进场时间，制定有序招采计划，做到合约内容完整、界面清晰、招采有序、成本可控。

1. 合约框架

（1）根据总承包合同内容，项目商务合约部组织分析确定项目初步合约框架，建造部、设计技术部、计划管理部提供标段划分建议，分公司层面商务、工程部门提供合约包划分支撑信息，商务部组织项目和分公司进行集中评审。

（2）合约包划分原则：①主合同合约内容全覆盖，防止合约包划分先天不足和专业漏项；②工程全专业作业内容全识别，除自营部分施工内容外，还应识别包括甲指分包、甲方分包、甲供材、甲指乙供材等合约内容。

（3）两级合约框架的管理：一级合约框架是对总包项下的合约进行划分；二级合约框架是对分包项下的合约进行划分。合约包按合约框架表方式梳理完成后以合约框架图的形式展现。

合约框架参考示意见表 10-28。

表 10-28　合约框架参考示意

序号	合同包名称	合同类型	分包类型	采购类型	标段划分	招标方式	定标方式	计价方式	付款方式	主要工作内容
一、勘察 / 设计合同（16 个）										
1	地质勘察	总包合同	工程服务类	D	—	—	—	固定总价	按节点付款	包括地质勘察、放点测绘、超前钻、氡气检测等施工前期需要的勘探测绘发生的费用，不包含施工建造过程中对相应工程的检测费用
2	主体设计	总包合同	工程服务类	D	—	直接委托	—	固定总价	按节点付款	各项主体设计费，含结构、电气、给排水、暖通等专业初步设计及施工图设计；所有建筑施工图设计；绿色建筑设计；海绵城市设计；应包括其相应的图纸委托审查费用
3	建筑方案设计	总包合同	工程服务类	C	—	—	—	—	按节点付款	初设阶段只负责建筑专业
4	科学城二期的建筑概念设计建议	总包合同	工程服务类	C	—	—	—	—	按节点付款	协助发包人至拍地完成为止

（续表）

序号	合同包名称	合同类型	分包类型	采购类型	标段划分	招标方式	定标方式	计价方式	付款方式	主要工作内容
5	幼儿园方案设计	总包合同	工程服务类	C	—	—	—	—	按节点付款	含室内设计、景观设计
6	基坑支护及土方开挖设计	总包合同	工程服务类	A	—	邀请招标	综合评分	固定总价	按节点付款	可能为A类
7	幕墙设计	独立合同	工程服务类	E	—	直接委托	—	—	—	合同明确由发包人另行发包项目，总承包人对此部分设计工作的专业沟通予以配合，接受并服从设计咨询单位的统筹管理
8	建筑智能化设计	独立合同	工程服务类	E	—	直接委托	—	—	—	
9	建筑泛光照明设计	独立合同	工程服务类	E	—	直接委托	—	—	—	
10	室内灯光设计	独立合同	工程服务类	E	—	直接委托	—	—	—	
11	室内设计	独立合同	工程服务类	E	—	直接委托	—	—	—	
12	景观设计	独立合同	工程服务类	E	—	直接委托	—	—	—	
13	标志标识设计	独立合同	工程服务类	E	—	直接委托	—	—	—	
14	变配电设计	独立合同	工程服务类	E	—	直接委托	—	—	—	
15	燃气设计	独立合同	工程服务类	E	—	直接委托	—	—	—	
16	人防设计	独立合同	工程服务类	E	—	直接委托	—	—	—	

（续表）

序号	合同包名称	合同类型	分包类型	采购类型	标段划分	招标方式	定标方式	计价方式	付款方式	主要工作内容
二、咨询服务类合同（9 个）										
1	设计咨询	独立合同	工程服务类	E	—	直接委托	—	—	—	合同明确由发包人另行发包项目，总承包人对此部分设计工作的专业沟通予以配合，接受并服从设计咨询单位的统筹管理
2	造价咨询	独立合同	工程服务类	A	—	邀请招标	—	—	—	
3	岩土工程技术顾问	总包合同	工程服务类	A	1	邀请招标	综合评分	固定总价	按节点付款	基坑支护、土方开挖、桩基础顾问
4	幕墙施工顾问	总包合同	工程服务类	A	1	邀请招标	综合评分	固定总价	按节点付款	幕墙施工相关工作顾问
5	机电施工顾问	总包合同	工程服务类	A	1	邀请招标	综合评分	固定总价	按节点付款	暖通、消防、给排水、强弱电、垂直运输、燃气燃油、市政配套施工顾问
6	照明施工顾问	总包合同	工程服务类	A	1	邀请招标	综合评分	固定总价	按节点付款	建筑泛光、室内灯光照明系统施工顾问
7	绿色建筑及 LEED 认证咨询	独立合同	工程服务类	E	—	直接委托	—	—	—	合同明确由发包人另行发包项目，总承包人对此部分设计工作的专业沟通予以配合，接受并服从设计咨询单位的统筹管理
8	酒店顾问	独立合同	工程服务类	E	—	直接委托	—	—	—	
9	其他顾问	独立合同	工程服务类	E	—	直接委托	—	—	—	
三、报批报建类合同（18 个）										
1	工人工资预储金及保证金协议	总包合同	工程服务类	A	1	直接委托	—	固定总价	按工程进度款 5%	工人工资预储金协议
2	白蚁防治	总包合同	工程服务类	A	1	直接委托	—	综合单价	100%	白蚁防治费

（续表）

序号	合同包名称	合同类型	分包类型	采购类型	标段划分	招标方式	定标方式	计价方式	付款方式	主要工作内容
3	散装水泥押金	总包合同	工程服务类	A	1	直接委托	—	综合单价	100%	散装水泥押金
4	墙改基金	总包合同	工程服务类	A	1	直接委托	—	综合单价	100%	墙改费
5	档案管理	总包合同	工程服务类	A	1	直接委托	—	综合单价	100%	资料整理归档费用
6	价格认证	总包合同	工程服务类	A	1	直接委托	—	综合单价	100%	暂定
7	煤气开户	总包合同	工程服务类	A	1	直接委托	—	综合单价	100%	煤气开户费
8	产权登记	总包合同	工程服务类	A	1	直接委托	—	综合单价	100%	
9	质量监督	总包合同	工程服务类	A	1	直接委托	—	综合单价	100%	
10	安监监督	总包合同	工程服务类	A	1	直接委托	—	综合单价	100%	
11	人防监督	总包合同	工程服务类	A	1	直接委托	—	综合单价	100%	
12	有线电视开口费	总包合同	工程服务类	A	1	直接委托	—	综合单价	100%	
13	交易服务费	总包合同	工程服务类	A	1	直接委托	—	综合单价	100%	
14	施工证工本费	总包合同	工程服务类	A	1	直接委托	—	综合单价	100%	
15	环保验收	总包合同	工程服务类	A	1	直接委托	—	固定总价	100%	

（续表）

序号	合同包名称	合同类型	分包类型	采购类型	标段划分	招标方式	定标方式	计价方式	付款方式	主要工作内容
16	验收测绘									
（1）	房屋建筑面积测绘（实测绘）	总包合同	工程服务类	A	1	直接委托	—	固定总价	100%	房屋建筑面积测绘（实测绘）费
（2）	土地复核验收测绘	总包合同	工程服务类	A	1	直接委托	—	固定总价	100%	土地复核验收测绘费
（3）	规划验收测绘	总包合同	工程服务类	A	1	直接委托	—	固定总价	100%	规划验收测绘费
（4）	人防验收测绘	总包合同	工程服务类	A	1	直接委托	—	固定总价	100%	人防、管线、绿化等验收测绘
（5）	管线等验收测绘	总包合同	工程服务类	A	1	直接委托	—	固定总价	100%	
（6）	绿化等验收测绘	总包合同	工程服务类	A	1	直接委托	—	固定总价	100%	
17	保险									
（1）	建筑工程一切险及第三者责任险	总包合同	工程服务类	A	1	直接委托	—	综合单价	100%	
（2）	意外伤害保险	总包合同	工程服务类	A	1	直接委托	—	综合单价	100%	
18	专家论证									
（1）	幕墙论证（光评）	总包合同	工程服务类	A	1	直接委托	—	固定总价	100%	幕墙论证费（光评）
（2）	深基坑（土方开挖、支护、降水）工程专家论证	总包合同	工程服务类	A	1	直接委托	—	固定总价	100%	

（续表）

序号	合同包名称	合同类型	分包类型	采购类型	标段划分	招标方式	定标方式	计价方式	付款方式	主要工作内容
（3）	模板工程及支撑工程专家论证	总包合同	工程服务类	A	1	直接委托	—	固定总价	100%	
（4）	起重吊装及安装拆卸工程专家论证	总包合同	工程服务类	A	1	直接委托	—	固定总价	100%	
（5）	悬挑脚手架工程专家论证	总包合同	工程服务类	A	1	直接委托	—	固定总价	100%	
（6）	幕墙工程专家论证	总包合同	工程服务类	A	1	直接委托	—	固定总价	100%	
19	相关检测									
（1）	建筑灰线定位费及 ±0.00 检测	总包合同	工程服务类	A	1	直接委托	—	固定总价	100%	建筑灰线定位费及 ±0.00 检测费
（2）	卫生防疫检测	总包合同	工程服务类	A	1	直接委托	—	固定总价	100%	卫生防疫检测费
（3）	节能性能检测	总包合同	工程服务类	A	1	直接委托	—	固定总价	100%	节能性能检测费
（4）	室内环境检测	总包合同	工程服务类	A	1	直接委托	—	综合单价	100%	
（5）	幕墙及门窗检测	总包合同	工程服务类	A	1	直接委托	—	综合单价	100%	幕墙四性检测、门窗三性检测
（6）	钢结构工程检测	总包合同	工程服务类	A	1	直接委托	—	综合单价	100%	原材、焊接
（7）	基坑检测	总包合同	工程服务类	A	1	直接委托	—	综合单价	100%	

（续表）

序号	合同包名称	合同类型	分包类型	采购类型	标段划分	招标方式	定标方式	计价方式	付款方式	主要工作内容
（8）	桩基础检测	总包合同	工程服务类	A	1	直接委托	—	综合单价	100%	
（9）	混凝土试件检测	总包合同	工程服务类	A	1	直接委托	—	综合单价	100%	同条件，标准养护
（10）	机电设备安装工程检测	总包合同	工程服务类	A	1	直接委托	—	综合单价	100%	
（11）	市政工程检测	总包合同	工程服务类	A	1	直接委托	—	综合单价	100%	
（12）	监督抽检回弹检测	总包合同	工程服务类	A	1	直接委托	—	综合单价	100%	
（13）	原材料及结构实体检测	总包合同	工程服务类	A	1	直接委托	—	综合单价	100%	钢筋、混凝土、模板厚度、保护层厚度、外墙砖拉拔等相关检测
（14）	门窗三性检测	总包合同	工程服务类	A	1	直接委托	—	综合单价	100%	
（15）	防雷检测	总包合同	工程服务类	A	1	直接委托	—	综合单价	100%	
（16）	消防检测	总包合同	工程服务类	A	1	直接委托	—	综合单价	100%	
（17）	水电检测	总包合同	工程服务类	A	1	直接委托	—	综合单价	100%	
（18）	预应力工程检测	总包合同	工程服务类	A	1	直接委托	—	综合单价	100%	
（19）	园林绿化检测	总包合同	工程服务类	A	1	直接委托	—	综合单价	100%	土壤、水泥沙石、原材
（20）	回填土压实度检测	总包合同	工程服务类	A	1	直接委托	—	综合单价	100%	

（续表）

序号	合同包名称	合同类型	分包类型	采购类型	标段划分	招标方式	定标方式	计价方式	付款方式	主要工作内容
（21）	土壤氡检测	总包合同	工程服务类	A	1	直接委托	—	综合单价	100%	
四、工程类合同（28个）										
1	土建工程	总包合同	专业分包	B	1	直接委托	合理低价	综合单价	月进度75%完工结算95%	1. 临建类：临建劳务（道路，办公及宿舍），临建专业分包，临水临电，临建材料、门禁/视频监控系统、噪声扬尘在线监测系统、CI、塔吊、施工电梯，公共资源的日常维护常维护；2. 基坑支护：围檩、支撑结构、预应力锚索、钢筋锚杆、高压旋喷、降水、喷混凝土护坡、桩头凿除等（除围护桩及格构柱外）的所有围护工程内容，包含临时边坡工程；3. 土石方工程：土石方开挖、外运、回填、障碍物清除等；4. 桩基础工程：各类桩基础工程，具体以方案图纸为准；5. 结构工程：墙、柱、梁、板、底板等混凝土、钢筋、模板、套筒、后浇带、伸缩缝、沉降缝等；6. 建筑装饰装修工程：二次结构、砌块墙、防水、保温、抹灰、金属扶手、栏杆、涂料、金刚砂地坪及环氧地坪等；7. 外架工程：具体以方案为准；8. 门窗工程（包括防火门，铝合金门窗，木门等）；9. 人防工程；10. 土建材料供应及检测：混凝土，钢筋，模板，砌体，瓷砖，零星材料等；11. 零星检测项目：基坑检测，沉降观测等
2	BIM 工程	总包合同	专业分包	A	1	—	综合评分	综合单价	按节点付款	BIM 建设及维护
3	钢结构工程	总包合同	专业分包	B	1	直接委托	—	固定总价	月进度75%完工结算95%	材料采购：压型钢板，单向滑动支座钢结构制作安装：钢构天桥，压型钢板，轨道梁等防火涂料工程；相关检测：探伤等

（续表）

序号	合同包名称	合同类型	分包类型	采购类型	标段划分	招标方式	定标方式	计价方式	付款方式	主要工作内容
4	机电综合工程	总包合同	专业分包	B	1	直接委托	—	固定总价	月进度75%完工结算95%	给排水［室外给排水工程（不含消防给水）、室内给排水工程］，直饮水，电气，空调（水，风），送排风，防排风，防雷，抗震支架，IB等工程；相关检测；相关设备采购
5	泛光照明工程（含深化设计）	总包合同	专业分包	B	2	—	综合评分	综合单价	月进度75%完工结算95%	1. 泛光照明系统，包括外立面及屋顶灯光；2. 电源箱至外立面及屋顶灯具的线管、配线、配电总箱、灯具；3. 送配电装置系统、LED控制系统、智能化控制系统；4. 深化设计
6	电梯供应与安装工程	总包合同	专业分包	A	2	—	综合评分	综合单价	按节点付款	所有电梯（客梯、货梯、餐梯）及扶梯的设备安装工程
7	消防工程	总包合同	专业分包	A	2	—	综合评分	综合单价	月进度75%完工结算95%	
8	智能化工程	总包合同	专业分包	A	2	—	综合评分	综合单价	月进度75%完工结算95%	
9	人防工程	总包合同	专业分包	A	2	—	综合评分	综合单价	月进度75%完工结算95%	
10	擦窗机工程	总包合同	专业分包	A	1	—	合理低价	综合单价	月进度75%完工结算95%	
11	充电桩工程	总包合同	专业分包	A	1	—	综合评分	综合单价	/	
12	LED制作安装工程	总包合同	专业分包	A	1	—	综合评分	综合单价	月进度75%完工结算95%	户外、室内LED屏
13	标志标识工程	总包合同	专业分包	A	2	—	技术准，有效低价	综合单价	月进度75%完工结算95%	室内室外标志牌、停车场及室外交通划线等、法令规定的标志、标识包括车道缓冲条及车道指示油漆等

（续表）

序号	合同包名称	合同类型	分包类型	采购类型	标段划分	招标方式	定标方式	计价方式	付款方式	主要工作内容
14	幕墙工程（含深化设计）	总包合同	专业分包	B	3	—	综合评分	综合单价	月进度75%完工结算95%	1. 幕墙埋件、外立面玻璃、铝板、穿孔铝板、不锈钢板、不锈钢网格、钢型材、铝型材、玻璃穹顶、陶管百叶、幕墙内侧栏杆、石材、室外铝合金门窗（五金）、擦窗机设备供应及安装等；2. 深化设计；相关检测
15	精装修工程（含深化设计）	总包合同	专业分包	B	6	—	综合评分	综合单价	月进度75%完工结算95%	1. 深化设计；2. 精装修区域的地面、天花、墙面装饰、除防火门外、装饰灯具、洁具、固定家具、家电；石材楼面工程、外墙仿石漆工程、喷漆面工程、装饰门、人防门装饰（若有）、旋转门工程；3. 厨房设计与施工相关检测：室内环境检测，材料检测
16	展示中心、样板区、销售办公区工程	总包合同	专业分包	A	1	—	综合评分	综合单价	月进度75%完工结算95%	土建、精装、机电、标志标识、泛光照明、园林绿化景观
17	室内软装工程	总包合同	专业分包	A	3	—	综合评分	综合单价	月进度75%完工结算95%	办公家具，软装摆件，窗帘，绿植
18	厨房设备安装工程（含深化设计）	总包合同	专业分包	A	2	—	综合评分	综合单价	月进度75%完工结算95%	厨房设备及安装、后厨区域的照明、动力、给排水、燃气、通排风、空调、排油烟设备系统工程
19	公交车站建设工程	总包合同	专业分包	A	1	—	合理低价	综合单价	月进度75%完工结算95%	公交车站设计、施工
20	地下交通工程	总包合同	专业分包	A	1	—	合理低价	综合单价	月进度75%完工结算95%	地下交通工程：地下室互联互通，交通要道和其他地块相连通
21	室外市政道路工程	总包合同	专业分包	A	1	—	合理低价	综合单价	月进度75%完工结算95%	胜洲三路（东段）、胜洲五路（东段）、百合路、胜洲八路、胜洲九路、胜洲十路、杏仁道、红景道、临时便道

（续表）

序号	合同包名称	合同类型	分包类型	采购类型	标段划分	招标方式	定标方式	计价方式	付款方式	主要工作内容
22	市政综合管网工程	总包合同	专业分包	A	1	—	合理低价	综合单价	月进度75%完工结算95%	
23	排洪渠工程	总包合同	专业分包	A	1	—	合理低价	综合单价	月进度75%完工结算	北区10号、16号、18号排洪渠
24	公共服务设施工程	总包合同	专业分包	A	1	—	合理低价	综合单价	月进度75%完工结算95%	便民服务中心、警务中心、阅览室、活动中心、体检中心设施
25	幼儿园设施工程	总包合同	专业分包	A	1	—	合理低价	综合单价	月进度75%完工结算95%	幼儿园包含商业部分儿童乐园
26	景观园林工程	总包合同	专业分包	A	4	—	综合评分	综合单价	月进度75%完工结算95%	1. 含深化设计，室外硬景、园林绿化、水景、小品、屋顶及露台景观、雕塑、造景、垂直绿化、空中花园、室外灯光、室外栏杆，种植土回填等；2. 绿化浇灌系统、水景给水系统、室外雨水排水系统，室外园林道路及硬质铺装；3. 室外强电配电系统及室外景观照明系统，包括从低压柜出线至室外配电总箱以及配电总箱至室外用电设备的线管、配线、配电箱、管井砌筑、开挖、排管、回填、灯具等
27	建筑隔声及声学处理、AV（影音）	总包合同	专业分包	A	1	—	综合评分	综合单价	月进度75%完工结算95%	IMAX影厅、普通影厅
28	湿区（游泳池及SPA）、餐饮厨房（含洗衣房）	总包合同	专业分包	A	1	—	合理低价	综合单价	月进度75%完工结算95%	
五、工程配套类合同（7个）										
1	高低压配电工程	总包合同	专业分包	E	1	直接委托	—	—	月进度75%完工结算95%	外线35kV电缆引入工程，从220kV变电站出线至35kV用户站之间的电缆工程（含配管配线）及与35kV用户站内高压进线柜的电缆接驳等

（续表）

序号	合同包名称	合同类型	分包类型	采购类型	标段划分	招标方式	定标方式	计价方式	付款方式	主要工作内容
2	通信网络工程	总包合同	专业分包	E	1	直接委托	—	—	月进度75%完工结算95%	1. 红线外至红线内第一个入户井的开挖、排管、回填；2. 红线外至运营商接入机房之间的线缆；3. 运营商接入机房内所有设备（包含空调设备）；4. 室内外手机信号覆盖系统
3	市政污水接入工程	总包合同	专业分包	E	1	直接委托	—	—	月进度75%完工结算95%	市政污水接入工程
4	燃气工程	总包合同	专业分包	E	1	直接委托	—	—	月进度75%完工结算95%	1. 燃气调压箱、切断阀、燃气表、燃气管道及配件、燃气阀门、燃气泄漏报警系统等设计、供应及安装工程；2. 燃气用气设备与前端燃气阀门之间的燃气管道安装接驳纳入机电工程及厨房设备安装工程；3. 燃气泄漏报警系统提供高阶接口由消防工程单位接入至火灾报警系统；4. 燃气泄漏报警系统联动事故风机控制及配管配线纳入机电工程
5	供气	总包合同	专业分包	E	1	直接委托	—	—	月进度75%完工结算95%	供应合同
6	供电	总包合同	专业分包	E	1	直接委托	—	—	月进度75%完工结算95%	供应合同
7	供水	总包合同	专业分包	E	1	直接委托	—	—	月进度75%完工结算95%	供应合同

采购类型：（1）A类（自选品牌—乙采乙供），总承包方自行采购；（2）B类（指定品牌—乙采乙供），总承包方在产品说明书及交付标准中材料、设备、专业工程的品牌、型号、范围要求内进行招标采购签订合同；（3）C类（准入控制—乙定乙供），总承包方在招标采购前向业主报送拟采购产品清单（含专业单位资质情况等），业主对拟采购产品的性能、规格、参数等复核性审查（可补充推荐清单），总承包方根据审核意见，修改招标文件（若需），开始招标、定标、签订采购合同；（4）D类（联合采购—甲定乙供），总承包合同中无需注明品牌范围产品，业主与总承包方共同组建采购招标小组，对拟选产品性能、规格、参数、资质等进行考察招标，定标，最终由总承包方与分包签订合同；（5）E类（垄断性采购—甲采甲供），对于政府或行业相关的部分垄断类产品、服务、专业工程，由总承包方根据工程需要组织协调采购事宜，业主最终签订采购合同

2. 合约界面划分

（1）将总承包方与业主方、总承包方与各分包方、各分包方之间的交叉作业面进行梳理，明确工作界面及相关责任主体。

（2）项目商务合约部组织合约界面的划分，项目建造部、设计技术部、计划管理部共同参与，重点对合约内容、标段划分、工序交接、技术条件等信息进行确定。

（3）界面梳理采取工序分解方式，先将各采购合约项分解为具体的工序活动，通过全专业的交叉检查，筛选出各合约间存在接口关系的内容，再针对接口分析相关单位的权责和义务。

（4）通过全专业集成的界面梳理，避免不同专业间合约内容漏项、工作界面混淆，实现管理链条短、成本管控效果。

合约界面划分参考示意见表10-29。

3. 采购计划管理

（1）招采计划编制：根据项目合约包及工作界面划分结果，项目商务合约部以总控计划为依据组织编制项目总体招采计划，项目建造部、设计技术部、计划管理部提供施工时间、设计时间、送样时间等各类时间节点以及分包管控重点信息，分公司商务部协助项目倒排具体的招标方式、招标时间、招标关键项等信息，完成计划编制。

（2）保证总承包项目大量招采工作有序、高效开展，对影响招标组织实施的各项信息（前置条件、业务周期、关键项等）进行识别。

第一，识别各专业的前置工作条件。通过详细梳理各专业前置工作条件，建立专业间联动关系，实现联动提醒功能，避免招标不及时，造成不同专业、不同工序施工穿插混乱，影响整体进度。

第二，识别各专业采购全业务周期。识别招采准备周期、采购周期、深化设计周期、供货周期、施工准备周期，细化各阶段责任部门及完成时间，提高计划的前瞻性。

第三，识别各专业采购招标关键项。针对每个合约项，识别采购招标关键项，如要求分供方具备的加工制造精度、生产产能、质量检测能力、自有设备数量等，防止招标关键项条件不具备，耽误招采的情况。

第四，识别设计图纸中所涉及的采购内容，提前对工程所在地周边资源进行摸底调研，对非常规产品或稀缺资源造成采购成本较大的设计方案进行适当调整。

招采计划表参考示意见表10-30。

4. 主要分包招采提示清单

本提示清单重点梳理各分包在招采管理过程中，针对招标文件、合同文本、招采过程中易出现的界面不清、要求不明、招采滞后等问题梳理清单，从源头上减少后续分包进场管理和结算问题，减少浪费同时节约成本。主要分包招采提示清单内容见表10-31。

10-29 施工总承包、独立分包商、专业分包商之间的工作界面划分

序号	内容描述	总承包	土建工程	钢结构工程	机电工程	幕墙工程	精装修工程	泛光照明工程	电梯工程	标志标识工程	园林景观工程	室外市政道路	市政综合管网
总承包与独立分包商 / 专业分包商之间的工作界面划分													
一	临建设施及安全文明施工												
1	临时设施	协调 / 管理	施工	—	—	—	—	—	—	—	—	—	—
2	提供位置及空间给指定的分包及其他承包商新建加工场、办公室及仓库	协调 / 管理	负责	—	—	—	—	—	—	—	—	—	—
3	公共区域安全标识、安全防护、临时消防设施	协调 / 管理	施工	施工	—	—	—	—	—	—	—	—	—
4	专业分包负责各施工区域内的安全标识、安全防护、安全服、临时消防设施	协调 / 管理	施工	施工	施工	施工	施工	施工	施工	施工	施工	施工	施工
5	工作面移交后的安全维护	监管	负责	负责	负责	负责	负责	负责	负责	负责	负责	负责	负责
6	独立分包 / 专业分包自己使用临时给排水及临电的连接	协调 / 管理	检查	施工	施工	施工	施工	施工	施工	施工	施工	施工	施工
7	独立分包 / 专业分包现场材料堆放和加工区域	协调 / 管理	施工	施工	施工	施工	施工	施工	施工	施工	施工	施工	施工
8	独立承包 / 专业分包的施工场地，仓库及物料的安保	协调 / 管理	负责	负责	负责	负责	负责	负责	负责	负责	负责	负责	负责
9	总包的场地照明、公共道路施工照明、地下室施工照明（提供施工照明及专业分包工程 / 独立分包工程之照明接驳点）	协调 / 管理	施工	—	—	—	—	—	—	—	—	—	—
10	独立分包 / 专业分包的施工照明	协调 / 管理	施工	施工	施工	施工	施工	施工	施工	施工	施工	施工	施工
11	工地的垃圾清运出场	协调 / 管理	施工	—	—	—	—	—	—	—	—	—	—

（续表）

序号	内容描述	总承包	土建工程	钢结构工程	机电工程	幕墙工程	精装修工程	泛光照明工程	电梯工程	标志标识工程	园林景观工程	室外市政道路	市政综合管网
12	独立承包 / 专业分包工作区的垃圾清理（运送到统一地点）	协调 / 管理	施工	施工	施工	施工	施工	施工	施工	施工	施工	施工	施工
13	运输车辆车胎清洗	协调 / 管理	施工	—	—	—	—	—	—	—	施工	施工	施工
14	公用 / 土建施工用脚手架	协调 / 管理	施工	—	—	—	—	—	—	—	—	—	—
15	独立承包 / 专业分包自用脚手架	协调 / 管理	—	施工	施工	施工	施工	施工	施工	施工	施工	施工	施工
16	汽车吊	协调 / 管理	自用	自用	自用	自用	自用	自用	自用	自用	自用	自用	自用
17	人货两用梯（于建筑物外部）	协调 / 管理	施工	—	—	—	—	—	—	—	—	—	—
18	曲臂机和升降机，吊篮	协调 / 管理		自用	自用	自用	自用	自用	自用	自用	自用	自用	自用
19	临水临电的日常维护	协调 / 管理	施工						负责				
20	独立承包 / 专业分包已完工程的保护	协调 / 管理	负责	负责	负责	负责	负责	负责	负责	负责	负责	负责	负责
21	场地内防止鼠蚊虫滋生及个人流行疾病的预防	协调 / 管理	负责	—	—	—	—	—	—	—	—	—	—
22	个人流行疾病的预防。	协调 / 管理	负责	负责	负责	负责	负责	负责	负责	负责	负责	负责	负责
23	急救——现场指定医护人员 / 设备，药品，包扎带等	协调 / 管理	负责	—	—	—	—	—	—	—	—	—	—
24	公共区域安全文明日常维护	协调 / 管理	负责	—	—	—	—	—	—	—	—	—	—
二	其他公共部分												
25	深化设计	协调 / 管理	负责	负责	负责	负责	负责	负责	负责	负责	负责	负责	负责
26	独立承包/专业分包承包工程之测试、调校、试运行之监察	协调 / 管理	负责	负责	负责	负责	负责	负责	负责	负责	负责	负责	负责
27	材料和设备的测试	协调 / 管理	自身部分	自身部分	自身部分	自身部分	自身部分	自身部分	自身部分	自身部分	自身部分	自身部分	自身部分

（续表）

序号	内容描述	总承包	土建工程	钢结构工程	机电工程	幕墙工程	精装修工程	泛光照明工程	电梯工程	标志标识工程	园林景观工程	室外市政道路	市政综合管网
28	各自为本身承造之工程项目及所施工区域内的成品保护	协调/管理	负责	负责	负责	负责	负责	负责	负责	负责	负责	负责	负责
29	独立分包/专业分包防雷接地与预留接地端子箱或热镀锌扁钢的连接	协调/管理	—	—	施工	施工	施工	施工	施工	施工	施工	施工	施工
30	防雷接地预留接地端子箱或热镀锌扁钢	协调/管理	—	—	施工	—	—	—	—	—	—	—	—
31	独立分包/专业分包工程所需的预埋件供应	协调/管理	检查	施工	施工	施工	施工	施工	施工	施工	施工	施工	施工
32	土建分包负责各专业工程所需的建筑服务（例：设备底座、槽沟开挖等）	协调/管理	施工	二次设计/检查	二次设计/检查	—	二次设计/检查	二次设计/检查	二次设计/检查	二次设计/检查	二次设计/检查	二次设计/检查	二次设计/检查
33	为独立分包/专业分包工程预留的混凝土洞口及混凝土封堵	协调/管理	施工	二次设计/检查	套管预留	—	二次设计/检查	二次设计/检查	二次设计/检查	二次设计/检查	二次设计/检查	二次设计/检查	二次设计/检查
34	为独立分包/专业分包工程预留的砌块墙洞口及砂浆封堵（一次封堵）	协调/管理	施工	—	二次设计/检查	二次设计/检查	二次设计/检查	—	二次设计/检查	二次设计/检查	二次设计/检查	二次设计/检查	二次设计/检查
35	土建分包负责一次在管线与凹槽穴隙间填充水泥砂浆及一般性修饰连铁网	协调/管理	施工	—	—	—	—	—	—	—	—	—	—
36	在非混凝土结构上开孔及弹线切割凹槽	协调/管理	检查	施工	施工	施工	施工	施工	施工	施工	施工	施工	施工
37	独立分包/专业分包工程所提供之管道之间的空隙填充防火料及一般性修饰	协调/管理	检查	施工	施工	施工	施工	施工	施工	施工	施工	施工	施工
38	各种洞口周边的收口处理（包括但不限于在专业分包单位及独立专项承包单位已经完成之工作的基础上进行的一切填充、修整一般性修饰等工作）	协调/管理	施工	施工	施工	施工	施工	施工	施工	施工	施工	施工	施工

（续表）

序号	内容描述	总承包	土建工程	钢结构工程	机电工程	幕墙工程	精装修工程	泛光照明工程	电梯工程	标志标识工程	园林景观工程	室外市政道路	市政综合管网
39	各自负责自己工程的季节性施工措施（如大雨、下雪及结霜等），保证施工进度、质量及安全	协调 / 管理	负责	负责	负责	负责	负责	负责	负责	负责	负责	负责	负责
40	邻近及在施工程的监测及沉降观测	协调 / 管理	施工	—	—	—	—	—	—	—	—	—	—
41	在工程交回雇主前，进行全面的工程清理（各自为其工程进行清洁）	协调 / 管理	负责	负责	负责	负责	负责	负责	负责	负责	负责	负责	负责
42	测量控制网、基准点	协调 / 管理	施工	—	—	—	—	—	—	—	—	—	—
43	独立分包 / 专业分包自己的放线	协调 / 管理	施工	施工	施工	施工	施工	施工	施工	施工	施工	施工	施工
44	工作现场检查	协调 / 管理	自身部分	自身部分	自身部分	自身部分	自身部分	自身部分	自身部分	自身部分	自身部分	自身部分	自身部分
45	工程最终移交给业主	负责	—	—	—	—	—	—	—	—	—	—	—
三	政府审批和验收工作												
46	总包招投标及合同政府备案	主导	—	—	—	—	—	—	—	—	—	—	—
47	独立承包 / 专业分包招投标及合同政府备案	主导	支持	支持	支持	支持	支持	支持	支持	支持	支持	支持	支持
48	安监政府备案	主导	支持	支持	支持	支持	支持	支持	支持	支持	支持	支持	支持
49	质监政府备案	主导	支持	支持	支持	支持	支持	支持	支持	支持	支持	支持	支持
50	临时开口的申请及政府审批	主导	支持	支持	支持	支持	支持	支持	支持	支持	支持	支持	支持
51	临时给排水、临电连接的申请及政府审批	主导	支持	支持	支持	支持	支持	支持	支持	支持	支持	支持	支持
52	规划局检查 ±0 验线	主导	支持	支持	支持	支持	支持	支持	支持	支持	支持	支持	支持
53	结构验收	协调 / 管理	主导	支持	支持	支持	支持	支持	支持	支持	支持	支持	支持
54	人防验收	主导	支持	支持	支持	支持	支持	支持	支持	支持	支持	支持	支持

（续表）

序号	内容描述	总承包	土建工程	钢结构工程	机电工程	幕墙工程	精装修工程	泛光照明工程	电梯工程	标志标识工程	园林景观工程	室外市政道路	市政综合管网
55	电梯验收	协调 / 管理	支持	支持	支持	支持	支持	支持	主导	支持	支持	支持	支持
56	幕墙验收	协调 / 管理	支持	支持	支持	主导	支持	支持	支持	支持	支持	支持	支持
57	节能验收	主导	支持	支持	支持	支持	支持	支持	支持	支持	支持	支持	支持
58	供电验收	协调 / 管理	支持	支持	主导	支持	支持	支持	支持	支持	支持	支持	支持
59	供水验收	主导	支持	支持	主导	支持	支持	支持	支持	支持	支持	支持	支持
60	燃气验收	协调 / 管理	支持	支持	支持	支持	支持	支持	支持	支持	支持	支持	支持
61	室内环境监测验收	协调 / 管理	支持	支持	支持	支持	支持	支持	支持	支持	支持	支持	支持
62	交警验收	协调 / 管理	支持	支持	支持	支持	支持	支持	支持	主导	支持	支持	支持
63	交通委（停车场）验收	协调 / 管理	支持	支持	支持	支持	支持	支持	支持	主导	支持	支持	支持
64	卫生防疫验收	主导	支持	支持	支持	支持	支持	支持	支持	支持	支持	支持	支持
65	消防验收	协调 / 管理	支持	支持	主导	支持	支持	支持	支持	支持	支持	支持	支持
66	防雷验收	协调 / 管理	支持	支持	主导	支持	支持	支持	支持	支持	支持	支持	支持
67	绿化验收	协调 / 管理	支持	支持	支持	支持	支持	支持	支持	支持	支持	支持	支持
68	规划验收	主导	支持	支持	支持	支持	支持	支持	支持	支持	支持	支持	支持
69	排水验收	主导	支持	支持	支持	支持	支持	支持	支持	支持	支持	支持	支持
70	环保验收	主导	支持	支持	支持	支持	支持	支持	支持	支持	支持	支持	支持
71	竣工备案	主导	支持	支持	支持	支持	支持	支持	支持	支持	支持	支持	支持
72	档案馆验收	主导	支持	支持	支持	支持	支持	支持	支持	支持	支持	支持	支持
73	交付业主	主导	支持	支持	支持	支持	支持	支持	支持	支持	支持	支持	支持
74	施工环境可持续数据及报告	主导	支持	支持	支持	支持	支持	支持	支持	支持	支持	支持	支持
75	设施管理系统信息收集	主导	支持	支持	支持	支持	支持	支持	支持	支持	支持	支持	支持
76	独立承包 / 专业分包深化设计	协调 / 管理	自身部分	自身部分	自身部分	自身部分	自身部分	自身部分	自身部分	自身部分	自身部分	自身部分	自身部分

（续表）

土建与专业分包商之间的工作界面划分													
序号	内容描述	总承包	土建工程	钢结构工程	机电工程	幕墙工程	精装修工程	泛光照明工程	电梯工程	标志标识工程	园林景观工程	室外市政道路	市政综合管网
一	钢结构部分												
1	钢结构（包括钢柱、钢梁，以及裙房雨篷、采光天窗钢结构等）供应、制作及安装	协调 / 管理	—	施工	—	—	—	—	—	—	—	—	—
2	为配合钢结构工程于混凝土中的预埋构件（若有）	协调 / 管理	—	施工	施工	—	—	—	—	—	—	—	—
3	钢结构工程及防火涂料	协调 / 管理	—	施工	—	—	—	—	—	—	—	—	—
4	钢筋穿越钢结构所需的开孔及修补工作（若有）	协调 / 管理	钢筋穿钢结构开孔土建提前深化设计	施工	—	—	—	—	—	—	—	—	—
二	预留预埋部分												
5	按照土建施工图纸完成与机电工程有关的土建工作（包括一次结构留洞开、留孔洞）	协调 / 管理	施工	—	—	—	—	—	—	—	—	—	—
6	在混凝土中供应和预埋阳台栏杆、门窗、设备基础等预埋铁件	协调 / 管理	施工	—	—	—	—	—	—	—	—	—	—
7	在混凝土中供应和预埋所有的套管及预埋件（不含钢结构）等	协调 / 管理		—	施工	—	—	—	—	—	—	—	—
8	在混凝土中供应和预埋所有的预留管道（含引线）、接线盒（箱）等	协调 / 管理	—	—	施工	—	—	—	—	—	—	—	—

（续表）

序号	内容描述	总承包	土建工程	钢结构工程	机电工程	幕墙工程	精装修工程	泛光照明工程	电梯工程	标志标识工程	园林景观工程	室外市政道路	市政综合管网
9	对于土建所预埋的管道、套管、导管及预埋件不适用的部分进行调整或改造	协调 / 管理	—	施工	施工	施工	施工	施工	施工	施工	施工	施工	施工
三	结构封堵部分												
10	消防水电管路、消防线槽桥架与结构间塞缝及封堵、风管套管与墙体、结构间塞缝及封堵等	协调 / 管理	施工	—	—	—	—	—	—	—	—	—	—
11	高低压配电管路、强电线槽桥架与墙体、结构间塞缝及封堵，电缆沟盖板塞缝及封堵、母线槽孔洞封堵等	协调 / 管理	—	—	施工	—	—	—	—	—	—	—	—
12	智能化管路、弱电线槽桥架与墙体、结构间塞缝及封堵等	协调 / 管理	施工	—	—	—	—	—	—	—	—	—	—
13	燃气管管路与墙体、结构间塞缝及封堵等	协调 / 管理	施工	—	—	—	—	—	—	—	—	—	—
14	管路在与进出泵房墙体、结构间塞缝及封堵等	协调 / 管理	施工	—	—	—	—	—	—	—	—	—	—
15	泛光照明所需之管路与墙体、结构间塞缝及封堵等	协调 / 管理	—	—	—	—	—	—	—	—	—	—	—
16	外立面幕墙所需之管路与墙体、结构间塞缝及封堵（含防火封堵）等	协调 / 管理	—	—	—	—	—	—	—	—	—	—	—
17	设备运输通道预留、封堵	协调 / 管理	施工	—	—	—	—	—	—	—	—	—	—
18	机电管线穿墙孔洞预留及封堵	协调 / 管理	施工	—	提供相应尺寸与位置	—	—	—	—	—	—	—	—
19	预埋机电套管和线管 / 接线盒	协调 / 管理	—	—	施工	—	—				—		

（续表）

序号	内容描述	总承包	土建工程	钢结构工程	机电工程	幕墙工程	精装修工程	泛光照明工程	电梯工程	标志标识工程	园林景观工程	室外市政道路	市政综合管网
20	机电套管与机电管线间的防火、防水封堵	协调 / 管理	施工（除防火泥以外封堵）	—	施工（防火泥封堵）	—	—	—	—	—	—	—	—
四	电梯配合工作												
21	电梯井道 / 机房中的曳引机维修用吊钩（如电梯专用吊钩需电梯专业提供）	协调 / 管理	施工	—	—	—	—	—	—	—	—	—	—
22	电梯召唤盒的预埋、预留	协调 / 管理	施工	—	—	—	—	—	—	—	—	—	—
23	电梯召唤盒偏位重新开孔	协调 / 管理	施工	—	—	—	—	—	—	—	—	—	—
24	电梯底坑内的防水处理及排水设施	协调 / 管理	施工	—	—	—	—	—	—	—	—	—	—
25	电梯门框和门槛与结构墙体及楼板空位进行封堵	协调 / 管理	施工	—	—	—	—	—	—	—	—	—	—
26	电梯安装后，在电梯内安装临时保护板（供施工过程使用）	协调 / 管理	—	—	—	—	施工	—	—	—	—	—	—
27	预埋机电套管和线管	协调 / 管理	—	—	施工	—	—	—	—	—	—	—	—
28	屋顶机房的外墙及屋面，含室内地面、墙面、天花，以及设备安装完成后的洞口封堵等	协调 / 管理	施工	—	—	—	—	—	—	—	—	—	—
29	设备基础混凝土（包括屋面落地柜基础）	协调 / 管理	施工	—	—	—	—	—	—	—	—	—	—
30	井道偏差整改	协调 / 管理	施工	—	—	—	—	—	—	—	—	—	—
31	土建风道的风口留洞与收口	协调 / 管理	施工	—	提供相应尺寸与位置	—	—	—	—	—	—	—	—

（续表）

序号	内容描述	总承包	土建工程	钢结构工程	机电工程	幕墙工程	精装修工程	泛光照明工程	电梯工程	标志标识工程	园林景观工程	室外市政道路	市政综合管网
32	一次结构吊洞	协调 / 管理	施工	—	—	—	—	—	—	—	—	—	—
33	一次线槽收口	协调 / 管理	施工	—	—	—	—	—	—	—	—	—	—
34	淋水试验	协调 / 管理	施工			施工	—	—	—	—	—	—	—
五	公共部位装修部分												
35	公共部位抹灰层、找平层	协调 / 管理	施工	—	—	—	—	—	—	—	—		
36	大堂精装修	协调 / 管理	—	—	—	—	施工	—	—	—	—		
37	电梯厅装修	协调 / 管理	—	—	—	—	施工	—	—	—	—		
38	走道装修	协调 / 管理	—	—	—	—	施工	—	—	—	—		
39	单元入口装修	协调 / 管理	—	—	—	—	施工	—	—	—	—		
40	楼梯间	协调 / 管理	—	—	—	—	施工	—	—	—	—		
41	外立面装修（幕墙）	协调 / 管理	—	—	—	施工	—	—	—	—	—		
42	幕墙架体拆改	协调 / 管理	—	—	—	施工	—	—	—	—	—		
43	外墙保温	协调 / 管理	施工	—	—	—	—	—	—	—	—		
44	屋面	协调 / 管理	施工	—	—	—	—	—	—	—	—		
45	玻璃雨篷及桁架	协调 / 管理	—	施工	—	施工	—	—	—	—	—		
46	电梯开洞口（按钮）预留	协调 / 管理	施工	—	—	—	—	—	—	—			
六	室内装修部分												
47	建筑地面，包括基层和面层（含防水层）	协调 / 管理	施工	—	—	—	—	—	—	—	—	—	—
48	抹灰，包括一般抹灰和装饰抹灰	协调 / 管理	施工	—	—	—	—	—	—	—	—	—	—
49	吸声墙面与吸音吊顶	协调 / 管理	—	—	—	—	精装区，施工	—	—	—	—	—	—

（续表）

序号	内容描述	总承包	土建工程	钢结构工程	机电工程	幕墙工程	精装修工程	泛光照明工程	电梯工程	标志标识工程	园林景观工程	室外市政道路	市政综合管网
50	装饰层如饰面板（砖）、涂料及油漆、裱糊和软包	协调 / 管理	设备房，施工	—	—	—	施工	—	—	—	—	—	—
51	固定家具	协调 / 管理	—	—	—	—	精装区，施工	—	—	—	—	—	—
52	窗帘盒、窗台板	协调 / 管理	—	—	—	—	精装区，施工	—	—	—	—	—	—
53	卫生间装修	协调 / 管理	粗装修施工	—	—	—	面层施工	—	—	—	—	—	—
54	阳台露台地面	协调 / 管理	施工	—	—	—	—	—	—	—	—	—	—
55	灯具	协调 / 管理	—	—	—	—	精装区，施工	—	—	—	—	—	—
七	屋面部分												
56	保温层	协调 / 管理	施工	—	—	—	—	—	—	—	—	—	—
57	找平层	协调 / 管理	施工	—	—	—	—	—	—	—	—	—	—
58	细部构造	协调 / 管理	施工	—	—	—	—	—	—	—	—	—	—
59	屋顶机房的屋面排水系统	协调 / 管理	施工	—	—	—	—	—	—	—	—	—	—
60	保护层	协调 / 管理	施工	—	—	—	—	—	—	—	—	—	—
61	种植土	协调 / 管理	—	—	—	—	—	—	—	—	施工	—	—
62	全部设备基础	协调 / 管理	施工	—	—	—	—	—	—	—	—	—	—
63	主体及精装修阶段的安全文明施工	监督	施工	施工	施工	施工	施工	施工	施工	施工	施工	施工	施工

（续表）

序号	内容描述	总承包	土建工程	钢结构工程	机电工程	幕墙工程	精装修工程	泛光照明工程	电梯工程	标志标识工程	园林景观工程	室外市政道路	市政综合管网
幕墙分包与专业分包商之间的工作界面划分													
1	深化设计	协调 / 管理	提供建筑结构条件	提供建筑结构条件	提供机电、排水条件	完成幕墙深化设计	提供内装饰设计预留条件	提供照明设计预留条件			提供景观设计预留条件		
2	预留预埋	协调 / 管理	依据审核后的深化设计图纸配合预埋件施工	钢构施工完成后移交给幕墙进行转换件的焊接工作	—	施工	—	配合			—		
3	屋面和天窗及排水系统	协调 / 管理	—	—	—	雨水天沟及其配件施工	—	—			—		
4	电动排烟窗及控制箱采购（包括窗框、窗扇、开窗器及其相关配件）（若有）	协调 / 管理	—	—	—	施工	—	—			—		
5	电动排烟窗控制箱及其上口管线	协调 / 管理	—	—	施工		—	—			—		
6	电动排烟窗控制系统	协调 / 管理	—	—	—		—	—			—		
7	与幕墙相关的室内横向 / 竖向防火、防烟封堵以及楼板与幕墙接缝处的防火封堵均由幕墙设计、供应和安装	协调 / 管理	—	—	—	施工	—	—			—		
8	幕墙立梃与房间隔墙之间、接口处理；精装吊顶与幕墙横梁之间收口处理	协调 / 管理	—	—	—	—	施工	—			—		

（续表）

序号	内容描述	总承包	土建工程	钢结构工程	机电工程	幕墙工程	精装修工程	泛光照明工程	电梯工程	标志标识工程	园林景观工程	室外市政道路	市政综合管网
9	幕墙与主体结构接缝处的防水处理	协调 / 管理	—	—	—	施工	—	—			—		
10	泛光照明在幕墙上安装灯具及管线的开孔及安装完成之后的防水封堵	协调 / 管理	—	—	—	配合开孔	—	安装			—		
11	配合泛光照明配管穿线，待泛光照明单位完成管线敷设后封铝板。	协调 / 管理	—	—	—	施工		—			—		
12	旋转门门头安全出口灯及电源由机电负责、幕墙单位负责配合完成	协调 / 管理	—	—	施工	—	—	—			—		
13	与室外工程界限	协调 / 管理	—	—	—	—	—	—			幕墙与室外硬质景观以门线为界限		
14	幕墙立面上的风口、排烟口，防雨百叶	协调 / 管理	—	—	—	施工	—	—			—		
15	泛光配管穿线	协调 / 管理	—	—	—	配合	—	施工			—		
16	泛光照明预留孔洞	协调 / 管理				配合		提需求					
17	外架拆除后的吊篮费用由幕墙单位承担	协调 / 管理				施工							
18	幕墙四性检测	协调 / 管理				施工							
19	石材幕墙色差偏差整改费	协调 / 管理				施工							
20	外立面标志交叉作业面配合	协调 / 管理				配合							
21	派人至幕墙工厂负责照明灯具及线路的预埋，幕墙板块安装期间，需负责穿线及预留	协调 / 管理						施工					

（续表）

序号	内容描述	总承包	土建工程	钢结构工程	机电工程	幕墙工程	精装修工程	泛光照明工程	电梯工程	标志标识工程	园林景观工程	室外市政道路	市政综合管网
精装分包与专业分包商之间的工作界面划分													
1	所有内门和内窗（不包括防火门窗）	协调 / 管理	—		—	—	—	—	—				
2	轻质隔墙（轻钢龙骨石膏板隔墙，腻子封缝）	协调 / 管理	非精装区，施工		—	—	精装区，施工	—	—				
3	装饰层如饰面板（砖）、涂料及油漆、裱糊和软包	协调 / 管理	非精装区，施工		—	—	精装区，施工	—	—				
4	固定家具	协调 / 管理	—		—	—	精装区，施工	—	—				
5	窗帘盒、窗台板	协调 / 管理	—		—	—	精装区，施工	—	—				
6	栏杆及扶手	协调 / 管理	非精装区，施工		—	—	精装区，施工	—	—				
7	卫生间隔断、台盆钢骨架预埋件 / 支座安装。	协调 / 管理	—		—	—	施工	—	—				
8	厕所洁具洗手台隔断等固定设施	协调 / 管理	—		—	—	洁具总包供，机电安装单位包工包辅材	—	—				

（续表）

序号	内容描述	总承包	土建工程	钢结构工程	机电工程	幕墙工程	精装修工程	泛光照明工程	电梯工程	标志标识工程	园林景观工程	室外市政道路	市政综合管网
9	前台、询问台	协调 / 管理	—		—	—	前台、询问台，包括开关插座等露明设施	—	—				
10	精装修区域内的洁具附件（厕纸架、皂液器、挂衣钩、烟灰缸等），以及与洁具附件的填封（包括硅胶等）	协调 / 管理	—		—	—	施工	—	—				
11	挡烟垂壁	协调 / 管理	—		—	—	施工	—	—				
12	强电间电源箱后端精装专供配电箱、线缆线管、灯具（含舞台灯光）、插座开关面板等供应安装（不含疏散照明系统和智能照明系统）；强电间电源箱（含）、疏散照明系统和智能照明系统	协调 / 管理	—		—	—	施工	—	—				
		协调 / 管理	—		施工	—	—	施工	—				
13	精装区域强电桥架	协调 / 管理	—		施工	—		—	—				
14	精装区域给水管道、小厨宝及所有卫生洁具等施工（以竖井楼层给水阀门为界），阀门后端（不含阀门）管道及末端（属精装单位负责）	协调 / 管理	—		配合	—	施工	—	—				
15	精装区域排水管道施工（以竖井楼层污废水三通为界，三通前端的卫生洁具及排水管属精装工程负责）	协调 / 管理	—		配合	—	施工	—	—				

（续表）

序号	内容描述	总承包	土建工程	钢结构工程	机电工程	幕墙工程	精装修工程	泛光照明工程	电梯工程	标志标识工程	园林景观工程	室外市政道路	市政综合管网
16	精装区域空调末端点位调整配合精装工程	协调/管理	—		施工	—	确认精装区风口的形式和颜色，预留或开口，风口和装饰面的收边	—	—				
17	精装区域消防末端点位调整配合精装工程	协调/管理	—		施工	—	配合	—	—				
18	精装区域智能化末端点位调整配合精装工程	协调/管理	—		施工	—	配合	—	—				
19	精装区域会议系统	协调/管理	—		—	—	施工	—	—				
20	机电检修口	协调/管理	—		提供检修口点位	—	施工	—	—				
21	精装区域智能照明控制系统纳入强电工程	协调/管理	—		施工	—	—	—	—				
22	精装修区域综合布线系统中的水平布线（弱电间配线架出线，模块和面板）及线管纳入精装修工程	协调/管理	—		—	—	施工	—	—				
园林与专业分包商之间的工作界面划分													
1	深化设计	协调/管理									负责		
2	与园林绿化相关的二次土方工程施工	协调/管理									施工		

（续表）

序号	内容描述	总承包	土建工程	钢结构工程	机电工程	幕墙工程	精装修工程	泛光照明工程	电梯工程	标志标识工程	园林景观工程	室外市政道路	市政综合管网
3	总平范围内道路及饰面层、台阶及饰面层施工	协调 / 管理									施工		
4	钢筋混凝土花架，室外景观结构工程	协调 / 管理	施工								园林单位提资		
5	总平范围内硬质景观工程（含垫层及饰面层施工）	协调 / 管理									施工		
6	室外广场、道路、停车位等硬质场地采用浅色透水砖、浅色透水混凝土、植草砖基层及面层施工（地下室顶板区域防水及防水保护层由土建单位施工，防水保护层以上做法由总包方指令景观单位完成）	协调 / 管理									施工		
7	室外蓄水池施工，且负责蓄水池相关的水电系统施工	协调 / 管理									施工		
8	雕塑小品（含基础及饰面层）采购及安装施工	协调 / 管理									施工		
9	室外区域的各种扶手、栏杆的制作及安装	协调 / 管理	施工										
10	室外栏杆的防雷接地及与总防雷接地系统的连接	协调 / 管理			施工								
11	水景工程施工（含相关的管道敷设、设备、喷头安装及调试，水景效果的调试，水景基础及饰面层施工）	协调 / 管理									施工		
12	园林绿化之专用灌溉系统施工	协调 / 管理									施工		

（续表）

序号	内容描述	总承包	土建工程	钢结构工程	机电工程	幕墙工程	精装修工程	泛光照明工程	电梯工程	标志标识工程	园林景观工程	室外市政道路	市政综合管网
13	总平范围内及屋面（若有）造型土、种植土及滤水层等施工，并负责多余土方清理及外运（包含地下室开挖线以外但又位于软景范围内存在的多余土方）	协调 / 管理									施工		
14	种植土下的回填土标高控制	协调 / 管理									施工		
15	总平范围内及屋面（若有）粗造坡及细造坡施工	协调 / 管理									施工		
16	负责总平范围内及屋面（若有）灌木及草坪种植工程（含保活）	协调 / 管理									施工		
17	负责总平范围内及屋面（若有）乔木种植（含保活），且负责按发包人要求进行乔木支撑	协调 / 管理									施工		
18	室外散水及截水沟施工	协调 / 管理									施工		
19	自购材料按规范或政府部门的有关规定而进行的材料检验或试验	协调 / 管理									施工		
20	室外管网	协调 / 管理									—		施工
21	室外市政工程	协调 / 管理									—	施工	
22	钢构天桥	协调 / 管理		施工							—		
23	连廊天桥	协调 / 管理		施工							—		
24	连廊（楼宇间）	协调 / 管理		施工							—		
25	泛光照明工程（路灯园灯等）	协调 / 管理						施工			—		
26	公交车站及站台	协调 / 管理									施工		

（续表）

序号	内容描述	总承包	土建工程	钢结构工程	机电工程	幕墙工程	精装修工程	泛光照明工程	电梯工程	标志标识工程	园林景观工程	室外市政道路	市政综合管网
机电与专业分包商之间的工作界面划分													
1	精装区域给水管道、小厨宝及所有卫生洁具等施工（以竖井楼层给水阀门为界），阀门后端（不含阀门）管道及末端（属精装单位负责）	协调 / 管理	—		配合		施工						
2	精装区域排水管道施工（以竖井楼层污废水三通为界，三通前端的卫生洁具及排水管属精装工程负责）	协调 / 管理	—		配合		施工						
3	按规范和设计要求为电梯、弱电以及有线电视、电话系统、电信工程、燃气系统、室外 LED 屏等提供电源供应的供电箱或者预留回路	协调 / 管理	—		施工		—						
4	强电间电源箱后端精装专供配电箱、线缆线管、灯具（含舞台灯光）、插座开关面板等供应安装（不含疏散照明系统和智能照明系统）	协调 / 管理	—		—		施工						
5	强电间电源箱（含）、疏散照明系统和智能照明系统	协调 / 管理	—		施工		—						
6	精装区域强电桥架	协调 / 管理	—		施工		—						
7	防火卷帘门及其自带的控制装置，包括该装置与防火卷帘的连接的管线	协调 / 管理	施工		—		—						
8	防火卷帘门除上述之工作内容以外的部分，包括所需之配电及控制	协调 / 管理	—		施工		—						
9	精装区域消防末端点位调整配合精装工程	协调 / 管理	—		施工		配合						

（续表）

序号	内容描述	总承包	土建工程	钢结构工程	机电工程	幕墙工程	精装修工程	泛光照明工程	电梯工程	标志标识工程	园林景观工程	室外市政道路	市政综合管网
10	燃气泄漏报警系统提供高阶接口接入至火灾报警系统。	协调 / 管理	—		施工		—						
11	燃气泄漏报警系统联动事故风机控制及配管配线	协调 / 管理	—		施工		—						
12	车库管理系统	协调 / 管理											
13	无线网络覆盖系统、出入口控制系统、闭路电视监控系统、报警系统配合安装，并预留孔洞或按弱电专业分包商要求开孔	协调 / 管理	—		为无线网络覆盖 AP 提供电源		为无线网络覆盖 AP 提供电源						
14	精装区域智能化末端点位调整配合精装工程	协调 / 管理	—		—		配合						
15	精装区域会议系统（待包干价谈定后在划分）	协调 / 管理	—		—		施工						
16	精装区域空调末端点位调整配合精装工程	协调 / 管理	—		施工		确认精装区风口的形式和颜色，预留或开口，风口和装饰面的收边						
17	厨房区域的楼层总配电箱、空调及通风动力配电系统、疏散照明系统	协调 / 管理	—		施工		提供用电负荷与深化图纸						

（续表）

序号	内容描述	总承包	土建工程	钢结构工程	机电工程	幕墙工程	精装修工程	泛光照明工程	电梯工程	标志标识工程	园林景观工程	室外市政道路	市政综合管网
18	厨房区域内风管盲板封堵处之后风管、风阀、风口、设备接驳	协调 / 管理	—		配合		施工						
19	厨房给水系统施工（以立管或主管给水阀门为界，阀门后端给水系统）	协调 / 管理	—		配合		施工						
20	厨房排水系统施工（以立管或区域排水主管三通为界，三通前端排水系统）	协调 / 管理	—		配合		施工						
21	各类智能化子系统施工（末端点位数量及位置配合厨房区域施工图纸调整）	协调 / 管理	—		—		配合						
22	燃气用气设备与前端燃气阀门之间的燃气管道安装	协调 / 管理	—		—		施工						
23	机电检修口	协调 / 管理	—		提供检修口点位		施工						
24	设备运输通道预留、封堵	协调 / 管理	土建		—		—						
25	用户站电缆沟施工、地面回填	协调 / 管理	土建		—		—						
26	机电管线穿墙孔洞预留及封堵	协调 / 管理	土建		—		—						
27	集水坑及其井盖、排水槽及其箅子	协调 / 管理	土建		—		—						
28	土建风道的风口留洞与收口	协调 / 管理	土建		—		—						
电梯分包与专业分包商之间的工作界面划分													
一	电梯												
1	电梯电源配电箱	协调 / 管理	—		施工		—		—				
2	电梯控制箱	协调 / 管理	—		—		—		施工				

（续表）

序号	内容描述	总承包	土建工程	钢结构工程	机电工程	幕墙工程	精装修工程	泛光照明工程	电梯工程	标志标识工程	园林景观工程	室外市政道路	市政综合管网
3	轿厢照明电源	协调 / 管理			—				施工				
4	电梯配电箱至电梯控制箱之间的电缆、线槽或桥架	协调 / 管理	—		—		—		施工				
5	消防报警及联动	协调 / 管理	—		施工		—		配合并提供接口				
6	五方对讲及报警	协调 / 管理	—		仅负责电梯控制箱至安保中心机房的线缆提供及安装		—		施工				
7	视频监控系统	协调 / 管理	—		施工		—		—				
8	机房内广播	协调 / 管理	—		施工		—		—				
9	电梯远程监控系统	协调 / 管理	—		—		—		施工				
10	机房至井道及轿厢的控制系统、弱电系统的线管线槽及线路	协调 / 管理	—		—		—		施工				
11	电梯智能控制系统的管线预埋（电梯井道内除外）	协调 / 管理	—		施工		—		—				
12	供应及安装电梯群控系统的所有线缆、设备及调试	协调 / 管理	—		—		—		施工				
13	电梯井道内安装手机信号覆盖设备	协调 / 管理	—		施工		—		配合				
14	提供并安装地震感应装置（若有）	协调 / 管理	—		—		—		施工				

（续表）

序号	内容描述	总承包	土建工程	钢结构工程	机电工程	幕墙工程	精装修工程	泛光照明工程	电梯工程	标志标识工程	园林景观工程	室外市政道路	市政综合管网
15	供应及安装电梯设备监控联网控制系统	协调 / 管理	—		√		—		√				
16	提供楼层显示叠加器供安保中心监控用	协调 / 管理	—		负责设备及线缆提供及安装		—		免费配合电梯井道、机房内安装				
二	电梯厅及外围												
17	控制箱至监控中心的五方对讲线路、线管及线槽	协调 / 管理	—		施工		—		—				
18	控制箱至监控中心的弱电控制线路、线管及线槽	协调 / 管理	—		施工		—		—				
19	机房至监控中心的 CCTV 线路、线管及线槽	协调 / 管理	—		施工		—		—				
20	机房至监控中心的消防线路、线管及线槽	协调 / 管理	—		施工		—		—				
21	电梯招呼按钮及面板	协调 / 管理	配合		—		配合		施工				
22	楼层显示	协调 / 管理	配合		—		配合		施工				
23	到站灯	协调 / 管理	配合		—		配合		施工				
24	调试电缆	协调 / 管理	—		—		—		施工				
25	为厅门门套四周及地坎周边的灌浆填缝	协调 / 管理	施工		—		—		—				
26	对门套、门梁、按钮盒和指示器时孔洞的开凿和修补	协调 / 管理	施工		—		—		—				

（续表）

序号	内容描述	总承包	土建工程	钢结构工程	机电工程	幕墙工程	精装修工程	泛光照明工程	电梯工程	标志标识工程	园林景观工程	室外市政道路	市政综合管网
27	提供电梯的外召按钮盒、层楼指示器、到站指示灯等装置预留孔洞	协调 / 管理	施工		—		—		—				
三	轿厢												
28	电梯轿厢装修	协调 / 管理	—		—		施工						
29	多媒体显示屏	协调 / 管理	—		配合		—		施工				
30	广播	协调 / 管理	—		施工		—		—				
31	空调及通风扇	协调 / 管理	—		—		—		施工				
32	背景音乐喇叭、读卡器设备的开孔作业	协调 / 管理	—		—		—		施工				
	井道	协调 / 管理											
33	电梯预埋组件	协调 / 管理	—		—		—		施工				
33	井道内电梯系统的线槽线管	协调 / 管理	—		—		—		施工				
33	负责安装电梯轿厢门与各层层站间凹位所需的保护网（电梯供应单位提供梯号）	协调 / 管理	—		—		—		施工				
34	供应及安装电梯轿厢与对重的导轨支架（含非标处理在内）	协调 / 管理	—		—		—		施工				
35	为防止电梯运行过程中，曳引机振动引起的结构传声，需在承重钢构件与建筑承重梁之间再加减振处理（若有）	协调 / 管理	—		—		—		施工				
36	供应及安装曳引机承重钢构件	协调 / 管理	—		—		—		施工				
37	电梯井道消声隔障（若有）	协调 / 管理	—		—		—		施工				
38	供应及安装电梯井道内照明	协调 / 管理	—		—		—		施工				

（续表）

序号	内容描述	总承包	土建工程	钢结构工程	机电工程	幕墙工程	精装修工程	泛光照明工程	电梯工程	标志标识工程	园林景观工程	室外市政道路	市政综合管网
39	井道底坑电源插座	协调 / 管理	—		—		—		施工				
40	供应及安装井道上的紧急安全门（若有）	协调 / 管理	—		—		—		施工				
41	供应及安装井道紧急安全门的电气联锁装置及相关线缆（若有）	协调 / 管理	—		—		—		施工				
42	所有的设备、吊架、支托和支架等金属表层涂漆保护。	协调 / 管理	—		—		—		施工				
43	供应及安装电梯基坑扶手爬梯	协调 / 管理	—		—		—		施工				
44	安装井道内脚手架	协调 / 管理							施工				
45	分隔梁墙	协调 / 管理	施工		—		—		—				
46	井道的清理和排水工作，并在厅门前加防水挡坎，做好井道防水措施	协调 / 管理	施工		—		—		—				
47	曳引机搁机钢梁浇灌混凝土支座，对需要用混凝土封堵的孔洞及时进行封堵	协调 / 管理	施工		—		—		—				
四	其他												
48	完成设备吊、运工作	协调 / 管理	—		—		—		施工				
49	施工和调试运行期间所需的水费、电费	协调 / 管理	—		—		—		施工				
50	电梯作为垂直运输工具临时使用期间电费	协调 / 管理	施工		—		施工						
51	工人施工住宿期间产生的用水、用电。	协调 / 管理	—		—		—		施工				
54	电梯安装验收结束后，电梯轿厢完成装修的重新调整及测试	协调 / 管理	—		—		—		施工				

（续表）

序号	内容描述	总承包	土建工程	钢结构工程	机电工程	幕墙工程	精装修工程	泛光照明工程	电梯工程	标志标识工程	园林景观工程	室外市政道路	市政综合管网
55	电梯作为垂直运输工具临时使用期间，临时使用的电梯轿厢内的壁板、轿厢操作按钮面板、外召按钮、轿厢出入口地坎等部件进行必要有效的保护	协调 / 管理			—		施工		—				
56	电梯作为垂直运输工具临时使用期间，电梯单位提供专职电梯司机，以满足现场施工要求	协调 / 管理	—		—		—		施工				
57	施工期间电梯的维护保养	协调 / 管理	—		—		—		施工				
58	施工期电梯的损耗，正式运行前的检修、配件更换	协调 / 管理	—		—		—		施工				
59	其他	协调 / 管理											
60	电梯系统的调试及能过政府部门的验收并取得政府部门频发的准用许可证（含政府部门的验收费用）	协调 / 管理	—		—		—		施工				
61	电梯安装过程各口的警示牌	协调 / 管理	配合		—		—		施工				
62	免费维修保养期间的维修保养工作	协调 / 管理	—		—		—		施工				
室外分包与专业分包商之间的工作界面划分													
1	完成基坑外及室外道路及其他一切障碍物拆除，以及拆除后的场地平衡至设计标高	协调 / 管理	—		—					—	施工		—
2	完成至设计标高的室外挖土、回填及土方外运等工作（除种植土以外）	协调 / 管理	—		—					—	施工		—
3	室外及屋顶园林绿化（包括植被、回填土、种植土及疏水层、缝隙式排水沟等）	协调 / 管理	—		—					—	施工		—

（续表）

序号	内容描述	总承包	土建工程	钢结构工程	机电工程	幕墙工程	精装修工程	泛光照明工程	电梯工程	标志标识工程	园林景观工程	室外市政道路	市政综合管网
4	给水以室外给水阀门（进连续墙之前的阀门井）与市政指定接驳井之间的管道及水井	协调 / 管理	—		—					—	—		施工
5	给水以室外给水阀门（进连续墙之前的阀门井）为界，阀门后端给水系统	协调 / 管理	—		施工					—	—		—
6	室内雨污排水系统至出墙第一个窨井	协调 / 管理	—		施工					—	—		—
7	红线内建筑出墙第一个窨井至出红线外第一个检查井，包括管道、检查井、雨水井、污水井、废水井等	协调 / 管理	—		—					—	—		施工
8	为室外管道安装所需的土方开挖、回填、外运及其管道基础工作（包括市政配套部分的管道）	协调 / 管理	—		—					—	—		施工
9	机电管线入户套管	协调 / 管理	—		施工					—	—		—
10	室外智能化设备、管线、室外井（含井盖）砌筑、开挖、排管、回填等工作	协调 / 管理	—		—					—	施工		—
11	通信网络机房设备出线及管路	协调 / 管理			施工								
12	从低压柜出线至室外配电总箱以及配电总箱至室外用电设备的线管、配线、配电箱、管井砌筑、开挖、排管、回填	协调 / 管理	—		—					—	—		施工
13	水景工程电气部分包括从其专用机房中的预留回路的供电点所在的配电箱之后的管道及电缆等包括接驳工作（供电点所在的配电箱及上口管线由机电负责）	协调 / 管理	—		—					—	施工		—

（续表）

序号	内容描述	总承包	土建工程	钢结构工程	机电工程	幕墙工程	精装修工程	泛光照明工程	电梯工程	标志标识工程	园林景观工程	室外市政道路	市政综合管网
14	水景工程中给排水部分从其专用机房中的预留接驳的给排水点之后的给排水工作	协调 / 管理	—		—					—	施工		—
15	给水管进水井专用机房 1.5m 及给水阀门，排水管入机房 1.5m 及堵头。（室内水景泵房）	协调 / 管理	—		施工					—	—		—
16	给水管进水井专用机房 1.5m 及给水阀门，排水管入机房 1.6m 及堵头。（室外水景泵房）	协调 / 管理	—		—					—	—		施工
17	室外水景及景观给排水工作	协调 / 管理	—		—					—	施工		—
18	滴灌系统	协调 / 管理	—		—					—	施工		—
19	园林灯具（含水景专用的水下灯具、室外景观灯等）	协调 / 管理	—		—					—	施工		—
20	靠墙溢水口	协调 / 管理	—		—					—	—		施工
21	车道缓冲条及车道指示油漆等	协调 / 管理	—		—					施工	—		
22	室外雕塑及艺术品	协调 / 管理	—		—					—	施工		
23	室外标志、标识及旗杆	协调 / 管理	—		—					施工	—		—
24	法令规定的标志、标识（包括车向指示牌等）	协调 / 管理	—		—					施工	—		—
25	室外消火栓系统	协调 / 管理	—		—					—	—		施工
26	地下室顶板防水、保护层、回填土至设计标高	协调 / 管理	施工		—					—	—		—
27	种植土	协调 / 管理	—		—					—	施工		—
28	除室外绿化、室外管网外的包括但不限于室外花坛、坐凳、垃圾箱等	协调 / 管理	—		—					—	施工		—

（续表）

序号	内容描述	总承包	土建工程	钢结构工程	机电工程	幕墙工程	精装修工程	泛光照明工程	电梯工程	标志标识工程	园林景观工程	室外市政道路	市政综合管网
钢结构分包与专业分包商之间的工作界面划分													
1	深化设计	协调/管理	提供建筑结构条件	提供建筑结构条件	提供机电条件	完成幕墙深化设计	提供精装设计预留条件				提供景观设计预留条件		
2	钢结构于混凝土结构中的预埋件	协调/管理	配合	施工	—	—	—				—		
3	地脚螺栓灌浆	协调/管理	施工										
4	压型钢板上机电开洞、预埋	协调/管理	—	—	施工	—	—				—		
5	机电管线若要穿钢梁	协调/管理	—	预留孔洞	提资	—	—				—		
6	钢结构防雷接地	协调/管理	—	—	施工	—	—				—		
7	提供测量基准点。确保钢结构安装中有合理的塔吊使用时间，保证钢结构安装	协调/管理	施工	配合	—	—	—				—		
8	混凝土梁与钢构梁相交叉位置，需要双方沟通确定钢构件的细部深化	协调/管理	施工	配合	—	—	—				—		
泛光照明分包与专业分包商之间的工作界面划分													
1	深化设计	协调/管理			提供机电条件	提供建筑结构条件	提供内装饰设计预留条件	完成泛光照明深化设计			提供景观设计预留条件		
2	电源箱	协调/管理			施工	—	—	—			—		
3	电源箱下口至外立面及屋顶灯具的管线、控制箱、低压电源箱、灯	协调/管理			—	—	—	施工			—		

（续表）

序号	内容描述	总承包	土建工程	钢结构工程	机电工程	幕墙工程	精装修工程	泛光照明工程	电梯工程	标志标识工程	园林景观工程	室外市政道路	市政综合管网
4	泛光照明控制线缆可使用已有弱电桥架，若需单独敷设桥架，则由机电单位负责桥架敷设	协调 / 管理			施工	—	—	—			—		
5	泛光照明主机柜安装在弱电、消防机房时应由弱电、消防单位统一深化并审核通过后，方可按图施工	协调 / 管理			—	—	—	—			—		
6	泛光照明低压电源箱装在吊顶上（固定在龙骨上）需要精装加固，并由精装单位预留检修口	协调 / 管理			—	—	施工	—			—		
7	楼板与幕墙接缝处的防水处理；泛光照明在幕墙上安装灯具及管线的开孔及安装完成之后的防水封堵	协调 / 管理			—	施工	—	泛光照明在幕墙加工厂配合安装管线及灯具			—		
8	泛光照明配管穿线需幕墙单位配合，待泛光照明单位完成管线敷设后封铝板。不锈钢支撑件、连接件、灯箱与幕墙的接缝由幕墙单位处理	协调 / 管理			—	施工	—	—			—		
9	室外景观灯	协调 / 管理			—	—	—	—			施工		
10	外立面及屋顶灯光	协调 / 管理			—	—	—	施工			—		
11	外立面 logo 施工	协调 / 管理			—	—	—	施工			—		

（续表）

序号	内容描述	总承包	土建工程	钢结构工程	机电工程	幕墙工程	精装修工程	泛光照明工程	电梯工程	标志标识工程	园林景观工程	室外市政道路	市政综合管网
标志标识分包与专业分包商之间的工作界面划分													
1	深化设计	协调 / 管理			提供机电条件					完成室内标识、交通标识深化设计	提供景观设计预留条件		
2	灯箱电源由就近应急照明箱备用回路引出，机电预留备用回路，回路下口管线及末端由标识工程完成	协调 / 管理			配合					供应及安装控制箱			
3	标识单位提供审核后的深化设计图纸给机电单位，机电单位根据图纸为灯箱提供电源（线盒）至指定位置	协调 / 管理			配合					供应及安装控制箱			
4	墙角金属防撞护壁	协调 / 管理								施工	—		
5	墙角橡胶防撞护壁	协调 / 管理								施工	—		
6	室外广告灯箱基础	协调 / 管理									施工		
7	室外广告灯箱	协调 / 管理			为灯箱提供电源（线盒）至指定位置					自接入点接线；室外广告灯箱供应及安装；			
8	车位画线	协调 / 管理								施工			

表 10-30 招采计划表

序号	采购项名称	合约形式	招采方式	签约方	品牌	招标需求			招采准备															采购周期						深化设计周期		供货周期		施工准备周期				备注
						需求部门	招标申请时间	招标启动时间	考察			图纸/选型/设计封样确认（如需）			技术要求			清单编制			招标文件汇总			开始招标（资格审查、投标文件编制及递交）		确定中标单位（开、评、团队面试、约谈、定标等）		合同签订（合同文件拟定、评审、签审流程等）		深化设计（深化设计完成及评审通过时间）		分包供货周期（样品、样板确认、下单、生产、运输）		进场时间/到货时间（备货、报审、检测、人员组织、场地布置）		分包开始施工	关联工作	
									责任部门	考察周期	完成时间	责任部门	持续时间	完成时间	责任部门	关联逻辑	完成时间	责任部门	关联逻辑	完成时间	责任部门	关联逻辑	完成时间	开始招标	关联逻辑	关联逻辑	确定中标单位	关联逻辑	合同签订	深化设计周期	深化设计完成	供货周期	材料到场时间	进场/到货时间	施工准备周期	开始施工时间	前的前置条件	
1	幕墙工程	固定总价	邀请招标	施工总承包方、分包方		工程部	2017年4月3日	2017年4月3日	招采、工程、商务、技术	15	2017年4月18日	技术部	2	2017年4月6日	技术部、工程部	5	2017年4月11日	商务部、招采部	7	2017年4月18日	招采部	5	2017年4月23日	2017年4月24日	7	15	2017年5月16日	15	2017年5月31日	100	2017年9月8日	10	2017年9月18日	2017年9月18日	3	2017年9月21日	地下结构施工完成	

表 10-31 主要分包招采提示清单

合约	子项序号	招标文件、合同条款提示事项	招采过程管理提示事项
主体劳务	1	标准规范： （1）《建筑施工扣件式钢管脚手架安全技术规范》（JGJ130—2011）。 （2）《建筑工程施工质量验收统一标准》（GB50300—2013）。 （3）《建筑施工安全检查标准》（JGJ59—2011）。 （4）《中国建筑施工现场安全防护标准化图册》（2014 版）。 招标用技术参数： （1）可行的项目流水方案、模板方案、外架方案等。 （2）劳务分包标段划分，明确节点进度要求及关门工期节点。 （3）质量、安全要求。 主要材料供货周期： 满足现场进度要求。 材料选用提示事项： （1）安全网需使用阻燃安全网，密度及质量符合规范要求。 （2）钢管壁厚 2.75mm（实测不低于 2.65mm），扣件质量 1kg（实测不低于 0.95kg），顶托 Φ32mm × 600mm 带加强筋（质量不低于 5kg），碗扣、轮扣应满足壁厚 3.00mm 的标准。 与其他专业易混淆交叉界面： （1）临水临电工作界面（一、二、三级电箱）。 （2）包含专业单位二次开槽、补洞。 （3）转胎模侧壁土方回填包含在劳务施工范围。 （4）明确建筑垃圾清理范围，尤其是精装修的垃圾清理问题。 （5）提供铝模 3 层以外的螺杆、销钉销片、插销配件等，以及拉片的供应方式；提供铝模退场打包整理。 （6）装配式构件吊装所有锁具及配件。 （7）门窗边收边收口以及超出预留孔洞尺寸的二次封堵。 （8）办公生活区移交后的维修保养	招标启动时间： （1）承台开挖前 2 个月启动劳务招标工作。 （2）如施工范围自底板基础开始，前期准备时间较短，可将转胎膜垫层、凿桩头等工作内容调整到临建劳务招标。 施工图纸深度要求： 建筑及结构电子版图纸进场。 施工所具备条件： （1）具备完善的现场平面布置方案，方案载明大型机械布置位置及覆盖范围、加工厂的布置、道路布置、材料堆场布置、办公室生活区位置等。 （2）塔吊招采完成，确保塔吊第一时间进场。 （3）需同步完成办公生活区搭设、防水单位确定、钢筋、混凝土等材料采购。 谈判、澄清要点： （1）明确质量标准、安全文明施工要求。 （2）钢筋、混凝土、模板、木枋、加气砌块、水泥砖、零星材料和架体材料供应方式（甲供或乙供）。 （3）现场施工区的临时设施费用已包含在安全文明施工费中。 （4）新型墙体材料、预拌混凝土或预拌砂浆由乙方提供，乙方有义务配合甲方办理新型墙体材料专项基金及散装水泥专用资金的退款手续。 （5）劳务承包方提供的材料及砂浆试块的检验试验费用均由劳务承包方承担，砌体中所需植筋及其所需的抗拔检测费均包含在砌体综合单价内。 （6）劳务承包方需为自有人员（含工人）购买社会保险、意外伤害保险。 （7）外架搭设班组的选定必须经过招标方同意，经过考察后方可进场施工，架子工必须 100% 持证上岗；外架钢筋网片必须满铺，每步架体均需铺设；每挑必须硬质防护刷漆，包括外架 CI 悬挂，电梯洞口必须保证每层做好硬质防护；其他楼层洞口必须保证每层做好硬质防护。外架悬挑架防坠网必须按照我司要求搭设方案执行、塔吊鸟巢及通道必须按照公司定型化搭设、塔吊防攀爬措施等。

（续表）

合约	子项序号	招标文件、合同条款提示事项	招采过程管理提示事项
主体劳务	1	计量与计价提示事项： （1）灌注桩桩头计量方式，需根据现场实际情况灵活选择计量方式。如地面成桩，成桩长度控制不可靠，建议按立方米计量，如浮浆高度控制可靠，则建议按个计取。 （2）混凝土浇筑使用汽车泵台班费用在混凝土浇筑单价中综合考虑。 （3）浇筑效果需达到甲方实测实量要求，对于爆点、户型不方正，二次打磨费用在合同价中综合考虑。 （4）脚手架局部三排计量计价方式	（8）现场安全、文明施工必须配备专职管理人员和劳动力（每栋楼不少于1名且保证路面每天不少于3次清扫）满足招标方现场要求，过程中要积极配合。 招采成本控制提示事项： （1）根据塔吊布置区域，合理划分标段，提高周转材料。 （2）尽早提供塔吊、电梯等垂直运输工具，减少二次搬运费用
二次结构	2	标准规范： （1）《建筑施工扣件式钢管脚手架安全技术规范》（JGJ130—2011）。 （2）《建造工程施工质量验收规范》（GB50300—2013）。 （3）《建筑施工安全检查标准》（JGJ59—2011）。 （4）《中国建筑施工现场安全防护标准化图册》（2014版）。 招标用技术参数： （1）建筑做法。 （2）材料品牌。 （3）工期、质量、安全要求。 主要材料供货周期： 满足现场进度要求。 材料选用提示事项： 钢管壁厚2.75mm（实测不低于2.65mm），扣件质量1kg（实测不低于0.95kg），顶托Φ32mm*600mm带加强筋（质量不低于5kg），碗扣、轮扣应满足壁厚3.00mm的标准。 与其他专业易混淆交叉界面： （1）吊洞。 （2）堵螺杆洞。 （3）开槽及线槽修补。 （4）楼地面钢筋网片提供方。 （5）机电管线预留预埋。 计量与计价提示事项： （1）二次结构结算方式（无验收图时）。 （2）踢脚与外墙做法相同时踢脚计算	施工图纸深度要求： 建筑及结构电子版图纸。 进场施工所具备条件： （1）具备工作面。 （2）起重、运输设备安装完成。 （1）二次结构所有植筋（含拉拔试验费用，植筋胶需满足拉拔试验）、拉结钢筋设置、顶部塞缝（发泡剂＋水泥砂浆）、门窗边预制块安放（成品预制块）等综合考虑到砌体内。 （2）基层清理，刷界面剂（或喷浆）、调制水泥浆及甩毛（内掺建筑胶），清理修补基层表面、堵墙预留洞、封堵螺杆眼、调运砂浆、找平、打底扫毛、抹面、勾缝、划出纹道、罩面及压光或拉毛等综合考虑到报价中。 （3）新型墙体材料、预拌混凝土或预拌砂浆由乙方提供，乙方有义务配合甲方办理新型墙体材料专项基金及散装水泥专用资金的退款手续。 （4）劳务承包方提供的材料及砂浆试块的检验试验费用均由劳务承包方承担，砌体中所需植筋及其所需的抗拔检测费均包含在砌体综合单价内。 （5）劳务承包方需为自有人员（含工人）购买社会保险、意外伤害保险

（续表）

合约	子项序号	招标文件、合同条款提示事项	招采过程管理提示事项
钢结构工程	3	与土建专业交叉界面： （1）钢结构施工安装前由土建提供测量基准点并确保钢结构安装中有合理的塔吊使用时间，保证钢结构施工安装。 （2）钢结构于混凝土结构中的预埋件由钢结构分包施工，土建依据钢结构分包提供的审核后深化设计图纸配合预埋件施工，钢结构施工完成后移交给幕墙进行转换件的焊接工作。 （3）钢筋穿越钢结构所需的开孔位置土建提前深化设计，开孔及修补工作由钢结构分包施工。 （4）地脚螺栓灌浆由土建施工。 与机电专业交叉界面： （1）钢结构防雷接地、压型钢板上机电开洞、预埋由机电分包施工。 （2）机电管线若要穿越钢梁，由机电单位提资，钢结构分包预留孔洞	招标启动时间： 底板施工前 60 天完成招标
机电综合工程	4	与土建专业交叉界面： （1）土建施工图纸中与机电工程有关的土建工作（包括结构留洞开、留孔洞）由土建施工。 （2）在混凝土中供应和预埋所有的套管及预埋件（不含钢结构）、预留管道（含引线）、接线盒（箱）等由机电施工。 （3）在混凝土中供应和预埋所有的预留管道（含引线）、接线盒（箱）等。 （4）对于土建所预埋的管道、套管、导管及预埋件不适用的部分进行调整或改造由机电完成。 （5）高低压配电管路、强电线槽桥架与墙体、结构间塞缝及封堵，电缆沟盖板塞缝及封堵、母线槽孔洞封堵等由机电完成。 （6）机电套管与机电管线间的防火、防水封堵等，其中机电负责防火泥封堵，土建负责除防火泥以外封堵。 （7）设备运输通道预留、封堵；用户站电缆沟施工、地面回填；集水坑及其井盖、排水槽及其箅子；土建风道的风口留洞与收口等由土建负责施工。 （8）防火卷帘门及其自带的控制装置，包括该装置与防火卷帘的连接的管线由土建（防火门）施工；防火卷帘门除上述之工作内容以外的部分，包括所需之配电及控制由机电施工。 与精装修专业交叉界面： （1）给排水： ①精装区域给水管道、小厨宝及所有卫生洁具等，以竖井楼层给水阀门为界，阀门后端（不含阀门）管道及末端属精装单位负责施工，机电单位配合	招标启动时间： 底板施工前 60 天完成招标

（续表）

合约	子项序号	招标文件、合同条款提示事项	招采过程管理提示事项
机电综合工程	4	②精装区域排水管道，以竖井楼层污废水三通为界，三通前端的卫生洁具及排水管属精装工程负责施工，机电单位配合。 （2）强电系统： ①机电单位按规范和设计要求为电梯、弱电以及有线电视、电话系统、电信工程、燃气系统、室外 LED 屏等提供电源供应的供电箱或者预留回路。 ②精装单位负责强电间电源箱后端精装专供配电箱、线缆线管、灯具（含舞台灯光）、插座开关面板等供应安装（不含疏散照明系统和智能照明系统）。 ③机电单位负责强电间电源箱（含）、疏散照明系统和智能照明系统，精装区域强电桥架。 （3）消防系统： ①燃气泄漏报警系统提供高阶接口接入至火灾报警系统（机电负责）。 ②燃气泄漏报警系统联动事故风机控制及配管配线（机电负责）。 ③机电负责精装区域消防末端点位调整，精装单位配合。 （4）空调系统： ①机电精装区域空调末端点位调整，精装单位配合。 ②精装分包确认精装区风口的形式和颜色，预留或开口，风口和装饰面的收边。 ③机电提供机电检修口点位，精装负责施工	招标启动时间： 底板施工前 60 天完成招标
泛光照明工程	5	标准规范： （1）《城市道路照明工程施工及验收规程》（CJJ89—2012）。 （2）《电气装置安装工程电缆线路施工及验收规范》（GB50168—2006）。 招标用技术参数： （1）灯具光源。 （2）灯具色温。 （3）功率。 （4）赔光。 （5）电压。 （6）灯具颜色。 （7）灯具尺寸。 （8）防护等级。 （9）安装方式。 （10）品牌	招标启动时间： 结构出正负零前 90 天完成泛光照明工程（深化）招标（与幕墙工程同步招标）。 招标施工图纸深度要求： 由分包方自行深化设计。 进场施工所具备条件： （1）深化设计完成。 （2）具备基本工作面。 谈判、澄清要点： （1）灯具电源及信号线出幕墙位置需要做好严密的防水，避免在雨水大风天气产生渗漏水的现象。 （2）开关电源箱内的开关电源需要后期的维护及更换，故放置位置要合理，避免放入不宜维修的位置。 （3）电源线安装不得影响整体幕墙效果及整体室内环境美观。 （4）保证验收通过。 （5）明确工作界面划分

（续表）

合约	子项序号	招标文件、合同条款提示事项	招采过程管理提示事项
泛光照明工程	5	主要材料供货周期： （1）国产品牌灯具 30～45 天。 （2）进口品牌灯具 60 天以上。 材料选用提示事项： 尽量选用常规品牌及产品，减少供货周期。 与其他专业易混淆交叉界面： （1）灯具安装凹槽需与幕墙设计沟通预留足够的凹槽空间便于灯具支架的固定及灯具的隐藏。 （2）灯具安装位置需要考虑后期工人灯具的调试，便于灯具维修拆卸。 （3）灯具安装方式、与幕墙单位的配合、防水措施、管线隐藏。 （4）所有穿越幕墙的管线及灯具固定件应在幕墙施工时需幕墙公司配合留洞穿管并做好防水封堵。凡安装在幕墙结构上的灯具支架须结构负荷由幕墙公司进行校核	招采成本控制提示事项： （1）明确图纸对材料的要求，锁定偏差允许范围后招标。 （2）尽量与业主沟通增加品牌，减少品牌限定导致的价格锁定风险
电梯供应与安装工程	6	标准规范： （1）《电梯技术条件》（GB/T10058—2009）。 （2）《消防电梯制造与安装安全规范》（GB26465—2011）。 招标用技术参数： （1）电梯品牌、规格、型号。 （2）基本参数及尺寸［额定载重量（kg）、额定速度（m/s）、停靠站数、开门方式、轿厢尺寸、内净高、机房位置、井道尺寸、顶层高度、底坑深度］。 （3）技术参数及性能（曳引机、曳引系统、控制系统、门机系统、变频系统、安全门保护、通信系统、称重系统、制动系统、电源电压、导轨及导轨支架安装）。 （4）电梯内部装饰（轿厢装饰、照明、空调通风、地板、层门装潢、门套、轿厢、厅门召唤箱）。 （5）其他功能（超载报警保护、光幕保护、警铃报警、超速机械保护、对讲等）。 （6）消防员专用功能、防火门（针对消防电梯）。 主要材料供货周期： （1）国产设备：30 天。 （2）进口设备：45～60 天。 与其他专业易混淆交叉界面： （1）与机电工程工作界面：电梯电源配电箱、电梯控制箱、轿厢照明电源、电梯配电箱至电梯控制箱之间的电缆线槽或桥架、消防报警及联动、机房至监控中心的消防线路、线管及线槽	招标启动时间： 在土建电梯井道和底坑结构施工前完成电梯招采（防止土建条件固化或带有倾向性导致电梯选用范围缩小影响采购比价）。 招标施工图纸深度要求： 有相关技术要求。 进场施工所具备条件： （1）设备进场。 （2）井道工作面清理移交。 （3）临时电源接入。 （4）正式电调试。 谈判、澄清要点： （1）明确供货日期、供货周期。 （2）电梯设计进场时间严格按照方案、应明确电梯采购进场后与安装单位移交及保管责任。 （3）电梯厂家具有特种设备生产资质，安装单位取得《特种设备安装改造维修许可证》。 （4）安全保护系统须保证电梯安全使用，防止一切危及人身安全的事故发生，电梯限速器、安全钳、夹绳器、缓冲器、安全触板、层门门锁、电梯安全窗、电梯超载限制装置、限位开关等装置必须符合国家规范。 （5）电梯安装调试结束，内部验收完成，具备使用条件但未经技术监督局验收，总包单位需要使用室内电梯时（外电梯已经拆除，总包单位其他工作未完成），电梯单位应安排专人开电梯，总包单位按电梯单位的要求使用电梯并承担相关费用。在工程全部完工后，电梯单位应再做一次全面检查和保养

（续表）

合约	子项序号	招标文件、合同条款提示事项	招采过程管理提示事项
电梯供应与安装工程	6	（2）与智能化工程工作界面：电梯（五方对讲及报警、视频监控系统、机房内广播、电梯远程监控系统、机房至井道及轿厢的控制及弱电系统的线管线槽和线路、电梯井道内安装手机信号覆盖设备、电梯设备监控联网控制系统）；电梯厅及外围（控制箱至监控中心的五方对讲、弱电控制、CCTV 线路的线路线管及线槽）。 （3）与土建工程工作界面：电梯（为厅门门套四周及地坎周边的灌浆填缝、对门套、门梁、按钮盒和指示器时孔洞的开凿和修补、提供电梯的外召按钮盒、层楼指示器、到站指示灯等装置预留孔洞）；井道（电梯预埋组件、井道内脚手架、分隔梁墙、井道的清理和排水工作、厅门前防水挡坎等井道防水措施、曳引机搁机钢梁浇灌混凝土支座，对需要用混凝土封堵的孔洞及时进行封堵）；电梯作为垂直运输工具临时使用期间电费	招采成本控制提示事项： （1）与厂家签合同付款方式较为苛刻，并且过程配合不力，与供应商合作付款方式较为合理。 （2）电梯采购价格应包括：全部设备价格（含调价清单）、运输费用、关税（进口梯）、保险费、售后技术及设备交付前所有费用。 （3）电梯安装价格应包括：安装费（含调价清单）、调试费、培训费等费用。 （4）列清备品备件及易损件清单（含更换人工费）、轿厢装饰装修做法。 （5）电梯招标时不提供全部图纸，只提供必要的技术要求和土建条件，隐藏电梯提升高度和停站数等参数，要求厂家按我方设定的标准层数进行报价，并在额定载重、速度等技术指标一致的情况下，报出层站差价及层高差价，我方可根据报价自行核算总价，然后进行价格谈判，有利于摸清电梯厂家的报价模式
智能化工程	7	标准规范： 智能化各系统规范验收标准。 主要材料供货周期： （1）管线槽：7 ~ 15 天。 （2）设备周期：30 ~ 45 天。 与其他专业易混淆交叉界面： （1）与精装修工程工作界面：无线网络覆盖系统、出入口控制系统、闭路电视监控系统、报警系统配合安装，并预留孔洞或按弱电专业分包商要求开孔；精装区域智能化末端点位调整配合精装工程。 （2）与电梯工程工作界面：电梯（五方对讲及报警、视频监控系统、机房内广播、电梯远程监控系统、机房至井道及轿厢的控制及弱电系统的线管线槽和线路、电梯井道内安装手机信号覆盖设备、电梯设备监控联网控制系统）；电梯厅及外围（控制箱至监控中心的五方对讲、弱电控制、CCTV 线路的线路线管及线槽）	招标启动时间： 中标进场 2 个月内完成劳务招标，物资招标根据现场进度进行，管线槽、无线对讲系统等在天花内物资需前置在其他系统之前。 招标施工图纸深度要求： 图纸中施工范围、验收要求，采购物资种类、规格型号、参数要求、品牌范围等应明确。 进场施工所具备条件： （1）办公室、宿舍等临建设施。 （2）弱电井移交（每层弱电井预留孔洞需相关单位开孔完毕）。 谈判、澄清要点： （1）调试工作需包含在采购单价中。 （2）核实技术参数。 （3）专业分包采购设备、物资应满足 CCCF 认证的标准。 招采成本控制提示事项： （1）明确需要认质认价的材料品牌、档次。 （2）设备、物资是否必须 CCCF 认证
人防工程	8	标准规范： 当地政府人防验收规范要求。 招标用技术参数： （1）人防门规格型号。 （2）人防水、电、风材料设备。 主要材料供货周期： （1）人防门门框：15 天	招标启动时间： 底板计划施工前完成招标。 招标施工图纸深度要求： （1）人防门类型、参数明确。 （2）具备战时人防水电风系统图。 进场施工所具备条件： （1）底板垫层施工完成

（续表）

合约	子项序号	招标文件、合同条款提示事项	招采过程管理提示事项
人防工程	8	（2）人防门门扇：30 天。 （3）人防安装设备：风机 30 天，其余 15 天。 与其他专业易混淆交叉界面： 招标前需明确人防安装与室内水电安装的界面	（2）完成人防门深化设计。 谈判、澄清要点： （1）考虑图纸深化费用。 （2）人防门二次喷漆做好成品保护措施，造成的污染由乙方负责清理恢复。 招采成本控制提示事项： 调研当地人防市场，扩大竞争范围
标志标识工程	9	标准规范： （1）《城市道路交通标志和标线设置规范》（GB51038—2015）。 （2）《道路交通标志和标线》（GB5768—2009）。 （3）《道路交通标志板及支撑件》（GB/T23827—2009）。 招标用技术参数： （1）材质要求（V 类，抗冲击；附着；耐盐雾；耐高低温）。 （2）结构尺寸（方形：长度、宽度、铝板厚；圆形：直径、红边宽、衬边宽、铝板厚；三角形；三角形高、黑圈宽、衬边宽、铝板厚）。 （3）外观质量。 （4）标志板面色度性能（表面色）。 （5）反光型标志板面光度性能。 主要材料供货周期： （1）标志：10 ～ 15 天。 （2）标线：10 ～ 15 天。 （3）杆件：10 ～ 15 天。 材料选用提示事项： （1）所有标识的图形应符合“《公共信息标志图形符号》（GB10001）”最新的规定要求。 （2）标识的中英文字应符合国家和采购单位有关标准的规定，标准中没有的，译文需经设计单位和采购单位确认；所有标识标牌的中英文文字、颜色等在制作前，均需书面提交采购单位确认后方可实施。 （3）标识的各种金属型材、部件，连同内部型钢骨架，应满足国家有关设计要求（应符合抗风荷载的要求），保证强度；收口处应作防水处理。 （4）标识必须保证安装牢固，拆装方便。所有标识标牌系统的安装挂件、螺栓均应镀锌防腐处理。所有标识系统的安装，需与其他设施密切配合，不留隐患。 与其他专业易混淆交叉界面： （1）注意部分施工存在交通干扰	招标启动时间： 地下室全面封顶前 30 天完成招标。 招标施工图纸深度要求： 《建筑工程设计文件编制深度规定》（2016 年版）。 进场施工所具备条件： （1）公司资质符合相关要求。 （2）公司人员齐全。 谈判、澄清要点： （1）明确材料参数以及偏差范围。 （2）明确材料规格、型号。 （3）护栏及标牌等厚度、含量。 （4）安装周期、定制周期。 （5）镀锌厚度要求

（续表）

合约	子项序号	招标文件、合同条款提示事项	招采过程管理提示事项
标志标识工程	9	（2）路面施工完毕。 （3）部分预埋件需提前预埋。 计量与计价： （1）市政工程计量与计价。 （2）《建设工程工程量清单计价规范》（GB50500—2013）。 （3）《市政工程工程量计算规范》（GB50857—2013）	招采成本控制提示事项： （1）建议招采前提前与业主沟通，明确材料不符合市场时规格时，可按实际情况调整相应的规格尺寸。 （2）明确图纸对材料的要求，锁定偏差允许范围后招标
幕墙工程	10	标准规范： （1）《建筑幕墙规范》（GB/T21086—2007）。 （2）《钢结构工程施工质量验收规范》（GB50205—2001）。 招标用技术参数： （1）幕墙类型。 （2）可视面材（石材、玻璃、铝板、人造板等）、内衬材料的品种、规格、颜色、表面色差。 （3）中层材料（防水、防火、保温等）材料品种、规格、厚度。 （4）固定及连接形式。 （5）支撑形式。 （6）隔离、封边、嵌缝、塞口材料品种、规格。 主要材料供货周期： （1）玻璃（原片）：20天。 （2）铝型材（常规）：15～20天，铝型材（异型，需开模）：30～40天。 （3）钢材（异型，需订货）：15天左右。 （4）转接件：20天左右。 （5）铝板：20～30天第一批供货。 （6）石材（国产）：20天左右第一批；石材（进口）：60天左右第一批。 材料选用提示事项： （1）设计和招采阶段发挥影响，在不影响结构安全的情况下，采用常规材料替换定制材料，供货周期短、无开模费有利节约成本。 （2）设计阶段重点考虑符合市材料模数的规格尺寸，越接近材料模数，材料出材率越高	招标启动时间： （1）通过图审的图纸：可随结构进度情况，进行幕墙预埋板的施工作业，一般是指建筑施工至正负零阶段，地下室封顶前应完成幕墙工程招标。 （2）有简单图纸：该类型的图纸一般只有幕墙的立面，仅是一种示意图，缺少材质标注、剖面图、节点详图等，需要二次深化设计后才能进行施工，结构出正负零前90天完成幕墙工程（深化）招标。 招标施工图纸深度要求： 《建筑工程设计文件编制深度规定》（2016年版）。 进场施工所具备条件： （1）地下室封顶，并提供材料堆场。 （2）样板施工完成。 谈判、澄清要点： （1）幕墙类型及安装方式，需总包提供的配合事项。 （2）明确材料参数以及偏差范围。 （3）明确详细的界面划分。 （4）明确材料规格、型号，如有品牌约定，需提供品牌表并制作材料展板。 招采成本控制提示事项： 幕墙材料品牌限定为2～3个时，供货商经常提前报备致价格无法降低，建议招采前提前与业主沟通，在不影响质量、效果、功能的情况，将同等档次的品牌增加6～8个
精装修工程	11	标准规范： 《建筑装饰装修工程质量验收规范》（GB50210—2001） 招标用技术参数： （1）建筑装饰装修做法。 （2）主材品牌、档次。	招标启动时间： （1）有施工图纸：最佳进场时间是室内砌墙、抹灰结束，幕墙即将完全封闭，各种管道安装50%左右，此阶段进场后装修的各工种已具备作业面，进场后可按工序陆续展开施工作业。

（续表）

合约	子项序号	招标文件、合同条款提示事项	招采过程管理提示事项
精装修工程	11	主要材料供货周期： （1）装饰玻璃：5～7天。 （2）瓷砖（需二次加工）：7～10天。 （3）不锈钢（常规颜色）：12～15天，不锈钢（需调色）：15～20天。 （4）木饰面：20天左右。 （5）铝板：20～30天第一批供货。 （6）石材（国产）：20天左右第一批，石材（进口）：60天左右第一批。 （7）吸音板（金属）：7～10天。 （8）门（木质门）：30～40天，门（玻璃定制门）：7～10天。 （9）地板、地毯类：5-7天。 （10）灯具（国产）：15天左右第一批，灯具（进口）：30天左右第一批。 材料选用提示事项： （1）在装修设计阶段需考虑各类装修材料的常规尺寸，减少定制材料的用量；同一种材料选用上，应考虑常规技术参数，可降低成本，缩减工期，便于后期维修。 （2）大理石主要化学成分为碳酸钙或碳酸镁等碱性物质，容易被酸类侵蚀，个别品种不宜用作室外装修，如汉白玉、艾叶青等石材。 （3）含微量放射性元素的天然花岗石应避免用于室内。 （4）釉面砖是多孔精陶坯体，与空气接触过程中容易吸收大量水分而产生吸湿膨胀现象，而釉的吸湿膨胀非常小，会造成坯体与釉面应纸力不同，当超过一定强度后会发生开裂，因此要注意，釉面砖一般不适合室外施工。 与其他专业易混淆交叉界面： （1）与幕墙的界面划分：交叉部分（如栏杆、层间封堵与室内的收边收口等）容易重复招标，在招标时应有详细描述，以图示最佳；在墙、顶、地二者交叉部位会留有自然缝隙，如不处理会影响效果，应明确收口处理方案；室内吊顶上部空间与幕墙玻璃的盲区透暗光、影响效果，可采用幕墙玻璃贴膜或后期装修封装修板处理等，应明确处理方案及界面归属。 （2）与二次结构界面划分：二次结构施工至粘接层，粘接层及饰面由精装修单位施工。 （3）与机电安装界面划分：精装修部位的电气工程，安装单位负责接至入户配电箱，配电箱至末端点位由精装修单位完成；开关及插座的底盒由安装单位预埋，面板由精装修单位安装；给排水工程安装单位负责进行主管施工，支管及洁具由精装修单位施工。 （4）防水工程界面划分：有水房间的防水由精装修单位施工；如由防水单位施工，需在闭水试验完成后移交精装修单位。	（2）无施工图纸，仅有简单做法说明：在二次结构进场时，精装深化设计团队进场进行图纸深化（及时发现不需要抹灰的装修部位、提前判断原建筑图上的不合理处、提前考虑收边收口处理）。 （3）对于材料规格、型号、品牌、技术参数不详的项目，投标报价会存在参差不齐现象，建议采用样板引路，待样板确认后，再进行招采。 招标施工图纸深度要求： （1）依据《房屋建筑制图统一标准》（GB/T50001—2001）编制，通过消防审批。 （2）装饰叠级、凹凸造型、多曲面、不规则变化等无法表现的造型有必要绘制三维透视图。 （3）测量计量时，不能盲目测量电子版中的图纸尺寸，必须检查图纸是否按比例绘制，图纸标注与绘图比例。 （4）招采时明确装饰填充图案内无法按实际效果及比例绘制的材料（木花格、石雕等）参数，避免后期争议。 （5）对装修基层做法应描述清楚，图纸详细，特别是收边收口的处理要明确。 进场施工所具备条件： 部分施工面二次装修完成并移交。 谈判、澄清要点： （1）合同施工范围及工作界面。 （2）明确材料参数以及偏差范围。 招采成本控制要点： 明确玻化砖施工做法以减少后期争议，玻化砖采用水泥砂浆上墙施工容易产生空鼓、脱落的质量通病，目前已研发出专用粘接剂涂刷于玻化砖背面，再采用水泥砂浆正常施工。 招采成本控制提示事项： （1）石材、陶瓷等因分类不同，价格差异较大，在招采中应明确分类。 （2）控制施工图纸材料排版的准确性，以往图纸仅填充图案，未合理按产品模数排版制图，因此会增大材料损耗。 （3）招标时明确规范不详、规范模糊部分的具体做法（如轻钢龙骨隔墙的竖向龙骨间距有400mm、600mm等，但规范中描述较为模糊；轻钢龙骨门洞按规范是采用双龙骨安装，但根据经验，门洞周边需采用钢管加固才能保证后期木门的牢固性）。 （4）人工费根据工艺的复杂程度而波动变化，前期招采应对工艺做法描述清楚（包含定制型材料）。 （5）装修成本与材料商的合作模式有紧密联系（如付款比例、采购量、付款周期、结算方式等），招标前应考察分包方的材料合作模式。

（续表）

合约	子项序号	招标文件、合同条款提示事项	招采过程管理提示事项
精装修工程	11	计量与计价： （1）《房屋建筑与装饰工程工程量计算规范》（GB50854—2013）。 （2）《建设工程工程量清单计价规》（GB50500—2013）及当地建筑安装工程费用定额	（6）明确装修辅材（如合页种类等）。 （7）国家政策调控对材料成本会造成影响，招采前应提前市场调研，调整使用价格涨幅较小的品牌
室外市政道路工程（土方、沥青水稳）	12	标准规范： （1）《建筑施工土石方工程安全技术规范 JGJ180—2009》。 （2）《城镇道路工程施工与质量验收规范》（CJJ1—2008）。 （3）《城镇道路养护技术规范》（CJJ36—2006）。 招标用技术参数： （1）天然方系数、压实方系数、含水率、填土方是否满足设计要求。 （2）水稳材料配合比、沥青材料油石比。 （3）水稳、沥青厚度、压实度、弯沉值。 （4）水稳、沥青材料及集配。 主要材料供货周期： （1）沥青 1 个月（一天一千米）。 （2）水稳 3～4 个月。 材料选用提示事项： （1）优化配合比，满足技术规范的同时，节约材料。 （2）优化油石比，满足技术规范的同时，节约材料。 与其他专业易混淆交叉界面： （1）与基坑主体结构队伍界面划分：基坑土方工程基地清平工作需由土方队伍施工，且底面标高需预留一定高度。 （2）沥青水稳施工完成移交交安绿化队伍，需避免交安绿化队伍对水稳结构沥青造成二次破坏后无法验收。 （3）检查井等升井工作。 计量与计价： （1）沥青水稳摊铺工费按实际摊铺面积计算。 （2）沥青、水稳材料工程量按过磅计	招标启动时间： 地下室全面封顶前 30 天完成招标。 招标施工图纸深度要求： 图纸土方工程量、标高确定。 进场施工所具备条件： （1）水稳施工需路基级配碎石摊铺完成，具备连续工作面。 （2）基坑土方施工需具备可行的施工方案。 （3）如有迁改，需现场迁改、征地基本完成，具备一定施工工作面。 谈判、澄清要点： （1）明确弃土场下方平整费用。 （2）明确现场安全文明施工要求，如洗车槽及设备，施工车辆的清洗、当地城管交警的协调工作，洒水车的配备等。 （3）明确人员、机械配置要求，如土方运输车数量及运输容量、摊铺机数量。 （4）明确施工工期要求，设备进出场次数。 （5）若材料供应方式为乙供，需明确主要地材材料价格调差方式。 招采成本控制提示事项： （1）地材价格不同地域价格各不一样，需先行摸排项目附近地材资源及价格。 （2）若分包自行寻找弃土场，弃土场资源不容易受控，后期可能存在履约风险，招标前应摸排项目当地弃土场资源，包括弃土场运距、容量、合作模式、下方价格及交通情况等。 （3）根据现场工期编排机械设配配置表，以达到最高的施工效率，同时防止出现不必要的窝工

（续表）

合约	子项序号	招标文件、合同条款提示事项	招采过程管理提示事项
市政综合管网工程（雨水、污水）	13	标准规范： （1）《给水排水管道工程施工及验收规范》（GB50268—2008）。 （2）《市政工程施工组织设计规范》（GB/T50903—2013）。 （3）《建筑基坑支护技术规程》（JGJ120—2012）。 招标用技术参数： （1）管道规格、管道接口。 （2）平均井深。 （3）坡度、标高。 主要材料供货周期： （1）井盖、橡胶圈一个月。 （2）管材与路基施工进度一致。 （3）回填材料等满足现场进度要求。 材料选用提示事项： （1）管材等材料品牌要求。 （2）回填材料的要求。 与其他专业易混淆交叉界面： （1）沟槽回填需回填至设计标高后移交。 （2）水稳破除施工完成恢复对水稳层结构稳定性有一定影响，施工完成移交时需注意避免对路基或水稳造成二次破坏。 计量与计价： （1）按实际工程量计，实测实量。 （2）检查井具体按实际施工个数计。 （3）注意沟槽土方的开挖及回填计取原则	招标启动时间： 地下室全面封顶前 30 天完成招标。 招标施工图纸深度要求： （1）确定管线迁改设计图。 （2）确定平面设计图及坡度埋深。 （3）确定材料选型、雨污水检查井尺寸规格。 进场施工所具备条件： （1）所在区域路基填筑完成，可进行反开挖施工，埋设相应管材。 （2）现场征地迁改完成，具备一定的工作面。 谈判、澄清要点： （1）明确闭水试验工作内容。 （2）明确施工工期，进出场次数。 （3）明确现场施工临水临电费用。 （4）明确材料供应方式。 招采成本控制提示事项： （1）对于检查井、雨污水井等根据图纸尺寸进行材料含量测算，进行成本分析，通过单价分析对比分包报价，将成本控制在最低。 （2）对于管材等其他零星材料，分析材料供应方式的利弊，确定最佳的材料供应方式，避免造成的浪费，加大管理难度
景观园林工程	14	标准规范： （1）《城市园林绿化工程施工及验收规范》（CJJ82—2012） 招标用技术参数： （1）苗木表及要求。 （2）硬景铺装材料类型及要求。 （3）养护期及存活率。 （4）园建要求。 主要材料供货周期： （1）本地苗木 7 天，进口苗木 15 ～ 30 天。 （2）铺装石材、地砖；30 天左右。 （3）水景相关材料设备：30 天左右。 （4）种植土：15 天。	招标启动时间： （1）如水景由园林单位施工，室外管网大面施工开始前完成园林招标。 （2）如水景由其他单位施工，土方回填开始前完成园林工程招标。 招标施工图纸深度要求： （1）深化图完成。 （2）明确苗木类型，铺装材料类型、参数。 进场施工所具备条件： （1）土方回填至设计标高。 （2）预留给水及排水接驳点。 谈判、澄清要点： （1）合同施工范围及工作界面。 （2）明确材料参数以及偏差范围

（续表）

合约	子项序号	招标文件、合同条款提示事项	招采过程管理提示事项
景观园林工程	14	（5）乔木：30 天。 （6）灌木地被：15 天。 （7）草皮：10 天。 材料选用提示事项： （1）设计阶段采用效果好的品种。 （2）设计阶段采用本地产苗木，本地产苗木适应当地气候情况，运输距离短，成活率高。 （3）设计阶段选择实生苗木，实生苗木适应性强、寿命长、抵抗病虫害的能力强。 （4）选择移植苗，经过多次断根移植的培育，苗木易形成紧凑丰满的根系，栽植易于成活。 与其他专业易混淆交叉界面： （1）如水景由园林施工，需明确给水及排水接驳点。 （2）土方工程需将土方回填至设计标高后移交园林单位（种植土由园林回填）。 （3）明确室外劳务单位与园林工程交接面，原则上结构边线外均由园林单位负责，避免劳务施工对已完成园林工程造成二次破坏。 （4）需将土方工程回填至设计标高后，再回填种植土。 （5）绿化施工与原建施工交叉作业，苗木栽植须有足够的场地运输和起吊，应在原建施工之前种植乔木，以免绿化施工对已完成原建施工造成破坏。 （6）给排水工程预埋在绿化种植范围内，应在种植前进行预埋。 （7）如有灯具安装，需提前施工基础	（3）苗木产地，特征，密度。 （4）养护期限和养护人员数量。 招采成本控制提示事项： （1）明确图纸对材料的要求，锁定偏差允许范围后招标。 （2）注意约定存活率及养护周期。 （3）注意考虑选择具有苗圃的分包商

三、典型案例

该项目位于柳州市，是该市标志性建筑。总建筑面积为16.74万平方米，地上两栋塔楼，其中A座40层，总高177.80m；B座22层，高104.80m；外立面以玻璃幕墙为主，局部为石材幕墙；基础为桩基＋阀板基础，结构形式为框架－核心筒结构。

合同采用清单计价形式，合同范围包括土建、装饰、幕墙、园林、消防、给排水、暖通、弱电预埋等。公区精装、泛光照明、机械停车位、弱电安装、电梯、擦窗机等由业主直接发包。

（一）精益建造策划

1. 精益建造总体思路

（1）大穿插策划下注重局部平衡。根据写字楼综合体楼层高、专业多、系统庞大、接口工序杂、单工序施工周期长的特点，在进行工序穿插框架梳理时，要重点考虑相互之间干扰影响，梳理地下室、核心筒等功能分区，做好细部工序的统筹。

（2）两图融合思维构建两构同步施工。按照两图融合理念，策划写字楼核心筒部位的二次现浇结构一次完活、一遍成优；砌筑结构按照N-6的固定流水节拍逐层施工，形成一、二次结构相同流水步距的两构同步。

（3）总包管理打造多专业融合一体化。根据合同条件，梳理自行施工、自行发包、甲指分包累计35个工作包，按照四个模型的框架进行专业、工序、系统细化，统筹多专业协调施工，打造一体化施工的多元融合。

2. 基于快速建造的计划管理策划

（1）精益建造总计划。项目合同工期900天，内控目标720天，对比提前180天，共设置52个一级节点，如图10-22所示。依据总控计划，以建造为主，设计、招采为辅进行节点计划编排，特别对业主独立发包的工作包提前策划，提前做好深化设计、定版定样、实体样板实施。

（2）合约与招采策划。项目根据合同梳理合约框架，确定涵盖大型设备、专业分包、甲指分包等累计35个合同包，如图10-23和图10-24所示。

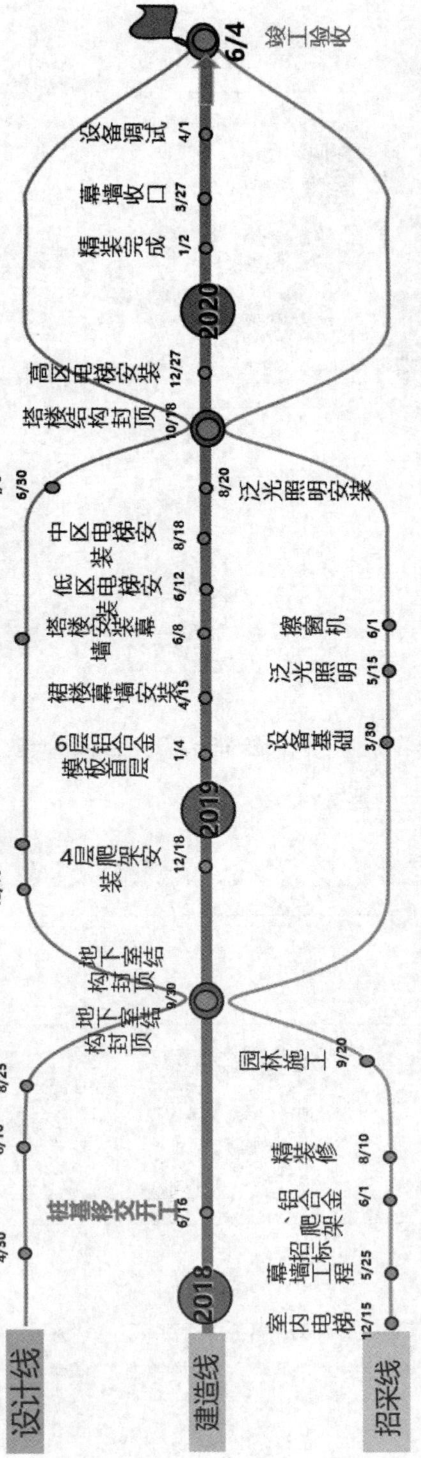

图 10-22　案例项目精益建造总计划

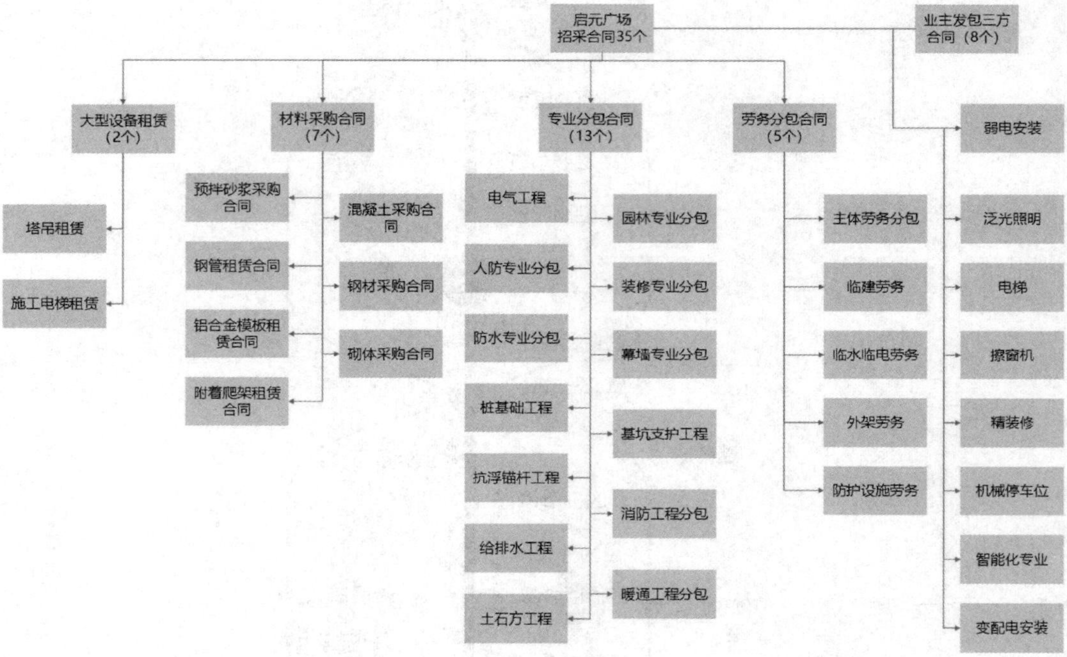

图 10-23 合同分包

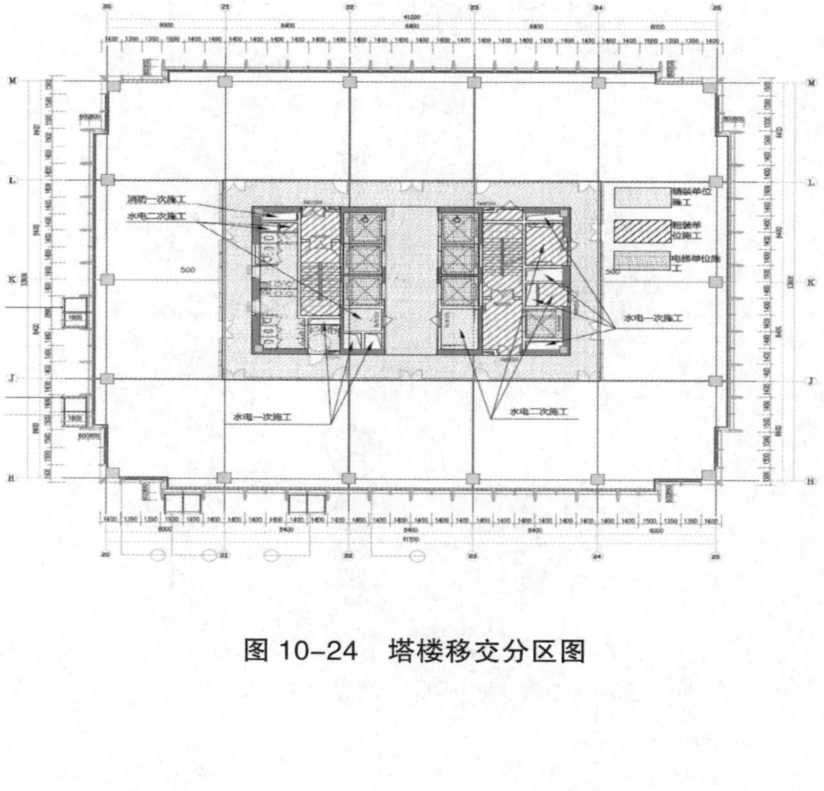

图 10-24 塔楼移交分区图

结合合约框架与总进度计划，制定招采总计划与时间节点，见表 10-32。

表 10-32　招采总计划与时间节点

序号	工程名称	是否已招标	分包类型	招标定标时间	预计进场时间	拟退场时间（完工时间）
1	土石方工程	是	专业分包	2017.9.27	2017.8.18	2018.12.31
2	抗浮锚杆工程	是	专业分包	2017.9.8	2017.9.25	2018.9.20
3	基坑支护工程	是	专业分包	2017.8.17	2017.9.12	2018.5.20
4	钢板桩支护工程	是	专业分包	2017.10.31	2017.11.19	2018.12.20
5	旋挖桩工程	是	专业分包	2017.11.18	2017.11.20	2018.5.25
6	人防工程	是	专业分包	2017.9.27	2017.10.25	2019.8.30
7	主体结构及粗装修工程	是	专业分包	2017.11.2	2017.9.13	2020.6.20
8	水电安装工程	是	专业分包	2018.1.19	2018.2.7	2020.10.30
9	防水工程	是	专业分包	2018.1.19	2018.2.11	2020.4.30
10	消防工程	是	专业分包	2017.12.19	2017.12.25	2020.10.10
11	全钢外爬架工程	是	专业分包	2018.5.23	2018.4.19	2019.10.30
12	铝合金模板工程	是	专业分包	2018.3.15	2018.10.5	2018.12.31
13	A 塔楼幕墙工程	是	专业分包	2018.5.7	2018.9.10	2020.9.30
14	B 塔楼及裙房幕墙工程	是	专业分包	2018.1.29	2018.9.10	2020.2.30
15	公共区域精装修工程	是	专业分包	2018.5.7	2019.2.25	2020.8.12
16	室外工程	是	专业分包	2018.5.4	2019.3.15	2020.11.30
17	室内电梯工程	是	专业分包	2018.2.28	2018.3.30	2020.8.30
18	机械停车位工程	否	专业分包	2019.5.1	2019.5.15	2019.6.30
19	新能源工程	否	专业分包	2019.5.5	2019.5.20	2019.6.30
20	亮化泛光照明工程	否	专业分包	2019.5.15	2019.5.30	2020.10.30
21	弱电安装及采购工程	否	专业分包	2019.5.30	2019.6.15	2020.8.30

梳理分包合同工作内容，制定工作界面划分表、工序插入条件表，见表 10-33 所示。

表 10-33 工序插入条件表

序号	工作名称	工序插入条件				
		合约、资源、基础条件	前置工序		后续工序	
			序号	工作名称	序号	工作名称
5	桩基 / 锚杆 / 人工挖孔墩工程 + 检测	合约条件：提前完成桩基专业招标定标技术条件：（1）桩基设计图纸定版；（2）桩基 / 人工挖孔桩 / 锚杆施工方案编制、并报审通过（专家论证）；（3）地质勘查报告； 基础条件：（1）超前钻实测现场地质情况；（2）桩孔成型后完成桩基坑验槽；（3）同步塔吊桩施工（如有）； 资源条件：（1）桩机（配套机械设备）进场通过验收；（2）钢筋等进场；（3）劳动力准备	4	土方开挖施工	6.1.1	二次土方开挖 + 验槽
					9.1.1	塔吊基础施工
6	地下室工程					
6.1	地下室结构施工					
6.1.1	二次土方开挖 + 验槽	合约条件：提前完成二次土方开挖专业分包招标定标； 技术条件：（1）完成《基础开挖和回填施工方案》并通过审批（专家论证）；（2）测量放线； 基础条件：（1）完成现场基坑排水系统施工；（2）二次开挖成型基坑验槽后完工；（3）同步开始塔吊基础施工（如有）； 资源条件：挖机、出土车等资源进场验收、调试	6	桩基 / 锚杆 / 人工挖孔墩工程 + 检测	7.1.2	垫层、砖胎模施工

（3）定板定样策划。梳理总分包材料供应清单、工序交接顺序，明确定板定样清单，预留定板定样时间，反推招采工作计划。

定板定样同时做好认价工作，以合同为依据、清单为标准，进行材料样板采购与送样，暂估价材料与设备定板选型同时确定价格。

现场实体样板占用时间久、资源多，属于样板确认中里程碑节点，重点推动实体样板确定，落实样板完成节点，避免影响关键工作节点。

3. 基于工序穿插的四个模型策划

1）建立四个穿插模型

（1）地下室：分区流水，专业穿插，突出塔楼，如图 10-21 所示。

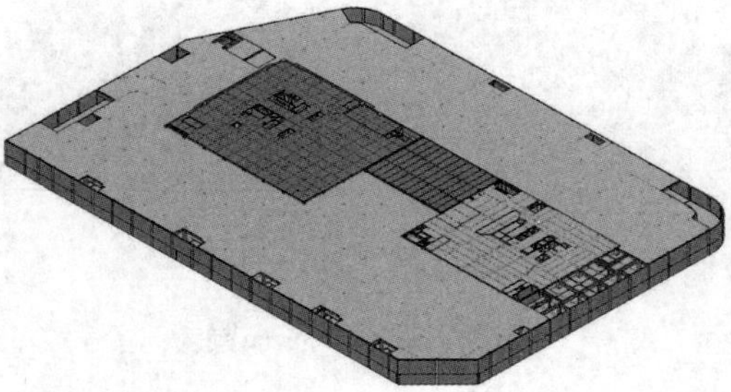

图 10-21　地下室

主体结构独立施工，每 7 层付款，各专业工序流水穿插，按月付款，两项结合，提高建造速度同时缓解资金压力，如图 10-22 所示。

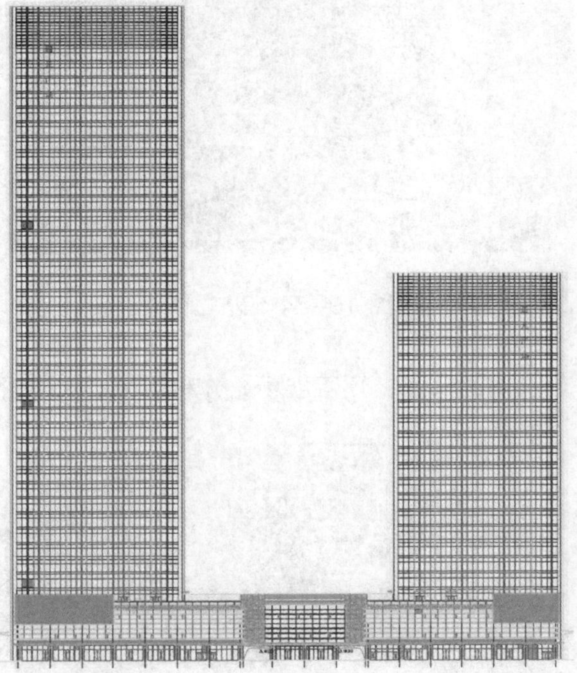

图 10-22　主体结构

（2）核心筒：分段结构验收，按“3 井 2 卫 1 梯 1 公区”功能分区，分专业穿插，错层施工，如图 10-23 所示。

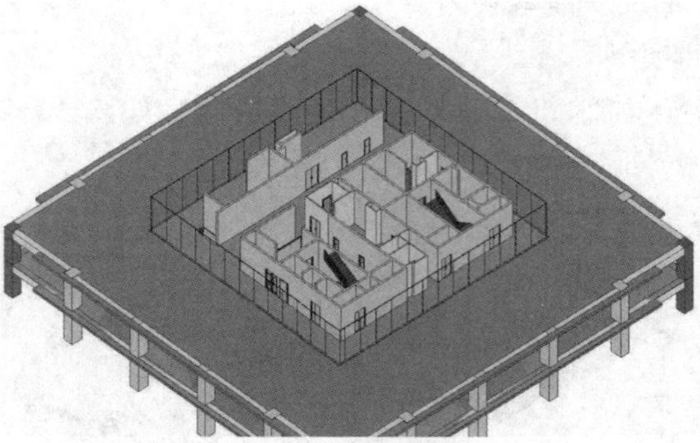

图 10-23　核心筒

（3）外立面：上部流水，爬架随结构提升，下部幕墙分段，如图 10-24 所示。

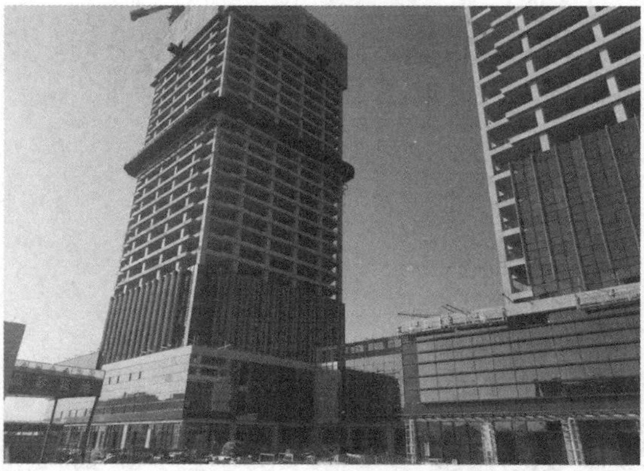

图 10-24　外立面

（4）室外总平面：南北分区，预留堆场充分利用场地，如图 10-25 所示。

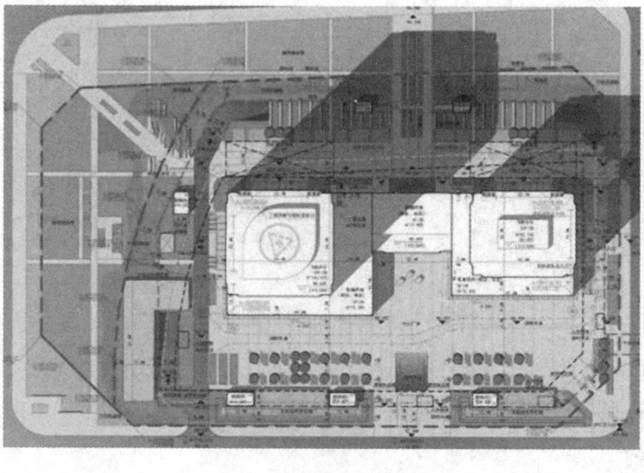

图 10-25　室外总平面图

2）地下室工序穿插策划

地下室施工前，对地下室进行排风、排水，照明，线路等提前规划，创建四个施工条件：

（1）创建现场施工基础条件：对后浇带、顶板洞口进行闭水，提前规划地下室交通路线、完善照明、通风设施。

（2）创建永临结合应用条件：对地下室各系统分区、管线路由梳理，分析地下室整体工序，前置、后续工序整合。

（3）创建减少多余工序条件：逆向梳理，接口界面重点策划，功能用房重点策划。

（4）创建分区流水施工条件：由机电系统可闭环分区拟定二构、装饰分区，实现不同专业间创建的合理流水，规避全面性不足带来的交叉影响。

地下室工序穿插策划如图 10-26 和表 10-34 所示。

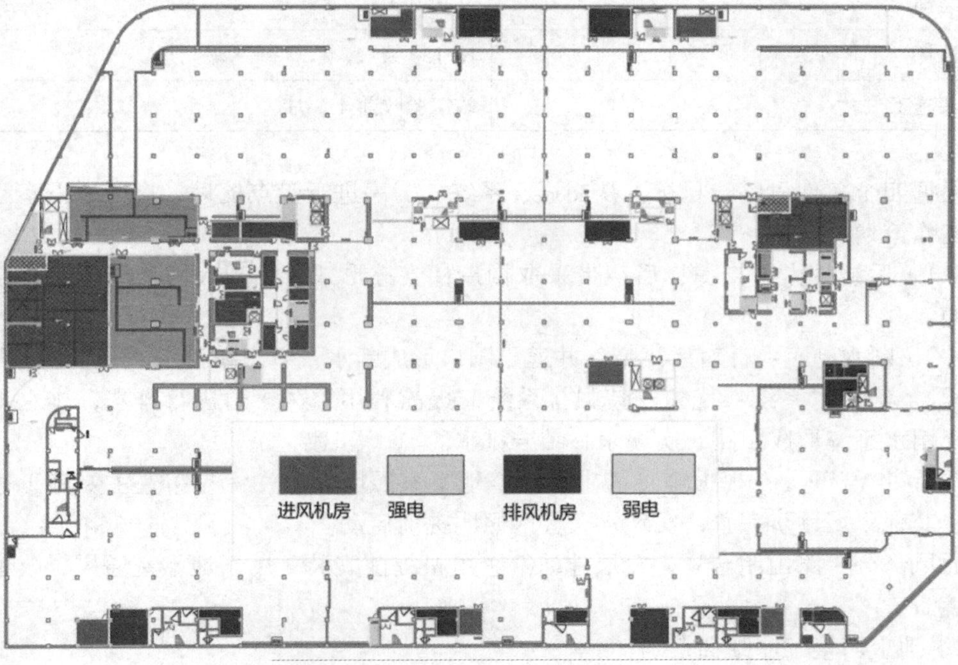

图 10-26　地下室机房分布图

表 10-34　地下室穿插节点

工序名称	插入时间
地下室结构封顶	N
砌体施工、预留套管	N+45 天
支吊架	N+45 天

（续表）

工序名称	插入时间
开槽配管、消防箱	N+50天
抹灰施工	N+60天
天棚刮白	N+70天
风管安装	N+75天
空调水管安装	N+80天
电气桥架安装	N+90天
给排水管道安装	N+100天
消防主管及喷淋安装	N+110天
墙面装饰	N+120天
地面地坪	N+130天
地坪漆施工	竣工验收前4个月

根据四个条件思路与目标，从交通、系统、工序进行盘点梳理，进行地下室穿插前置工作策划：

（1）后浇带大跨支撑：后浇带采取构造柱支撑形式，实现大面积地下室交通通道畅通。

（2）断水施工：针对后浇带、井道、洞口形成断水及有组织排水。

（3）给排水系统：优先安装强排系统，提前利用永久管道进行排水，排水系统与施工用水系统形成回路，实现永临结合排水。

（4）电气部分：根据施工需求，调整地下室照明回路，优先布置主要施工通道照明，其他区域逐步完善，实现永久分区照明提前启动。

通风部分：路由闭合后，每层选取2个风机提前安装，用于地下室通风，改善作用环境。

3）地上塔楼工序穿插策划

根据避难层将塔楼地上划分为3个，如图10-27所示。

（1）按照裙房幕墙、办公楼幕墙分区域启动安装。

（2）塔楼采用“铝模＋全钢爬架”同步向上施工。

（3）塔楼施工至4层时安装爬架。

（4）塔楼施工至6层时，插入铝合金模板进行结构施工。

（5）塔楼施工至7层时，安装施工电梯用于人员、材料运输。

（6）塔楼施工至8层时，插入核心筒砌体施工，砌体施工至6层，插入抹灰施工，随结构按固定流水节拍施工，每5层进行一次结构验收。

（7）塔楼施工至10层时，插入机电安装施工，核心筒水、电、风井等竖向机电管道安装，为实现良好工序穿插条件，10、17、24、31 层设置层间断水。

（8）塔楼施工至 10 层，插入裙楼幕墙施工。

（9）塔楼施工至 20 层时，插入 4 ～ 16 层幕墙施工。

（10）核心筒砌体施工至 17 层后插入 6 部低区永久电梯安装。

（11）以 17 层为分段插入精装修施工，形成分段的精装修交付条件。

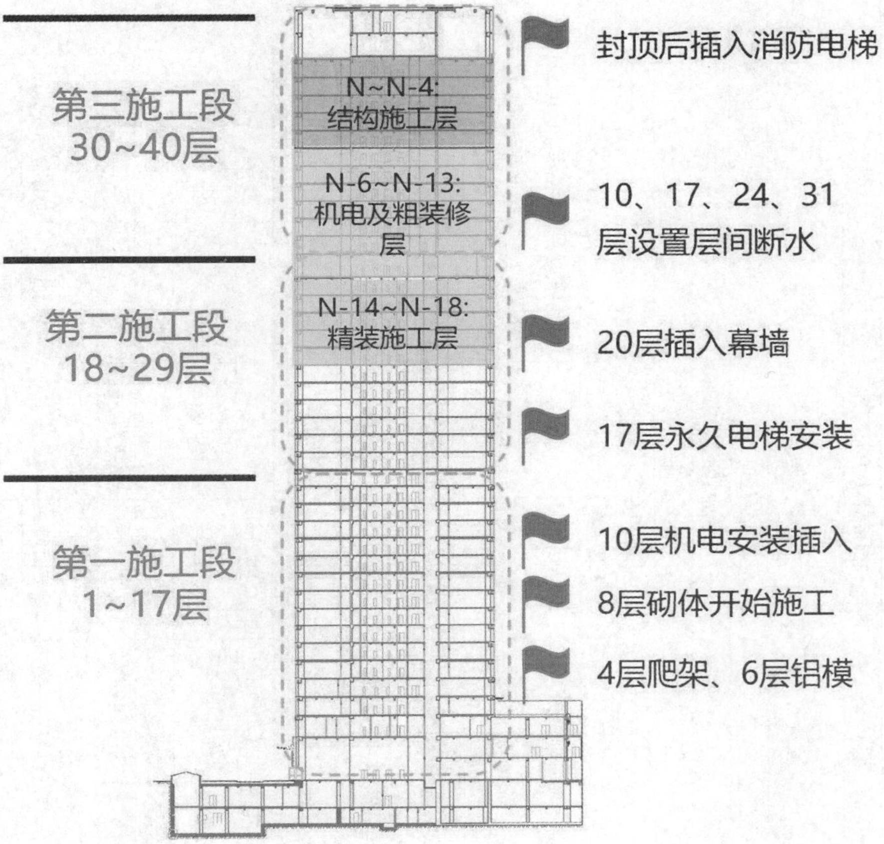

图 10–27　地上塔楼工序穿插

按照 N–6 启动穿插施工，以核心筒“3 井 2 卫 1 梯 1 公区”进行穿插统筹，见表 10–33 所示。

（1）风井：竖向风管先装，实现砌体结构一次闭环。

（2）水井、电井：砌体及粗装修前置，提供竖向管线逐层安装。

（3）卫生间：砌体及粗装修前置，提供排水排污、防水等工作面，减少收尾。

（4）楼梯间：砌体先行提供敷管工作面，提前启动永久栏杆及照明。

（5）公区：机电系统水平管线错层交叉作业面施工，分公共走廊、前室进行精装施工。

表 10–35 “3 井 2 卫 1 梯 1 公区”工序穿插

<table>
<tr><th>楼层</th><th>施工段</th><th colspan="8">工序</th><th>施工周期（天）</th></tr>
<tr><td>N 层</td><td rowspan="7">结构施工段</td><td colspan="8">主体结构层施工</td><td>8</td></tr>
<tr><td rowspan="2">N-1 层</td><td colspan="8" rowspan="2">墙体拆模清理</td><td>折模工期：2</td></tr>
<tr><td>养护时间：5</td></tr>
<tr><td>N-2 层</td><td colspan="8">基层处理</td><td>7</td></tr>
<tr><td>N-3 层</td><td colspan="8">底模拆除</td><td>7</td></tr>
<tr><td>N-4 层</td><td colspan="8">缺陷处理</td><td>7</td></tr>
<tr><td>N-5 层</td><td colspan="8">垃圾外运、放线</td><td>7</td></tr>
<tr><td rowspan="2">A 塔 10、17、24、31 层，B 塔 10、17 层</td><td rowspan="2">断水</td><td colspan="3">3 井</td><td>2 卫</td><td>1 梯</td><td colspan="3">1 公区</td><td rowspan="2">不占用施工关键线路</td></tr>
<tr><td>风井</td><td>电井</td><td>水井</td><td>男女卫生间</td><td>楼梯间</td><td>电梯厅区域</td><td>外围走廊区域</td><td>外围办公区域</td></tr>
<tr><td>N-6 层</td><td rowspan="8">机电及二次结构施工段</td><td>竖向风管安装</td><td>竖向桥架安装</td><td>竖向水管安装</td><td>竖向管线安装</td><td>砌体</td><td>水平管线安装</td><td>水平风管、桥架安装</td><td>风管安装</td><td>7</td></tr>
<tr><td>N-7 层</td><td>砌筑施工</td><td>砌筑施工</td><td>砌筑施工</td><td>砌体施工</td><td>砌体</td><td>水平管线安装</td><td>水平风管、桥架安装</td><td>风管安装</td><td>7</td></tr>
<tr><td>N-8 层</td><td>水平风管安装</td><td>水平桥架安装</td><td>水平水管安装</td><td>水平给污水管安装</td><td>电气配管</td><td>砌筑施工</td><td>水平消防、空调水管安装</td><td>消防喷淋安装</td><td>7</td></tr>
<tr><td>N-9 层</td><td>风管防火封堵</td><td>桥架防火封堵</td><td>桥架防火封堵</td><td>配管施工</td><td>抹灰、栏杆</td><td>抹灰施工</td><td>水平消防、空调水管安装</td><td>消防喷淋安装</td><td>7</td></tr>
<tr><td>N-10 层</td><td>抹灰施工</td><td>抹灰施工</td><td>抹灰施工</td><td>电气穿线施工</td><td>腻子</td><td></td><td></td><td></td><td>7</td></tr>
<tr><td>N-11 层</td><td>腻子施工</td><td>腻子施工</td><td>试水、防水施工</td><td>抹灰施工</td><td>地面砖</td><td></td><td></td><td></td><td>7</td></tr>
<tr><td>N-12 层</td><td></td><td>防火门安装</td><td>腻子施工</td><td>腻子施工</td><td></td><td></td><td></td><td></td><td>7</td></tr>
<tr><td>N-13 层</td><td></td><td></td><td>防火门安装</td><td></td><td>防火门安装</td><td></td><td></td><td></td><td>7</td></tr>
<tr><td>N-14 层</td><td rowspan="5">精装穿插施工段</td><td colspan="8">移交精装层：精装放线、定点等</td><td>7</td></tr>
<tr><td>N-15 层</td><td colspan="3" rowspan="4">关门调试</td><td>墙面</td><td>关门保护</td><td>墙面施工</td><td>玻璃隔断安装</td><td rowspan="4">毛坯交房</td><td>7</td></tr>
<tr><td>N-16 层</td><td>吊顶</td><td></td><td>吊顶</td><td>墙面施工</td><td>7</td></tr>
<tr><td>N-17 层</td><td>地面</td><td></td><td>地面</td><td>吊顶安装</td><td>7</td></tr>
<tr><td>N-18 层</td><td>门套安装</td><td></td><td>电梯门套安装</td><td>地面贴砖</td><td>7</td></tr>
</table>

电梯按高中低“分段移交、分段安装、分段验收、分段使用”的原则进行穿插，见表 10-36 所示。

塔楼总计 16 台电梯，高、中、低区各 5 台，消防电梯 1 台。

针对正式电梯机房和井道，梳理 14 项前置条件。

室内电梯按分区插入安装，17 层装饰后移交低区电梯、29 层装饰后移交中区电梯、机房层一层装饰完成后移交高区电梯，机房层二层装饰完成后移交消防电梯。

正式电梯安装验收后，拆除施工电梯，投入后续施工材料、人员垂直运输。

表 10-36　电梯安装进场条件监控表

序号	位置	条件描述
1	机房	提供机房调试电源
2		机房楼板的孔洞须按图纸要求进行预留
3		机房主机承重梁墩和墙孔须按图纸预留
4		主机上方吊钩须按图纸预留，且承载力满足图纸要求
5		机房境面和顶板须刮白或装饰完成
6		机房门窗须施工完成并可上锁
7		机房的照明须完成
8		通往机房的通道须顺畅无障碍
9	井道	井道宽度、深度与图纸一致
10		顶层高度须与图纸一致
11		井道内圈梁的位置、尺寸与图纸要求须一致
12		井道内垃圾杂物须清理干净，井道壁须平滑无凸出物
13		首层须提供电梯定位轴线
14		在各楼层电梯厅墙壁提供装饰完成面标高线

4. 融合室外园林穿插的平面策划

1）地下室施工阶段策划

如图 10-28 所示，现场布置两个大门，其中 1 号门作为人员出入口，2 号门作为材料运输出入口；北侧基坑上沿布置现场交通道路。

地下室布置 1 台 7030、1 台 6513 共两台塔吊用于整个项目垂直运输；在基坑西侧及基坑内分别布置地下室施工阶段钢筋车间，北侧回填后再调整钢筋车间。

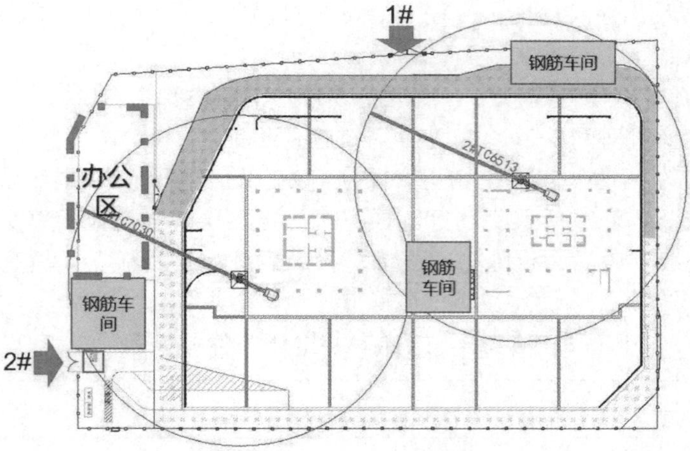

图 10-28 地下室施工平面策划

2）室外施工阶段策划

按平面规划，南北分区统筹，提前启动北区室外总平施工。

如图 10-29 所示，结合施工整体部署安排，优先主楼及北侧地下室施工，利用北侧地下室顶板作为临时施工场地，同步进行南侧地下室结构施工手，插入北侧地下室砌体、装修、安装等。

南侧地下室结构完成后，作为后续施工堆场及加工场。

南北侧场地功能转换后，插入北侧室外管网及园林施工。

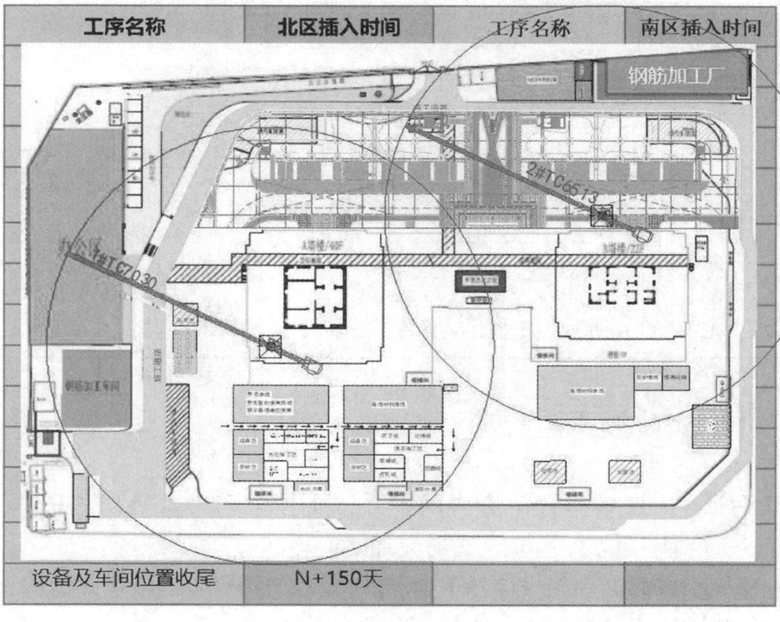

图 10-29 室外施工平面策划

5. 基于两图融合的图纸策划

塔楼选用铝合金模板，重点在核心筒部位进行深化设计，减少二次构件，确保一遍成活，一次成优，消除多余工序，提高工程质量。

机电专业通过精确定位、线盒穿筋带耳、套管精确预留等，减少多余工序，一步到位。

幕墙、装饰等工程深化设计、优化排版，提高成型品质，降低材料损耗。

优化图纸设计做法，减少工序、提高品质，如地下室增加滤水层、幕墙侧埋件优化为平面埋件。

策划一：电梯井道全混凝土剪力墙设计做法优化，加快永久电梯迅速插入，如图10-30所示。

图 10-30　电梯井道全混凝土剪力墙设计优化

策划二：办公楼横向外挑优化为竖向下挂，不影响功能前提下降低结构施工难度，如图10-31所示。

图 10-31　办公楼横向外挑优化

策划三：电梯井、楼梯间、门洞位置构造柱一次成型，一遍成活，一次成优，如图 10-32 所示。

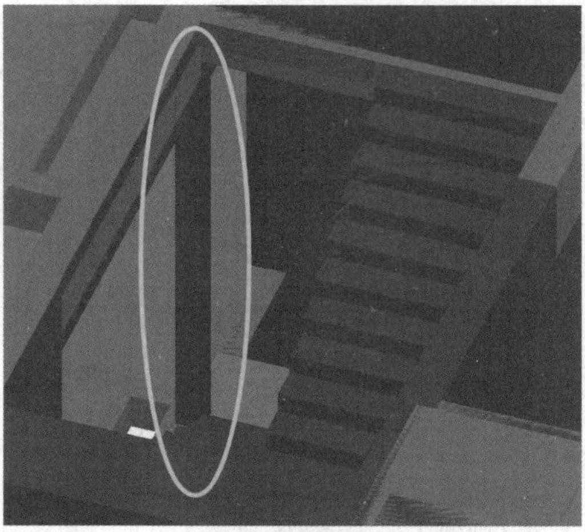

图 10-32 电梯井、楼梯间、门洞位置构造柱优化

策划四：在常规过梁两图融合基础上，根据写字楼特点，按照停靠和非停靠层电梯布置优化电梯门过梁一次成型，如图 10-33 所示。

图 10-33 电梯布置优化

策划五：水电井、卫生间等反坎一次成型优化，降低后续质量渗漏风险，如图 10-34 所示。

策划六：大截面混凝土剪力墙交接面抹灰压槽铝模深化，实现铝模部分免抹灰，降低建造成本，如图 10-35 所示。

图 10-34　水电井、卫生间反坎优化

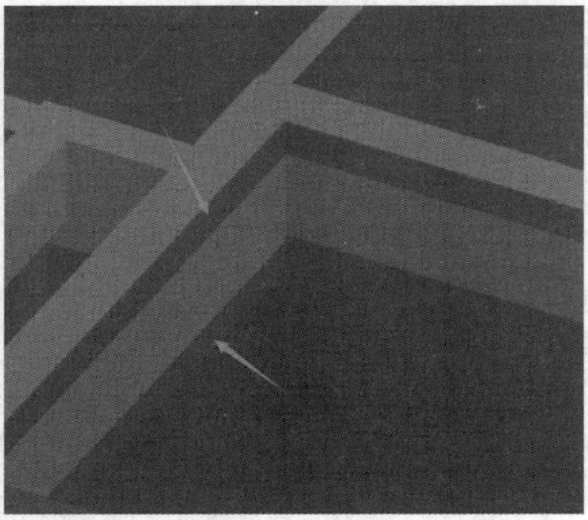

图 10-35　大截面混凝土剪力墙交接面优化

策划七：靠墙门垛结构一次成型减少二次结构浇筑作业，减少多余工序，如图 10-36 所示。

策划八：优化砖砌消防箱洞口为混凝土结构随铝模一次成型，便于工序提前穿插，如图 10-37 所示。

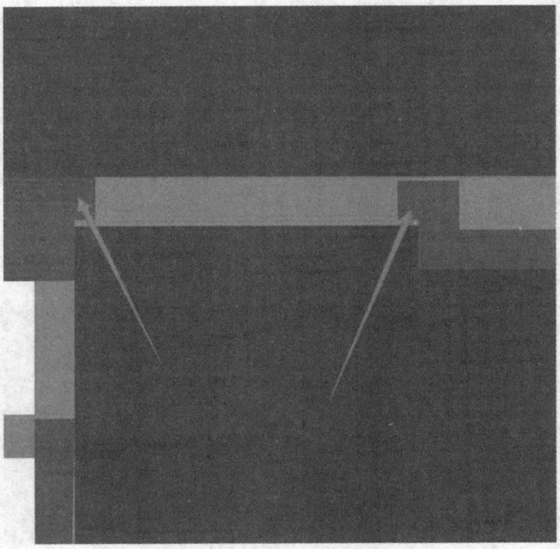

图 10-36　靠墙门垛结构优化

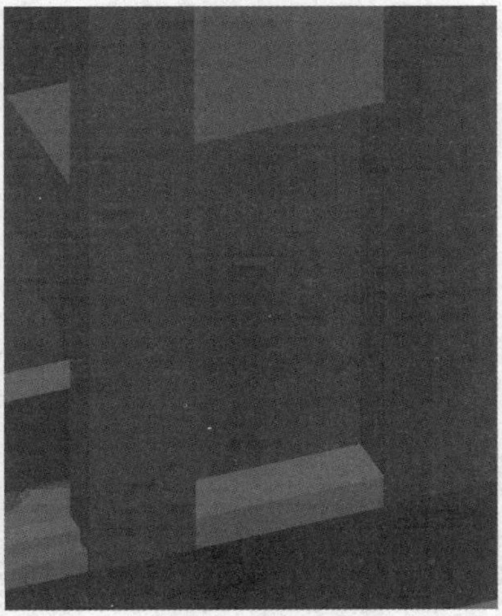

图 10-37　砖砌消防箱洞口优化

策划九：设备基础与结构同时施工，避免二次结构施工，如图 10-38 所示。

策划十：地下室优化成品柔性套管，减少管道安装后防水工序，提高防渗漏质量，如图 10-39 所示。

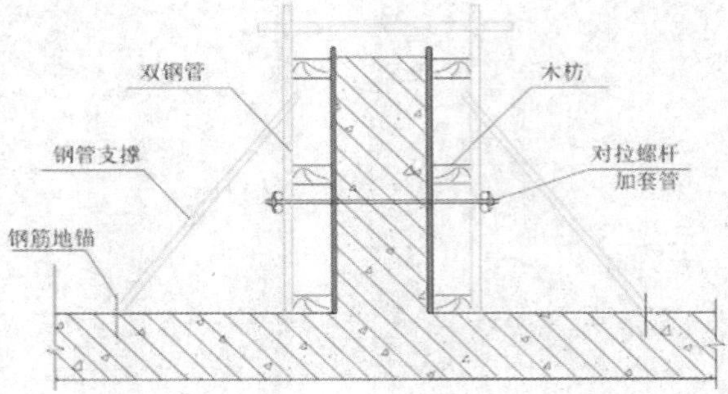

图 10-38 设备基础与结构优化

图 10-39 地下室优化成品柔性套管

策划十一：安装工程精确定位，如图 10-40 所示。

策划十二：多专业联合支架优化，节约材料、空间，如图 10-41 所示。

图 10-40 安装工程精确定位

图 10-41 多专业联合支架优化

6. 推进永临结合的专业系统策划

梳理各区域、专业系统路由，规划施工分区、流水，两相结合，确定永临结合需求与实施目标，如图 10-42 所示。

对消防分区进行优化，选取正式消防设施，布设消防器材，使用正式消防设备、管线等用于临时消防。

梳理地下室、楼梯间照明回路，进行细部优化，即可提前启用，又不影响后期验收与正常使用。

地下室优先安装排水管、风管，利用正式设备创建地下室基础施工条件。

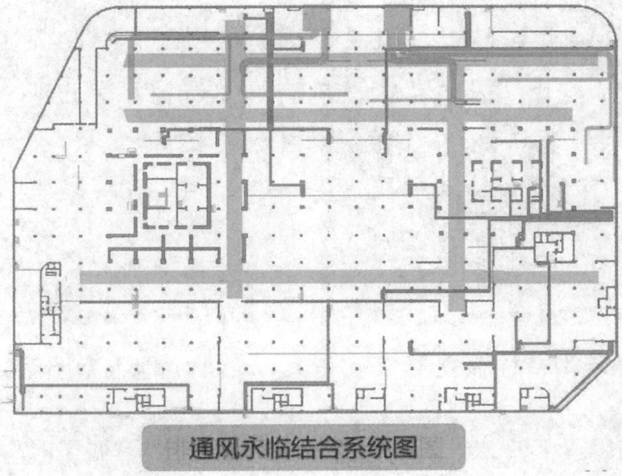

图 10-42　通风永临结合系统图

（二）精益建造实施

1. 快速建造

1）定板定样实施

根据前期策划定板定样实施，确定品牌 48 个，送样板 37 次，确定样板 34 个，裙楼幕墙样板安装完成，7 层精装样板施工完成，如图 10-43 所示。

（a）幕墙玻璃、石材实体样板

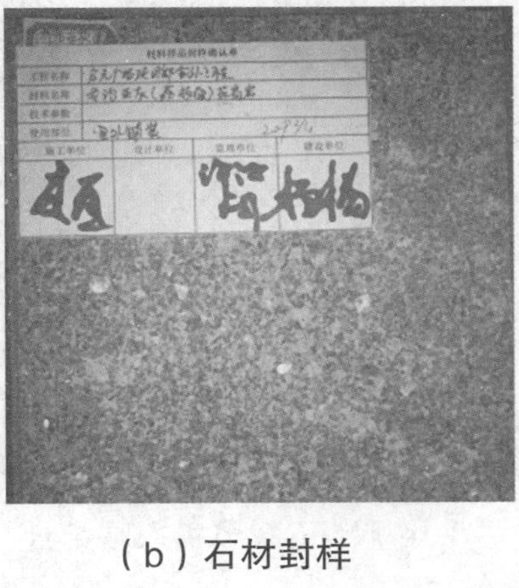

（b）石材封样

图 10-43　定版定样实施

2）地下室工序穿插实施

通过地下室断水引水、按拟定分区流水，进行天棚、墙面、地面插入施工，安装完成相应系统后，启用照明、排水、通风等永临结合措施，创建地下室施工的“四个条件”，如图 10-44 所示。

（a）后浇带构造柱独立支撑

（b）地下室照明永临结合

（c）-1 层后浇带提前封闭

（d）照明排风永临结合

（e）地下室风机永临结合

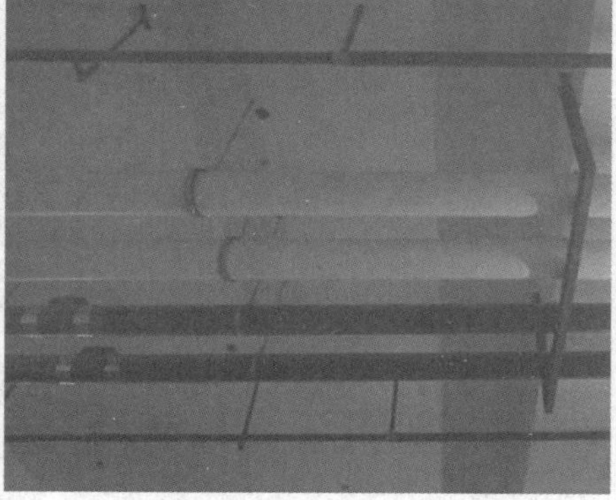

（f）地下室排水永临结合

图 10-44　地下室工序穿插实施

（g）断水引水

（h） 管线安装

图 10-44 地下室工序穿插实施（续图）

（1）天棚：机电管线安装完成 80%，预留设备通道，设备安装完成施工，腻子、底漆完成 90%，预留面漆交付前施工。

（2）墙面：砌体、抹灰、腻子、底漆完成 90%，预留面漆交付前施工。

（3）地面：地坪 70%，预留地坪漆交付前施工。

天棚、墙面、地面插入施工如图 10-45 所示。

（a）地下室通风、桥架安装

（b）地下室照明及消防

（c）地下室排风、排水管安装

（d）地下室墙面、地面

图 10-45 天棚、墙面、地面插入施工

3）地上塔楼工序穿插实施

（1）地上室内。①砌体、抹灰施工完成；②竖向风管、消防安装完成；③水平机电管线安装完成；④楼梯间精装完成。

5 层精装修样板完成，如图 10-46 所示。

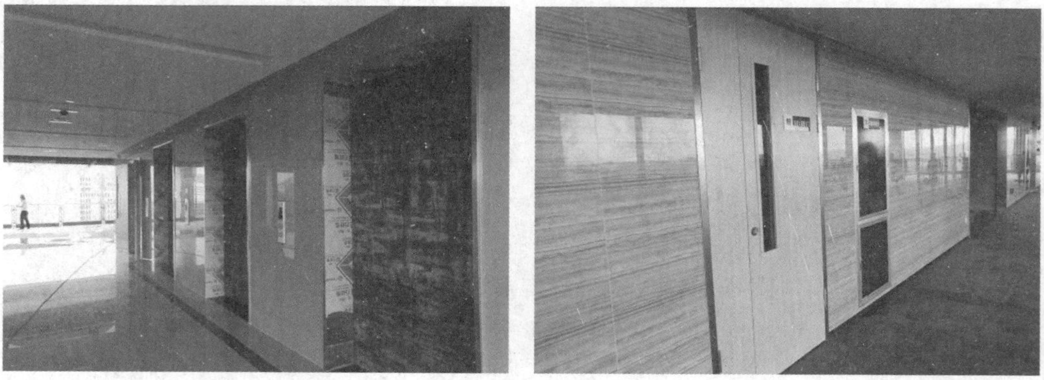

图 10-46 样板层

（2）外立面。① A 塔幕墙施工至 9 层；② B 塔南侧幕墙施工至 14 层；③裙楼幕墙施工完成。

外立面如图 10-47 所示。

（a）北侧外立面

（b）南侧外立面

图 10-47 外立面

地上根据 N-9 进行穿插启动，各楼层、各功能分区按专业穿插、错层施工的原则进行施工，如图 10-48 所示。

（a）N 层：结构施工

（b）N–1 层：拆模清理

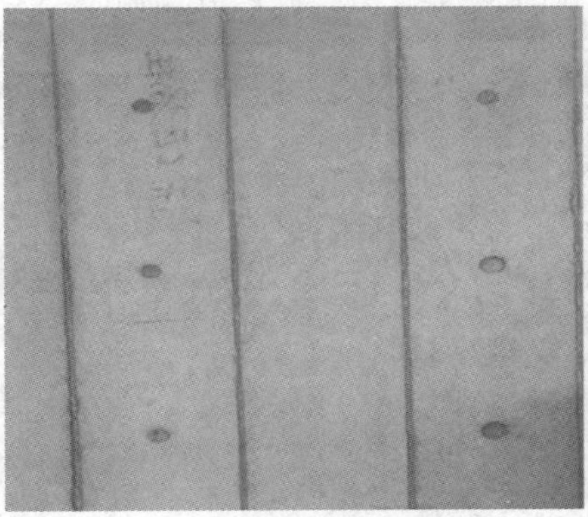

（c）N–2 层：螺杆洞封堵

（d）N–3 层：螺杆洞封堵

（e）N–4 层：消防箱安装

（f）N–5 层：砌体施工

图 10–48　各楼层、功能区工序穿插实施

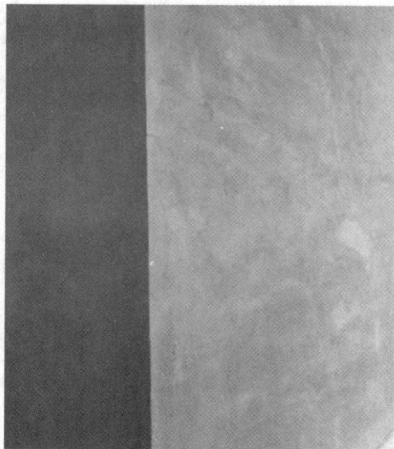

（g）N–6 层：砌体抹灰

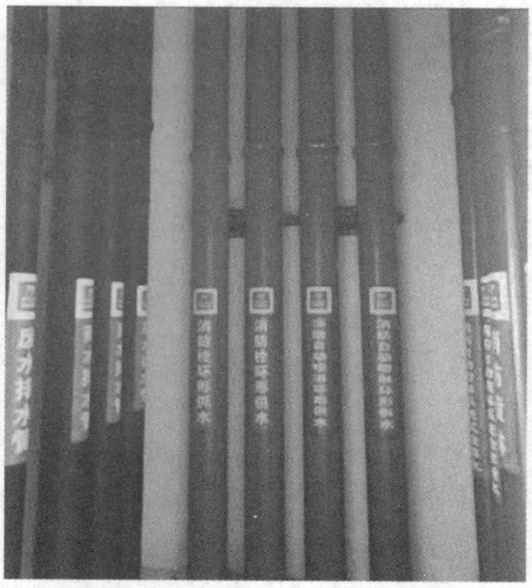

（h）N–7 层：竖向井道施工

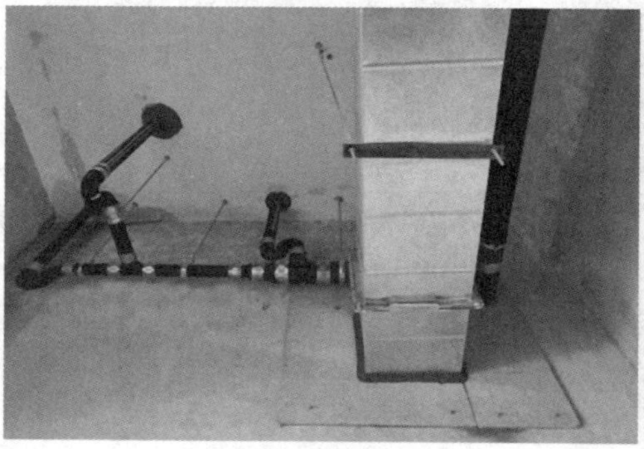

（i）N–8 层：水平管线安装

（j）N–9 层：卫生间防水施工

图 10–48　各楼层、功能区工序穿插实施（续图）

4）室外工序穿插实施效果

室外根据工序要求，紧密衔接，确保室外穿插。

北区室外园林绿植施工完成。

消防道路铺装正在施工。

南区平面三次布置完成。

室外工序穿插实施效果，如图 10–49 所示。

2. 优质建造

1）两图融合实施

根据铝模的两图融合深化、机电安装预留深化等，减少二次构件施工，减少多余工序、降低质量隐患，如图 10–50 所示。

（a）防水施工

（b）保护层施工

（c）疏水层施工

（d）绿植种植

（e）路面、车位铺装

（f）整体效果图

图 10-49　室外工序穿插实施效果

（a）免抹灰压槽

（b）消防箱预留结构一次成型

（c）反边一次成型

（d）外挑檐优化

（e）构造柱、过梁一次成型

（f）靠墙门垛一次成型

（g）套管精确定位

（h）电梯井全混凝土结构

图 10-50　两图融合实施

（i）管线支架一次施工

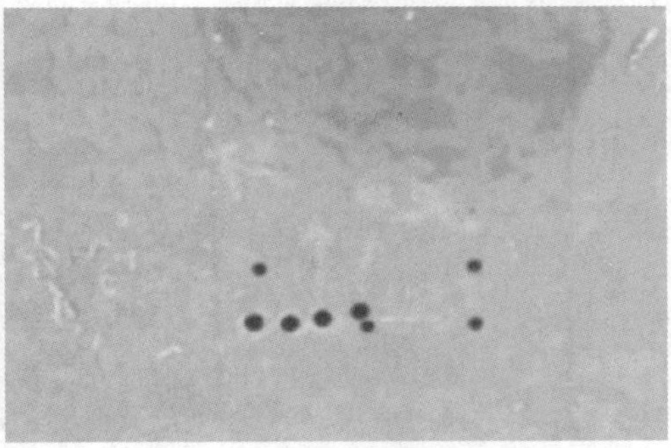

（j）预留线管定位孔

（k）套管精确预留

（l） 成品柔性套管

图 10-50　两图融合实施（续图）

2）永临结合实施

（1）消防永临结合：随结构施工，同步安装正式消防主管，实现消防设施永临结合，降低临时消防投入，同时实现消防工序提前穿插，如图 10-51 所示。

图 10-51　消防永临结合实施

（2）通风永临结合：风管完成后，根据地下室风机房覆盖分区，每层启用 2 台永久风机，配合临时鼓风机加速地下室空气流动，保障地下室通风，改善作业环境，如图 10-52 所示。

图 10-52 通风永临结合实施

（3）排水永临结合：使用正式强排管道，结合临时水泵，实现地下室抽排水永临结合，减少了临时设施投入，如图 10-53 所示。

图 10-53 排水永临结合实施

（4）照明永临结合：根据施工需求，调整地下室照明回路，优先布置主要施工通道照明，其他区域逐步完善，实现永久分区照明提前启动，如图 10-54 所示。

图 10-54　照明永临结合实施

（5）楼梯栏杆永临结合：楼梯栏杆跟进安装，楼梯间按 N-9 进行楼梯栏杆的流水安装施工，保持室内楼梯临时防护仅 9 层用量周转使用，如图 10-55 所示。

图 10-55　楼梯栏杆永临结合实施

3）质量管理

（1）工艺标准化。项目共涉及 17 项工艺标准，全部实施，如表 10-37 所示。

表 10-37 工艺标准化实施清单

序号	工艺标准化实施清单	序号	工艺标准化实施清单
1	钢筋工程工艺标准	10	模板螺杆排版工艺标准
2	楼梯工艺标准	11	地下室外墙防水保护层
3	厨卫降板工艺标准	12	出屋面结构工艺标准
4	楼地面找平工艺准	13	厨卫反坎凿毛工艺标准
5	临空面支模工艺准	14	地下室外墙后浇带工艺标准
6	后浇带独立支撑工艺标准	15	渗漏管理十条
7	后浇带独立钢筋工艺标准	16	施工缝处理工艺标准化
8	砌体工程工艺标准	17	模板加固工艺标准化
9	甩浆拉毛工艺标准		

（2）重大风险项管理。根据本工程特点及企业管理要求，识别形成风险清单，见表 10-38；针对防渗漏等风险点、影响后置工序关键质量风险点，进行重点管控。

表 10-38 重大风险项

<table>
<tr><th>序号</th><th colspan="3">重大风险项</th><th>序号</th><th colspan="2">重大风险项</th></tr>
<tr><td>1</td><td rowspan="7">渗漏</td><td rowspan="5">地下室</td><td>防水基层处理</td><td>13</td><td rowspan="8">结构安全</td><td>水下混凝土浇筑</td></tr>
<tr><td>2</td><td>止水螺杆</td><td>14</td><td>后浇带、悬臂支撑</td></tr>
<tr><td>3</td><td>底板防水</td><td>15</td><td>混凝土留洞</td></tr>
<tr><td>4</td><td>后浇带及施工缝</td><td>16</td><td>深基坑开挖</td></tr>
<tr><td>5</td><td>大体积混凝土</td><td>17</td><td>裂缝</td></tr>
<tr><td>6</td><td colspan="2">混凝土导墙</td><td>18</td><td>梁柱节点</td></tr>
<tr><td>7</td><td colspan="2">出屋面结构</td><td>19</td><td>楼梯、施工缝节点</td></tr>
<tr><td>8</td><td rowspan="3">空鼓、开裂</td><td colspan="2">砌筑、抹灰砂浆</td><td>20</td><td>外墙砖</td></tr>
<tr><td>9</td><td colspan="2">回填土</td><td>21</td><td>车库</td><td>地坪</td></tr>
<tr><td>10</td><td colspan="2">抹灰观感质量</td><td>22</td><td>水电安装</td><td>空调冷凝管、空调管</td></tr>
<tr><td>11</td><td>空鼓、开裂</td><td colspan="2">地坪</td><td>23</td><td>水电安装</td><td>配电房基础及电缆沟</td></tr>
<tr><td>12</td><td>成品保护</td><td colspan="2">防水施工</td><td></td><td></td><td></td></tr>
</table>

（3）三个样板策划。以企业三个样板层理念为指引，坚持实体样板引路，强化质量目视管理。

工序样板：通过首次铝模安装，结合两图融合进行铝模深化设计，固化从模板加固体系，到二次结构一次成型，指引结构成型品质。

工序穿插样板：统筹主体、机电、装饰各专业前沿深化设计，进行各系统管线综合错漏碰撞检查，实施工序穿插样板层，最终让施工人员掌握不同工序关键控制点。

交付样板：以实体推动定版定样，固化标准层正式交付标准，达到对自身专业分包及业主的多向推进的目的，提高一次成优率，规避质量风险。

3. 智慧建造

在公司 IMS、PMS 系统应用基础上，推行塔吊可视、人脸识别、大体积混凝土测温等物联网＋ BIM 等技术，推行智慧建造，如图 10-56 所示。

（a）远程监控设备

（b）吊钩可视化

（c）智能门禁

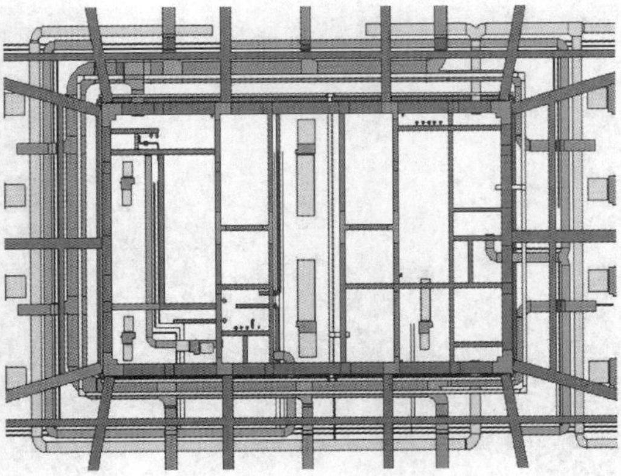

（b）BIM 设计

图 10-56　智慧建造

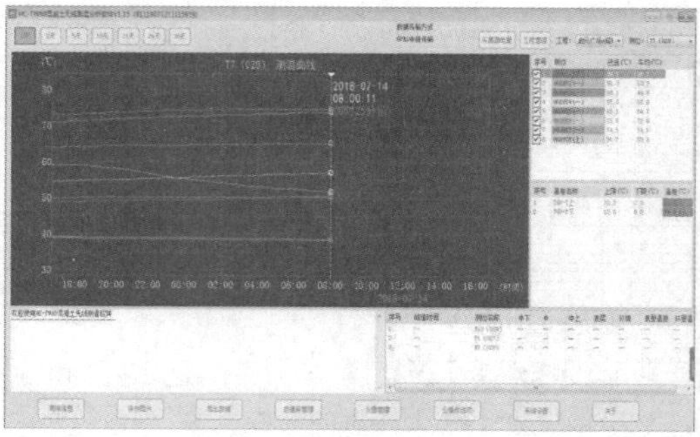

（e）大体积混凝土远程测温

（f）设备指纹识别

图 10-56　智慧建造（续图）

4. 绿色建造

（1）绿色工艺措施应用，彰显绿色施工生产管理，如图 10-57 所示。

（a）铝合金模板

（b）爬架系统

（c）钢板支护桩

（d）爬架、塔吊喷淋降尘

图 10-57　绿色工艺措施应用

（e）工具式消防水箱

（f）免抹灰、一体化施工

图 10-57　绿色工艺措施应用（续图）

（2）绿色设备应用，升级现场环境管理品质。如图 10-58 所示。

（a）雾炮降尘

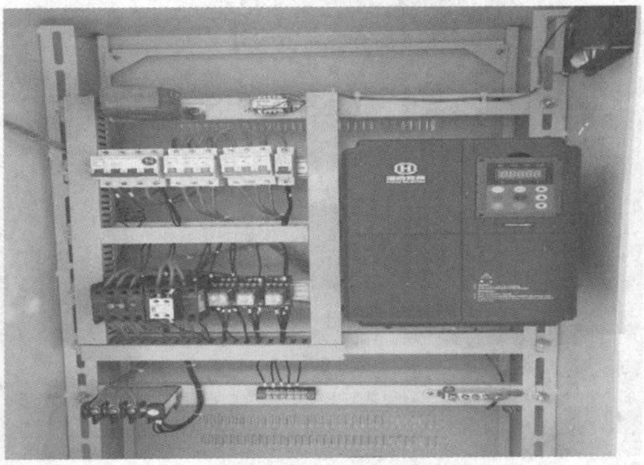

（b）变频设备

（c）扬尘监测

（d）周转式防护

图 10-58　绿色设备应用

5. 低成本建造

通过设计优化降低难度，减少资源浪费、减少工作面闲置、减少多余工序，降低质量风险、降低成本。

（1）大截面柱免螺杆加固，提高施工效率、减少人工投入、一次成型提高质量，如图 10-59 所示。

（a）设计图

（b）实景图

图 10-59 大截面柱免螺杆加固

（2）上塔吊通道随爬架提升，不需多次周转、多次搭拆，如图 10-60 所示。

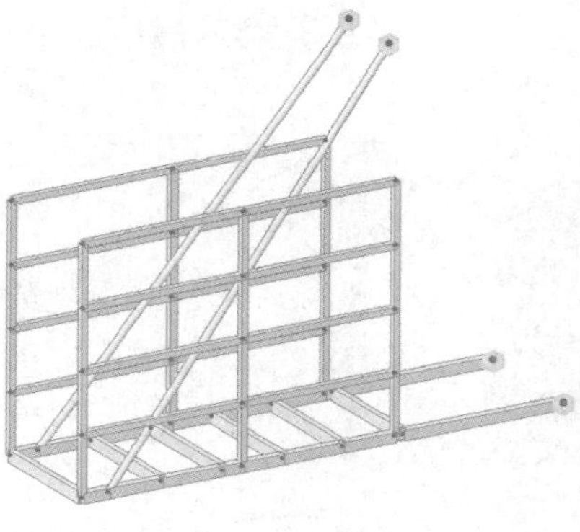

（a）设计图

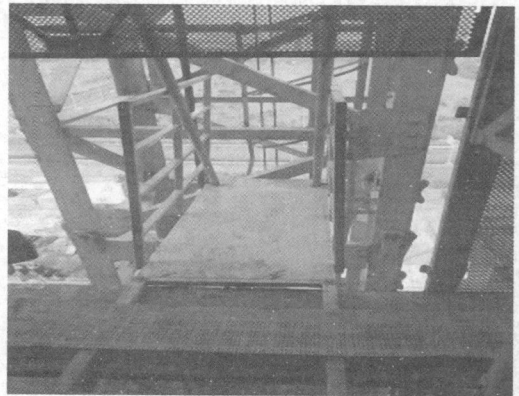

（b）实景图

图 10-60 上塔吊通道随爬架提升

（3）地下室地坪设卵石或碎石滤水层，防止地下室渗水引起地坪开裂，降低渗漏维修费用，如图 10-61 所示。

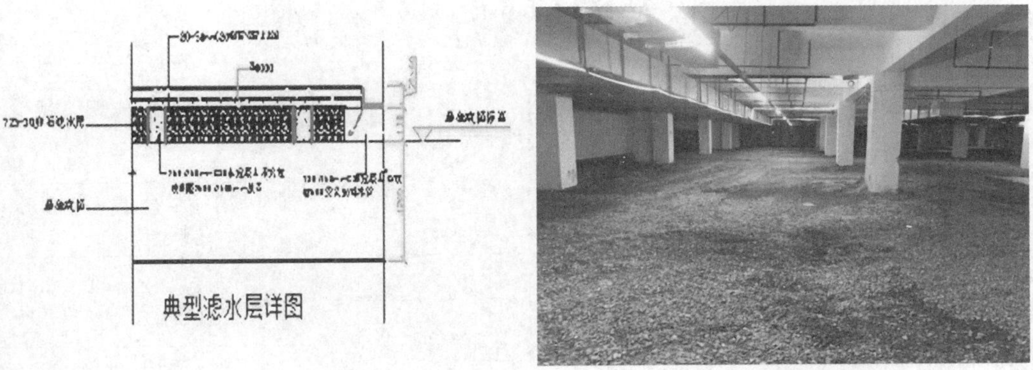

（a）设计图　　（b）实景图

图 10-61　地下室地坪设卵石或碎石滤水层

（4）幕墙埋件侧埋改为顶埋，降低施工难度、提高施工效率，如图 10-62 所示。

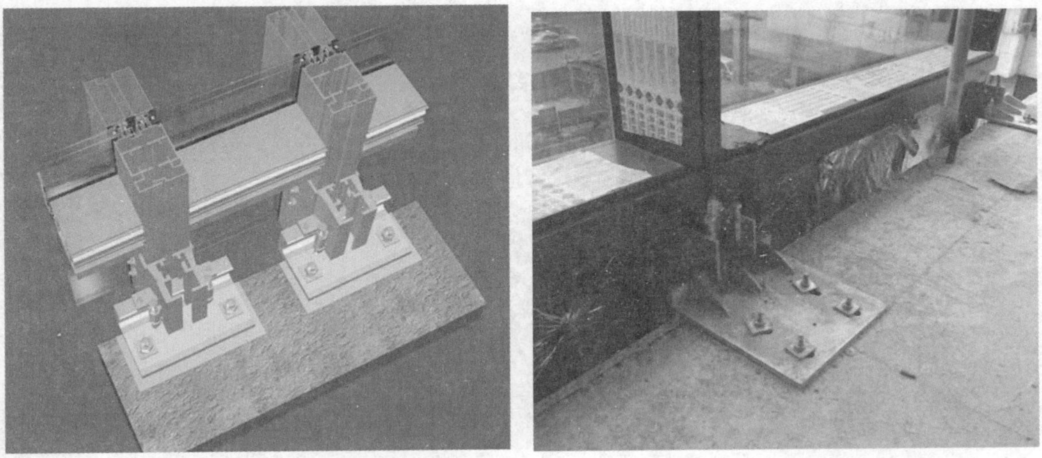

（a）设计图　　（b）实景图

图 10-62　幕墙埋件侧埋改为顶埋

低成本建造可通过表 10-39 进行对比分析。

表 10-40　低成本建造对比分析

低成本建造对比分析						
序号	精益建造优化项		传统体系（万元）	精益建造体系（万元）	节约成本（万元）	备注
1	两图融合	电梯井道优化全混凝土结构				结构一次成型、减少多于工序
2		构造柱一次成型				
3	两图融合	反边一次成型				结构一次成型、减少多于工序
4	两图融合	过梁一次成型				结构一次成型、减少多于工序
5		外挑檐结构优化				
6	措施优化	永临结合				排水系统永临结合
7						风机系统永临结合
8						栏杆系统永临结合
9						照明系统永临结合
10						消防系统永临结合
11		大型设备基础措施费				节约设备基础措施费
12	工艺优化	铝模、免抹				采用铝模＋免抹，降低建造成本
13		爬架				脚手架变更为爬架，减少资源投入
14		高精砌块＋薄抹				优化为高精砌块＋薄抹，降低建造成本
15	固定成本节约	大型设备				节约工期，减少大型设备使用使用时间
16		临时设施				临时设施投入减少
17		管理费				节约工期，减少管理费投入

6. 安全建造

参照中建三局标准化图册，推行防护、机具、着装标准化，并推广使用如塔吊防攀爬、铝模洞口专项防护、电梯井定型翻板等多项防护工具与措施。

大力开展行为安全之星，促进人员自发行为安全管理；至目前按每月开展一次的频次，累计发放表彰卡近 2000 张，发放专项资金超过 4 万元，已形成班组自发落实早课早巡常态化管理状态。

项目创新推广“安全小喇叭”活动，专兼职安全人员佩戴红袖章，推广使用扩声喇叭，工作面定点自动播放，时时警醒。

第十一章

水务工程精益建造管理

第一节　水务工程施工范围组成

水务工程项目覆盖面广，涉及专业多，横跨市政工程和水利工程两个领域，通过各专业有机结合，形成系统，解决内河水质问题，提升内河沿线景观，主要施工内容如下：

（1）河道工程：河道拓宽、河道清淤、驳岸重建、驳岸加固。

（2）水工构筑物工程：拦河钢坝、一体化泵闸。

（3）截污系统工程：截污管线、截流井、一体化污水泵站、旧管修复、污水处理设施。

（4）景观园林：园林道路、园林绿化、景观小品、景观桥梁、生态工程。

（5）其他工程：智慧水务、改迁复建等。

水务工程施工范围见表 11-1 所示。

表 11-1　水务工程施工范围

序号	项目	分部	概述	示意图
1	截污工程	截污管线	截污管线是一项水污染处理工程，就是通过建设和改造位于河道两侧的工厂、企事业单位、国家机关、宾馆、餐饮、居住小区等污水产生单位内部的污水管道（简称三级管网），并将其就近接入敷设在城镇道路下的污水管道系统中（简称二级管网），并转输至城镇污水处理厂进行集中处理。简言之，即污染源单位把污水截流纳入污水截污收集管系统进行集中处理。此种方法在城镇污水处理中发挥了重要作用	

（续表）

序号	项目	分部	概述	示意图
1	截污工程	截污井	老旧城区河道旁小区和企事业单位由于年代久远，存在许多雨污合流的排口将雨水、污水直接排入河道，截污井是用于解决雨污混流排口的特殊井，主要由主体结构、限流阀、启闭阀门、水位监测器和控制柜组成	
		一体化提升泵站	城市老旧管线非同时期建造且未统筹设计，截污管线收集沿河排口污水后，常常会碰到市政污水管网标高高于截污管线标高的情况，一体化污水提升泵站就是一种用于提升污水，从而使截污管和市政污水干管顺利接驳的设备	
2	河道工程	河道清淤	河道淤积已日益影响到防洪、排涝、灌溉、供水、通航，使河道的各项功能不能正常发挥。为恢复河道正常功能，促进经济社会的快速持续发展，必须进行河道清淤疏浚。使河道通过治理变深、变宽，河水变清，群众的生产条件和居住环境得到明显改善，达到“水清，河畅，岸绿，景美”的目标	

（续表）

序号	项目	分部	概述	示意图
2	河道工程	河道疏浚	应用水力或机械的方法，挖掘水下的土石方并进行输移处理的工程称为疏浚工程。城市内河水系综合治理中，为统筹各相连河道间的河底标高顺接，保证内河水系水动力，部分河道需要在清淤的基础上继续下挖硬底河道至设计标高	
		河道铺底	内河河道经多年淤积，淤泥层厚度较厚，加之两岸挡墙基础普遍较高且邻近房屋，若只进行清淤，可能会引发挡墙失稳从而影响到两岸房屋结构安全，故河道一次清淤后需进行铺底施工，铺底分两层，先铺碎石后铺鹅卵石，以达到清洁河道的作用	
3	驳岸修复工程	驳岸修复	城市内河两侧驳岸部分年久失修，驳岸挡墙严重破损；部分因两岸拆迁或施工，导致驳岸挡墙出现破损甚至大面积位移裂缝；驳岸修复大致分为两种，原地重建和原状修复	
4	分水构筑物工程	泵闸	一体化泵闸在设计上充分利用闸门的坚固框架，以闸门作为泵站的基础结构，将卓越的飞力潜水泵直接安装在闸门上。因无须传统的独立泵站配置，可直接安装在河道上，所以整个系统更为紧凑精炼，具有占地节省、结构紧凑、施工便捷、泵送更优等特点。高度整合的智能监控系统，实现了闸门与潜水泵的联动控制，手机短信报警和微信智慧水务平台，为用户提供实时资讯，确保可靠和高效的科学管理	

（续表）

序号	项目	分部	概述	示意图
5	景观工程	园林绿化	河岸两侧设计有园林绿化区域，绿化区域内设计有滨水绿化及亮化。园林绿化及亮化主要应以充分利用为前提，优化提升为手段，重点梳理绿化和场地空间，强化城市道路和其他开放空间与河道之间的通视性，将河道“亮”出来	
6	污水处理工程	污水处理厂	随着城市化的进展，某些旧河道已演变成暗涵，加之周边区域雨污水系统老旧混乱，接入暗涵，暗涵与河道相连，从而导致河水受到污染，严重黑臭；为解决此类问题，市区内会设置埋地式污水处理站（不占用土地），用于处理暗涵和附近的城镇污水，同时又能将处理后的水作为生态补水	
7	电力管线	电力管线	为满足河道沿岸照明、景观设施和截污设施用电及通信，河道两岸设置相应的电力管线	
8	生态修复	生态修复	杀灭原来水体底质中福寿螺及其他病原体；改善底质酸碱度，可促进有益微生物生长。通过以上措施实施，消除或者减缓其对后期生态系统的负面影响，促进沉水植物群落的生长及系统的恢复和稳定，提高水体水质净化效果	

（续表）

序号	项目	分部	概述	示意图
9	智慧水务	智慧水务	实现对水务工程的管理事务进行信息化管理，落实河道长效管理机制，全面提升城市水体水质，有效保护水环境，为城市的统一监控及防涝救灾平台提供全面信息支撑，为智慧城市物联网统一基础服务平台、大数据服务平台、协同指挥服务平台、公众信息服务平台提供基础及应用信息支撑	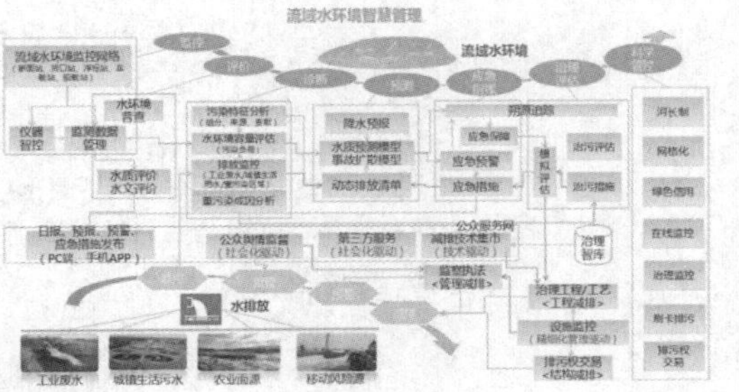

第二节　水务工程设计管理

一、水务工程设计管理特点

水务工程设计管理的特点见表 11-2。

表 11-2　水务工程设计管理的特点

序号	专业类别	设计管理特点
1	截污工程	设计管理工作量大、难度高： （1）城区内河水系治理项目设计管理是最核心的，也是投入精力最大的。由于存在建设工期紧，现场施工条件复杂，前期排口勘察存在缺漏、偏差的现象较多，一般采取边设计、边调整、边施工，施工过程变更频繁（含主动与被动），对接设计的工作量较大。 （2）截污工程图纸设计开放性较大，污水管走向的细微调整、个别检查井的增减可结合现场实际情况做灵活调整，调整前可通过工程联系单的方式通过几方确认，再由设计出具调整后图纸。 （3）由于勘察资料的不准确性，排污口排水的不定时性，对于增减排口的设计变更原则需严格把握，取消排口设计的截流井需要对排口做持续观察记录，确保无污水入河或者通过检测报告证明入河排口水质各项指标满足无污染要求。 （4）根据场地施工条件、截污管埋设深度，工艺选择上主要有顶管及明挖设计两种，应综合施工安全性、便捷性、工期因素、经济效益选择合理的工艺并与设计做充分沟通。 （5）城区内河水系治理项目往往施工场地受限，周边建筑多，截污工程设计必须充分考虑对周边建筑的保护，设计的支护措施合理齐全。 （6）现场突发的一些如需铺设便道，新探挖出的管线需做保护等，要定期整理汇总反馈设计，与设计保持互动，补绘相关图纸，便于计量结算。 （7）针对场地局限、机械作业困难、地下管线复杂等因素，施工组织设计应对材料转运、人工开挖、便道便桥、管线保护等做专项方案，对设计图未能详尽的部分做补充

（续表）

序号	专业类别	设计管理特点
2	河道工程	设计管理工作主要在前期： （1）主要涉及河道清淤、河底设计、驳岸设计。 （2）河道清淤设计管理的关键点在于标高，即清淤前的淤泥面标高准确性和清淤高差带来的对驳岸稳定性的保护措施设计。施工前应对设计图纸的河道淤泥面标高做复核确认，如偏差较大需提请复测。 （3）河底设计需对现况河底做准确的界定，区分软质河床、硬质河床的，同时针对河床地质的差异性，设计抛石挤淤的厚度应在图纸上予以明确，便于计量。 （4）驳岸设计管理的要点为驳岸新建或加固的范围、形式，图纸设计过程中尽量与设计院沟通，在不违背设计原则的前提下，综合施工便捷性、经济效益等方面来选型。 （5）河道工程涉及措施量也非常巨大，河内清淤及驳岸作业需要的抽排水、围堰导流、施工便道、驳岸施工时岸上的支护等均需充分考虑设计，过程中通过与设计的互动，细化相关措施图纸
3	分水构筑物工程	（1）钢坝、泵闸等分水构筑物工作内容分为土建施工与设备安装。土建施工主要涉及深基坑支护开挖、相关的截流导流、抽排水、施工便道措施。 （2）基坑支护设计也存在一定的可选择性，如某些施工条件下既可以采用混凝土支护桩，也可以采用型钢支护，可视实际需要与设计进行沟通。 （3）设备的设计专业性强，主要是做好相关的询价工作
4	截污附属结构工程（截污井分到截污工程中）	（1）截污附属结构工程设计主要指截污井结构设计与截污基坑支护结构设计，整个河道治理工程中截污基坑支护措施工程量占比非常大，这一部分也是设计管理的重点之一。 （2）截污基坑支护设计管理的原则是图纸针对性要强，针对不同的基坑深度设计放坡喷锚、槽钢支护、拉森钢板桩支护、止水帷幕等方式。 （3）基坑底部软弱基础处理的方式有换填、抛石挤淤、木桩加固、注浆加固等各类措施，同样要求设计图纸要有强针对性，能够量化
5	景观工程	（1）主要为串珠公园、沿河步道、栏杆、绿化、电气亮化、给排水等设计管理。 （2）景观图纸的开放度非常高，不同的工艺、苗木、材料单价差异也很大，一般政府会出台相关控制价原则，我们的设计管理原则是在不超控制价的前提下，引导设计选择对我们有利的做法。 （3）景观设计图纸必须是经过规划院、园林局等相关主管部门审批后方可作为施工依据，避免返工带来损失

二、水务工程潜在设计风险

水务工程潜在设计风险见表 11-3。

表 11-3　水务工程潜在设计风险

序号	风险类别	风险描述	应对措施
1	设计深度	设计深度不足，主要是设计图纸过于粗糙，存在诸如“不低于”“不小于”等不利于计量的字眼；一些关键的措施项一笔带过，无相应的详细做法；采用较多原则性的通用性描述，针对性不强；直接影响预算、决算金额	（1）通过与设计者沟通和协调制图方式，要求其设计图纸应尽最大努力地往“一河一策”“一口一策”“一点一策”方向靠拢。 （2）经常组织图纸会审工作，及时反映图纸设计存在的缺陷并解决。 （3）视需要引入咨询公司，从财务审计规则角度指出图纸存在的问题

（续表）

序号	风险类别	风险描述	应对措施
2	图审手续	质检站等外部检查带来的压力	与相关外部单位做好沟通解释，并督促设计加快图审进度
3	出图效率	出图进度跟不上现场施工进度，施工方作为责任洼地，出图慢将导致施工方的工期压力增大，也会极大影响施工部署的合理性，增加不必要的资源投入	（1）对于工期紧、设计力量局限的项目，先以工程联系函或者现场做法确认单的形式确认做法，先行施工，设计后补图纸。 （2）形成图纸跟踪机制，出图进度由业主方、监理方等多方督促。 （3）加大施工方对接力度，根据现场施工部位的缓急程度来尽可能控制出图顺序。 （4）非几方原因造成的返工或工期延误需办好过程签证或索赔工作
4	方案调整	边设计、边施工，图纸不正式，过程中的一些变更可能造成返工	（1）对已发生的事实及时做好确认工作，对方案调整的原因做充分说明，将工程联系单、工程量确认单、影像资料等收集整理移交商务。 （2）保留好图纸签收依据，非正式图纸也需业主方、设计方做好签字手续，作为必要时的签证依据

三、水务工程设计数据采集

1. 数据采集内容

水务工程设计数据采集内容见表 11-4。

表 11-4　水务工程设计数据采集内容

数据类别	数据采集方法	数据采集要求
现状管网	对河道两侧及附近的管网设计情况进行实地摸排，了解污水走向、管网淤堵情况，设计接入点水位情况等并形成记录	结合勘测院提供的测图，实地核查
排口	沿河排查，利用水位低的时候观察，将排口位置、大小、水量、水质等信息收集成表	标准位置准确，信息真实，反复观察确认
淤泥面标高	沿河流方向，每隔 10m 左右取一个断面测量边、中、边的标高数据，再取平均值绘制标高断面	取点距离尽可能一致，提高数据精确度
地勘	由设计院委托的勘测院进行勘测，参与到地堪过程中，及时掌握一手信息	要求地勘单位勘察覆盖面尽量广，便于设计依据充分
水文	每条河道的常水位标高、感潮河道的每天涨落潮规律及对应高、低水位等	可利用墨迹天气作为每日潮汐查询工具
驳岸	沿河观察，对驳岸的破损情况，是否存在垮塌趋势等进行判断并记录，对驳岸的底标高进行测量，并与设计河底高程做对比，确定有无加固必要	对现状驳岸底高程进行测量时需要局部围堰干塘测量
步道	对沿河两岸的设计步道范围的现状进行排查，作业面不足需提前通知业主单位对违建进行拆除	以河道为单位将排查结果反映至平面图中

2. 数据管理要点

（1）现状管网、排口等数据采集应实时与设计院共享，以明确设计方案优化或调整；

（2）淤泥面标高数据采集完成后应及时与测绘院提供的数据做对比，数据对我方不利时，应立即申请复测；

（3）地勘资料需重点研究，确保对施工范围内的地质情况有足够的了解，从而判断设计的合理性，地勘数据也是施工方案的措施制定依据；

（4）水文数据收集完成后要做好现场交底，利用涨落潮规律合理安排现场的工作时间及工序；

（5）驳岸稳定性关系到河道两侧建筑、地面的安全，也关乎人身安全，务必将驳岸情况及时反映至设计院，有加固或重建必要的立即出图实施；

（6）沿河的步道施工条件排查，其实也是截污管作业面排查，数据收集后提交业主，及时拆除违建确保工作面有利于工作推进。

3. 数据采集样表

（1）排污口调查样表见表 11-5。

表 11-5　排污口调查样表

<table>
<tr><td colspan="2">DD-WSK-002（达道河 - 污水口 -002 号）</td></tr>
<tr><td colspan="2">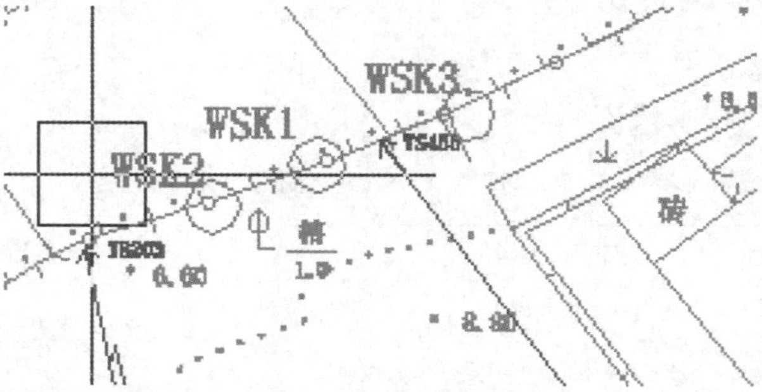
</td></tr>
<tr><td colspan="2">CAD 测图平面位置</td></tr>
<tr><td>
</td><td>
</td></tr>
<tr><td>正面照片</td><td>侧面照片</td></tr>
</table>

（续表）

现场照片（多张各角度、路口、周边建筑物）						
编号	管径（mm）	材质	管底或管顶标高（mm）	出水情况	水质	调查时间
DD-WSK-002	1500	混凝土预制管	1600/800	1/3	黑臭、异味、	2017.5.18
备注：新增合流口，测图无管线。						
说明：排查时无法看出流动，周边重度污染。						
DD-WS-001：达道河污水 1 号；DD-YS-001：；DD-HL-001：达道河合流 1 号						
1/3：管内出水 1/3；1/2：管内出水 1/2；满管：管内满管；无水：管内无水						

（2）淤泥面标高数据采集图如图 11-1 所示。

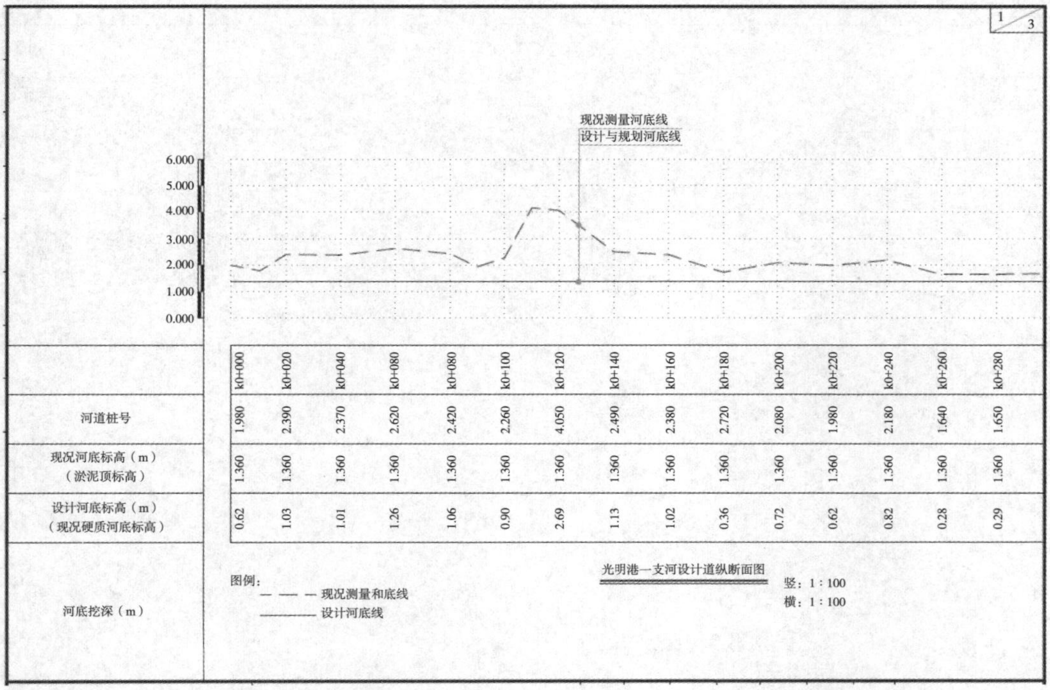

图 11-1　淤泥面标高数据采集图

（3）水文数据采集图如图 11-2 所示。

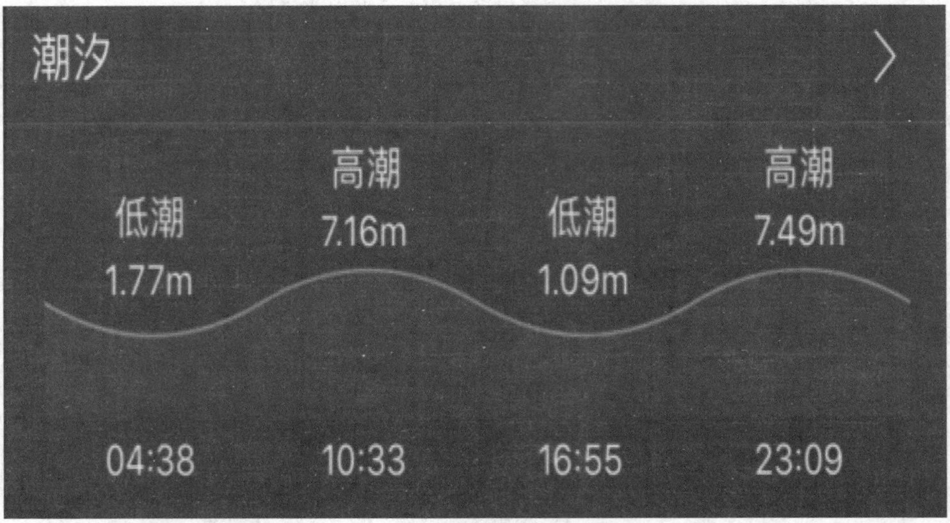

图 11-2 淤泥面标高数据采集图

（4）沿河步道采集样表见表 11-6。

表 11-6 沿河步道采集样表

泮洋河

（续表）

名称	位置	特征	编号	影响情况	蓝 / 绿线关系	拆除时间
民房	闽都嘉园	长 20m，宽 6m		紧邻驳岸	蓝线边 3m 施工范围内	2017 年 5 月 25 日前

（5）驳岸现状排查统计样表见表 11-7。

表 11-7 驳岸现状排查统计样表

DX-BAI
百度地图

（续表）

<table>
<tr><td colspan="2">CAD插图</td></tr>
<tr><td colspan="2"></td></tr>
<tr><td colspan="2">现场照片</td></tr>
<tr><td></td><td></td></tr>
<tr><td>现状</td><td>沿线驳岸老旧，现有支护方式为木柱支护，驳岸砌块砌筑工艺粗糙，大面积出现较大的灰缝，且有大量管线直接挂在驳岸上，驳岸两侧有木栈道、建筑物，不具备岸上施工条件，全长约为400m</td></tr>
<tr><td>加固措施</td><td>拟采用内侧新建挡墙的加固措施</td></tr>
</table>

四、水务工程协同制图管理

（一）协同制图概述

水务工程项目由于场地条件、现状管线、地质情况等多方面杂糅在一起的复杂性，不确定因素较多，涉及临时措施量较大。但往往设计图纸对施工措施的考虑较为欠缺，如围堰导流、道路破除、交通疏解、管线保护、便道便桥等工程量较大的措施项，均需施工方结合现场施工需要，协同配合制图，以增强图纸的合理性、可操作性。大量施工措施能否上图并顺利结算更是关乎施工单位利益的关键所在。

（二）协同制图流程

1. 前期介入及引导

在了解项目概况，并熟悉现场施工条件及相关基础数据的前提下，尽可能早的介入到设计院前期的设计工作中去。这需要我们前瞻性地考虑后期会涉及的主要施工措施，通过与设计的沟通，尽可能结合我们的施工部署及方案将这些措施细化到图纸中。在设计院设计工作开展初期做上述交流，这将保证实际施工可以有据可依，同时也大大增加了后期施工过程中商务工作的主动性。

2. 图审

分类或者定期对设计院下发的图纸做集中内审，图审要点为图纸对于各类措施是否描述齐全、恰当，汇总相关修改完善意见后，与设计院约定进行正式图审，提出我们的合理意见及建议并形成会议纪要。

3. 明确制图内容及分工

根据图纸会审各方明确的图纸完善意见，与设计院做好分工，原则上专业性强的图纸由设计院负责绘制完善，与施工组织设计联系更为紧密的图纸则建议施工方自行绘制初稿，绘图标准以设计院要求为准。

4. 评审修改

协同制图完成后，组织与相关设计人员召开评审会，按照修改意见做图纸细部调整。

5. 移交设计上图

图纸修改至设计无意见时，将图纸移交设计院，由设计院出具正式图纸。

（三）协同设计制图分类

以福州水务项目为例，协调制图内容主要有以下几大类（表 11-8）：

表 11-8　协同设计制图分类

序号	图纸类别	制图要点
1	围堰导流	围堰尺寸、材料、间距、挡水加固措施
2	市政道路破除与修复	破除面积、道路分层构造、恢复做法
3	管线保护	套管、临时支撑等措施
4	交通导行	围挡面积、导行标识牌
5	构筑物迁建	迁建构筑物的尺寸、工程量、迁建方法
6	临时围挡	围挡大样、长度
7	便桥便道	断面、平面大样

第三节 水务工程计划与工期管理

一、计划与工期管理特点

根据水务工程网状特点，施工部署整体考虑平行施工，线性工程考虑流水作业；施工内容按照“先单体、后系统；先截污，后清淤；先地下后地上”。结合企业水务项目经验，水务项目场地协调情况复杂、管线迁改量大、设计出图较缓慢、排污溯源难度高，受以上施工前准备工作以及政府压力的影响，水务项目工期与计划管理体现出计划调整频率高、资源投入不连续、工期赶抢频繁等特点。

二、计划与工期管理内容

根据水务工程做法，梳理工序流程、控制关键节点、穿插关键工序，指导资源组织，减少工作面闲置，消除窝工；避免工序遗漏，消除返工。

水务工程工期与计划管理分为三个部分：（1）整体工序梳理；（2）关键工序节点；（3）水务工程工序穿插说明。分别从截污工程、河道工程、污水处理厂工程、分水构筑物工程、景观工程进行总结列举。

1. 整体工序梳理

结合水务工程特点和建设标准，按五大类工程梳理主要施工工序，形成工序流程图，明晰工序间逻辑关系，对每道工序的前置和后置工序、施工条件（合约、技术、资源、基础）进行梳理，形成水务项目工程工序插入条件表。主要包括如下内容：

（1）截污工程：明挖截污、顶管截污、调蓄池。

（2）河道工程：旧驳岸原位重建、清淤、新修驳岸。

（3）污水处理厂。

（4）分水构筑物：钢坝、泵闸、水闸。

（5）河道景观。

2. 关键工序节点

水务工程点多线长面广、具体工程设计做法及体量差异性较大，因此以单体或线性流水段列举工序节点供参考，见表11-9～表11-17。项目引用时需结合工程实际特点进行调整和深化。

表 11–9　截污工程（采用明挖埋管）

工程类型	节点内容	插入时间	最迟完成时间	备注
截污工程 - 采用开槽（以 50m 为一个施工段）	场地协调、物探、管线迁改	N	—	
	基坑支护	N + 1	N + 7	拉森钢板桩按一天机器 200 延米 / 台，参照钢板桩单根长度 6m
	土方开挖	N + 2	N + 8	
	管基处理及验槽	N + 3	N + 9	
	管道埋设及隐蔽工程验收	N + 5	N + 11	
	管道回填	N + 6	N + 12	
	截流井、一体化提升泵站施工	N + 3	N + 17	截流井、一体化提升泵站可与管道同时开始施工
	设备安装及调试	N + 18	N + 23	包含管道接驳、二次结构施工
	截流井、一体化提升泵站土方回填	N + 31	N + 32	考虑拆模时间为混凝土浇筑后 14 天
	支护桩拆除	N + 7	N + 33	

表 11–10　截污工程（采用顶管）

工程类型	节点内容	插入时间	最迟完成时间	备注
截污工程 - 采用顶管（以 100m 为一个施工段）	场地协调、物探、管线迁改	N	—	
	基坑支护	N + 1	N + 3	采用拉森钢板桩
	土方开挖	N + 4	N + 5	
	地基处理	N + 6	N + 6	
	顶管井施工	N + 7	N + 14	顶管井采用竖井
	顶管施工	N + 28	N + 35	
	管壁外注浆	N + 36	N + 37	

（续表）

工程类型	节点内容	插入时间	最迟完成时间	备注
截污工程 - 采用顶管（以 100m 为一个施工段）	截流井、一体化提升泵站施工	N + 6	N + 20	截流井、一体化提升泵站可与顶管井同时开始施工
	设备安装及调试	N + 21	N + 26	包含管道接驳、二次结构施工
	截流井、一体化提升泵站土方回填	N + 34	N + 34	考虑拆模时间为混凝土龄期 14 天
	支护桩拆除	N + 28	N + 35	

表 11-11 截污工程（调蓄池）

工程类型	节点内容	插入时间	最迟完成时间	备注
调蓄池工程（参照单层面积 $500m^2$）	场地协调、物探、管线迁改	N	—	
	基坑支护（灌注桩）	N + 1	N + 30	
	支护桩基验收	N + 31	N + 61	考虑支护桩混凝土龄期 28 天，检测 3 天
	第一次土方开挖	N + 62	N + 67	
	支撑梁施工	N + 68	N + 73	
	第二次土方开挖	N + 74	N + 78	
	桩基工程（高压旋喷桩）	N + 79	N + 118	
	桩基验收	N + 119	N + 148	考虑承载桩混凝土龄期 28 天，检测 3 天
	底板施工	N + 149	N + 153	
	地下结构施工	N + 154	N + 164	
	地上结构施工	N + 164	N + 173	
	管道接驳	N + 191	N + 197	考虑大型防水混凝土龄期 28 天
	设备安装及调试	N + 191	N + 199	
	土方回填	N + 198	N + 199	
	室外工程	N + 200	N + 229	

表 11-12　河道工程（旧驳岸重建）

节点类型	节点内容	插入时间	最迟完成时间	备注
旧驳岸原位新建工程（参照 50m 为一个施工段）	驳岸支护	N	N + 5	
	拆除旧驳岸、土方开挖及平整	N + 4	N + 7	
	围堰施工	N + 5	N + 8	
	桩基工程	N + 5	N + 12	
	桩基验收	N + 13	N + 44	考虑桩基龄期 28 天，检测 3 天
	驳岸砌筑	N + 45	N + 52	
	台背土回填	N + 46	N + 53	
	支护桩拔除	N + 47	N + 55	

表 11-13　河道工程（清淤）

节点类型	节点内容	插入时间	最迟完成时间	备注
清淤工程（参照 50m 为一个施工段）	围堰施工	N	N + 2	
	驳岸护脚（松木桩基础）	N + 3	N + 8	
	清淤施工	N + 9	N + 14	开始时间未考虑清淤护脚（松木桩冠梁龄期）
	河道铺底	N + 13	N + 16	

表 11-14　河道工程（新修河道工程）

工程类型	节点内容	插入时间	最迟完成时间	备注
新建河道工程（以 50m 为一个施工流水段）	场地平整、迁改	N	N + 3	
	测量放线	N + 4	N + 4	
	便道施工	N + 5	N + 6	
	拉森钢板桩施工	N + 7	N + 10	钢板桩长度 15m，机型功效按每天 30m/ 台
	驳岸第一层土方开挖	N + 11	N + 12	

（续表）

工程类型	节点内容	插入时间	最迟完成时间	备注
新建河道工程（以 50m 为一个施工流水段）	围檩、内支撑施工	N + 12	N + 21	
	第二层土方开挖	N + 17	N + 23	
	驳岸地基处理	N + 21	N + 27	
	驳岸底板施工	N + 25	N + 29	
	驳岸施工	N + 30	N + 36	
	台背土回填	N + 32	N + 38	
	河道土方开挖	N + 37	N + 40	
	拉森钢板桩拔除	N + 39	N + 42	

表 11-15　污水厂工程（调节池）

工程类型	节点内容	插入时间	最迟完成时间	备注
调节池 /（高效沉淀池 / 臭氧接触池 / 接触消毒池）：长 58m，宽 4m，建筑高度 9.4m，室内外高差 3.2m；抗震设防类别乙类；设计使用年限 50 年；框剪结构形式；PHC 管桩基础；污水处理能力 4.8 万吨 / 天。	施工准备	N	N + 6	
	管桩施工	N + 7	N + 27	
	静载试验（抗压强度、抗拔强度）	N + 28	N + 58	
	支护桩施工	N + 28	N + 58	
	冠梁及内支撑施工	N + 29	N + 38	
	土方开挖及破桩头	N + 66	N + 81	
	桩基低应变检测	N + 75	N + 80	
	底板施工	N + 81	N + 95	
	内支撑拆除	N + 102	N + 109	底板达到强度要求后方可施工
	池壁及顶板施工	N + 110	N + 135	
	内池壁防腐	N + 136	N + 146	
	设备安装及调试	N + 147	N + 187	
	外池壁防水及防腐施工	N + 136	N + 146	
	土方回填	N + 147	N + 156	
	工法桩工字钢拆除	N + 157	N + 164	
	室外工程	N + 165	N + 185	

表 11–16　分水构筑物工程（钢坝、泵闸工程）

工程类型	节点内容	插入时间	最迟完成时间	备注
钢坝、泵闸工程（河道宽度为 6 ~ 12m）	场地协调、物探、管线迁改	N	—	
	围堰施工	N	N + 2	
	拆除旧驳岸	N + 3	N + 6	
	拉森钢板桩基坑支护	N + 7	N + 12	若为冲孔灌注桩最迟完成时间为 N + 30
	土方开挖	N + 13	N + 16	
	桩基工程	N + 3	N + 19	桩基施工前进行换填，桩基施工在围堰完成后即可插入从河道中间往两侧施工
	桩基验收	N + 20	N + 50	
	底板施工	N + 51	N + 56	
	主体结构施工	N + 57	N + 64	
	侧壁外土方回填	N + 93	N + 93	考虑主体结构大体积防水混凝土龄期 28 天
	支护桩拔除	N + 94	N + 95	
	设备安装及调试	N + 94	N + 101	考虑主体结构大体积防水混凝土龄期 28 天
	二次结构施工	N + 102	N + 104	

表 11–17　河道景观工程

工程类型	节点内容	插入时间	最迟完成时间	备注
河道景观工程（以 50m 为一个施工段）	场地清障及标高调整	N	N + 5	若此段有钢坝、驳岸、截污工程开始时间 N 为其最后一道工序完成后开始
	水电主干线施工	N + 4	N + 6	
	种植土换填	N + 6	N + 8	
	水电管支线施工	N + 9	N + 13	

（续表）

工程类型	节点内容	插入时间	最迟完成时间	备注
河道景观工程（以 50m 为一个施工段）	园建施工	N + 14	N + 28	
	绿化施工	N + 14	N + 30	园建与绿化交接处预留绿化施工带，待园建完成后收边
	景观照明施工	N + 29	N + 35	

3. 水务工程工序穿插说明

水务工程按分布及规模可分为线形工程和单体工程。

线形工程如截污、驳岸、河道景观等，具有施工线路长、物探复核任务重、沿线迁改量大、协调过程不确定因素多的特点，并无连续、理想的工作面。因此，工作面宜“先出先干、见缝插针”。施工中难以形成大规模工序穿插，施工中应重点梳理关键工序。

单体工程如初雨调蓄池、污水处理厂等，多为地下或地上 1 ～ 2 层结构，难以形成线形流水和资源周转，因此水务单体工程难以具备工序穿插的先决条件。

第四节　水务工程招采管理

一、水务工程招采计划管理

（一）水务工程招采特点

河道治理涉及专业种类多且施工点多、面广、线长。涵盖清淤、截污、铺底、闸坝、绿化、泵站、驳岸、污水处理站等，分包资源需求大且专业广。

工期要求紧，招采工作准备时间短，谈判余地小，资源匹配不足，缺少成熟、优秀的专业分包、材料供应商。

项目地处城市闹市区、施工作业场地小、作业时间限制多、工程零散、跨度大、周边关系复杂、施工不顺畅、产值上不来造成工程价偏高。

本项目涵盖了深基坑支护、土方、基础桩、钢筋混凝土结构、防水、设备安装、机电安装等等内容，作业不连续且单个作业量小单价高。

（二）水务工程招采计划

在项目前期应根据项目整体目标策划招采工作，结合业主节点要求，梳理出各阶段所需的采购计划，尽可能做好如下工作：

（1）提前进行资源的考察，通过筛选，择优选择供应商。

（2）提前进行方案比选，寻找或咨询类似有施工经验的单位，邀请专业供应商提供可实施的优质施工方案，从预算、收支对比、施工难度着手，多方面综合考虑，为后期项目实施阶段提供思路。

（三）水务项目招采计划流程

招采计划分为项目整体招采计划、月度招采计划、计划外招采需求计划。

1. 项目整体招采计划的编制

项目部在制定项目整体工程进度计划后一周，将项目整体资源需求计划提交至招采管理部，由招采部组织完善项目整体招采计划。

2. 月度资源招采计划的编制

项目部于每月 20 日前完成项目月度资源招采需求计划，明确招采的资源项、招标时间安排等事项，经项目经理批准后，提交招采管理部审核，由招采部组织完善月度资源招采计划。

3. 计划外资源招采需求的编制

（1）项目整体资源招采计划、月度资源招采计划中未包含的，但根据项目具体要求必须即刻实施招标的项目为计划外招标。

（2）计划外资源招采需求经项目部报招采部，由分管领导审批通过后立项。

（3）技术部须在 3 个工作日内完成该项招标方案的确定或方向性选择的确定，商务部须在 5 个工作日内完成招标清单的编制。

（4）为保证招标质量，项目部应充分考虑各专业的合理工期，密切关注生产进度和招标计划，根据生产需要对计划外项目尽早立项。

项目资源招采需求计划表和资源招采计划表分别如表 11-18 和表 11-19 所示。

表 11-18　项目资源招采需求计划表

序号	资源名称	资源要求	计量单位	工程量	进场时间	施工时间	备注

表 11-19　资源招采计划表

序号	项目名称	资源名称	资源要求	测算金额	考察时间	招标时间	定标时间	合同签订时间	备注

（四）招采与现场的紧密联动性

1. 招采计划系统化

项目部加深对招采计划的认识，而不是简单地理解成给一个大概分包单位进场时间，项目部在提招采计划时需有系统地组织和安排相关准备工作，如图纸、方案、招标清单、定额收入、施工环境、送样，等等。

2. 工作包划分合理化

水务项目的特点导致项目整体策划难，工序穿插、整体施工组织设计不如房建项目那样连续成熟，工作包划分形式需根据施工方案、工艺工序，再考虑施工的连续性、工期等因素合理划分。

3. 计价模式多样化

对于可保守确定的定额计价如涉及土建工程等，采用清单计价方式；对于设备类，需经财审中心询价后按最终财审价下浮费率计价方式确定。多种计价方式共存可确保工程顺利履约。

4. 技术商务互联动

满足技术方案要求，同时实现商务利益最大化，技术应主动接洽设计。针对出图慢，应主动出击，与设计沟通，提前介入，给出专业性的意见或方案，与商务联动引导项目整体设计的走向。

二、水务工程招采合约清单

1. 商务技术部

成立商务技术部，将技术纳入商务体系中管理，联合办公，充分发挥商务与技术的联动性，确保图纸方案交底的落地，增加收入减少内控成本。

2. 生产联动

商务部门技术人员要投入更多时间精力到现场生产一线，与生产系统联动，发掘策划点。

3. 比选评审

组织方案比选，邀请地方造价咨询专家进行图纸和方案评审，提出合理化建议和意见。

第五节　水务工程质量管理

水务工程的质量管理，基于优质建造体系，主要从样板引路、风险防控以及实测实量三个板块重点推进。

一、水务工程样板引路

1. 特点

（1）样板先行，以工序样板为主：水务项目工期紧，外部协调量大，受政府及多个监管部门制约，往往现场在具备工作面后，需快速、大量展开工作，故需提前设置一小段工序样板，总结经验后，再大面积开始后续施工。

（2）施工条件复杂，样板具有多变性：与传统房建项目样板不同，房建项目流水施工较为成熟，各楼栋之间基本施工工序及相应做法统一，但水务施工存在多变性特点，每条河道本身现况（水文、河道概况）、场地条件、周边环境各不相同，故对于不同河道采取不同的施工方案。

（3）各工序样板需设置首件样板。通过设置工艺工序样板，明确后续施工标准，让施工操作人员掌握此工序的关键要点、施工流程和质量验收标准。

2. 实体样板案例

（1）河道工程实体样板见表 11-20。

表 11-20　河道工程实体样板

序号	主要内容	适用范围、位置	图片示意
1	土砂袋围堰	适用于小河水位较浅，水流较缓的河道	
2	浆砌石驳岸河道挡墙	普遍适用于河道、湖泊	
3	松木桩护岸	适用于仿生态驳岸	

（续表）

序号	主要内容	适用范围、位置	图片示意
4	生态驳岸	—	
5	生态框驳岸	适用于阶梯状护坡，集防洪、生态景观要求	
6	卵石铺底	适用于条石硬底的河道	

（2）截污工程实体样板见表 11-21。

表 11-21 截污工程实体样板

序号	主要内容	适用范围、位置	图片示意
1	管沟开挖、砂垫层施工	市政污水管网	

（续表）

序号	主要内容	适用范围、位置	图片示意
2	预制混凝土检查井	—	
3	管道敷设、管道回填	市政污水管网	
4	砖砌检查井	—	
5	截流井	市政污水管网	

（续表）

序号	主要内容	适用范围、位置	图片示意
6	设备安装（钢坝、水闸、调蓄池）	河道、港口	

（3）景观、步道工程实体样板见表 11-22 所示。

表 11-22 景观、步道工程实体样板

序号	主要内容	适用范围、位置	图片示意
1	园林绿化、步道砖	园林景观、河道两侧	
2	草坪、灌木	园林景观、河道两侧	
3	金属护栏石护栏	沿河两侧	

（续表）

序号	主要内容	适用范围、位置	图片示意
4	木栈道	河岸景观、沿河两侧	

二、水务工程质量风险防控

（1）水务工程质量风险防控，重点在对存在重大质量隐患的分部分项工程进行交底、旁站监督、过程四检、整改验收等一系列措施。

（2）对于水系综合治理工程，“问题在水中，根源在岸上，关键在排口，核心在管网”，所以通过梳理截污管道工程在施工过程中易出现的质量通病和风险项，出台并发布“截污管道工程施工十不准”，总结归纳十项管道工程的关键工序进行预控。

（4）截污管道工程施工“十不准”（表 11-23）。

表 11-23 截污管道工程施工“十不准”

1	不允许未经探明地下管线、电缆情况下直接开挖沟槽施工
2	不允许出现管槽轴线及标高未准确放线，就开挖两端无标高控制桩
3	管道沟槽不允许一次性挖到设计标高，开挖后需做承载力试验
4	管槽及槽底不允许出现积水，积水应及时排除，避免周围土体泡水，地基下沉
5	不允许污水管未经闭水试验、压力管道未做压力试验就开始进行回填，应及时进行 CCTV 检测
6	不允许管道对接出现折角、支撑架未固定的情况
7	不允许管道安装时接口处漏设橡胶垫圈
8	不允许砖砌检查井出现通缝、砂浆不饱满、抹面空鼓裂缝
9	不允许出现回填材料与设计要求不符，回填土压实度不足的现象
10	不允许超过 30cm 厚的沟槽一次性回填，应分层回填并夯实

（5）重大质量风险防控详见表 11-24。

表 11–24 重大质量风险防控

序号	施工单体	主要质量风险点	可能导致的问题	应对措施
1	河道工程	河道土方开挖	驳岸垮塌、基坑变形、移位	（1）按照设计及规范要求进行基坑支护（如拉森钢板桩、HUC 组合钢板桩、SMW 工法桩等）。 （2）开挖过程中对基坑进行监测。 （3）土方开挖宜先从低处进行，分层分段依次开挖，形成一定坡度，以利排水，并随挖随修
2		降排水不到位或连续暴雨	地基持续泡水，影响地基承载力	（1）基坑开挖后做好降排水措施（截水沟、排水沟及降水井等）。 （2）施工现场备足量潜水泵，及时抽排基坑内积水。 （3）必要时可对地基承载力进行检测，出具相关处理措施
3		基坑监测不到位	基坑坍塌、周边建筑物倾斜，道路下沉	在土方开挖过程中进行实时监测，在土方急剧开挖时还需要加密监测频率，以便在出现不良征兆时，及时采取有效应对措施
4		河道铺底、换填不均匀	换填厚度出现严重偏差	（1）换填前对原河道底标高进行复核，保证标高统一。 （2）铺底时由专业测量人员实施监测
5		河底标高控制不到位	清淤不达标，河道标高偏差导致返工	（1）施工前对原河道面标高及设计图纸底标高进行比对，明确清淤区段的清淤深度。 （2）在清淤过程中，提高各区段标高的复核频率
6		驳岸二次修复	驳岸垮塌	（1）采用扩大基础、抛石基础等方法提高地基承载力。 （2）进场符合设计要求的材料，进行驳岸修复
7	分水构筑物工程	工程桩（如高压旋喷桩、水泥搅拌桩）搅拌不均匀，注浆不连续	桩身强度低	（1）喷浆提升速度、喷浆压力、钻机转速、复喷遍数必须符合要求。 （2）严禁在尚未喷浆的情况下提升钻杆。 （3）施工过程中如遇停电、机械故障等原因中断施工，12h 内需采取补喷措施，补喷重叠段应大于 100cm，超过 12h 需补桩
8		构筑物施工缝处理不到位	引起渗水	（1）对施工缝留置凹凸接口或预埋止水钢板。 （2）接缝处混凝土界面凿毛处理
9		闸门槽二期混凝土浇筑不到位	混凝土尺寸偏差，影响闸门安装	（1）钢筋安装前在结构面弹设控制线。 （2）模板安装完成后复核平整度、吊垂直
10	截污工程	沟槽开挖	一次性超挖或未分层开挖	（1）开挖过程中增加复测频率。 （2）预留 20 ～ 30cm 人工清底，避免超挖或欠挖。 （3）弃土距离沟槽边 5m 范围内严禁堆土，且堆土高度不大于 1.5m

（续表）

序号	施工单体	主要质量风险点	可能导致的问题	应对措施
11	截污工程	顶管坑壁渗水	坑壁坍塌或严重变形	（1）现场严格控制止水围护桩的各项施工参数满足规范和设计要求。 （2）现场抽检止水围护桩的抗渗性，对不符合要求的围护桩进行补强处理。 （3）对现场有轻微渗水情况及时抽排
12	截污工程	污水管的地基承载力	引起路基沉降	（1）沟槽开挖完成后及时采用钎探等方式对检测地基承载力。 （2）对不符合地基承载力要求的部位采用松木桩、碎石换填或压密注浆等方式对地基进行加固处理
13	截污工程	顶管设备中心及标高偏差校准	顶进误差严重超标	（1）加强顶管后靠背施工质量，稳固后靠背避免发生位移，以确保顶进设备安装的精度。 （2）顶进过程勤复测路由，通过数据对比，及时发现偏差趋势并纠偏
14	截污工程	管道基础不均匀下沉，管材及其接口施工质量差、闭水段端头封堵不严	管道渗漏水、闭水试验不合格，管道下沉，管道起伏、断裂	（1）沟槽开挖后采用钎探方式复核地下土层分布情况，若土质情况不能满足承载力要求，则进行地基处理。 （2）严格执行管材进场验收制度，对管口不合格的管材不予进场。 （3）严格控制橡胶止水带施工质量
15	截污工程	截污管道回填密实度不足	管道被压坏、变形	（1）回填过程中务必分层回填，分层夯实，保证压实度。 （2）现场回填材料务必按照设计要求的材料进行回填
16	截污工程	检查井砌筑质量差，井口中心与井室标高及位置未控制好	井体变形，渗漏风险	（1）砌体灰缝饱满，无瞎缝、透缝，水平灰缝厚度及竖向灰缝宽度宜为10mm，但不小于8mm，也不大于12mm。 （2）现场选用品控优良，不缺棱少角的砌体材料
17	截污工程	管线预埋避开原有构筑物	管线位置偏移、积水	（1）管线预埋前复核路由，若存在影响，则更改设计。 （2）若无法更改设计，可在转角处增设检查井
18	景观园林	园林苗木检疫	不健康传染源危害其他苗木	（1）严格控制进苗质量，严禁带有严重病虫害、草害的苗木进场。 （2）对苗木进行定期的检疫，排除病害。 （3）为防止病虫产生抗药性，一种药品连续使用五次后，应该更换

三、水务工程实测实量

1. 特点

（1）传统房建项目，企业实测实量的管理体系以及相应的制度文件已趋于完善，水务项目因实测标准及实测方法尚未形成体系，故对水工构筑物等包含结构施工质量的实测标准，仍参照房建工程进行管控，如：液压钢坝与实体结构尺寸实测，水闸结构尺寸实测。

（2）水务工程项目，主要涉及房建工程、水利工程及市政工程，一般用国家规范及质量验收标准去评价工程质量，如市政工程的实测，涉及内容包括市政排水管道、顶管工程、河道护坡挡墙、回填砂土等，从外观质量评价和实测实量两部分进行评分。

（3）水务工程实测实量分为三部分：土建结构实测实量、市政管道工程实测实量、景观工程实测实量，其中土建结构实测内容参照房建项目实测标准及方法，其余实测详见下表。

2. 分部分项实测内容

（1）房建工程：参照公司实测实量标准。

（2）管道工程：沟槽开挖、给排水管道基础、给排水管道敷设、雨水箱涵基础、检查井市政排水工程、挡土墙 / 浆砌护坡工程、截污工程。

（3）景观工程实测：步道工程、种植苗木、预制砌块、立缘石、平缘石安砌等。

3. 具体内容及方法

水务工程实测实量具体内容及方法见表 11-25 ～表 11-35。

表 11-25　沟槽开挖质量检测

检查项目		允许偏差	检查数量		检查方法
			范围	点数	
槽底高程（mm）	土质	±20	两井之间	3	水准仪测量
	石质	＋20，－200			
槽底中线每侧宽度或管道中线外侧宽（mm）		不小于规定	两井之间	6	挂中线用钢尺量测，每侧计 3 点
沟槽边坡（mm）		不陡于规定	两井之间	6	用坡度尺量测，每侧计 3 点

表 11-26　给排水管道基础检测

检查项目			允许偏差（mm）	检查数量		检查方法
				范围	点数	
垫层	中线每侧宽度		不小于设计要求	每个验收批	每 10m 测 1 点，且不少于 3 点	挂中心线钢尺检查，每侧一点
	高程	压力管道	±30			水准仪测量
		无压管道	0，－15			
	厚度		不小于设计要求			钢尺量测

（续表）

<table>
<tr><th colspan="3" rowspan="2">检查项目</th><th rowspan="2">允许偏差（mm）</th><th colspan="2">检查数量</th><th rowspan="2">检查方法</th></tr>
<tr><th>范围</th><th>点数</th></tr>
<tr><td rowspan="5">混凝土基础、管座</td><td rowspan="3">平基</td><td>中线每侧宽度</td><td>+10，0</td><td rowspan="9">每个验收批</td><td rowspan="9">每 10m 测 1 点，且不少于 3 点</td><td>挂中心线钢尺量测每侧一点</td></tr>
<tr><td>高程</td><td>0，−15</td><td>水准仪测量</td></tr>
<tr><td>厚度</td><td>不小于设计要求</td><td>钢尺量测</td></tr>
<tr><td rowspan="2">管座</td><td>肩宽</td><td>+10，5</td><td rowspan="2">钢尺量测，挂高程线
钢尺量测，每侧一点</td></tr>
<tr><td>肩高</td><td>+20</td></tr>
<tr><td rowspan="4">土（砂及砂砾）基础</td><td rowspan="2">高程</td><td>压力管道</td><td>±30</td><td rowspan="2">水准仪测量</td></tr>
<tr><td>无压管道</td><td>0，−15</td></tr>
<tr><td colspan="2">平基厚度</td><td>不小于设计要求</td><td>钢尺量测</td></tr>
<tr><td colspan="2">土弧基础腋角高度</td><td>不小于设计要求</td><td>钢尺量测</td></tr>
</table>

表 11-27　给排水管道敷设质量检测

<table>
<tr><th colspan="2" rowspan="2">检查项目</th><th colspan="2" rowspan="2">允许偏差（mm）</th><th colspan="2">检查数量</th><th rowspan="2">检查方法</th></tr>
<tr><th>范围</th><th>点数</th></tr>
<tr><td colspan="2" rowspan="2">水平轴线</td><td>无压管道</td><td>15</td><td rowspan="6">每节管</td><td rowspan="6">1</td><td rowspan="2">经纬仪测量或挂钢尺测量</td></tr>
<tr><td>压力管道</td><td>30</td></tr>
<tr><td rowspan="4">管底高程</td><td rowspan="2">$Di \leq 1000$</td><td>无压管道</td><td>±10</td><td rowspan="4">水准仪测量</td></tr>
<tr><td>压力管道</td><td>±30</td></tr>
<tr><td rowspan="2">$Di > 1000$</td><td>无压管道</td><td>±15</td></tr>
<tr><td>压力管道</td><td>±30</td></tr>
</table>

表 11-28　给排水管道的坐标和标高质量检测

<table>
<tr><th colspan="2">项目</th><th>允许偏差（mm）</th><th>检验方法</th></tr>
<tr><td rowspan="2">坐标</td><td>埋地（mm）</td><td>100</td><td rowspan="2">拉线、尺量</td></tr>
<tr><td>敷设在沟槽内（mm）</td><td>50</td></tr>
<tr><td rowspan="2">标高</td><td>埋地（mm）</td><td>±20</td><td rowspan="2">用水平仪、拉线和尺量</td></tr>
<tr><td>敷设在沟槽内（mm）</td><td>±20</td></tr>
</table>

（续表）

项目		允许偏差（mm）	检验方法
水平管道纵横向弯曲	每 5m 长	10	拉线
	全长（两井间）	30	

表 11-29 雨水箱涵基础检查

检查项目		允许偏差（mm）	检查方法
混凝土强度（MPa)		在合格标准内	试件试压
平面尺寸		±20	钢尺量长、宽各 3 处
基础底面高程	土质	±20	水准仪检测 5～8 点
	石质	＋50，－200	
基础顶面高程		±30	水准仪检测 5～8 点
轴线偏位		25	经纬仪检查，纵横各 2 处

表 11-30 检查井允许偏差及检验方法

检查项目	允许偏差（mm）		检查数量		检查方法
			范围	点数	
井身尺寸	长、宽	±20	每座	2	用尺量，长和宽各计 1 点
	直径	±20		2	
井盖高程	非路面	±20		1	用水准仪测量
	路面	与路面一致		1	用水准仪测量
井底高程	0 ≤ 1000	±10		1	用水准仪测量

表 11-31 人行道步道砖砌质量检测

项目	允许偏差（mm）	检验频率		检验方法
		范围（m）	点数	
平整度	≤ 3	20	1	用 3m 直尺和塞尺量 3 点
横坡	±0.3% 且不反坡	20	1	用水准仪测量
井框与面层高差	≤ 3	每座	1	十字法，用直尺和塞尺量最大值

（续表）

项目	允许偏差（mm）	检验频率		检验方法
		范围（m）	点数	
相邻块高差	≤2	20	1	用钢尺量 3 点
纵缝直顺	≤10	40	1	用 20 m线和钢尺量
横缝直顺	≤10	20	1	沿路宽用线和钢尺量
缝宽	＋3，－2	20	1	用钢尺量 3 点

表 11-32　人行道预制砌块铺砌检测

项目	允许偏差（mm）	检验频率		检验方法
		范围（m）	点数	
平整度	≤5	20	1	用 3m 直尺和塞尺量
横坡	±0.3% 且不反坡	20	1	用水准仪测量
井框与面层高差	≤4	每座	1	十字法，用直尺和塞尺量最大值
相邻块高差	≤3	20	1	用钢尺量
纵缝直顺	≤10	40	1	用 20m 线和钢尺量
横缝直顺	≤10	20	1	沿路宽用线和钢尺量
缝宽	＋3，－2	20	1	用钢尺量

表 11-33　立缘石、平缘石安砌质量检测

项目	允许偏差（mm）	检验频率		检验方法
		范围（m）	点数	
直顺度	≤10	100	1	用 20m 线和钢尺量
相邻块高差	≤3	20	1	用钢板尺和塞尺量
缝宽	±3	20	1	用钢尺量
顶面高程	±10	20	1	用水准仪测量

表 11-34 市政排水工程外观评价表

工程名称			工程地点		施工单位				施工负责人	
认证项目	应检点	合格点	合格率	认证单位	认证项目		应检点	合格点	合格率	认证单位
管内底高程					填土压实度	胸腔				
顶管中线位移						路槽 0~800mm				
排管中线位移						路槽＞1500mm				

序号	实测项目		允许偏差（mm）	实测频率		各实测点偏差（mm）															应检点数	合格点数	合格率（%）
				范围	点数	1	2	3	4	5	6	7	8	9	10	11	12	13	14	15			
1.排管	△管内底高程	$D \leqslant 1000$mm	±10	井内管口	2																		
		$D > 1000$mm	±15	井内管口	2																		
		倒虹管	±30	井内管口	2																		
2.排管	邻管错口	$D \leqslant 1000$mm	3	两井间	3																		
		$D > 1000$mm	5	两井间	3																		
3.顶管	管内底高程	D ≤ 1500mm	+20，−40	井内管口	2																		
		$D > 1500$mm	+40，−50	井内管口	2																		
4.检查井	井身尺寸	长宽	±20	每座	2																		
		直径	±20	每座	2																		
5.高程	井盖	非路面	±20	每座	1																		
	井底	$D \leqslant 1000$mm	±10	每座	1																		
		$D > 1000$mm	±15	每座	1																		

表 11-35　市政工程挡土墙外观评价表

工程名称		工程地点		施工单位		施工负责人	
序号	检查项目	外观要求		存在问题			评分
1	浆砌片石挡土墙	1. 石料规格、质量符合有关规定					
		2. 砌石分层错缝，浆砌时坐浆挤紧，嵌填饱满密实					
		3. 灰缝整齐均匀，缝宽符合要求，勾缝不得空鼓，脱落					
		4. 沉降缝必须贯通顺直					
		5. 线形顺适					
		总分					
2	混凝土挡土墙	1. 混凝土表面的蜂窝、麻面不得超过该面积的 55%，深度不得超过 10mm					
		2. 泄水孔坡度向外，无堵塞现象					
		3. 沉降缝整齐垂直，上下贯通					
		4. 墙面直顺，线形顺适					
		总分					
3	喷锚挡土墙	1. 断面尺寸符合设计要求					
		2. 无满喷、离鼓现象					
		3. 无仍在扩展中或危及使用安全的裂缝					
		4. 有防水要求的工程，不得渗水					
		5. 锚杆尾端及铁丝网等不得外露					
		总分					

第六节　水务工程安全管理

一、重大危险源辨识

水务工程重大危险源极多，经风险识别及评价，在深基坑、桩基工程、土方开挖、顶管、临时用电、暗涵清淤、机械吊装等工程实施过程中易发生事故。

二、多发事故类型及管控要点

多发事故类型及管控要点见表 11-36。

表 11-36 多发事故类型及管控要点

序号	类型	管控要点
1	高坠	兼有房建四口五临边，有众多分水构筑物、检查井等
2	触电	施工区线形分布，临电布置困难、不规范
3	起重伤害	桩机、汽车吊等极多且流动性大
4	窒息（淹溺、中毒）	水上作业、临水作业、地下受限空间作业多
5	基坑坍塌	基坑种类、数量极多且不统一

1. 高坠事故

（1）水务施工内容多为动土作业和河道内作业，如基坑开挖、桩基施工、沉井及顶管施工、截污管施工、河道清淤等；存在其他大量临边，如河道边、沉井边、逆做井临边，施工平台临边、钢栈桥临边、泥浆池临边、建筑结构临边，以及各类检查井口、分水构筑物预留洞口、桩孔等；

（2）水务工程作业点多且施工变化极快，大量临边洞口周边作业带来很多高坠隐患。

2. 触电事故

（1）施工区域跨度大，变压器数量有限，电箱、电缆等沿河设置，大部分暴露。

（2）临水作业较多，用电主要涉及抽水泵、照明等，漏电风险及危害更大。

（3）城区电线杂乱，水务项目汽车吊、挖机、桩机极多，易发生机械作业碰触高压线等情况。

触电事故防控要点见表 11-37。

表 11-37 触电事故管控要点

序号	项目	重难点	对策	实例
1	配电线路	河道沿线长、施工区分散	1. 架空或埋地； 2. 钢栈桥电缆布置参考公司的图册（专业工程篇）； 3. 沿河道布置电缆应设置在栏杆底部，河道内侧	

（续表）

序号	项目	重难点	对策	实例
2	电箱及围栏	施工区域分散，电箱内漏保等元件易破坏	1. 施工标准化围挡； 2. 工业化电箱	
3	用电机具	1. 水泵发热烧毁、漏电等； 2. 照明灯具未使用低压	1. 采用浮筒泵或真空泵，水泵不入水； 2. 潮湿环境照明统一采用低压	

3. 起重伤害

（1）起重以汽车吊、随车吊为主，流动性大。

（2）白天机械在城区进出受限，夜间施工多，管理强度大。

（3）吊索、钢丝绳非公司集中采购，重点受力构件的质量无法确保。

（4）大量使用拉森钢板桩、SMW 工法桩，桩工机械且需人工配合，人机交互易发生物体打击事故。

起重伤害事故防控要点见表 11-38。

表 11-38　起重伤害事故防控要点

序号	项目	重难点	对策	实例
1	桩工机械作业	桩滑脱引发物体打击、起重伤害	吊桩、拉桩、插打过程中辅助钢丝绳防脱落	

（续表）

序号	项目	重难点	对策	实例
2	起重机械、桩工机械作业	吊运、吊装过程中物体散落、滑脱引发物体打击	作业区域隔离	
			吊索吊具标准化	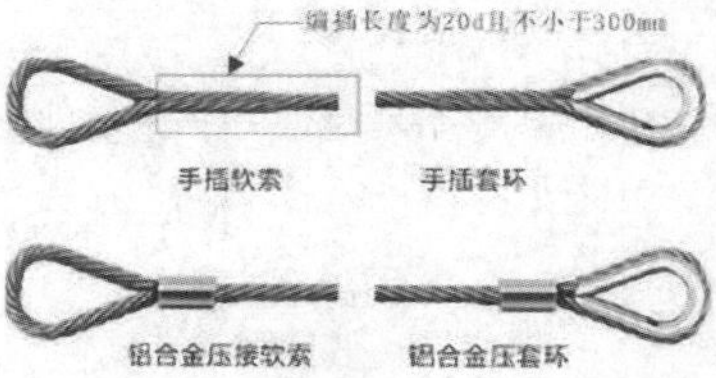

4. 淹溺、窒息或中毒

（1）水务项目地下作业、水下作业较多，如水下封堵、顶管作业、暗涵清淤、调蓄池或污水厂等有限空间作业等极易造成缺氧窒息、中毒和淹溺事故。

（2）顶管作业遇流沙、突涌等情况易引发填埋事故。

5. 坍塌

水务项目多动土作业，涉及沉井、倒挂护壁井（逆做井）、调蓄池（污水厂）等诸多基坑，易引发坍塌事故。

作业重点保证措施：严格按照基坑支护方案选型等落实支护结构。

三、标准化设施及防护

标准化设施及防护见表 11-39。

表 11-39　标准化设施及防护

序号	主要内容	照片	适用范围及场合
1	占道施工安全警示标志		1. 在施工道路路口，施工场所设置交通标识，对过往车辆进行警示和提示。 2. 警示标志包括交通指示牌、警示带、夜间警示灯、水马、反光锥桶等

（续表）

序号	主要内容	照片	适用范围及场合
2	一般占道施工安全防护	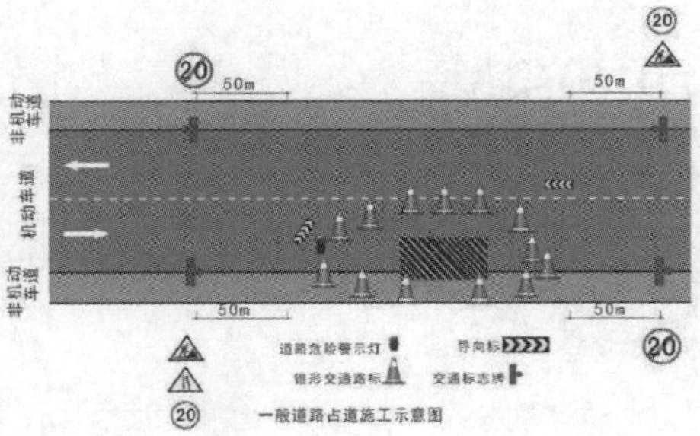	1. 适用于1天内临时占道施工，到交警部门申请占道申请。 2. 不适用于交通导改后的防护或围蔽
3	水上作业安全标志		/
4	固定式围挡		1. 道路两侧围挡施工前必须与当地质安站、城管、市政主管部门确认样式。 2. 适用于一个月以上中长期施工
5	活动式围挡	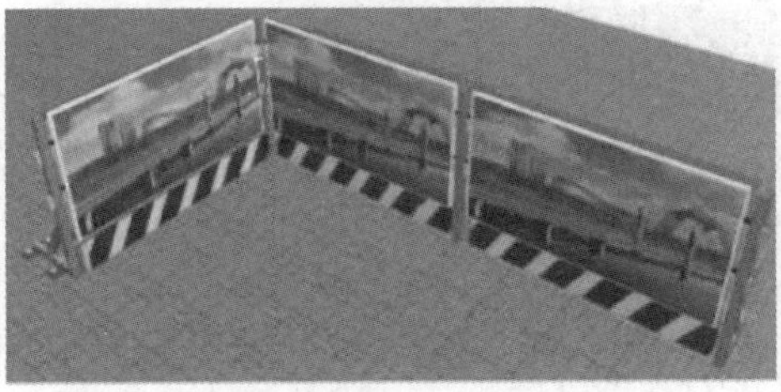	1. 适用于施工地点不停转换，施工周期在一个月以内或不能设置固定围挡的工程。 2. 具体规格尺寸参照公司图册

（续表）

序号	主要内容	照片	适用范围及场合
6	通透式围挡	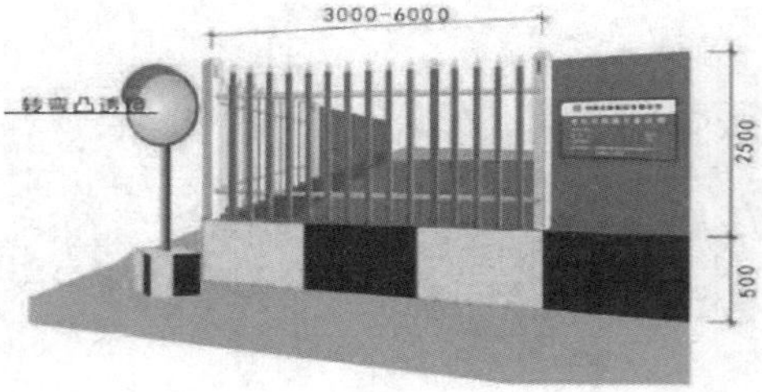	1. 道路两侧围挡施工前必须与当地质安站、城管、市政主管部门确认样式，依据当地要求、结合公司图册实施。 2. 适用于一个月以上中长期施工
7	水马		1. 明挖管道施工区与道路分隔。 2. 河道边。 3. 非市区道路上施工区域围挡
8	铁马（警示隔离）		1. 道路中间检查井临时探测。 2. 临时封路。 3. 起重机械、桩工机械作业区域隔离
9	定型围栏（防护）		1. 基坑边（底部硬化平整，如冠梁顶）。 2. 结构临边。 3. 施工平台临边。 4. 材料堆场周边不适用；适用于基坑边（基础未硬化）
10	钢管栏杆（防护）		1. 河道边。 2. 基坑边（基础未硬化）。 3. 沉井边。 4. 钢栈桥临边

（续表）

序号	主要内容	照片	适用范围及场合
11	顶管工作井临边防护		1. 工作井采用沉井工艺的，沉井施工时需搭设脚手架；沉井沉到位后需在沉井井壁上或外侧搭设临边防护。 2. 工作井采用逆作的，需在土方开挖后立即搭设临边防护（便于拆卸和恢复）
12	钢栈桥临边防护		1. 栈桥临边工具式防护栏采用12号工字钢制作，工字钢预留洞口。 2. 立杆均匀焊接安装于钢栈桥临边次梁工字钢上。 3. 钢栈桥上电缆科研临边防护栏设置
13	淤泥固化点		1. 淤泥固化点应独立设置，尽量避开居民区；设置防护棚，减小噪声和异味传播。 2. 淤泥固化防护棚应考虑防台防风措施

第七节　实施成效分析

一、设计优化实施成效分析

设计优化实施成效分析见表11-40。

表 11-40 设计优化实施成效分析

序号	类型	案例名称	成效分析	6S 归类
1	截污工程	雨污水检查井优化（钢筋混凝土或砖砌检查井→预制一体化检查井）	减少钢筋混凝土及砌筑施工，利于减少检查井渗漏风险，同时大大缩短工期	快速、绿色、优质建造
2		提升泵井优化（传统泵站→一体化提升泵）	减少占地，减少工程量，提高效率	快速、绿色、优质建造
3		泵闸优化（传统泵站→一体化泵闸）	减少占地，减少工程量，提高效率	快速、绿色、优质建造
4		截流井优化（钢筋混凝土→预制一体化混凝土）	减少钢筋混凝土施工，内部设备在工厂预装到位，减少现场安装工序，提高效率	快速、绿色、优质建造
5		管道材质优化（强度低、耐久性→强度高、耐久性强）	保证管道质量，降低后期管道修复风险	快速、绿色、优质建造
6		截流井、泵井、顶管井优化（沉井→人工挖孔桩）	解决狭小空间内大型机械无法进场的问题，同时节约施工工期	低成本、快速、绿色、优质建造
7	河道工程	河道构筑物基础优化（水泥搅拌桩→高压旋喷桩）	确保工期、增加效益、提高工效	低成本、快速、绿色、优质建造
8		基础打桩平台变更（原地面或素土平台→中粗砂平台）	提升现场桩基施工的安全性，保证桩基的施工质量，增加经济效益	快速、绿色、优质建造
9		围堰内增加护脚做法（围堰内增设高压旋喷桩护脚）	提升钢板桩围堰的安全性，保证基坑质量	快速、绿色、优质建造
10		驳岸优化（钢筋混凝土驳岸→预制生态框、浆砌石驳岸）	减少现场钢筋、模板及混凝土施工时间，提高施工效率	快速、绿色、优质建造
11		钢坝基础桩型优化（高压旋喷桩、水泥搅拌桩→预制方桩）	缩短工期，提高效率	快速、绿色、优质建造
12	景观工程	步道砖材质优化（小块步道砖→大块步道砖）	确保工期，提高铺贴效率及质量，避免不均匀沉降风险	快速、绿色、优质建造
13		围墙栏杆优化（加工完毕栏杆→现场加工喷漆）	减少现场喷漆工序，降低空气污染	快速、绿色、优质建造
14		路缘石材质优化（预制路缘石→石材路缘石）	减少石材用量，降低成本，且更加环保	低成本、快速、绿色、优质建造

（续表）

序号	类型	案例名称	成效分析	6S 归类
15	景观工程	苗木品种优化（根据当地情况选苗→千篇一律选苗）	提高苗木成活率，降低苗木更换维护成本	低成本、快速、绿色、优质建造
16	智慧水务、电气工程	电力管线施工方法优化（拉管工艺→明挖工艺）	减少开挖量，保护道路，保证道路通畅，施工速度快、精度高、经济效益好	快速、绿色、优质建造

二、工艺优化实施成效分析

工艺优化实施成效分析见表 11-41。

表 11-41　工艺优化实施成效分析

序号	类型	案例名称	成效分析	6S 归类
1	截污工程	防水工艺优化（三防一体涂料→传统涂料）	减少一道涂刷工序，降低成本，提高工效	低成本、快速、绿色、优质建造
2		明挖改顶管工艺（顶管工艺→明挖工艺）	消除明挖时泵站可能出现的坍塌风险	低成本、快速、绿色、优质建造
3		管井接驳工艺优化（管道接驳难度大→根据管道类型选用接驳工艺）	解决接驳处易漏水问题，提高管井接驳质量	低成本、快速、绿色、优质建造
4	河道工程	钢板桩优化（不常用的组合钢板桩→拉森钢板桩）	降低成本，加快工期	低成本、快速、绿色、优质建造
5		清淤工艺优化（清淤工艺难度大→采用不同的清淤方式）	选择最适用的清淤工艺，降本增效。	快速、绿色、优质建造
6		河道铺底工艺优化（河底铺砌工序多→碎石层与抛石挤淤同步施工）	减少一道工序，提高效率	低成本、快速、绿色、优质建造
7	景观工程	步道标高控制工艺（步道铺设厚度难以控制→通过控制步道基底标高）	通过透水混凝土及步道砖砂垫层厚度的有效控制，节约原材料。	低成本、快速、绿色、优质建造
8			减少工序提高效率	低成本、快速、绿色、优质建造

三、措施优化实施成效分析

措施优化实施成效分析见表 11-42。

表 11-42 措施优化实施成效分析

序号	类型	案例名称	成效分析	6S 归类
1	截污工程	施工便道优化（三防一体涂料→传统涂料）	改善现场施工条件，加快施工进度，增加经济效益	低成本、快速、绿色、优质建造
2		施工便道上图	便于工程结算，确保效益	低成本、快速、绿色、优质建造
3		道路破除及修复上图	便于工程结算，确保效益	低成本、快速、绿色、优质建造
4		旧管利用措施	减少开挖新建工程量，降本增效	低成本、快速、绿色、优质建造
5		管道碰撞模拟	能够避免新建管与现况管“打架”的情况发生，同时根据管道空间关系模拟制定现况管线保护方案	低成本、快速、绿色、优质建造
6		管道封堵措施	拆装方便、成本低	低成本、快速、绿色、优质建造
7	河道工程	袋装土围堰优化	冲砂管袋围堰稳定性好，自重小，在淤泥层施工能确保围堰的安全性，减少施工成本投入	低成本、快速、绿色、优质建造
8		增加施工便道	改善现场施工的交通条件，防止工程车陷轮，加快施工进度	低成本、快速、绿色、优质建造
9		增加钢板桥	通过钢便桥来联系两岸施工，便于现场的资源流动，减少工期耗损	低成本、快速、绿色、优质建造
10		装配式围堰	围堰可周转，减少围堰成本	低成本、快速、绿色、优质建造
11		土方平衡优化措施	减少外购土方和弃置土方，降低成本	低成本、快速、绿色、优质建造
12		水下焊接措施	提高工效	低成本、快速、绿色、优质建造
13		钢便桥永临结合	减少临时措施资源投入	低成本、快速、绿色、优质建造
14	景观工程	道路永临结合	减少临时措施资源的投入	低成本、快速、绿色、优质建造
15		防病虫害措施	提高苗木成活率，降低后期苗木更换维护成本	低成本、快速、绿色、优质建造
16	景观工程	注射营养液措施	提高苗木成活率，降低后期苗木更换维护成本	低成本、快速、绿色、优质建造
17		修枝措施	提高苗木成活率，降低后期苗木更换维护成本	低成本、快速、绿色、优质建造

第十二章

钢结构工程项目精益建造管理

第一节　项目特点与应用范围

1. 钢结构项目特点

（1）施工速度快，全天候施工。

（2）工业化程度高，工厂化生产。

（3）节能环保，可循环使用。

（4）抗震性能好，空间利用高。

（5）施工成本低。

2. 钢结构应用范围

（1）大跨度空间结构。

（2）超高层。

（3）工业厂房。

（4）桥梁。

（5）住宅建筑。

第二节　策划要点

在确保生产履约的前提下，不断提高项目技术管理、质量管理、安全管理、成本管控、环境管理水平，打造成为标杆项目，重点通过设计优化和方案优化降低项目施工成本。

1. 生产履约

以计划管理为主线，加大进度计划的过程监控，提升现场整体把控水平。

2. 技术管理

根据两图融合、一体化施工原则，减少机械和措施投入，提高吊装效率。

3. 质量管理

开展实测实量、样板引路，加强对质量风险的管控，从而提升质量管理水平。

4. 安全管理

持续开展行为安全之星，对重大安全隐患“零容忍”，保障项目安全生产。

5. 成本管控

通过设计优化、精细化管理、合理工序穿插等方法，保证效益最大化。

6. 环境管理

制定减少现场污染的措施，加大措施材料的周转使用，节约材料的消耗。

第三节 精益建造实施

一、钢结构优质建造

1. 设计管理

在钢结构设计过程中，加强与设计沟通，将钢结构工程可建造性、商务伏笔、功能使用需求等与设计相融合，同时结合施工方案的优化，为工程穿插施工、缩短工期、降低成本打下坚实基础。

（1）两图融合：钢结构深化设计图与建筑结构图纸融合，如图 12-1 所示。

（a）机电安装穿管融合

（b）土建钢筋穿筋融合

图 12-1 钢结构深化设计图与建筑结构图纸融合

（2）施工一体化：以深化设计图为基础，对土建、安装、幕墙等专业进行融合，如图 12-2 所示。

（a）安全网挂钩一体化设计

（b）幕墙连接件一体化设计

图 12-2　钢结构施工一体化

（3）永临结合：临时措施与正式建筑相结合，减少临时措施投入。

针对 EPC 总承包项目中设计工作滞后、设计质量不高等问题，钢结构通过制定设计风险控制计划，降低或规避过程中设计风险。

一是设计进度协调。优先安排订货周期长、制约施工关键控制点的设计工作，按阶段进行设计交图工作，达到缩短施工周期，保证施工进度的目的。

二是提前参与设计。利用分公司技术优势，组织钢结构设计力量与设计单位联合设计的方式，保证出图质量和效率，减少施工过程中的返工次数。

三是设计成本控制。在设计过程中应采取“限额设计”方法，使成本控制在一定范围内，以达到节约成本、抑制成本上升的目的。

2. 招采管理

精益建造的核心是资源保障，合理划分钢结构工作包，根据精益建造施工计划倒排招采工期节点计划，明确图纸深化、招标采购、图纸提供、钢板定轧、材料加工、劳务进场等时间，确保各项资源满足进度需要，如图 12-3 所示。

招采部 2018年12月专业招采计划

序号	区域	项目名称	工作包划分	招标内容	工程量（吨位/面积）	招标计划工期	紧急情况	工期要求
1	华东	余政储出（2016）43号地块二期项目钢结构工程	制作	框架钢结构	852	2018年11月30日	一般	2019年1月1日~~2019年7月31日
2	华东	上海普陀区长寿路D5-6地块商办楼项目	制作	钢框架-核心筒结构	5525	2018年12月20日	一般	2019年2月15日~~2020年6月11日
3	北方	青岛小涧西垃圾发电项目	屋面维护系统制安（专业分包）	屋面维护系统	20000平	2018.10.30—2018.11.30	一般	计划进场时间2018/12/15
4	华南	珠海环宇城	制作	钢结构制作	5000吨	/	一般	/
5	华南	宝安三馆	维护	维护系统	50806平米	2018.11.20-2018.11.30	紧急	2018.12.15-2019.5.30
6	华南	东部电厂	制作	首节格构柱制作	408吨	2018.11.23~2018.11.30	紧急	2018.12.15~2018.12.30
7	华南	前海腾讯	制作	拆撑小短柱	80吨	2018.11.28~2018.12.8	紧急	2018.12.15~2018.12.30
8	华南	前海腾讯	制作	铸件连接杆	500吨	2018.11.28~2018.12.15	紧急	2019.1.1~2019.1.30
10	西部	四川大学华西天府医院	制作	钢构件制作	6449T	11月15日-11月30日	紧急	12月10日进场

（a）钢结构招采计划

钢结构制作标准化清单库

清单编码	类别	项目名称	项目特征	工艺做法	单位	工程量	材料费	制作	油漆	运输	税金	综合单价	总价
1.1	制作	十字柱	[illegible]	[illegible]									
1.2	制作	十字柱	[illegible]	[illegible]									
2.1	制作	[illegible]	[illegible]	[illegible]									
2.2	制作	[illegible]	[illegible]	[illegible]									
3.1	制作	[illegible]	[illegible]	[illegible]									
3.2	制作	[illegible]	[illegible]	[illegible]									

（b）钢结构制作标准化清单库

图 12-3　钢结构招采管理

工作包划分：制作、安装、防火涂料、机械、措施、压型钢板等材料。

倒排招采工期节点计划：图纸提供、招采定标、钢板定轧、工厂制作。

标准化集采清单：制作集采、钢板集采、栓钉高强螺栓集采、模拟清单。

为减少与供应商的反复谈判报价，提高定标效率，对常规制作项目进行钢结构集采。对于工期紧、图纸滞后严重的项目，采用模拟清单进行招采前置，减少图纸因素对招采带来的影响。

3. 技术管理

（1）方案优化。通过对现场工况分析，优化吊装方案，合理选配设备，提高吊装效率，保障安全性的同时缩短工期，如图 12-4 所示。

（a）钢结构滑移方案优化　　（b）钢结构桥梁顶推优化

图 12-4　钢结构技术方案优化

（2）工艺标准化。为规范钢结构施工标准做法，减少质量通病，降低或避免后期维修成本，深入推进工艺标准化管理，特编制了《钢结构工程施工工艺标准》，如图 12-5 所示。

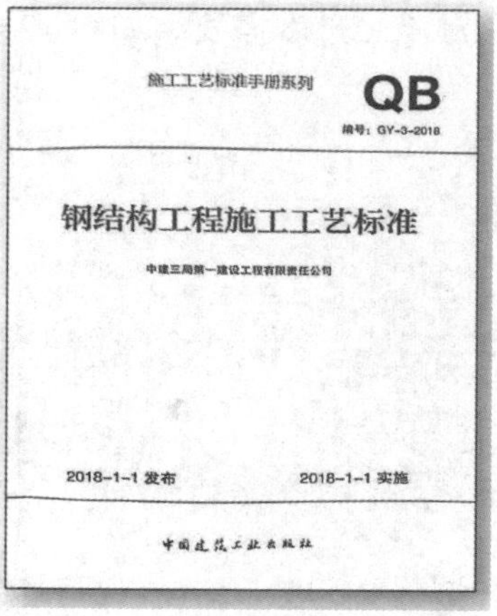

图 12-5　工艺标准化手册

4. 质量管理

为严格把控过程质量，落实现场实测实量制度，发现问题及时改正，减少钢结构项目质量通病，提高项目整体交付质量水平，如图 12-6 所示。

（a）焊缝探伤

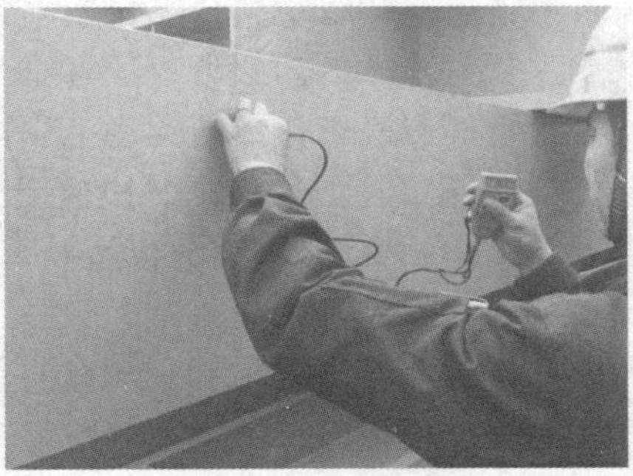

（b）漆膜厚度检测

图 12-6　钢结构现场实测实量

采取样板引路模式，用实体样板引路，给分包定标准，明确施工工序和质量标准，如图 12-7 所示。

（a）钢柱钢梁节点样板引路

（b）屋面结构样板引路

（c）多层多道成型

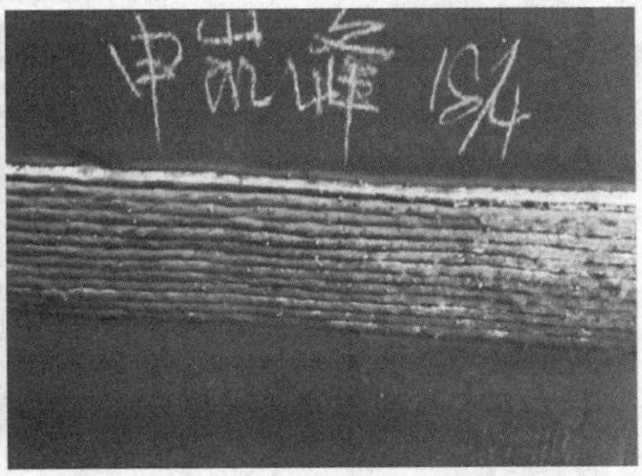

（d）盖面成型

图 12-7　钢结构实体样板

二、钢结构快速建造

1. 快速启动

项目承接后立即组织召开项目启动会，组建项目管理团队，保障项目资源投入。

根据项目特点，因事设职、因职选人，选派有经验的管理团队，提前对劳务做好工期、工程量等交底工作，同类型工程核心劳务优先选择。

分公司各部门与项目联动，快速组织招标、施工方案、图纸深化、商务策划、劳动力进场等工作，推动项目及时运转。

2. 三级计划

根据项目工期节点要求和资源配置能力，以计划管理为主线，设置三级节点，加大进度计划的过程管控，保障工期履约。

一级节点：一级计划节点包含合同节点及由此分解的主要控制节点。

二级节点：在一级计划的指导下，进一步描述重要里程碑和深化、采购、施工等阶段的计划安排。

三级节点：在二级计划的框架下，细化项目每个节点的详细施工计划。

3. 工序穿插

针对超高层钢结构、电子厂房、钢结构桥梁三大版块的业务特点，分析各项工序流程和插入条件，提前把控设计图纸及资源配置计划，形成钢结构三大业务版块的工序穿插样板，从而有效控制钢结构施工工期。

图 12-8 为超高层钢结构工序穿插。

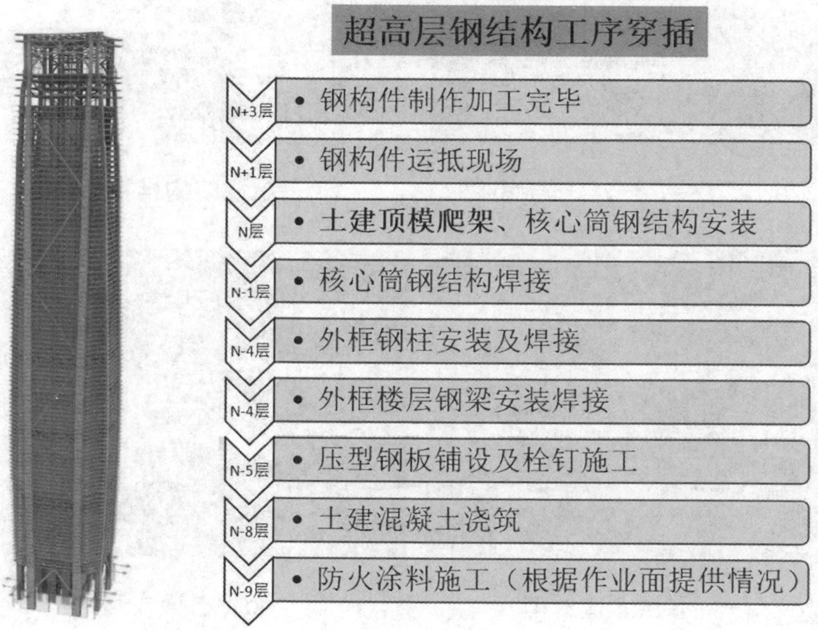

图 12-8 超高层钢结构工序穿插

图 12-9 为钢结构桥梁工序穿插。

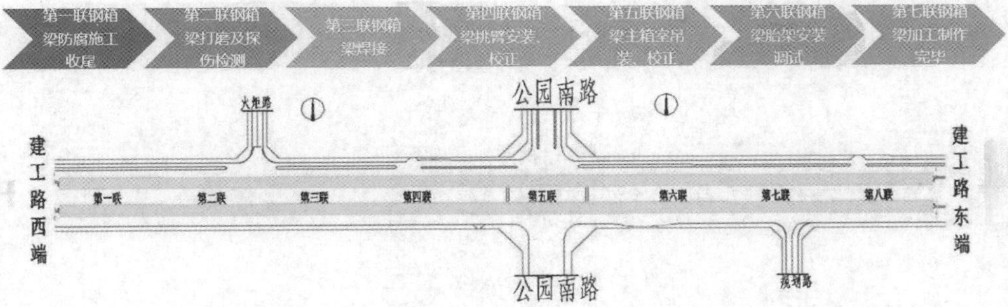

图 12-9　钢结构桥梁工序穿插

4. 永临结合

以仓储物流项目为例，项目提前进行场地硬化，如图 12-10 所示，便于钢结构地面拼装、构件堆放，避免因场况差造成施工降效及工期拖延。

（a）硬化前场地条件

（b）硬化后场地条件

图 12-10　场地硬化前后

5. 施工一体化

针对轻钢屋面结构吊装，通过将单件吊装创新为单元件吊装，减少高空作业，提高吊装效率，如图 12-11 所示。

（a）传统单件吊装方式

图 12-11　钢结构吊装

（b）一体化单元件吊装

图 12-11 钢结构吊装（续图）

三、钢结构智慧建造

1.BIM-QR 系统

采用钢结构 BIM-QR 系统，以二维码为纽带，由 BIM 模型、后台服务器和客户端组成的综合系统，为钢结构项目在原料采购、构件生产、构件运输等过程中提供一个便于管理的综合信息平台。

（1）制造管理。通过 BIM-QR 系统，将材料的尺寸、数量等信息录入服务器系统，在钢结构构件制造过程中，将制造信息和材料信息关联，即可统计不同材料的剩余数量，达到控制材料使用情况的目的。

将服务器的制造信息更新到 BIM 模型中，通过颜色变化，可直观显示构件制作进度，便于钢构件的制造关联及现场的协调。

（2）运输管理。在出厂的钢构件上粘贴二维码并安装 GPS 定位器，即可获得钢构件的即时位置信息，从而确定构件进场的准确时间，而构件进场后，通过手机终端对到现场构件进行扫描验收统计，并将信息更新至 BIM 模型中，便于管理人员了解到场构件信息。

（3）进度管理。通过 BIM-QR 系统将已经安装的构件通过手机终端现场录入验收信息，并同步到服务器 BIM 模型中，在模型中用特定颜色显示，从而有效地避免钢构件的漏装。

（4）质量验收管理。使用移动终端扫描二维码即可获得构件的详细信息，然后直接通过移动终端简便快捷地填写验收信息，并将信息同步至后台服务器中，便于管理人员查询验收信息。

2. 虚拟预拼装技术

采用高精度的激光扫描全站仪采集关键点位的三维坐标和对构件进行点云扫描，得到高精度的构件三维实物模型，利用三维模型对该实物模型进行误差分析和模拟预拼装。

3. 焊接机器人技术

通过使用焊接机器人技术，降低施工成本，保证焊接质量，降低了对工人操作技术的要求。

四、钢结构绿色低碳建造

1. 环境控制

对钢结构作业过程中产生的光污染、噪声污染、防火涂料粉尘、焊渣废弃物等进行控制，推广使用工业环保设备，在电焊作业时使用电焊烟尘净化器，收集净化焊接产生的烟尘，起到保护环境和工人身体健康的作用，如图 12-11 所示。

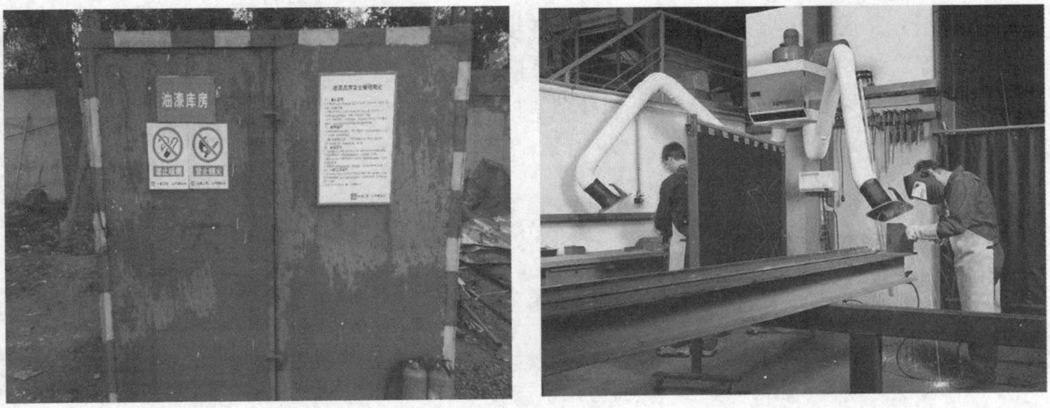

图 12-12　钢结构作业环境控制

2. 节能节材

采用可周转标准化防护设施，如图 12-13 所示，周转效率高，租赁钢板进行铺路，节省修路耗材。

图 12-13　可周转标准化防护设施

五、钢结构低成本建造

1. 设计优化

将连接节点、安装工艺向有利于施工及降低成本方向优化，减少措施投入，提高施工效率。

2. 工期效益

科学组织各工序（埋件、栓钉、防火涂料等）的穿插，对施工进度实行三级计划管理，合理加快施工进度，缩短工期。

3. 一次成优

严格执行样板引路制度，做好质量风险停止点的验收工作，减少质量缺陷带来的返工。

4. 招采先行

合理划分工作包进行优质招采，保障各项施工资源及时投入，避免扯皮，减低成本。

5. 精益商务

提前进行商务策划，过程中精细化管理，加强成本的控制。

第十三章

洁净厂房项目精益建造管理

第一节　洁净厂房概念

类似生物培育室、医疗手术室（重症室）、高精密度的电子生产厂房等对室内的洁净度、温度、湿度等均有较严格的要求，一般情况下，对洁净室的分类可以按表13-1所述的使用性质和洁净室内气流类型进行划分。

表 13-1　洁净室分类表

分类依据	类型	备注
使用性质	工业洁净室	例如电子工业、机械工业、化工工业等用的洁净室
	生物洁净室	例如生物制药、食品、动物试验、洁净手术等
	生物安全实验室	研究高危害性、传染性、病菌病毒等微生物的洁净室
气流流型	单向流洁净室	沿单一方向呈平行流线并且横断面上风速一致的气流，包括垂直气流和水平气流
	非单向流洁净室	不符合单向流定义的气流
	混合流洁净室	单向流和非单向流组合的气流
	矢流洁净室	气流以放射形方向流线不交叉的气流

室内的洁净程度通常情况下可采用表13-2所述的判断标准。

表 13-2 洁净度等级表

空气洁净度	大于或等于表中粒径的最大浓度限值（个 /m³）					
	0.1μm	0.2μm	0.3μm	0.4μm	1μm	5μm
1	10	2				
2	100	24	10	4		
3	1000	237	102	35	8	
4	10000	2370	1020	352	83	
5	10000	23700	10200	3520	832	29
6	100000	237000	102000	35200	8320	293
7				352000	83200	2930
8				3520000	832000	29300
9				35200000	8320000	293000
说明：表中 1 ~ 9 级表示为空气洁净度等级，但通俗说法常以 0.1μm 悬浮粒子数为标准而称为十级、百级等。						

第二节 洁净厂房建造特点及重难点

一、洁净厂房建造的特点

洁净厂房建造的特点见表 13-3。

表 13-3 洁净厂房建造的特点

序号	厂房建造的特点	特点分析
1	投资规模大，资金筹集时间短	（1）一般一个电子洁净厂房的投资额度均在数百亿元人民币以上，投资规模巨大； （2）从项目立项到投产时间短（一般均短于 2 年），短期内需投入大量的资金，其中在投资额度中最昂贵的部分为先进的生产设备，而大部分设备均为国外进口设备，加工生产前需支付一定比例的定金和预付款，资金筹集时间短
2	对厂房建造质量要求高	厂房生产电子芯片或薄膜电晶体液晶显示器，其生产工艺每个环节均细微到微米级、数量巨大到百万个，生产过程中微小尘埃或振动都会影响产品的质量（良品率），因此，生产设备对厂房的建造质量要求高，主要包括： （1）楼地面平整度要求高：

（续表）

序号	厂房建造的特点	特点分析
2	对厂房建造质量要求高	因机械在楼地面上高速行走及工作，楼地平整度达不到要求会引起设备振动，而影响生产质量，因此，电子洁净厂房 STOKER 区的楼地面平整度要求达到 2mm/2m。 （2）对抗微震要求高： 生产设备高速行走及工作需要一个良好的抗震动环境，需重点关注洁净厂房抗微震结构（包括微震柱、微震台等）的施工质量。 （3）对厂房洁净要求高： 由于厂房洁净度需要，对厂房的主体结构、围护结构及厂房内的装饰、机电等工程均有较高的洁净要求。 （4）对水处理和废水处理要求高： 洁净厂房的纯水净化程度要求高，要求达到不导电的效果；而废水处理的要求也必须达到环保，避免对周边居民健康造成影响，因此，类似水处理专业仍需采用国外先进的技术，以达到高标准的质量要求
3	建设体量大、建造周期短，短期内投入的资源巨大	（1）因洁净厂房的生产工艺要求，洁净厂房的设计需围绕整套施工工艺进行建设，一般一个洁净厂房的占地面积及总建筑面积均在数十万甚至数百万平方米以上，建筑面积巨大。 （2）从项目立项到建造完成以及到项目投产的周期均较短，场坪、桩基、主体结构及各专业承包商均需投入大量的资源以保证总工期实现
4	建造过程中施工组织与管理难度大	建造过程中施工组织与管理难度大，主要体现在如下方面： （1）资源组织与管理难度大： 短期内如何组织庞大的资源进场并形成高效的战斗力，包括大型设备、材料及劳动力是各施工阶段均面临的困难。 （2）物流交通压力大，平面布置困难： 因短期内资源巨大，厂房建造期间的道路交通将面临巨大压力，且交通压力持续时间长，从工程开工到各专业承包商工程基本完成，各施工阶段均存在物流量大、交通压力大的困难；同时因各厂区、各专业投入的资源巨大、短期周转快，现场的平面布置与管理难度大，规划管理不善将对现场施工效率造成较大影响。 （3）各专业的管理难度大： 工程建造时间短、专业队伍多，短期内将所有参建的专业包商快速融合、高效协同工作，存在较大的困难

二、洁净厂房建造的重点、难点

洁净厂房建造的重点、难点见表 13-4。

表 13-4　洁净厂房建造的重点、难点

序号	厂房建造重点、难点	重点、难点分析
1	快速启动	因厂房建设的体量大、周期短，其建设过程中每个环节拖延均有可能影响整体施工进度，因此，其建造过程中的每个环节均需要快速启动，各参建单位均需做好以下工作，保证工程快速启动： 1. 管理团队快速组建与进场，并快速有序开展各项工作；

（续表）

序号	厂房建造重点、难点	重点、难点分析
1	快速启动	2. 资源提前准备与快速进场，包括充足的劳动力快速进场和完善的后勤保障，保证短期内形成战斗力；提前准备数量足够、吊装性能良好的大型设备并保证大型设备按时进场安装；提前调研周边钢筋、混凝土、周转架料并在短期内快速进场；各专业承包商所需的材料提前订货与制作，并如期进场等。 3. 快速与业主、管理公司、监理及周边管理部门良好对接，为工程快速高效施工创造有利条件
2	高效施工组织与安排	因厂房施工面积大、体量大，施工组织不利易造成现场施工混乱，工人窝工、周转材料及工程实体材料无法进场造成积压，影响施工效率，因此，需重点做好： 1. 管理与施工区域的合理划分： 结合洁净厂房平面面积大、施工体量大的特点，在平面上合理划分施工管理区，对各个管理区配备数量足够的管理人员，并合理安排资源，从而保证各管理区均高效开展施工。 2. 施工区段合理划分： 针对各个厂房单层面积大的特点，对各厂房进行区段划分，科学安排流水节拍和流水方向，保证劳动力连续均衡投入，不造成窝工，材料高效进场、科学周转及有序退场，从而达到施工组织紧而有序、忙而不乱的效果。 3. 有序组织专业施工组织和场地移交： 合理安排各包商的施工流向和场地移交时间，保证各专业承包商均能按期开展施工。 4. 强化计划管理： 完善计划管理体系，设专业计划管理人员，将各专业承包商的计划纳入总包计划体系中，通过日报表、周报表、月报表对计划进行实时监控，及时分析计划偏差的原因，制定切实可行的赶工计划，签订责任状及开展劳动竞赛等形式，保证总包及各专业包商均按期完工
3	交通物流平面规划与管理	工程工期紧、材料用量巨大，现场物流交通压力大，需要重点做好： 1. 协调场外市政交通： 项目经理部施工经理下设材料管理部，所有物资调配统一由该部门进行协调管理；在现场设置材料暂存区，对于钢筋、钢结构、模板木枋以及架料等需要有一定的存放量；与当地交通主管行政部门建立良好的沟通渠道，为渣土车和大型构件、材料车的通行创造有利的外部条件，并为后期的设备、材料进场、退场创造良好条件。 2. 场内交通合理规划，统一协调： 建立场内交通运输组织体系，明确行车路线和大门车辆进出方向，现场设置交通指示牌和交通指挥岗；编制交通运输组织方案，作好交通运输计划，保持与各分包商和运输单位的紧密联系，以便安排交通运输协调配合工作。 3. 规划平面布置，动态调整： 考虑不同施工阶段现场对平面布置的需求，做好各阶段的布置：快速启动阶段：快速形成现场环形道路并规划完成现场堆场、加工场等。结构施工阶段：布置与管理好结构施工的模板架料堆场、钢筋堆场、钢结构堆场等。装修 / 机电 / 洁净室施工阶段：在各单体相继结构完工后，模板架料清运至场外，合理规划与管理好各专业承包商的堆场。做好各阶段堆场规划的同时，制定有效的管理措施和巡查制度，保证堆场整洁有序，从而保证现场整洁及文明施工

（续表）

序号	厂房建造重点、难点	重点、难点分析
4	厂房高标准高精度质量控制与管理	结合洁净厂房工艺特点，需重点做好如下建造过程的质量控制： 1. 大面积楼地面平整度控制： 包括单栋厂房楼地面的平整度控制，STOKER 区楼地面要求控制在 2mm/2m；同时整个厂区的楼地平整度要求控制在 ±20mm 以内，保证厂房与厂房之间顺畅连通，以满足后期设备及物料在厂房间运输。 2. 格构结构的质量控制： 包括格构柱的结构尺寸方正，避免出现蜂窝麻面等，同时做好后期结构柱的环氧树脂施工，为厂区洁净提供保证。 3. 屋面防水防渗漏施工： 屋面渗漏直接影响电子洁净厂房的后期生产运营，因此，屋面的防水防渗漏至关重要，特别是洁净区必须做好“零渗漏”避免给洁净厂房后期运营造成影响。 4. 水池的防裂防渗漏控制： 水池开裂和渗漏直接影响水池的使用功能，而类似 5 号厂房（CUB）的纯水站的水池的墙壁较厚、长度长，易开裂，因此，做好水池的防裂防渗漏控制是工程的重点和难点。 6.5 号厂房（CUB）厂房机电综合管线布置及施工： 5 号厂房（CUB）厂房管线密集、设备安装工程量大，由于 5 号厂房（CUB）厂房是整个厂房的“心脏”，需要其结构最早封顶并最早移交，以便为后期所有厂房的调试、试运行提供支持，因此，5 号厂房（CUB）机电综合管线布置及施工至关重要。 7. 通风洁净系统的安装： 通风洁净系统对厂房内的空气洁化及运营至关重要，因此其施工质量尤为关键
5	安全管理	因厂房面积大、安全防护点多面广，安全管理难度大，包括： 1. 重大危险源多： 包括深基坑的安全管理、高大架体的设计与安拆、高空作业、消防管理、施工用电、大型设备安拆及管理等。 2. 多楼层交叉作业： 类似格构梁、华夫板存在上方结构施工，下方架体拆除；洁净施工时，上方天花吊顶施工，下方洁净装饰施工等。 3. 劳务人员多、专业工种多，安全防护难度大： 总包自行施工的劳务人员及各专业承包商的劳务人员数量多、专业工种多，在整个建造周期内如何将所有专业全部纳入总包的安全管理中，确保所有劳务人员安全，管理难度大。 同时，因各专业之间施工内容不同，其安全防护的重点不同，安全防护措施存在差异，易出现安全防护多次搭拆转换，在搭拆转换过程中存在安全隐患和漏洞，如何保证安全防护连续无漏洞也存在一定难度
6	总承包管理与服务	工程建造时间短、专业队伍多，短期内将所有参建的专业承包商快速融合、高效协同工作，存在较大的困难，包括： 1. 总包自行施工的劳务队伍多，管理难度大： 需重点做好自行施工范围内的各项管控，除进度、质量、安全等方面的管控外，还需重点做好工作面的移交、堆场的移交，为后序专业施工人员进场及施工创造条件。

（续表）

序号	厂房建造重点、难点	重点、难点分析
6	总承包管理与服务	2. 各专业承包商的协调管理难度大： 各专业承包商施工内容多、专业工种多、管理风格差异大，如何做好总包管理难度大。需提前做好总包管理策划，制定完善的总包管理制度，从进场管理、场地管理、平面管理、进度管理、质量管理、安全管理、技术管理、交通管理、平面管理等各方面进行总包管理，使各包商按管理制度高效协同工作

第三节　洁净厂房精益建造实施

一、厂房施工组织

（一）施工总体安排

1. 施工总体思路

大型电子工业洁净厂房工程体量大、建设周期短，作为工程总（主）承包单位，无论采用何种承包模式，在施工过程中，均应围绕“以路为纲、快速启动、高效施工、快速清退、高标准移交”的原则组织施工，牢牢把握以计划为主线的进度管理，以平面与空间为主的协调管理，以质量安全为主的监控管理，科学、统筹、合理地安排整体施工部署。

（1）以路为纲

类似洁净厂房工程，工程体量巨大，项目建设周期短，短期内需要投入的资源（含实体钢筋、混凝土及周转材料）及后期需要退场的周转材料巨大，交通运输对工程的建设至关重要，在整个设周期中均需要围绕道路进行施工组织。

正因为大型洁净厂房交通运输量大，厂区道路大部分会单独划分为独立施工包，提前于土建（总包）标提前招标，待土建（总包）单位进场施工时，场区道路基本能提供主要交通运输，土建（总包）单位进场后重点做好部分临时道路、临时排水等系统的修改与场区道路的维护工作，并做好场区交通管制，以保证场区交通顺畅有序。

也有部分工程，由于洁净厂房招标及施工时间过于紧凑，厂区道路未能按时完成或直接将厂区道路划在总包（土建）包中，在施工组织时，厂区基础施工与道路施工要同步进行，基础施工阶段便要确保主厂区周边的道路修建完成，从而保证后期大量的材料等顺利进场，从而保证工程施工进度。

（2）快速启动

由于厂房施工周期短，而短期内需要大量的管理人员、劳务人员进场施工，同时数量巨大的钢筋、混凝土等实体材料及钢管、模板等周转材料也要进场，区域公司及拟建项目部应结合当地的资源环境做好充分的调研，确保劳务人员快速集结、各项资源快速进场，并在短期内形成强有力的战斗力。

快速启动工作延伸到工程投标阶段，投标便有中标的决心，在投标阶段完成各项资源的调研并与供应商提前签订供货合同，包括：对工地周边混凝土搅拌站的供应能力、钢筋供货能力、周边钢管碗扣等架料租赁与供货、大型塔吊的租赁与供货等，并与周边主要供货商就大宗签订供货合同，保证工程中标后资源迅速到位。

工程中标后，需迅速组织项目团队及核心劳务进场，类似项目可以包括如下内容（表 13-5）：

表 13-5　开工一周内完成的主要工作

序号	开工一周内完成的主要工作
1	核心管理人员进场
2	前期土方及凿桩头等作业人员进场
3	材料供应商进场，包括钢筋、钢管、模板等材料供应商
4	设备租赁供应商进场，包括塔吊、挖机等设备租赁供应商
5	专业施工单位进场，包括防水等专业施工单位
6	管理人员及劳务队伍办公室及办公家具搬入
7	方案及总进度计划的编制及报审，包括前期塔吊、基础施工方案及总计划
8	完成图纸会审与钢结构初步深化图纸
9	完成测量控制点移交和布置
10	完成厂区方格网测量
11	完成生活区设施采购及搬入
12	完成当地社会关系的对接，包括质安站、派出所、居委会、建设局、公安局、土地局等

（3）高效施工

围绕厂房结构施工的特点，对厂房进行施工区段划分、合理安排施工顺序、投入充足的施工资源，确保工程高效开展。

各系统结合各自施工任务进行管理职能梳理与完善，包括管理实施过程中各项管理制度和管理措施的制定与落实，从而保证自行施工的各项施工环节受控。

进度方面，需编制详细的进度实施计划，同时建立进度跟踪检查体系，过程中有行之有效的纠偏措施。

质量方面，结合大型电子工业洁净厂房的特点，对大面积楼地面施工质量、洁净结构施工质量、重点部位防裂防渗漏、后浇带封闭等施工进行重点把控，为结构完成向后序施工专业承包商顺序移交提供便利。

安全方面，从现场重大危险源（包括深基坑、高大模板、消防、施工用电等）管控，整个厂区的安保与门禁系统等方面保证现场安全受失控，从而为工程高效开展奠定基础。

技术管理，做好重大危险源的识别并制定安全管理方案。结合大型洁净厂房的特点制定行之有效的施工方案，并做好交底与跟踪检查，及时解决现场技术问题和图纸冲突等，为工程高效施工提供保障。

平面与场保管理，针对大型洁净厂房平面布置困难、交通压力大的特点，对平面堆场进行区域划分，对现场交通组织进行合理规划与指挥，保证交通有序，资源顺畅进退场。

后勤管理，充分做好现场办公区、生活区的规划与管理，及时了解并做好工人后勤管理工作，保证现场工人生活安稳有序，为现场施工提供保证。

（4）快速清退

主体结构封顶后，总包（土建）单位前期进场的大量架料及模板如何在短期内快速清退面临巨大的压力。一方面，需制定科学的架料拆除通道，确保架体拆除快速及安全、另一方面，大批量的材料在有限的道路条件下，以最快的速度和最短的时间实现退场，并分批分区域逐步将室内工作面和室外场地移交后序专业施工承包商。

（5）高标准移交

待总包商（土建）的结构逐步完成后，需及时对室内施工作业面及场外场地进行移交，由于移交工作量大，如何让后序专业施工承包商能尽快、有序开展工作，需结合后序专业施工承包商的工艺特点和施工要求详细编制移交标准和移交计划，见表13-6。

表 13-6　移交标准和移交计划

序号	移交内容	移交标准和顺序
1	建筑内工作面移交计划	1. 洁净区与非洁净区交界部位先组织施工先移交，其他区域分楼层分区域逐步按节点时间移交。 2. 塔吊拆除及后浇带封闭达到要求。 3. 楼地面平整度达到洁净施工要求。 4. 混凝土结构缺陷修补完成。 5. 屋面断水及水池渗漏达到要求。 6. 现场照明、供水等设施符合要求
2	建筑外堆场移交计划	1. 土建材料分批按计划清退。 2. 承包商的堆场按批接收及材料仓库等分批按计划建设
3	公共资源移交计划	1. 现场基准点移交。 2. 现场轴线及标高移交

2. 施工总体安排

以某项目为例，本工程的总体安排如下：厂区内的 1 号、2 号、3 号厂房同时施工，因图纸影响 4 号 CCSS 以及 5 号 CUB 在年前将基础底板施工完成，3 月 1 号开始进行主体施工，水泵房、废水站、特气站等其他小栋号也在 2016 年 3 月 1 日施工。

室外道路、管网从进场后开始施工，并随厂房主体结构施工同步穿插，于 2016 年 6 月 30 日前完成。主体封顶后立即完成相应的断水及收尾工作，在 2016 年 7 月完成洁净包 / 机电 / 装饰的移交。7 月 30 日后全面进入总承包管理阶段，重点对各专业承包商的进度、平面与空间、安全文明、质量的管理。

具体安排如图 13-1 所示。

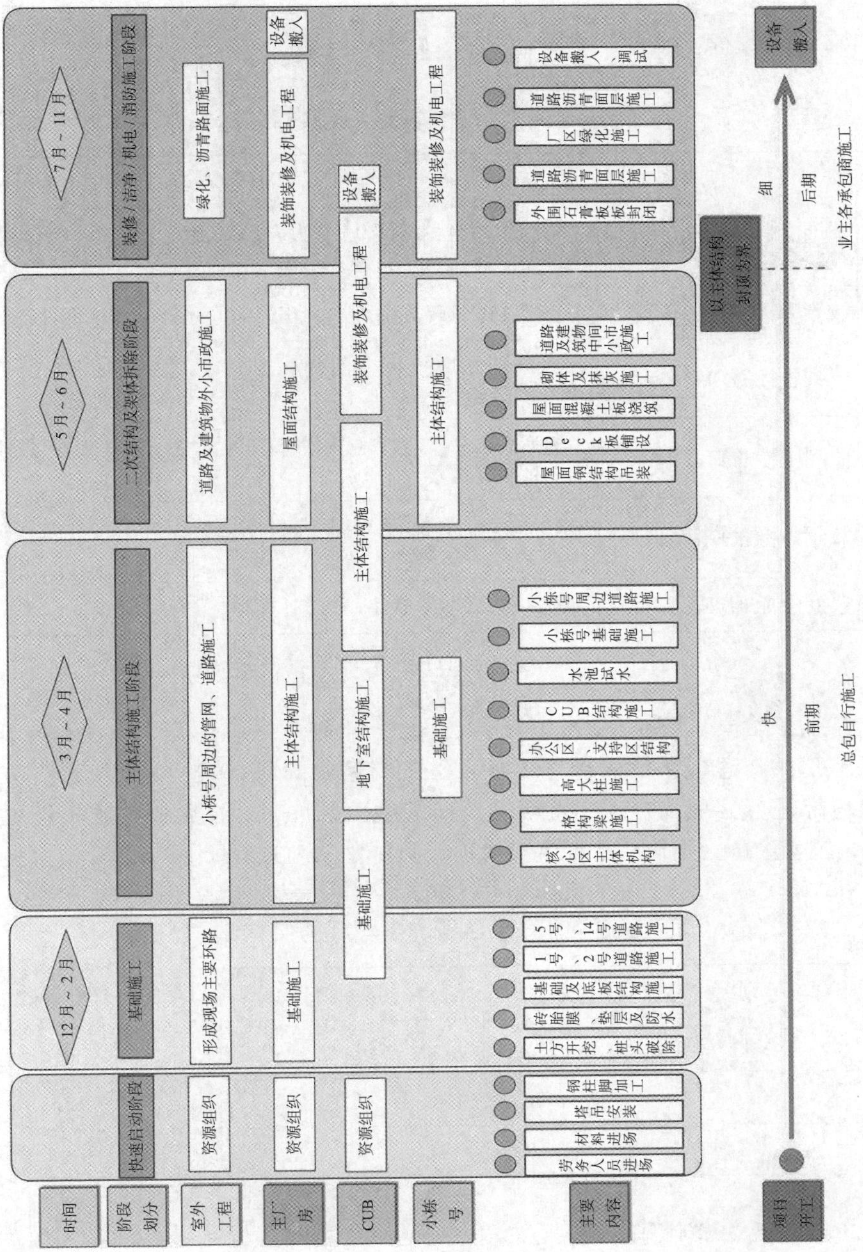

图 13-1 施工总体安排

（二）快速启动

1. 前期投标调研

对工地周边混凝土搅拌站的供应能力、钢筋供货能力、周边钢管碗扣等架料租赁与供货、大型塔吊的租赁与供货等进行调研，并与周边主要供货商就大宗签订供货合同，保证工程中标后资源迅速到位。

2. 现场快速启动

中标后立即进入“战时”状态，见表13-7。

表13-7 现场快速启动内容

序号	完成时间节点	内容
1	收到中标通知	立即组织项目核心团队50人到场，积极与业主、PM对接开展前期准备工作
2	收到中标通知后3天	项目部150管理人员到岗，相应的办公、生活条件具备
3	收到中标通知后8天	劳务公司相应投标期间的“意向协议书”要求，10天内完成3000人进场
4	收到中标通知后13天	中标后资源供应商马上按投标期间的“意向协议书”要求，完成第一批材料进场
5	收到中标通知后18天	中标后首批钢柱脚15天内制作完毕、2天内可供货到现场、30天内柱脚全部进场
6	收到中标通知后23天	完成3栋厂房26台塔吊安装

3. 主体结构施工

在主体施工阶段，1号、2号、3号厂房分为单独片区进行施工，小栋号作为单独片区进行施工。在总包部的管理下，各片区的材料由总包部统一进行采购，吊车、叉车等由总包部进行分配，合理、均衡各厂房的施工条件，保证整体的施工进度。

1号、2号、3号厂房均提前结构封顶，具体见表13-8。

表13-8 1号、2号、3号厂房结构封顶

厂房	计划结构封顶节点	实际结构封顶节点	提前天数
1号	7.30	6.30	31
2号	7.30	6.29	32
3号	7.15	6.15	30

4. 二次结构及架体快速清退

架体拆除阶段，提前制定好拆除计划，安排好拆除通道，保证在短期内快速清退

的巨大压力下，有条不紊地进行架体拆除及清运工作。各厂房时间也应及时进行协调，保证材料退场道路通畅。

在二次结构施工中，二次结构插入时间较晚，导致后期移交受到了二次结构施工的影响，建议其他项目提前考虑二次结构施工人员，在一、二层架体拆除及清理完成后，立即安排班组进行二次结构施工，尽量在2个月内完成施工，不留尾项。

5. 专业分包商施工

在1号、2号、3号厂房、5号CUB主体封顶后，后期的洁净、机电、消防、工艺管道、通风给排水等各承包商将陆续进场施工，按照工期节点要求提供工作面，总包需要按照快速移交的原则开展工作面的清理以及工作包范围内的收尾，重点需要做以下工作：

（1）塔吊拆除完成并进行洞口封闭。

（2）预留通道封闭及架体拆除完成。

（3）一层、二层洁净区外围封闭。

（4）后浇带封闭及架体拆除。

（5）虹吸洞口、特排水洞口、变形缝封闭，屋面临时重力泄水口施工。

本项目总承包管理针对业主指定分包商进行13项综合管理：进场管理、计划管理、平面组织管理、技术管理、深化设计管理、机电协调及空间管理、公共资源管理、质量管理、安全环保管理、合同商务管理、文档资料管理、竣工验收及备案管理、退场管理；针对业主直接分包商进行8项综合管理：进场管理、平面组织管理、机电协调及空间管理、公共资源管理、安全环保管理、文档资料管理、竣工验收及备案管理、退场管理。具体详见“总承包管理”。

施工总体流程如图13-2所示。

二、进度管理

（一）大型洁净电子厂房进度管理特点及要点分析

大型洁净电子厂房施工整体上呈现建筑规模超大、施工周期超短、施工工序复杂、工艺难度高、对相关节点移交要求紧的特点，其特点详述如下：

一是资源投入浩大。在半年的时间内需完成80万立方米的混凝土浇筑施工，高峰期参加施工的劳动力数量多以万计，涉及参建单位及公司数百余家；材料投入数量浩大：完成钢筋绑扎15万吨，使用钢管、碗扣总量合计10万多吨，消耗模板130万平方米、木方3万多立方米，钢结构安装量达3万多吨，使用塔吊44台、施工电梯及汽车吊近百台。

二是厂房结构施工特点突出。大型洁净电子厂房一般含格构梁、华夫筒、奇氏筒等施工工艺，施工难点突出。厂房核心区格构梁等质量控制平整度要求小于2mm/2m，高大架体最大支模高度达到16.4m，单根大梁重达12.7t，高大柱高度达14m，CUB作为整个厂房的心脏、CCSS等单体中大量水池防渗漏要求高、厂房屋面防水防渗面积大、回风夹道吊装难度大且施工节点复杂、安全防护难度大。

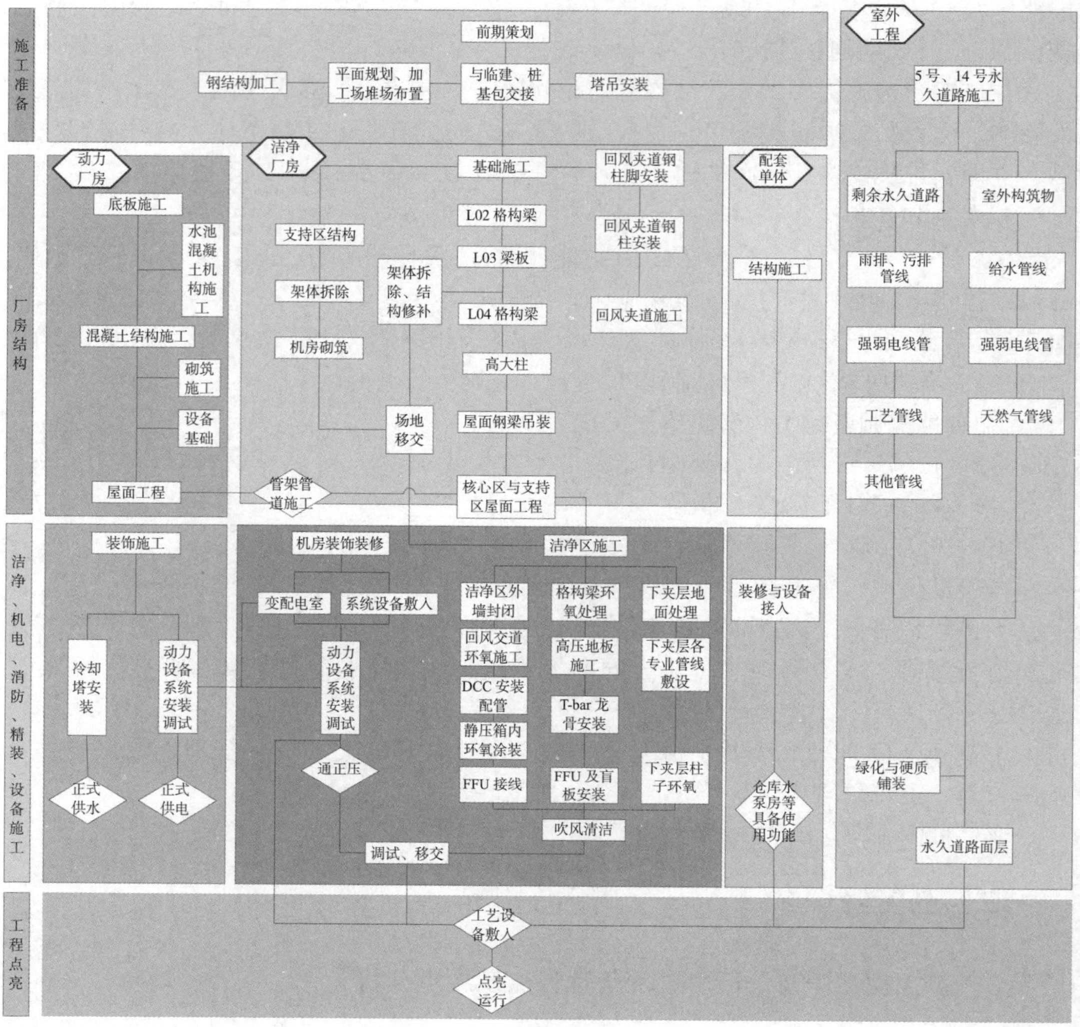

图 13-2 施工总体流程图

三是厂房洁净施工对土建施工移交要求非常高。洁净移交必须完成相关的断水任务。结构封顶、完成后浇带封闭、完成塔吊洞口封堵，洁净区实现与支持区、办公区隔离封闭，满足平整度要求才能交洁净专门承包商施工；保证设备基础施工及时移交于二次结构等。在较短的施工周期内，厂房施工需要完成海量资源的组织管理及生产、复杂且高难度的工序及工艺施工并达到洁净移交标准，工期进度压力极大。

综上，必须保证移交洁净专门承包商的工期，通过进度管理将所有的资源串联起来，因此，进度管理是厂房施工的生命线。大型洁净厂房实施进度管理的重点主要体现在以下方面：

一是大型洁净电子厂房施工进度管理应当设立总包和片区两级管理体系，总包设专门计划部，以安排为主，统筹项目整体进度管理及计划审核，片区对应设置片区计划部，以协调、实施为主，专门负责本片区内的进度管理及计划审核。

二是在计划编制上要侧重于对回风夹道、格构梁施工、洁净区封闭、设备基础施工等移交的重点安排。

三是实行奖罚制度。总包对各片区实施目标责任状考核制度，执行并实施奖惩措施；片区对各劳务实施目标责任状考核制度，实施并执行奖惩措施。

（二）进度计划的类型、编制要点及要求

所有计划评审的组织部门中均有片区计划部或者总包计划部的人参与，以下为总包、片区及各专业分包相关计划的类型及组织评审相关要求和流程。

1. 总包计划

总包计划编制及相关内容见表 13-9。

表 13-9 总包计划编制及相关内容

序号	总包计划编制内容	编制要点	编制格式	编制人
1	★里程碑计划	针对大型（电子）单体厂房需确立以下里程碑节点：栋号开工、结构工程封顶、洁净区、洁净移交、机电工程开工、外墙封闭、具备办公入住条件、具备工艺设备搬入条件	时间轴表示（时间轴软件）	项目总工
2	总控进度计划（一级计划）	总控进度计划必须指出最终的进度目标，为各主要分部分项工程指出明确的开工、完工时间，并能反映各分部、分项工程相互之间的逻辑关系，以及关键线路	Project 格式	项目总工
3	月进度计划	月进度计划必须按照总控进度计划的关键线路，且根据现场进度进行指导性的月度任务完成目标安排；报业主及监理的计划则实行“外松内严”的外松原则，下发片区计划完成难度适中即可	Project 格式或分区分段图涂色定量格式	总包计划部经理
4	周进度计划（三级计划）	周进度计划要求在月进度计划基础上进行颗粒度细化，根据现场实际进度明确每周目标，便于直接指导现场实施；报业主及监理的计划则实行“外松内严”的外松原则，下发片区计划完成难度适中即可	分区分段图涂色定量格式	总包计划管理员
5	劳动力、材料、设备需求计划	主要对阶段性的进度计划提供资源支撑，报业主及监理的计划量应适当扩大	Excel 表格形式	总包劳务、材料、设备管理员
6	方案编制计划图纸发放计划	由于工期非常紧，方案编制计划及图纸发放计划应当根据总控进度计划编制，尽可能地提前，越早越为有利；检验试验计划中确定的时间则趋向与进度计划相匹配	Excel 表格形式	总包方案工程师、总包图纸工程师

2. 片区计划

片区计划编制及相关内容见表 13-10。

表 13-10 片区计划编制及相关内容

序号	总包计划编制内容	编制要点	编制格式	编制人
1	总控进度计划（一级计划）	在总包制定的总控计划基础上，适当压缩工期和各节点目标完成时间，达到压力合理化施加的作用	Project 格式	片区计划管理员
2	月进度计划	结合现场进度和一级计划（总控进度计划）制定月度完成计划，总的原则是达到压力合理化施加	Project 格式或分区分段图涂色定量格式	片区计划管理员
3	周进度计划（三级计划）	周进度计划的要求主要是根据月进度计划的要求明确各周必须完成内容，以确保月进度计划必须完成	分区分段图涂色定量格式	片区计划管理员
4	★日进度计划	在紧张施工阶段需在施工前一天确立第二天的计划	PPT 表格格式	片区计划管理员
5	劳动力、材料、设备进退场计划	根据现场实际进度要求，在考虑各施工段及流水综合情况条件下编制的合理的进退场计划及劳动力需求计划	Excel 表格形式	片区分区负责人
6	方案编制计划、试验送检计划	片区根据片区一级计划（总控进度计划）尽可能提前的制定方案编制计划，试验送检计划与一级计划匹配即可	Excel 表格形式	片区技术负责人和试验员

3. 专业分包商计划

专业包商计划编制及相关内容见表 13-11。

表 13-11 专业包商计划编制及相关内容

序号	总包计划编制内容	编制要点	编制格式	编制人
1	总控进度计划（一级计划）、月进度计划、周进度计划	专业承包商总控进度计划的编制节点目标要比总包总控进度计划提前，相应月进度计划、周进度计划要符合土建及相关承包商单位的施工工序交接逻辑	总控进度计划、月进度计划均为 Project 格式；周进度计划根据具体情况确定，以简洁表达为最终目的	专业包商技术负责人或总工

4. 辅助计划

（1）节点计划见表 13-12 和表 13-13。

表 13–12　重要节点

里程碑节点	招投标文件里程碑节点（施工时调整）
栋号开工	2015.11.15
结构工程封顶	2016.7.10
结构工程（洁净区封闭）	2016.7.30
洁净移交	L01、L02 层：2016.7.15 L03、L04 层：2016.8.15
机电工程开工	2016.7.1
外墙封闭	2016.10.15
具备办公入住条件	2016.12.10
具备工艺设备搬入条件	2016.12.30

表 13–13　细化节点

序号	节点内容
1	底板浇筑完成
2	格构梁层浇筑完成
3	高大板层浇筑完成
4	各层回风夹道浇筑完成
5	核心区和支持区高大柱浇筑完成
6	格构梁架体拆除完成
7	高大板架体拆除完成
8	各楼层砌筑完成
9	各楼层抹灰完成
10	屋面混凝土浇筑完成

（2）场地移交计划如表 13-14 所示。

表 13–14　场地移交计划

序号	计划项
1	桩基施工移交土建
2	回风夹道吊装计划

（续表）

序号	计划项
3	高大柱移交屋面钢构计划
4	屋面钢构移交土建施工计划
5	装修移交计划
6	机电移交计划
7	外墙移交计划
8	洁净移交计划
9	装饰装修移交计划

（3）验收计划如表 13-15 所示。

表 13-15 验收计划

序号	计划项
1	地基与基础验收
2	主体结构验收
3	建筑装饰装修验收
4	建筑屋面验收
5	建筑给排水及采暖验收
6	建筑电气（变电所、动力、防雷、消防、照明、智能化）验收
7	智能建筑验收
8	通风与空调验收
9	电梯验收
10	建筑节能验收

（4）尾项工程销项计划如表 13-16 所示。

表 13-16 尾项工程销项计划

序号	计划项
1	格构梁、高大板架体拆除；后浇带架体拆除；塔吊洞口架体拆除
2	后浇带浇筑、塔吊洞口封堵

（续表）

序号	计划项
3	各楼层、屋面设备基础施工
4	抗风梁施工
5	屋面断水（漏水斗、变形缝、屋面塔吊洞口）
6	屋面工程施工
7	附属管廊、闸板井、集水井、围墙等施工

（三）进度计划的执行、考核及奖罚

1. 总包层

1）总包进度计划的执行

（1）各厂区及专业月进度计划及目标完成量发放。各厂区及专业月进度计划主要根据现场进度制定，是指导现场施工区段的方向性指标，规划出具体的施工区域；各厂房及专业目标完成量主要是确定各厂房和专业的任务量的定量考核标准，涉及工期奖励的发放与分配，是各厂区及专业积极抢攻进度的动力来源。

（2）各厂区及专业日报、周报收集及汇报。总包进行各厂区及专业日报、周报收集，主要服务于总包主要领导及管理公司和业主，保证日报汇报内容的可靠程度和及时性是总包领导指导施工的根本依据。

（3）各厂房及专业工序滞后、移交滞后、赶工情况分析、反馈处理及跟踪。总包根据各片区及专业所汇报的日报内容，通过与总控进度计划情况进行对比分析，得出具体施工段的工序滞后、移交滞后的情况，并采取以下措施：一是，当计划不适应于现场施工时，立即要求片区计划部实施计划性调整与提交；二是，分析具体的滞后原因，并要求各片区及专业制定相应的纠偏或赶工措施（人机料的调整）并及时报送经审核通过的纠偏或赶工计划，总包对纠偏或赶工计划的执行情况进行日常跟踪并对纠偏或赶工措施的实施效果做出反馈处理，直至赶工目标进度完成。

2）总包片区的考核

（1）考核总体思路。为确保项目工期、质量、安全目标的顺利实现，提升综合管理水平和品质。总包每月与各施工片区及专业公司签订责任状，并进行考核排名，考核结果以进度奖发放形式体现。

（2）考核内容。考核内容包括两个部分，第一部分为工期目标，第二部分为综合管理目标。工期目标由计划组根据月计划设置，综合管理目标由质量部、安全部、材料部、商务部、业主、监理、管理公司进行考核。

（3）月度目标制定与实施。总包计划部每月月底根据总进度计划及现场实际施工情况，完成各片区及专业月进度计划的编制，以此作为各片区及专业月度进度目标的依据。责任状在总包协调例会上经项目领导评审后发布。

3）总包的奖罚及相关制度

（1）总包会议进度通报制度，见表 13-17。

表 13-17 总包会议进度通报制度

总包会议通报			
会议名称	召开时间示例	会议内容	会议参加人员
每日碰头会	周一～周六 早上 8:00 及 下午 5:00	处理当日需协调和落实的各项工作	总包主要领导、总包各部门负责人、厂房及各专业项目经理或负责人等
总包协调会	周三及周六 晚上 7:00	协调解决现场存在问题，高效快速推进现场施工	总包主要领导、总包各部门负责人、厂房及各专业项目经理或负责人等（总承包管理阶段）
每周管理例会	每周五 13:30	汇报现场进度、质量、安全情况，以及需业主监理管理公司协调解决的问题	业主主要领导、监理主要负责人、管理公司主要负责人、总包主要领导、各厂房及专业负责人等（总承包管理阶段）
月度总结会议	每月月末	考核表彰，签订下月责任状	总包主要领导、总包各部门负责人、厂房及各专业项目经理或负责人等

（2）约谈制度。当进度迟迟达不到改善效果时，由总包项目经理对片区项目经理进行约谈，分析原因，并确定应对措施。

（3）责任状奖励制度。总包与各片区签订月度责任状，对各片区根据责任状考核结果按照综合成绩进行排名，根据排名情况分配工期奖励，排名越高，工期奖励越多。

2. 片区层

1）片区层进度计划的执行

（1）各片区月进度计划发放，各片区周进度计划发放。

（2）片区计划管理员实施现场进度跟踪与监督，分析周进度计划完成情况，同时进行日常完成情况通报。

（3）当出现进度滞后情况时，根据总部出具的分析报告，及时报告项目经理，组织评审制定相应解决措施。

片区层进度计划跟踪与分析如下。

跟踪方法示例：

其一，现场巡查。每天厂房专职计划员定时（上午或者是下午）到现场查看各区段进度情况并进行记录，与各区工长交流进展快慢及内因，方便进行后续分析。

其二，无人机航拍。无人机为总包进行管理，总包每周进行定时航拍取景，可以直观地显示现场的施工进度情况。总包统一管理以及进行航拍工作，一方面可以对无人机设备进行较好的保护；另一方面，定时定点进行无人机飞行工作可以养成良好的飞行习惯和状态，避免出现撞塔吊而报废的事故。

分析方法示例：

各分段各施工工序完成百分比实时对比统计法，如图 13-3 所示。

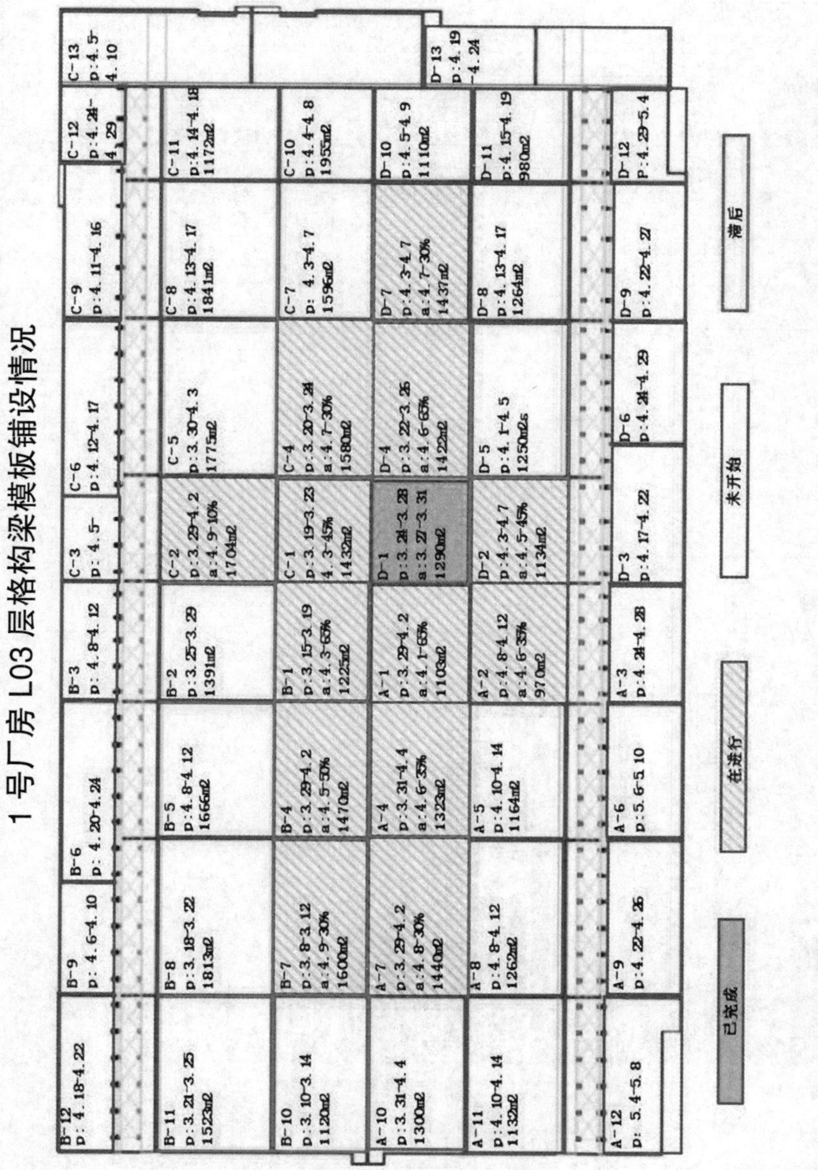

	总流水段	累计完成	正在进行	延误原因	赶工计划	备注
计划	50	17	7			
	100.0%	34.0%	14.0%			
实际	50	1	13			
	100%	2.0%	26.0%			
差值		-32.0%	12.0%			

图 13-3　分段工序完成百分比统计法

分段工序完成百分比统计法是采用 Excel 刷格式的方法、按照厂房分区部署划分的各段及其名称进行统计，p 代表 Plan（计划开始时间 - 计划完成时间），a 代表 Actual（实际开始时间 - 实际完成时间）。

分段工序完成百分比统计法可直观分辨各区段目前完成状态：未开始、在进行、已完成、滞后等。表格中同时显示计划正在进行流水段总数、计划累计完成流水段总数、实际正在进行流水段总数以及滞后百分比情况。

量化总工程量（工时）累计完成百分比统计法，如图 13-4 所示。

工作内容	设计总量		计划开始时间	计划完成时间	实际开始时间	实际完成时间	预计完成时间	今日完成 %	截至今日累计完成 %	预计明日累计完成 %	剩余里 %
	单元										
1C-7 段			2016 年 4 月 3 日	2016 年 4 月 22 日							
满堂架体搭设			2016 年 4 月 3 日	2016 年 4 月 7 日	2016/4/7	2016/4/9		0.00%	100.00%	100.00%	0.00%
模板铺设			2016 年 4 月 8 日	2016 年 4 月 14 日	2016/4/12			10.00%	50.00%	100.00%	50.00%
梁钢筋绑扎			2016 年 4 月 15 日	2016 年 4 月 21 日	2016/4/19			50.00%	50.00%	100.00%	50.00%
混凝土浇筑			2016 年 4 月 22 日	2016 年 4 月 22 日							
1C-8 段			2016 年 4 月 13 日	2016 年 5 月 2 日							
满堂架体搭设			2016 年 4 月 13 日	2016 年 4 月 17 日	2016/4/19			60.00%	60.00%	100.00%	40.00%
模板铺设			2016 年 4 月 18 日	2016 年 4 月 24 日							
梁钢筋绑扎			2016 年 4 月 25 日	2016 年 5 月 1 日							
混凝土浇筑			2016 年 5 月 2 日	2016 年 5 月 2 日							

39.53%	2428760	2428760	2428760	960092	
计划 完成百分比	差值	作业统计	WBS 统计	统计	
			整体完成	39.53%	

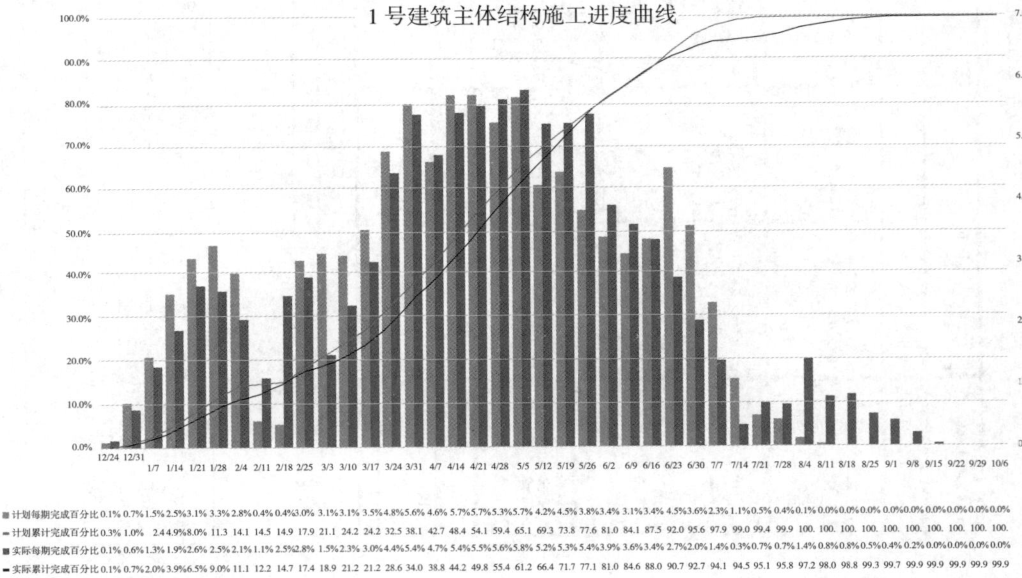

滞后天数		-2	-3	-3	-5	-7	-6	-1	-0.2	-4.8	-6.7	-6.9	-5.6	-5.1	-5.9	-5.1	-5.3	-5.3	-4.8	-4.7	-3.2	-0.9	0.0	1.1	1.0

图 13-4　量化总工程量累计完成百分比统计法

片区或专业计划管理员每天根据现场调查各分段数据填写得出工程施工累计完成的百分比，每周定时将本周累计完成百分比填入片区或专业施工进度曲线，得出滞后天数情况。

3）片区考核劳务

（1）考核总体思路：针对厂房施工进度压力较大、工种人数稳定匹配控制难度较大，项目部主要采取责任状考核及现金激励的措施来进行考核鼓励与惩罚。

（2）考核内容：对各劳务月度在进度、质量、安全、配合及关键节点加分等方面进行综合考核得出综合成绩。

（3）月度目标制定与实施：每月5日之前（示例时间）由计划管理员组织项目经理、各片区负责人召开各劳务目标确定会，确定各劳务月度完成量目标，每月5日（示例时间）月度表彰会上签订劳务考核责任状，责任状考核结果实行现金奖罚。

4）奖罚及相关制度

（1）片区会议进度通报制度，见表13-18。

表13-18　片区会议进度通报制度

片区会议通报			
会议名称	召开时间示例	会议内容	会议参加人员
每周生产例会	周二或周五晚19:00	生产事宜协调与安排、进度汇报与计划汇报	本厂房所有管理人员、各分包主要负责人必须参加，其他人根据具体协调问题由厂房片区经理指定参加
每周碰头会	每周周四中午12:00	对周进度计划制定及对劳务月度责任状考核内容制定	项目经理、各片区片区经理、各分包主要负责人必须参加，其他人根据具体协调问题由厂房片区经理指定参加
月度表彰会	每月5日	劳务月度考核排名表彰与责任状签订	总包领导、项目劳务部及商务部相关人员、厂房片区经理、厂房计划员、劳务管理人员及现场负责人等
每周网络通报	每周五中午	由片区计划管理员对各分区的QQ群红底黑字进度情况通报	

（2）约谈制度。当进度迟迟达不到改善效果时，由片区项目经理对劳务进行约谈，以确定具体改善措施并按流程实施。

（3）责任状奖励制度。片区与各劳务签订劳务月度考核责任状，按照责任状排名实行现金激励等奖励办法。具体内容详见“片区层－考核”。

3. 专业分包层

1）专业分包层进度计划的执行

（1）根据总包下发的相关月计划、周计划，筹划负责范围内月度完成量目标并实施。

（2）由分包商技术负责人及时进行日常进度汇报，并定期对滞后区段做出解释说明。

（3）针对管理单位及总包单位重点关注区域进度，对项目经理进行重点提示及关注，避免出现因进度延误造成的罚款。

2）总包考核承包商

总包对各承包商的考核形式主要体现在：①进度计划的日常完成情况；②洁净区

施工主要节点、CUB 功能性房间（变电所、空压站、纯水站、冷冻站等）移交节点、客货梯移交节点等的移交情况。③最终的竣工时间。

在总包实施管理阶段，相应考核将影响对承包商的施工评价，合理处罚，以保证综合协调、整体进步，促进进度目标的顺利实现。

3）奖罚及相关制度

（1）总包协调会议通报制度。由总包协调组在周例会上对各承包商进度进行通报，对滞后未整改的承包商提出批评，提出确保赶追时间计划，并监督具体执行及完成情况。

（2）约谈制度。在进度迟迟得不到改善的情况之下，由总包协调部经理约谈相应的承包商项目经理，明确追赶完成时间和对应措施并进行重点监督。

（3）罚款制度。总包对专业承包商实行进度督促与监督，在专业承包商进度滞后的情况下进行预警，提示进行抢工，若状况尚未得到改善，则进行二次警示，在进度仍迟迟未得到改善的情况下，采取罚款（NCR）的措施进行惩罚，以保证众多承包商进度齐头并进，顺利地完成工期目标。

三、资源投入及管理

（一）劳动力投入及管理

1. 大型厂房劳务资源投入与管理

1）劳动力投入与管理特点

（1）工期紧、节奏快，单体规模大。

（2）劳务资源进场快，劳动力增加速度快，劳动力流水频率高，退场速度快。

（3）月平均产值高，工序衔接紧密。

（4）总投入大，班组多，多家劳务平行施工。

（5）窝工、抢工情况不可避免，只能优化。

2）劳动力投入分析

劳动力投入根据以下三个阶段：

（1）前期开工阶段，进场劳动力需根据现场实际进度合理引进资源，避免窝工现象。

（2）抢工期阶段，投入劳动力按工程量实时统计各工种缺口数，合理进行配置，避免延误工程进度。

（3）后期收尾阶段，工人大量退场后存在各种零星收尾项，需实时统计收尾的工程量以及对应工种的需求数量，满足收尾需求。

综上，劳动力投入主要根据现场实际进度，合理分配劳动力资源，实时满足现场需求，避免窝工及工期滞后。

2. 劳务队与班组的选择与分配

1）劳务队的选择原则

（1）首要原则，优先选择具有大型厂房施工经验的优质劳务。

（2）其次选择当地区域公司的核心劳务队。

（3）在公司范围内，选择履约好，品质高，劳动力组织能力强的劳务队伍。

2）劳务队的分配划分原则

不管主厂房单体面积多大，每家劳务施工范围只能为6万～10万平方米。

3）班组的选择原则

（1）首要原则，优先选择有大型厂房施工经验的优质班组。

（2）没有上过公司劳务班组黑名单的班组，无欠薪不良记录的班组。

（3）履约好，资源组织能力好的班组。

（4）建议大型厂房项目不允许出现恶劣前科的班组。

4）劳务招投标的注意事项

（1）招标前多次询价，参考其他相似厂房的清单单价。

（2）要充分了解当地市场的材料、人工价的组成。

（3）结合厂房的施工方案对单价进行测算、摸底。

（4）招标过程中，与有实力有经验的劳务多次约谈，每次约谈结果要求劳务进行草签，留下纸质资料记录。

3. 劳务管理工作重点

1）施工前期管理

施工前期的准备工作：投标询价→劳务招标→合同谈判及签订→组织劳务进场。

2）建立工人考勤表、工资表，收集劳务班组合同

工人考勤表，工资表每月统计一次，要求工资表、考勤表必须盖劳务公司公章。领款人签字必须由工人手写签名，按手印。

考勤表与工资表名单需与花名册一致，统一以班组为单位。

每个现场施工班组均需与劳务公司签订用工合同，合同的形式可以分为两种：一是班组与劳务公司签订的集体合同，二是工人以个人名义与劳务公司签订用工合同。班组与劳务公司之间的合同需将原件备份至总包留底。

劳务公司与班组发生的任何工资或工伤纠纷，需以实名制资料登记为准，未做身份登记且未进行入场教育的工人一概不予受理。

3）劳务成本分析工作

劳务成本分析是建立在大量的现场实时统计的工人工效基础上，以工作量/工日/人为工效单位，即在某一个工作面，每人在一个工日所完成的平均工程量作为劳务成本测算的理论依据。

成本分析的主要目的有三点：

（1）通过分析工人工效，了解实际发生的管理成本，可精确了解劳务单价，为前期劳务招标以及商务谈判提供理论依据。

（2）通过大量的劳务成本分析，测算出每个分部分项工程量所需的人工时，能更好地控制工期节点，完成履约要求。

（3）了解劳务成本之后，可为以后续签相似结构类型的项目，更好地确定和评定劳务单价。同时，也能准确地把控市场行情以及筛选更适合的劳务资源。

4）工程款支付与资金分配

对于大型厂房项目，工期紧，资金压力非常大。尤其是在抢工期的高峰阶段，劳务工程款的支付效率直接影响到工程的进度。因此，每月劳务付款前要与商务部、财务部门紧密配合，及时跟踪工程款进度，确保工程进度有序进行。

5）施工收尾与劳务退场管理

施工收尾阶段，处于工人大量退场的阶段，需做好工人退场管理，可采取以下措施：

（1）提前策划好工人退场，及时了解劳务公司资金情况，班组工程款支付情况以及工人工资支付情况，避免因付款不及时产生各种讨薪纠纷。

（2）提前通知各家劳务单位，需根据现场收尾进度，合理有序组织工人退场，同时后勤方面也要按时统计退场人数。

（3）对于后期的收尾工作安排，厂区需及时统计剩余工作面和工作量，并要求劳务控制退场人数，尽量减少有活无人做的情况。

（二）材料投入及管理

1. 电子厂房材料管理的特点

电子厂房工程体量大、占地面积大、建设工期短，各栋厂房同时施工，短期内需组织材料超常规投入以满足厂房施工进度要求，同时主体结构封顶后需将所有的周转材料在超短期内快速退场。厂房项目的材料管理与一般项目相比具有材料管理量超大，进退场时间紧迫等特点，对材料员责任心、组织协调能力、身体素质等有较高要求。

厂房项目材料管理重点在投标阶段询标议标管理、材料组织管理、材料策划管理、材料采购管理、材料进场管理、材料现场管理、材料退场及结算管理。

2. 材料投标阶段询标议标管理

厂房施工工期紧，项目投标阶段，材料投标报价工作需按项目已中标要求启动材料招投标工作。由总包材料部牵头，在材料询价阶段充分考察各材料供应商，详细盘点掌握其资源的储备量和最大供应量，对信誉度高且能满足供应需求的优质供应商提前签订合作意向协议书，一旦中标后能迅速签订采购合同和迅速组织钢筋、混凝土、周转料具等材料进场。

3. 材料策划管理

材料策划管理是材料工作的预演，对成功开展厂房项目的材料管理工作极为关键。项目需加强材料策划管理工作。通过策划，构建项目材料工作的总体框架，以达到材料工作标准化、流程化、规范化的管理体系，避免出现材料管理混乱而增加消耗、延误施工进度、增加施工成本以及导致一系列的问题出现。尤其在材料退场阶段，总包部需提前精心策划、制定材料退场的具体实施方案，并严格按策划内容指导项目材料退场工作。

4. 材料采购管理

为满足厂房多区域同时施工需要，避免材料供应不及时而出现相互影响，每个片区项目需配备独立的钢筋、混凝土、木材、周转料具供应单位。根据片区项目的工程体量和供应商的实际供应能力等，分配合适的供应商定点供应各区材料。供应单位优先选择有厂房供应经验，长期同公司合作的资金、信誉好的大型供应商。本项目签约钢筋供应商6家，混凝土供应商4家，钢管1家，碗扣7家，模板木枋5家，零星材料3家，型材1家。

厂房项目钢管、扣件使用量巨大，退场时间紧，管理难度大，极易发生材料丢失、损耗超标，为避免类似情况发生，建议厂房项目按包损耗模式签订钢管、扣件租赁合同，方便管理，减少矛盾。

5. 材料进场管理

物资进场前，由总包材料部组织所有供应单位负责人召开供需见面会，便于各片区材料组联系。要求主要物资如钢筋、混凝土、周转料具、木材等供应商必须安排人员进驻项目，在现场遇到断供等紧急情况时，供应商能随叫随到，及时处理解决问题。

对主要材料供应商资源，准备足够的储备，用以在出现问题时能及时替补，对不能满足我方需求的供应商要坚决进行更换。

春节期间材料备料的安排，在腊月20日前就完成所有材料备料工作。经总包部协调当地关系，向公路局申请在主干道福俱大道两侧约1km长路段设立材料备料堆场，并对材料备料场地划分区域，各厂房材料分类、集中堆放便于管理。本项目春节备料钢筋3万吨，钢管1万吨，碗扣3万吨，模板20万平方，木枋6000m^3，保证了春节期间项目的正常施工。春节期间材料部、场保部加强夜巡、值班巡查，防范材料被盗风险。

6. 材料现场管理

1）材料计划管理

（1）项目材料需用计划分为总材料需用计划、月材料需用计划、周材料需用计划和零星材料需用计划。

（2）分区项目在公司规定时间内上报各类材料需用计划，经总包相关部门、项目领导审批后作为材料进场的依据。

（3）总包材料部以项目全额承包测算中的材料用量为依据，建立材料进场总控台账，每天更新、动态掌握分区项目材料进场情况，对超总量的材料进行预警。

（4）分区的物资月需用计划在每月22日前提交给总承包材料部，每周五提供下周需用计划交给总包材料部。所有材料由总包材料部按计划统一采购进场，对物资进场进行跟踪、监督计划执行情况。全面调配、掌控材料资源。

2）材料验收管理

（1）厂房项目每天材料进场量巨大，交通运输车流量巨大，项目应在场外交通便利的地段建立专门的材料验收区域。在距项目2km处设置材料验收申请点，由总包材料部、场保部负责车辆登记、放行。所有送货车辆在申请点外等候，由保安人员对车辆入场把关。待材料在验收区域完成验收后，由片区材料员带车进入工地现场卸货。

（2）距离项目 1km 处的道路两旁各安装 1 台地磅，要求车辆过磅时不影响其他车辆通行。磅房分两班 24 小时工作制。磅房直接由总包部管理，主要对钢筋、混凝土、周转料具、废旧物资等材料进行过磅验收，磅房统计材料过磅数据，便于总包材料部核查。

（3）钢筋验收管理。①项目材料员、工长、劳务材料员、保卫负责验收，分区项目领导及总包材料部负责复查及监督管理。②钢筋车辆进入指定验收区域，分区材料组严格按“四表六照”流程验收，做好“四表六照”等影像、原始记录资料。为提高效率，复查工作可采用交叉作业的方式进行。③总包材料部对每车钢筋的规格、捆数进行复核，并详细记录在总包钢筋验收专用表格上，结算时由总包材料部对项目的钢筋验收数据进行核对。

3）混凝土验收管理

项目材料员、分包材料员、混凝土工长、质检员、试验员参与验收，项目指定专人负责与混凝土搅拌站联络供应事宜，磅房集中过磅抽查验收。

要求重车随机拦车过磅，未装满的混凝土的车必须自觉上磅称重，空车要求车车过磅称重，避免混凝土料未放完现象，减少混凝土进场量风险。若在签单过程中发现不是满车的混凝土罐车又未过磅则拒绝签单，不予以结算。

磅房工作人员将混凝土实际重量和理论重量进行对比，发现偏差超出合同范围时，应立即通知分区材料组，由分区材料组核实后在当月结算中按合同规定扣量。

每批次商品混凝土浇筑完毕后，分区材料组要及时统计实用量，并与浇灌前的计划量进行对比分析，做好分析对比表，查找节超原因并及时采取纠偏措施。

4）周转材料验收

项目材料员、工长、劳务材料员、保卫负责验收，质检员、安全员负责质量监督，分区项目领导及总包材料部负责抽检及监督管理，见表 13-19。

验收人员按《主要物资验收管理操作指南》规定开展验收工作，原始验收资料齐全、装订成册。

表 13-19 周转材料验收管理

序号	材料品种	验收方式	数量确认	存档资料	备注
1	碗扣	过磅＋点数	过磅＋点数核查偏差比例是否正常	每一道验收程序都必须拍照留存，照片内容、日期必须与实际验收相符，项目领导在卸货到堆场的照片上签字	指定区域验收后，由分区材料员带车入场、卸货
2	钢管	过磅	过磅		
3	模板	点数	卸货到堆场后点数		
4	木枋	点数			

5）材料领料管理

所有材料实行分片区领料，由各片区相关工长开具领料单，领料单应明确使用部位、规格、数量。

内部调拨在双方确认数量、金额后，将调拨单交与商务部门扣除相关费用。外部调拨在双方确认数量及金额后及时将调拨单交与项目财务收款。

6）材料盘点管理

每月20日前，由材料组长组织片区材料员、工长、翻样员、总包材料人员一起对现场钢筋、混凝土、木材进行盘点；商务部门根据现场进度提供钢筋成品、半成品量，混凝土、木材预算量；材料组将实耗量与商务部门预算量进行对比分析，查找超用原因，并采取相对应的措施。

相应的材料成本分析资料，每月30日前报总包材料部。

7）废料处理

（1）总包材料部通过集采招标方式选择收购单位，并与其签订处理合同。

（2）严格按企业《废旧物资管理操作指南》规定处理废旧物资，所有废品处理所得资金，必须及时上交财务，任何人不得私自截留。

7. 材料退场及结算管理

工程进入到最后阶段，项目所用钢管、碗扣、废旧木材等周转料具需要按计划做好退场工作。总包材料部、技术部、场保部、分区项目部等需在架体材料拆除前一个月共同编制、完成材料退场方案，指导材料退场工作。

材料退场管理方案主要内容：

（1）成立项目周转材料退场管理领导及工作小组。

（2）材料部根据经计划工程师评审的退场计划，统计材料退场总量及总车数、每天需退场的数量及车次并编制曲线图。

（3）总包材料部参与项目部平面布置，对退场车辆行进路线、材料堆放地点、车辆停放点、装车点提出意见，以确保场内交通顺畅。

（4）分区材料组应根据料具退场计划配置相应的叉车、吊车及运输车辆等资源，材料部、设备部、场保部紧密配合实施。分区材料组提前3天向供应商提交退场指令，供应商按计划组织装运车辆。

（5）退场碗扣必须按照项目规定的打包标准进行打包，各片区材料组对劳务队进行详细交底。碗扣原则在现场就地打包后装车出场。若因工期紧来不及打包的，需找业主安排场地集中堆放后整理、打包出场。

（6）材料退场清点、结算管理

料具、废材退场时由总包材料部、片区项目经理监督、检查项目退料工作的执行。

（7）材料部每日对比实际出场车次、数量与计划执行情况，对于出现偏差较大的分析原因，及时对现场的劳动力、机械等做调整。

（8）总包材料部每天对退场数据进行仔细核对、统计，及时填报项目材料退场日报，动态管控及掌握项目材料退场情况，对各片区材料退场最终情况进行考核。

（三）设备投入及临水临电管理

1. 大型电子洁净厂房施工设备及临水临电管理特点

（1）塔吊需要的数量、型号多，性能比一般土建工程所用要好。

（2）塔吊的进场、安装、投入使用要快，安装密度大，交叉作业频繁。

（3）大型号的塔吊多安装于厂房中间，拆除难度大，而且要退场迅速。

（4）临水临电需用容量大，用电设备多，生活用水量大，因此需用的水管管径、电线线径大，二级电箱使用多回路配电柜。

（5）临水临电布设快，保障进场立即进行施工生产和生活的需要。

（6）按照规范布设现场、生活区消防用水区域宽，范围广，难度大。

2. 设备管理策划及方案

（1）在项目工程投标阶段，设备部门主管人员参加投标技术组关于设备及临时水电平面布置工作，与技术部门一起进行详细策划。对塔吊的选型、定位及安装高度、使用时间、塔吊作业人员配置要考虑充分。

设备的选型要考虑吊装性能能否满足钢构及设备吊装需要；定位要考虑是否便于塔吊的拆除；安装高度确定要有利于群塔作业时避免互相碰撞等因素，使用时间上要考虑钢结构的吊装需求，尽量减少设备使用时间，降低成本。

（2）投标阶段对塔吊选型、定位，平面布置完成后，分析市场上塔吊资源情况，对设备市场情况进行调研，对各租赁商能提供的设备数量、型号、性能等情况进行现场考察，是否确实在库，保养完好，随时可装、可用。拟选择的设备供应商数量要合理，并且备用一家应急供应商，确保出现特殊情况时有备用可代替。提供设备资源要尽可能选择出厂年限在三年内的设备，减少使用时的故障率。

（3）与拟选设备供应商进行约谈，签订框架协议。协议中明确设备数量、型号、来源、价格及违约处罚条款等，特别约定供应商在开工后，组织足够人员，确保一周内保障设备进场，协议中明确要求设备供应商按 3 天 / 台进行安装调试、具备使用条件。将调研情况及时反馈给投标技术组及商务组。

（4）设备主管人员在策划时，确定组建本工程项目设备管理组织架构，与人资部一起初步确立将来需调配到位的相关岗位人员。

3. 设备资源组织及进场

（1）严格按照策划中设备管理组织架构人员组成，及时将设备及临电管理人员、自行施工的现场电工、水管工人员等及时进场到岗，并进行职责分工。

（2）组织已签订框架协议的各家租赁单位负责人到场进行交底。将策划中确定的各租赁单位设备数量、型号、位置、安装高度、安装时间及工期等逐一交底。要求各家租赁单位按照规定的安装高度储备塔吊标节数量等。分配塔吊位置时，尽量将每家租赁单位的设备安排在一个厂区内，以便使用时协调方便。

（3）由于各厂区同时开工，都要安装塔吊设备，需多家安装单位同时进场安装，因此要规划好安装顺序、运输道路、场地协调。

（4）安装过程中严格遵守塔吊安全管理规定。安装单位资质、安拆人员证件，安装单位的相关管理人员证件核实，人员配置到位，旁站监督到位。

（5）要做好晚上加班安装作业的照明布置，确保安全。

（6）为确保塔吊使用安全，在每台塔吊的大臂上安装了红色 LED 灯带，保证夜晚运行安全，每台塔吊安装安全监控系统，实时监控塔吊运行状态。

4. 设备日常管理

1）设备专项检查

为了确保施工现场大型设备的运行安全，采取以下措施：

（1）租赁合同中约定每家设备租赁公司维保人员驻场1～2人，每半月定期对设备进行维保、检查。

（2）总包设备部定期（一般最少每月一次）组织各厂区机管员、各租赁单位驻场维保人员进行大型设备的检查或者交互检查。

（3）总包设备部邀请了大型设备的第三方检测单位对现场的大型设备进行定期检查，每次检查针对每台设备存在的问题开出了《隐患整改通知单》，总包设备部责令出租单位针对每一条问题进行整改落实，项目部各个厂房机管员跟踪、复查整改情况。

2）维护保养

针对项目设备使用频率高、工期紧的特点，维保工作主要做以下几点：

（1）项目部要求各出租单位安排人员驻场，负责协调检查、维保、使用等相关事宜。按照租赁合同中明确的各租赁单位需在现场提供设备易损配件清单，严格要求各租赁单位配置到位。

（2）该项目的塔吊品牌大部分是中联重科，项目部联系了中联重科的售后服务人员，作为应急维修的保障。

（3）每月要求出租单位对塔吊进行2次维保，每次维保均将重点部位的维保照片作为维保资料的附件反馈给项目部复查。

（4）针对近期出现的频率较高的故障问题，对本期维保内容进行重点要求。

（5）各单位维保过后，各厂房机管员对出租单位的维保落实情况进行复查。

（6）项目各厂房每月对出租单位进行考核打分，总包汇总后进行排名，对排名前两位的单位及驻点负责人进行奖励，后两位的单位及驻点负责人进行处罚。

5. 设备拆除管理

1）设备拆除策划

项目投标定位阶段便对塔吊的拆除进行了策划。针对厂房设备数量多，塔吊拆除时间紧的特点，项目总包设备部统一租赁两台350t的履带吊车辅助进行拆除。进场前已对履带吊车的资源情况进行了确认，履带吊车的租赁尽量避免打包给出租单位，以便统一协调吊车使用，同时降低成本。

2）设备拆除过程管理

（1）项目各厂房提出拆除计划至总包设备部，设备部安排履带吊车的进场时间。

（2）由于履带吊车对吊装的场地要求较高、行走速度较慢、拆除时间较紧张，项目部拆除前对拟吊装的场地提前进行平整，履带吊车行走的时间尽量集中在晚上，保证塔吊有更多的拆除时间。

（3）总包设备部统一租赁的履带吊车在塔吊拆除工作中，只负责将塔吊部件吊运至地面，出租单位另外安排吊车解体，并及时装车，清运出场。

（4）拆除过程中准备好足够的人员及配合物品如氧气、乙炔等，以便销轴无法打出时进行切割。拆除计划进行总体控制尽量避免一家单位同时及连续拆除。

6. 零星机械设备管理

在大型电子洁净厂房的施工中，由于场地大，材料转场多；退场材料装车量大，时间紧；塔吊拆除较早。因此汽车吊、运输板车、叉车等零星设备使用量很大，不仅关系到安全，也涉及成本，因此零星机械设备管理工作必须加强。

本项目使用的吊车、平板车、叉车等零星设备列入了总包设备部进行管理。

进场之前，总包设备部对资源情况进行了考察并按公司流程签订了框架协议。根据本项目规模，吊车、叉车各用两家供应商。

总包设备部制定了《×××××项目零星机械使用管理规定》，明确了各厂房的零星机械负责人为各厂房材料负责人，规定了零星设备使用申请流程、工作台班的确认流程及结算办法等。

总包设备部与厂房机管员定期对零星设备操作人员进行安全教育交底工作。

现场零星机械由总包设备部进行统一调配，各厂区项目及部门根据使用需要，由各厂房材料负责人或部门人员填写《零星机械需用计划表》。各厂房需在每周日 17 点前将签字完整的下周《零星机械需用计划表》提交设备部，下周使用过程中如需零星增加或减少使用零星机械，需在前一天 17 点前将签字完整的《零星机械需用计划表》提交设备部，由设备部统一安排车辆交付厂房项目材料负责人安排使用。

各厂房使用的零星机械如有闲置或需提前停止使用，需及时告知设备部门，以便合理调配机械使用。

每月 12—20 日出租单位将本月发生的机械费用汇总后与各厂房材料负责人对账，由厂房材料负责人、商务人员及生产经理、项目经理签字确认，总包设备部汇总后，统一发起结算流程。

总包设备部不定期对各厂房使用的零星机械使用情况进行检查，对于闲置机械较多的厂房在生产会上进行通报，并纳入每月的厂房考核项，同时总包设备部每月也会将各厂房的零星机械费用情况进行通报，促使各厂房严控零星机械费用。

7. 临电临水及消防管理

1）临电方案策划

实地考察解现场具体的电源接驳点位置、箱变负荷，准确计算、合理的分配用电负荷，临电方案策划分为主体和机电装饰装修两个阶段；主体阶段临电布设主思路以每个塔吊为电源辐射中心，对应设置一级配电柜；机电装饰装修阶段临电布设主思路以支持区内楼梯间为中心，竖向安装楼层二级电箱；两个阶段应及时的跟踪，逐步转换，从而满足生产进度的要求。

2）临水方案策划

实地考察现场临时水源接驳点的位置、管径大小，确保用水高峰期能够满足用水量要求；临时用水蓄水池选址应思考充分，厂房施工因工期紧，施工场地受限，尽量避免二次转移；水池应选用可移动水箱，不仅可重复利用，如遇临水水箱二级转移，还可减少转移费用和时间；临水方案策划分主体和机电装饰装修两个阶段，主体阶段主思路以每个塔吊洞口为中心，确保施工和养护用水；机电装饰装修阶段以厂房结构周围的吊装平台为中心，确保装饰施工和管道试压用水，也可避免突发管道破裂漏水对装饰材料的影响和破坏；厂房周边如有河流或地下水源丰富，可提前布置节水措施。

3）消防方案策划

实地考察现场临时消防水源接驳点的位置、管径大小，确保能够满足消防用水量的要求；消防蓄水池选址应思考充分，厂房施工因工期紧，施工场地受限，尽量避免二次转移；水池应选用可移动水箱，不仅可重复利用，如遇特殊情况需二级转移，还可减少转移费用和时间；消防水泵需采取“一备一用”，电源必须取自主配电柜进线端，防止突遇火灾主电源跳闸断电；消防管道环网内应设置多个闸阀，局部施工破坏管道后，及时关闭相应闸阀进行抢修，不影响消防系统正常工作。

四、平面布置及交通组织管理

（一）平面布置及交通组织思路

大型洁净电子厂房项目体量大、占地面积广、工期紧、涉及专业多，将出现多个专业共同施工的现象，且材料、机械、设备投入量极其庞大。

大型洁净电子厂房施工一般分为地基及基础施工阶段、主体结构施工阶段、总承包管理施工阶段等。为了充分保证施工进度、减少相关专业施工之间的干扰，需要精心规划各阶段的施工总平面布置及交通组织。

根据本项目施工经验，在进行平面布置时，重点考虑表13-20中所列的问题。

表13-20 平面布置应重点考虑的问题

序号	需重点考虑问题	注意事项
1	群塔作业	厂房项目塔吊多而密集，群塔作业安全风险大，应提前策划塔吊布置，避免塔吊碰撞
2	厂区排水	厂房项目面积大，厂区排水难度大，应提前进行排水方案编制，预埋过路套管，保证排水顺畅
3	消防水管布设	厂房项目单体面积普遍较大，消防水管需满足规范要求，布设难度较大，所以布管时应充分考虑不同施工阶段转换影响
4	道路施工转换	厂房项目道路修筑过程普遍经历毛渣临时道路、混凝土道路、混凝土沥青道路三个阶段，需策划与部署其施工与转换
5	交通专项策划	厂房项目工期普遍较紧，资源投入量大，交通运输繁忙，应根据各阶段道路交通情况，合理进行交通规划
6	公共资源分配	总承包管理阶段，现场专业包商众多，堆场、道路、垃圾池等公共资源协调难度大
7	工艺设备堆场	总承包管理阶段，应为工艺设备预留专用堆场，保证工艺设备的顺利搬入

（续表）

序号	需重点考虑问题	注意事项
8	平面布置转换	厂房项目施工节奏快，阶段转化迅速，应充分考虑施工阶段转换对平面布置的影响

（二）厂区主要施工阶段平面布置规划

1. 基础施工阶段平面布置

基础施工阶段平面布置内容及做法见表 13-21。

表 13-21 基础施工阶段平面布置内容及做法

序号	内容	做法
1	出入口	承包商应结合业主及政府相关部门的指导或批准规划出入口，出入口设置应考虑外部道路情况，分布应较为均匀，数量能够满足现场实际需要；出入口应明确使用功能，可分为施工出入口、管理人员出入口、工人出入口等，并应明确其功能（可出可进、只出不进、只进不出）。出入口具体做法应以中建 CI 标准进行
2	临时围墙	临时围墙应根据用地红线进行设置，临时围墙设置需考虑与正式围墙的位置关系，避免影响后期正式围墙施工；临时围墙可采用蓝色彩钢板围墙、可周转环保围墙等；因厂房工程面积较大，围墙较长，不宜采用砖砌临时围墙，成本过高
3	塔吊	进场后，应集中力量进行塔吊布置，为材料吊运创造条件；塔吊布置应考虑以下因素： （1）覆盖范围 尽可能覆盖施工区域及周边堆场，便于材料调运。 （2）吊重 考虑在施工过程中塔吊需起吊的最大重量（钢结构重量），作为确定塔吊选型及定位的重要影响因素之一。 （3）工效 通过工程量及工期，结合不同塔吊工效，确定塔吊布置数量及密度。（本项目 1 号厂房每台塔吊平均负责建筑面积约 7200m^2/ 层；2 号厂房约为 7500m^2/ 层；3 号厂房约为 6200m^2/ 层） （4）考虑地质条件及能否借用工程桩作为塔吊桩以降低成本。 （5）塔吊布置应考虑区段划分及劳务班组配置问题。 （6）塔吊所在位置应考虑避开楼梯、夹层、框架主梁、剪力墙等复杂结构位置。 （7）考虑群塔防碰撞。 （8）考虑土方开挖及桩基移交顺序影响。 （9）考虑塔吊厂家资源情况
4	钢筋车间	钢筋车间布置应考虑以下因素： （1）位置 钢筋车间位于塔吊覆盖范围内，并应考虑与建筑物周边道路等因素的相对关系，即尽量位于路边，便于钢筋调运，且不影响结构施工及外架搭设等工序施工。

（续表）

序号	内容	做法
4	钢筋车间	（2）数量 本工程每台塔吊范围内均设置了一个钢筋车间，应根据钢筋需求量确定钢筋车间数量，使其钢筋加工速度能够满足现场钢筋需求量。 （3）类型 钢筋车间可设置为各类钢筋半成品加工的车间，也可设置部分钢筋车间仅加工单一半成品，如箍筋加工车间。 （4）钢筋车间标高 若设置钢筋车间时，场地土方还未整平，现场土方标高与设计标高有出入，则需考虑将土方标高平整为设计标高后再进行钢筋车间设置。 （5）做法 钢筋车间具体做法参考《中建三局安全图册》
5	材料堆场	基础施工阶段，现场材料相对较少，主要材料有钢筋、砖胎模砌体、防水卷材、钢柱脚等，应将其分区分类堆放，且不影响基础施工、道路施工及堆场硬化
6	场内道路及排水沟	基础施工阶段，现场正式路若未建成，应考虑设置临时道路；临时道路的设置应能够满足现场交通要求，并与永久道路施工部署协调统一；道路要尽量发挥本身交通运输功能，不得在道路上堆放材料。场内永久道路及临时道路两侧均需设置临时排水沟。永久道路两侧宜设置混凝土排水沟或砖砌排水沟，临时道路两侧应通过挖机直接开挖形成排水沟
7	洗车槽	土方工程车辆和雨后进出的所有车辆或车轮被污染的所有车辆必须通过洗车槽驶出现场；通过交通规划确定洗车槽位置，通过车流量确定洗车槽数量；洗车槽宜为下沉式混凝土洗车槽、钢制成品洗车槽，不宜使用“混凝土＋排水沟”式洗车槽，因其冲洗能力有限，不能满足冲洗需求；冲洗完的污水通过三级沉淀池后排入排水点
8	照明	厂房施工，塔吊较为密集，在每台塔吊上设置镝灯可基本满足现场照明需求，对于较为偏离塔吊的位置，可另行设置照明设施
9	临时厕所 休息室 吸烟区	应为工程中雇佣的男女工人分别提供符合卫生要求的公共厕所。 应在工作区内设置适当的休息室、吸烟区等
10	样品间	应设立单独的样品存放间，用于该工程所有的样品材料的存放
11	进场材料检验场所	应为进场材料的检验设置必要的场所 / 设施并负责管理。材料检验场所须确保足够的空间，以保证进场材料卸车之前容纳需要停靠的车辆。为了能在雨天也能顺利进行材料检验工作须搭设工作棚
12	现场临时办公区	现场宜使用集装箱设置管理人员临时办公区及劳务办公区
13	样板展示	应设置样板展示区，规范施工工艺
14	扬尘控制	应考虑扬尘污染，采取一切必要的手段防止灰尘和噪声带来的危害，在与公共区域交接处布置雾炮、洒水车等
15	垃圾池	应清除所有的工程设施、多余的建筑材料以及垃圾，堆放至垃圾池，定期处理，保持现场清洁

2. 主体结构施工阶段平面布置

主体结构施工阶段平面布置内容及做法见表 13-22。

表 13-22 主体结构施工阶段平面布置内容及做法

序号	内容	做法
1	基础施工阶段完成的布置	基础施工阶段完成的平面布置（塔吊、钢筋车间、洗车槽、材料检验场所等）将沿用至主体结构施工完成，此处不再赘述
2	材料堆场（模板、木方、钢管、碗扣等）	（1）堆场分布 材料堆场根据现场实际情况，红线内空闲区域及道路与建筑结构边区域均可设置材料堆场。 （2）堆场处理方式 材料堆场可采用全部硬化、部分硬化、部分碎石、全部碎石等方式处理，推荐使用全部硬化方式进行堆场处理，减小堆场使用难度。 （3）堆场分配 堆场分配采用就近、均等的原则进行，首先划定各厂房材料堆场区域，再根据分区情况为各家劳务分配相应大小的堆场；堆场内一般包括木工加工间、槽钢加工区、变压器、电箱、消防水池、现场办公室（管理人员办公室及劳务办公室）、仓库、危险品堆场、消防器材堆放点、工人休息室、卫生间、垃圾池等
3	钢构堆场（回风夹道钢结构）	主体结构施工阶段，钢结构主要施工内容为回风夹道钢结构施工。支持区底板混凝土施工完成后作为钢结构加工厂及堆场，主要有临时材料堆场、临时加工厂、汽车吊等

3. 屋面钢结构安装施工阶段平面布置

屋面钢结构安装施工阶段平面布置内容及做法见表 13-23。

表 13-23 屋面钢结构安装施工阶段平面布置内容及做法

序号	内容	做法
1	钢结构堆场	（1）钢结构周转堆场 屋面钢结构安装施工阶段，现场材料堆场可作为退场材料临时打包点使用，无法大面积移交钢结构使用，钢结构应合理安排材料进场计划，避免钢结构堆放过多（且必须保障供应连续）或在场内寻找区域进行集中堆放。 （2）钢结构吊装堆场 屋面钢结构安装施工阶段，现场钢筋车间（位于塔吊最优吊装位置）已拆除，该位置用作钢结构吊装堆场（该区域面积较小，无法作为钢结构堆放场地）
2	退场材料临时打包点	屋面钢结构安装施工阶段，原有材料堆场及建筑结构边缘到周边道路之间的区域作为主要的退场材料打包点；材料清退过程需严格监督，避免影响总承包管理阶段堆场的移交

4. 总承包管理施工阶段平面布置

总承包管理施工阶段平面布置内容及做法见表 13-24。

表 13-24 总承包管理施工阶段平面布置内容及做法

序号	内容	做法
1	专业承包商加工车间	总承包管理施工阶段，陆续将土建所有堆场移交至专业承包商，供其搭设加工车间及仓库等，根据各家工程量确定堆场面积大小，根据作业区域分布洽商确定加工车间位置
2	材料吊运堆场	总承包管理施工阶段，塔吊陆续拆除，汽车吊作为主要的垂直运输工具，在建筑结构设备搬入口处及钢管架卸料平台周边进行材料吊运

（三）临时用电平面布置规划及用电复核

1. 临时用电平面布置

临时用电平面布置需要根据箱变位置及容量，结合用电设备分布及用电量，按照“由总到分”的顺序进行布置，见表 13-25。

表 13-25 临时用电平面布置

序号	内容	做法
1	箱变	厂房项目用电量普遍较大，需业主提供箱变进行供电，发电机可作为备用电源使用；箱变位置应合理、均匀布置，若箱变位置不能满足现场施工需求，可在允许范围内进行转移使用；布线前应进行用电复核，科学分配电能
2	一级配电箱	一级配电箱一般设置在箱变附近，并设置工具式围挡进行保护
3	二级配电箱	根据用电复核结果，从一级配电箱接出多路线路至二级配电箱，二级配电箱一般可设置在塔吊附近，并采取防雨防触电等保护措施
4	三级配电箱	根据用电设备分布，从二级配电箱接出塔吊用电箱、钢筋车间用电箱、楼层用电箱等三级配电箱
5	电缆	电缆应沿建筑物结构边设置，采用“明设+暗设”相结合的方式布设；在出入口等车辆人员通行位置采用暗设，并设置警示牌；其他部位采用明设

2. 用电复核

根据《建筑电气设计手册》，需用系数法计算公式如下：

有功功率 P_{js}（kW）$=K\sum p\sum(K_xP_s)$

无功功率 Q_{js}（Kvar）$=K\sum q\sum(P_{js}\times tg\varphi)$

视在功率 S_{js}（kVA）$=SQR[(P_{js})^2+(Q_{js})^2]$

视在电流 Ijs（A）=1000S_{js}÷（1.732×U）

电焊机容量的换算 =SQR（额定暂载率 ÷100%暂载率）×P_2×cosφ

式中：K_x——供电设备需用系数；

P_s——供电设备额定功率（kW）；

$K\sum p$——有功功率同时系数；

$K\sum q$——无功功率同时系数；

cosφ——设备功率因数；

P_2——电焊机额定容量（kVA）。

（四）消防及临时用水平面布置规划

1. 消防及临时用水平面布置规划

消防及临时用水平面布置的内容及做法见表 13-26。

表 13-26 消防及临时用水平面布置

序号	内容	做法
1	自来水接驳点	自来水接驳点通常设置在现场周边，根据现场需要将其接驳至消防水池
2	供水系统	厂房项目通常占地面积较大，可分为各主厂房、小栋号的区域；优先考虑分区供水、自成体系各主厂房供水系统、小栋号供水系统等
3	消防水池	消防水池优先采用成品塑料水罐、成品不锈钢水罐、成品钢制水池，成本较低，可周转使用
4	供水管	供水管采用镀锌管，沿建筑周边明设，并用模板定制防护设施，防止水管被破坏。供水管根据供水量计算得到，并符合规范要求
5	上楼立管	主体结构施工阶段上楼立管沿塔吊洞口设置，固定在塔吊标准节上；总承包管理施工阶段上楼立管沿楼梯设置，固定在楼梯板及楼梯临时防护栏杆上

2. 排水排污平面布置规划

排水排污平面布置内容及做法见表 13-27。

表 13-27 排水排污平面布置

序号	内容	做法
1	排水排污点	进行排水排污平面布置前，需跟业主、市政单位确认排水排污点位置及数量；根据排污点位置合理设置排水方向
2	排水沟	根据排水沟长度及排水量确定排水坡度、排水沟深度；排水沟排水方向及排水坡度，宜结合道路标高变化设置；结合施工现场排水点分布，在道路标高较低处设置排水过路管，且应提前规划预埋。 永久道路两侧宜设置混凝土排水沟或砖砌排水沟，临时道路两侧应通过挖机直接开挖形成排水沟

（续表）

序号	内容	做法
3	施工顺序	排水系统应与道路及周边堆场共同施工，避免排水沟施工过程中，要破除部分道路边已硬化的堆场

3. 交通平面布置规划

交通平面布置内容及做法见表 13-28。

表 13-28　交通平面布置

序号	内容	做法
1	道路施工	进场后，首先要熟悉现场道路交通情况，包括外部交通、场内交通；根据场内道路交通现状，确定道路修筑顺序及道路修筑方式。 道路修筑顺序影响因素有：现有道路及场区情况，道路对现场生产影响大小（影响大者先修筑）等。厂房项目路网较为复杂，需先修主干道并尽快形成环形道路；后修筑环外及环内支路。 道路修筑方式包括：直接修筑永久道路、先修成临时道路后修筑为正式道路等
2	交通管理	交通管理需提前进行交通规划（单行或双行），交通规划影响因素有：出入口设置数量及位置，道路宽度，车流量等。 在出入口位置应设置保安岗亭，并设置交通协管员进行交通疏导

第十四章

精益建造绩效考核与评价

第一节 基本理论

精益建造本质是持续改进。在建筑工程中，只有通过精益建造绩效考核评价才能发现短板，促进持续改进。

国际上最新的工程项目关键绩效评价体系KPI，全面考虑了进度、质量、成本、安全、环境、生产率、利润率、客户满意度等关键绩效指标。结合绩效评价准则的要求，运用该方法建立建筑业项目关键绩效测量系统，对KPI体系建立和实施过程进行详细的分析，并对实施过程需注意的一些问题提出建议，这对于我国建筑业开展相关领域的KPI研究和实践，具有一定的借鉴作用。

按照企业战略目标的重要程度和优先次序，首先，要明确进行合理的资源配置。特别是按计划需求的重点进行资源配置，设定相应的关键绩效指标和目标，充分发挥项目资源的作用，把有限的资源用到关键战略行为的实施中，确保战略规划的有效实施。其次，过程是获得结果必需的通道和桥梁。在战略实施时，对主要价值创造过程和关键支持过程要设定相应的关键绩效指标和目标，通过对过程的监控，确保过程目标实现。再次，项目是企业经营管理的重点。需求方的主导作用日益凸显，力求项目参与各方满意也成为企业生存和发展的关键。因此，为获得更大的市场份额须做好资源配置和加强内部过程，设定相应的关键绩效指标和目标。最后，财务指标是衡量项目经营和管理活动的重要指标，追求财务指标实现，促进公司不断提高治理水平。

制定KPI的基本出发点还在于企业希望项目达到工期、成本、质量、安全、高效和持续改进绩效水平的目的。关键业绩指标是沟通战略管理与绩效管理的桥梁，它能有效反映关键业绩驱动因素的变化程度，使管理者及时对经营和管理问题采取有效措施。在确定KPI体系关键绩效指标的基础上，还需定义关键绩效指标的计算方法、计算周期和权重，避免产生指标歧义和导向不一致，使得不同职位的同一业务、目标因素的考核具有统一的标准。确定KPI体系的主要步骤：根据项目目标，调整组织结构，优化流程；明确职能部门和相应岗位的工作范围和工作重点；确定职能部门相应岗位的职权定位或职责标准，并规范相应的工作流程；对关键业绩指标从部门到岗位，确定具体的KPI体系；设定KPI的权重和评价方法；建立KPI库。KPI库能提供更为有效的设定关键绩效指标的方法，它不仅被运用于绩效管理的各个阶段，还可作为一种管理手段运用于组织的设计、业务流程的优化。

在项目实践过程中，项目绩效指标过多、工作巨细不分、重点不明，会造成混乱和低效率，项目绩效指标大而化之、关键指标遗漏又会失去说服力，使考核作用失效。标准的绩效评价体系应当包括哪些关键的指标，成为一个非常关键的问题。一般在进行项目绩效评价时，可以根据实际需要选用：①质量。该指标评估已完成的项目质量状况。②安全。该指标评估项目安全保障的程度。③对于进度的预测能力。该指标评估与进度计划相比的实际工期。④对于成本的预测能力。该指标评估与估算成本相比的实际成本。⑤生产率。该指标评估员工的产出价值。⑥利润率。该指标评估税息前的利润率。⑦施工成本。该指标评估成本的变化程度。

总体来说，项目精益建造关键绩效指标的制定过程是一个自上而下的过程，在初步确定关键绩效的基础上，还应对关键绩效指标实行横向（部门）、纵向（层级）分解。KPI指标是依据工作职责和工作性质而设定，反映由公司战略目标分解得出的关键价值驱动因素下部门或职位的最主要工作效果。因此，在进行指标体系的横向和纵向分解时，KPI指标并不一定能直接用于所有部门的成员。横向分解是把KPI按照各部门工作职责分解到主责部门，包括生产、质量、技术、安全、财务、材料等管理部门。职能部门再依据本部门工作岗位设置情况，将KPI指标落实和分解到具体工作岗位；纵向分解是在横向分解的同时，把公司KPI体系分解到分公司及项目部。分公司和项目部依据本单位的工作岗位设置情况，将KPI指标落实和分解到具体的工作岗位，制定清晰的、目标值应可量化的岗位说明和工作流程。

项目整体完工考核，安全指标、计划指标－合理工期、质量指标－零维修，无投诉，客户满意度、效益指标、环境指标。达到标杆项目。

第二节　精益建造绩效考核评价机制

项目绩效考核评价指标体系是由定量指标和定性指标构成，能对项目管理的实施效果做出客观、正确、科学分析和论证的依据。项目绩效考核评价指标体系具有项目管理指标系统全面、单项剖析的明显特征。选择一组适用的指标对某一项目的管理目标进行定量或定性分析，是绩效考核评价项目管理成果的需要。科学完整的项目绩效考核评价指标体系应用，要结合项目组织实施方式的特点选择，一般应涵盖定量指标、定性指标以及对指标的分项三个方面的工作内容。

一、项目绩效考核评价定量指标

1. 工程质量指标

工程质量是项目绩效考核评价的关键性指标，它是依据工程建设强制性标准的规定，对工程质量合格与否做出的鉴定。评价工程质量的依据是工程勘察质量检查报告、工程设计质量检查报告、工程施工质量检查报告以及工程监理质量评估报告等。

以建筑工程施工质量验收为例，标准对单位（子单位）工程质量验收合格的条件规定是：单位（子单位）工程所含分部（子分部）工程均应验收合格；质量控制资料应完整；单位（子单位）工程所含分部工程有关安全和功能的检测资料应完整；主要功能项目的抽查结果应符合相关专业质量验收规范的规定；观感质量验收应符合要求。在进行工程质量验收评价时，均应按照现行的各专业质量验收标准规定进行检查，并做出结论。国家或地方评选的优质工程奖，应是绩效评价质量管理水平的复合性指标及优质工程成果。

2. 工期及工期提前率

建设工程的工期长短是综合反映工程项目管理水平、项目组织协调能力、施工技术设备能力、各种资源配置能力等方面情况的指标。在评价项目经营管理效果时，一般都把工期作为一个重要指标来考核。工期提前率，是用实际工期与计划工期或合同工期进行对比，按公式计算，即得出工期提前率或提前量的效果指标。缩短工期，对建设项目尽快发挥投资效益、施工项目降低工程成本都有非常多的优越性。

3. 工程成本降低额及降低率

工程成本降低指标是直接反映工程项目管理经济效果的重要指标。工程成本降低通常用成本降低额和成本降低率来表示。工程成本降低额是实际成本额低于计划成本额的绝对指标。工程成本降低率是实际成本低于计划成本的绝对额与计划成本额的相对比率。在项目考核评价中通常用成本降低率这一相对评价指标，以便直观反映工程项目的成本管理水平。

4. 工程安全目标

工程安全目标是工程项目管理的主要目标之一，按照住房城乡建设部2011年发布的行业标准《建筑施工安全检查标准》（JGJ59—2011）的规定，项目施工安全标准分为优良、合格、不合格三个等级。建设工程职业健康安全事故的分类，应按照国家标准《企业伤亡事故分类》（GB6441—1986）的规定执行。安全控制目标包括杜绝重大伤亡事故、杜绝重大机械事故、杜绝重大火灾事故和工伤频率控制等。贯彻“安全第一，预防为主”的方针，坚持安全控制程序，消除、减少安全事故，保证人员健康安全和财产免受损失，是实现安全控制目标的重要保证。

5. 环境保护目标及指标

环境保护是按照国家绿色低碳法律、法规、标准的规定，各级行政主管部门和企业的要求，保护和改善项目现场的环境，控制现场的各种粉尘、废水、废气、固体废弃物、噪声、振动等对环境的污染和危害。

（1）环境保护目标的要求：①现场施工噪声达到国家控制标准，符合《建筑施工场地噪声限值》（GB12523—2011）规定。②工作环境符合国家标准要求。③固体废弃物的处理和处置达到控制标准。④废水排放应按规定进行处理，符合《污水综合排放标准》（GB18918—2022）。⑤节能降耗，减少资源浪费等。

（2）环境保护指标的内容：①项目现场噪声限值。②现场土方、粉状材料管理覆盖率、道路硬化率。③项目资源能源节约率等。

比如出自《关于严格执行全市城区房屋建筑施工现场扬尘治理六个百分之百标准的通知》，六个百分百指的是施工工地周边100%围挡，出入车辆100%冲洗，拆迁工地100%湿法作业，渣土车辆100%密闭运输，施工现场地面100%硬化，物料堆放100%覆盖。

二、项目绩效考核评价定性指标

项目绩效考核评价定性指标的主要内容分为经营管理理念、项目管理策划、管理基础工作、项目管理方法、新技术的推广、项目社会评价六个方面。

1. 经营管理理念

经营管理理念是项目组织实施的理性观念。一般情况是，有什么样的经营理念，就会给项目组织实施带来什么样的管理效果。评价项目经营管理理念，主要是审视项目实施者是否实现了围绕项目运行的管理、机制、组织和技术上的创新，关键体现在以下几方面：

（1）潜移默化的内在功能和高超绝强的管理水平。

（2）各类人才的素质集聚和综合优势的充分发挥。

（3）组织内部的高效体制和适应市场的经营机制。

2. 项目管理策划

项目管理策划是项目组织实施的对策谋划。无论哪种项目管理方式，项目经理都要认真策划，做好项目管理这篇文章。评价项目管理策划，主要是审视项目实施者是否遵循了项目管理规范，建立起精干高效、目标明确、自我约束、协调运行的管理模式。策划构思要从科学的思维创造开始，以良好的管理效果结尾，尽量做到项目管理组织是精干高效的，项目目标要求是激扬奋进的，项目运行机制是规范有效的，项目协调沟通是运转灵活的。

3. 管理基础工作

管理基础工作是项目组织实施的基础管理，包括项目管理制度、规定、标准、资料、信息等多方面的基础工作。评价项目管理基础工作，主要是审视项目实施中各项基础工作是否及时、准确、严格、持续的贯彻执行，思想政治工作是否有效，管理规定能否做到令行禁止。具体工作应包括：项目管理有关的标准、规范的执行情况；项目管理有关的制度、办法的贯彻情况；项目管理有关的文件、档案的整理情况。

4. 项目管理方法

项目管理方法是项目组织实施的管理创新。项目管理有无创新，敢为人先，把创新的方法经过加工提炼，融入项目管理之中，体现项目管理创新的特点，为项目管理注入新的内容，使其产生组合效应，形成自己的管理模式。评价项目管理方法是否创新，主要是审视项目管理过程中采用了哪些独具匠心的方法。

5. 新技术的推广

新技术推广是项目组织实施的技术创新。项目技术创新应以科技为先导，在项目实施中积极推广新技术、新工艺、新材料、新设备的应用，把适用科技成果及时转化为项目生产力。评价项目新技术的推广应用，主要是审视项目管理中是否用创新的理念，以一流的技术成果、一流的质量水平、一流的施工工艺组织项目实施。

6. 项目社会评价

项目社会评价从某种程度上说是建立在社会评价基础上的。项目实施效果的最终评价人是用户或使用单位、中介机构或社会各界，他们的评价是最具有说服力的。市场和社会对项目的认同，一般取决于以下四个条件：

（1）项目管理机制有无效率，能否吸引业主。

（2）项目管理水平有无硬功，能否征服业主。

（3）项目管理信用有无承诺，能否取信业主。

（4）项目管理传媒有无宣传，能否抓住业主。

融合以上四个条件建立起来的项目社会评价才是巩固的和适应市场竞争的，才是真正意义上的管理机制、管理水平、管理信用和管理传媒的整合。

第三节　绩效考核评价及结果应用

项目绩效考核评价的基本手段是应用项目选择确定的指标体系，对项目的最终效果和过程效果进行定量和定性的分析、论证、评估。项目考核评价的结论是进行项目管理总结的基础。项目考核评价是在综合考虑项目实施的内、外部因素和主、客观条件基础上，对项目管理的效果进行的考核验证。项目绩效考核评价指标分析的应用如下：

（1）通过项目绩效考核评价指标的分析评价，肯定项目精益建造管理目标的实现水平。如项目的建设工期、工程质量、投资效果、成本降低、安全管理、环境保护等各方面的管理水平。

（2）通过项目绩效考核评价指标的计算比较，用数据说话，分析项目各项可比指标的状况，掌握合格率、差异率、完成率、降低率、利润率等，确认项目精益建造管理目标实现的准确性。

（3）通过项目绩效考核评价指标的鉴定论证，识别客观因素和主观因素对项目管理目标实现的影响以及这些因素对项目影响的程度，客观、公正地评价项目精益建造管理成果，并为项目的审计、考核提供依据。

（4）通过项目绩效考核评价指标的综合分析，真实反映项目管理主体的业绩，避免考核评价失真，在考核中找出成绩、问题或差距，总结工程项目精益建造管理经验，为以后的工程项目精益建造管理提供借鉴参考。

后　记

——中建三局LC6S精益建造模式的缘起与践行升级实施实现路线图

犹记得2015年9月我刚被调到机关总部，一次在食堂碰到领导。他问我，调到总部后，要干点什么，研究一点什么吧。我说，那是当然。领导说："总得有一个方向，喊一个口号。"我说："是的。"他说："我已经帮你想好了。"我说："是什么？"他说："精益建造，完美履约。"那是我第一次听见"精益建造"这四个字，我也很疑惑，他从哪里得来的"精益建造"这四个字。从此，我就带领团队开始研究。一开始，确实不知道什么叫精益建造，它的理论、方法、路径是什么，要达到什么目的。开始在网上疯狂搜索，那时网上的知识，包括论文、专著甚至相关的词条，其实都是比较少的。一开始我们认为精益建造的目的就是完美履约，我们就开始制定完美履约清单与标准。很多项目的兄弟讲："你们不要把调子起得太高，精益建造，还完美履约呢？我们有时连混凝土都施工不好，修的房子还不少漏水，你们就想完美的履约？不可能，很难。"

公司领导在2016年的"三会"上提出，精益建造就是通过卓越管理，打造匀质化、标准化的高品质履约服务，为全社会提供独树一帜、难以模仿的品牌服务。凤凰涅槃、鹰之重生都需要极大勇气和毅力，公司的人应该有这样的理想和作为。我们要"以完美履约为追求，提高精益建造能力"，要树立"完美履约、品质至上"的理念。公司领导接着指出，通过"完美履约"来实现客户对品牌的认知，最终形成鲜明的差异化竞争优势，实现企业增长由市场营销模式转向品牌服务模式的深刻变革，这不是简单的产品质量的提升，也不是简单的现场履约效率的提升，而是企业以"完美履约"为要求的整体服务体系能力的提升。这不仅需要有完美的单个产品的品质要求，而且还要有全面匀质化服务能力的要求。这是公司"十三五"实现转型升级过程中又一项重要的战略部署，值得大家认真领悟，深入思考，努力践行。我们要关注生产履约的各个环节、各种要素，全面开展"完美履约"行动；要进一步建立和完善"完美履约"的管理标准，从项目管理行为标准化入手，带动项目管控能力的整体提升；从项目施工工艺标准化入手，带动产品品质的整体提升；从现场设施标准化入手，带动项目现场形象的整体升级；要进一步完善履约相关方管理，提升相关方履约能力，培育核心的相关方合作队伍，形成整体合力；要进一步提升“完美履约”相关的基础能力，特别是与质量、安全、进度管理相关的直接服务能力以及计划、协调和资源组织等相关的配套能力，要制定计划和标准，寻找短板，彻底改进；要建立“完美履约”评价体系，对项目经理分级管理，通过样板引路，狠抓正反两个方面典型；要以公司现有的项目实测实量、飞行检查、综合评比、绩效考核等手段为基础，建立并完善公司项目现场“完美履约”评价标准体系，实施分层级、常态化的评价，检查结果通过积分制与项目经理的分级管理挂钩，将“完美履约”要求，通过例行评价落地实施。同时，我们还要加大对项目评比排名的奖惩力度，提高大家对“完美履约”的认知和重视。

2016 年 2 月 8 日春节，从开完“三会”到春节这几天，我心绪难平，看着关于论述精益建造的这六七百个字，好好发了一段时间的呆。很长一段时间，我认为这个提法也是受了我们的影响，即要先搞“完美履约”的管理标准、“完美履约”评价标准体系。但是怎么搞呢？不知道。那就搞完美履约的标准与体系吧。混凝土不就是垂五平三嘛，搞吧。搞了一段时间，发现规范上都有，我感觉不对。只是追求了结果，目的怎么实现呢？为什么要搞精益建造？它到底要解决什么问题？当时我们没有人清楚。

2016 年的某一天，我们去调研的路上，我问领导什么是完美履约，有哪个工地搞了，带我去看一下。他思索片刻，说有的。一路上，我们分析了当前企业的现场问题就是，我们做结构还可以，一到二次装修、精装修阶段就不行。就是后来总结的“结构打胜仗，装修出洋相”。问题在哪呢？后来才领悟，我们不太会工序穿插，施工呈现无序状态。他还讲道，我们要按照工厂的要求去建造项目，打造并实现毫米级的产品。我觉得很难，我们一直在工地干，知道我们的管理还是粗放型的管理，很多时候标准并不高，很难全面达到毫米级。但我们既然要完美履约，肯定要有一个目标。翻翻规范，都是毫米、厘米为单位进行控制的。可是，对于一个长期在现场干的人，混凝土施工完成，经常出现很大偏差，往往是几厘米的偏差，我们现场的施工员经常不以为然，反正要装修的，到时进行隐蔽，就什么也看不见了。当时，我们正在进行阳逻 PC（装配式建筑）工厂的建设，领导一定是结合 PC 施工，进行了深入的思索。他讲去德国观摩，别人一个灯具的定位，从设计到施工，都是非常精准的，不像我们国内，到了装修阶段，开关盒的预埋进进出出、歪歪斜斜，还得重新开槽。这一次谈话，给我很多的启发。我们结构的施工，从工艺到认识，其实远远达不到毫米级的精益建造，到了装修阶段，更是没有合理穿插、同步施工的理念。很多项目是无序施工，赶工、抢工等是常态，专业队伍一窝蜂地都上，从地下室到屋顶都有人在干。我们的质量和安全控制事前、事中管理虽有，但很多时候又是事后控制多一点。又因为我们的管理幅度有限，我们没有办法知道今天是什么专业队伍在干、有几个人、在哪里、在干什么、干得对不对。很多是工人在自己干，我们的成本也是无法进行很好地控制。建筑行业确实是粗放式的发展，我们一定要改变。

在接下来的日子，我们一方面进行理论的探索，一方面进行标杆项目的打造，通过标杆项目来阐述什么是精益建造、什么是完美履约。

2016 年我们幸运地找到了一个项目，位于深圳的万科云城项目。当时，我们去日本学习日式管理，在这个项目上有一些应用。深圳公司也提出要求，想从公司层面推一下，搞个观摩，我和分管领导就去这个项目看了，觉得还可以。当时怕分量不够，也担心用这个项目推精益建造，大家会不会接受。我们又请了技术系统人员去看，也请了上级系统人员去看。有一天晚上 9 点多，深圳公司领导电话问我，大家去看了这个项目，觉得怎么样。我说，我们认为还可以，也有一些理念，现场看点还是很多。他还是很谨慎，说地面混凝土收面有些还不平，楼梯有些也做得不好，等等。总之，他觉得还没有做好。我当天晚上发了一段话给他，我说，这个项目组合工艺的运用如铝模工艺、爬架工艺、外墙砌体改混凝土、卫生间止水节、薄抹灰、门窗洞口精确预留等，系统地提升了质量；采用了合理工序穿插，如地上 N-12 体系极大地提升了计划管理效能和计划控制能力。我电话里说，这个项目是一种理念的转变，要系统去看，我们精益建造是实践到理论再到实践的反复，把“云城模式”打造出来，精益建造才有生命。我建议他再请领导去看一下，好一锤定音。后来领导去看了，还比较认同。我们就这样推出了精益建造落地版的“云城模式”。当时公司一季度生产会在万科云城顺利召开，分管领导总觉得力度还不够，公司二季度生产会还在万科云城开，项目名气以及精益建造的“云城模式”一下打开了。我找到深圳公司领导，说大家都想来参观，我准备发一个文件，正式一点，他说接待已经受不了，大家自己来，有些非正式来，就自己安排不用接待了。后来，很多重要会议也在这个项目召开，全公司生产系统的人员大部分都去过，日式管理、云城模式、精益建造、工序穿插、五件套工艺等大家一下都知道了。现在看来，要推一个东西很不容易，领导的远见卓识，大家的坚持不懈，二者缺一不可，否则是成不了事情的。

还值得提及的是，在此期间，我们得到了很多领导的关怀和支持，从开始提出了精益建造完美履约的战略目标，到对推进的路径、方法，都进行了很好的指导，并由此形成了《精益建造评价标准》这本书。在这里，要特别感谢这些领导，他们作为非常资深的专家，对精益建造的体系总结，对精益建造的大力推广，做出了巨大的贡献。他们对优质建造、快速建造、低成本建造等的理解非常深入，多次深入项目讲解、推广，并创新性地提出了“两图融合、三个样本”等概念，提出了要重视策划，多次讲到“方案的节约是最大的节约”，其实就是强调要做好策划，要坚持成本管理、计划管理这两条主线。之后他们又提出要打造特色精益建造，促成了我们形成 LC5S 体系，并编制了《特色精益建造 LC5S 体系》一书，将 LC5S 体系升级为 LC6S，完善了低成本建造等板块，提出了更具体的思路及方法。再后来，我们又主导编制了《住宅工程精益建造指南》在全公司进行推广，让精益建造在基层得了大力的应用和实践。2019 年前后，在领导的建议下，我们将精益建造推介到集团，从集团层面进行推广应用，让精益建造在行业不断发扬光大。

本书的形成得到当时一众部门伙伴的大力支持，其中包括熊红星、苏明坤、胡志勇、张庆、王江林、张学磊、吴成、彭雄、徐斌、肖盼、王力、陶庆、武振山等。本书的初稿特别感谢王江林，在他的努力下，加了无数夜班进行整理、校对，2018 年底

2019 年年初形成了初稿，还记得 2018 年的一天晚上，我和他在琢磨，特色精益建造还是要起一个名字，体现一点特色。想来想去，到了夜里 2 点多，我们达成一致意见，就叫 LC5S。当时觉得名字比较普通，现在叫顺口了，感觉也还行。再后来，我又和陈海涛一起，不断完善、修改，才基本成书。

精益建造在当前得到了很大的推广应用，行业内也广泛研究，不仅不断完善了体系，也形成了很好的实践成果，极大改变了建造方式和思维，在项目管理上也产生了较好的效果，这是值得欣慰的，也是值得感谢所有参与者，让精益建造体现了强大的生命力。

在推广总结过程中，其实是企业主导，是企业的智慧。公司 LC6S 精益建造的总结到大力推广应用，是企业全体人员的智慧的结晶。一方面，要感谢企业，这本书就是属于企业的。另一方面，在总结、提炼工程智慧，得到了很多同事的帮助，一些人和事仍记忆犹新。当然也有很多默默无闻的人，更有我不认识的人。精益建造理论交流、推广应用后，很多公司以外的单位，进行了一些很有价值的研究，如低成本、智慧建造方面等，做了很好的总结。这些都应该感谢，也说明精益建造是开放的，只要坚持精益建造的理念和基本理论，我们都无时无刻地在为精益建造做出自己的贡献。

先将这篇文章附上，是为后记。

秦长金

2023 年 8 月于武汉